46251
BRITISH RAILWAYS

4412
SOUTHERN PACIFIC LINES

Dampflokomotiven

LE MANS
S. N. C. F.
34F1
LE MANS
S. N. C. F.
241P28

E A R
5928

Illustrierte Enzyklopädie

Dampflokomotiven

Ein technisches Handbuch der bedeutendsten internationalen Personenzuglokomotiven von 1820 bis heute

Brian Hollingsworth

Aus dem Englischen übersetzt von Manfred Sandtner

Birkhäuser Verlag
Basel · Boston · Stuttgart

Der Autor

Brian Hollingsworth, M.A., M.I.C.E.

Brian Hollingsworth hat schon seit seiner Kindheit eine außergewöhnliche Liebe zur Eisenbahn. Nach Abschluß seines Ingenieurstudiums an der Cambridge Universität und einem kurzen Abstecher in die Welt der Flugmaschinen, trat er 1946 eine Stellung bei der Great Western Railway an. Seine mathematischen Fertigkeiten verhalfen ihm zur Beschäftigung mit der Computertechnik der British Railways und auch zu einer umfangreichen Mitarbeit bei der Entwicklung des „TOPS"-Leitsystems für den Frachtverkehr der BR.

1974 verließ er die Britischen Eisenbahnen, um sich ganz dem Schreiben zu widmen. Seitdem hat er neun bedeutende Bücher über verschiedene Aspekte des Eisenbahnwesens veröffentlicht. Daneben schreibt er auch noch für verschiedene Eisenbahn-Fachzeitschriften.

Er ist einer der Direktoren der Romney, Hythe & Dymchurch Railway und Berater für Ingenieurbaufragen der Ffestiniog Railway. Er besitzt eine ganze Anzahl von Dampflokmodellen im Maßstab 1:5, mit denen er auf seiner eigenen Strecke im „Garten" (eigentlich einem Teil eines walisischen Berges) fährt. Er nennt sogar eine Originallokomotive sein Eigen, die 2'C-Lokomotive „LMS Black Five" Nr. 5428 namens „Eric Treacy", die auf der North Yorkshire Moors Railway zur Freude von Touristen und Eisenbahnfreunden regelmäßig eingesetzt wird.

Die Originalausgabe erschien 1982 unter dem Titel „The Illustrated Encyclopedie of the World's Steam Passenger Locomotives" bei Salamander Books Ltd., London.

Der Berater

Patrick B. Whitehouse, O.B.E., A.R.P.S.

Patrick B. Whitehouse ist der Autor von mehr als 30 Büchern über das Thema Eisenbahn und war schon Herausgeber und Berater mehrerer britischer Eisenbahnzeitschriften. Er beteiligte sich auch aktiv an der Erhaltung von Dampflokomotiven als Geschäftsführer/Sekretär der allerersten britischen Bahnlinie, die von Eisenbahnfreunden gerettet wurde, der Talyllyn Railway in Nord Wales. Darüber hinaus ist er ein Förderer der weltberühmten Ffestiniog Railway und ist direkt an der Erhaltung von mehreren Hauptbahn-Dampflokomotiven beteiligt.

Er ist Mitglied der Königlichen Photographischen Gesellschaft und fotografiert schon seit seinem elften Lebensjahr Eisenbahnen. Mit der Zeit baute er dadurch eine Bildsammlung von mehr als 100000 Eisenbahnobjekten aus aller Welt auf. Um auf dem Laufenden zu bleiben, reserviert er wenigstens einen Monat in jedem Jahr, um die Welt zu bereisen – nicht nur um die Hauptstrecken zu erleben, sondern auch um in abgelegenen Winkeln nach den letzten Resten des Dampfbetriebs zu forschen.

CIP-Kurztitelaufnahme der Deutschen Bibliothek

Hollingsworth, Brian:
Dampflokomotiven: ill. Enzyklopädie; e. techn. Handbuch d. bedeutendsten internat. Personenzuglokomotiven von 1820 bis heute / Brian Hollingsworth. Aus d. Engl. übers. von Manfred Sandtner. – Basel; Boston; Stuttgart: Birkhäuser, 1983.
Einheitssacht.: The illustrated encyclopedia of the worlds steam passenger locomotives ⟨dt.⟩
ISBN 3-7643-1530-X

Umschlaggestaltung: Albert Gomm
Printed in Belgium
ISBN 3-7643-1530-X

Dank des Autors

Der Autor möchte vor allem Arthur Cook seinen Dank aussprechen, der 22 Lokomotivbeschreibungen verfaßte, darunter alle über deutsche Lokomotiven und die meisten über Maschinen der Pennsylvania Railroad. Sein Dank geht auch an Peter Kalla-Bishop, der das Manuskript durchsah und viele wertvolle Anregungen gab, sowie den Index zusammenstellte und an Margot Cooper, die die Hauptlast der Schreibarbeit übernahm.

Für die ausgezeichneten grafischen Darstellungen und die Vielzahl der seltenen Fotos in diesem Buch möchte der Autor auch den beiden Künstlern, Diana und John Moore, seine Anerkennung aussprechen, natürlich auch allen Sammlern und Institutionen, die durch Bilder aus ihren umfangreichen Archiven dazu beitrugen, daß dieses Buch die Entwicklungsgeschichte der Schnellzug-Dampflokomotiven derart ausführlich darstellen kann.

Brian Hollingsworth

Inhalt

Einführung

Absicht dieses Buches ist es, die Geschichte von Entstehung, Entwicklung, Erfolg und, schließlich, des langsamen Sterbens des meistgeliebten aller mechanischen Erzeugnisse der Menschheit zu erzählen, der Dampf-Schnellzuglokomotive. Dazu werden mehr als 150 verschiedene, herausragende Exemplare dieser Gattung in meist chronologischer Reihenfolge eingehend beschrieben und illustriert.

Die Geschichte beginnt vor mehr als 150 Jahren bei der legendären „Rocket", die George und Robert Stephenson für die erste städteverbindende Eisenbahn zwischen Liverpool und Manchester bauten. Ganz England hielt den Atem an, als diese kleinen Feuerwagen begannen, die Grenzen von Raum und Zeit mit Geschwindigkeiten bis zu 56 km/h (35 mph) aufzuheben. Auf diese Weise verkürzten sich die Reisezeiten auf ca. ein Drittel dessen, was bisher mit Straßenfahrzeugen und Zugpferden aus Fleisch und Blut zu schaffen war. Binnen einem Dutzend Jahre hatten sich diese Geschwindigkeiten verdoppelt, die Lokomotivgewichte hatten sich verdreifacht, die Leistungen sogar vervierfacht und das Ganze hatte einen annehmbaren Grad der Zuverlässigkeit erreicht. Zusätzlich begannen sich zwei unterschiedliche Entwicklungen beiderseits des Atlantiks abzuzeichnen.

Auch heute noch, wo wir doch viel unglaublichere Beispiele für die Herrschaft des Menschen über die Natur besitzen, ist für uns der Anblick einer schwer arbeitenden Dampflokomotive ein erregendes Erlebnis, für die damals lebenden Menschen muß ein Feuerroß furchterregend gewesen sein. Kein Wunder, daß viele der Meinung waren, daß das Vieh unfruchtbar würde, die Ähren am Halm verwelkten, die Hühner keine Eier mehr legten und die Früchte am Baum verfaulten, wenn eine Dampflokomotive vorbei stürmen würde.

Nichts derartiges geschah, aber trotzdem änderte sich die Welt in kurzer Zeit, weil die Einführung der Dampflokomotive die Kosten und auch die Reisezeiten um den Faktor drei oder mehr senkte. Nicht mehr länger mußten die Menschen – jedenfalls die meisten – ihr Leben an einem Ort verbringen. Darüber hinaus war die Dampfeisenbahn in den wilderen Regionen der Erde der Vorreiter der Zivilisation; die Eisenbahn erschloß das Land und ermöglichte die Besiedlung; die Vereinigten Staaten von Amerika sind wohl das bekannteste Beispiel dafür.

Aber es gibt noch einen anderen Aspekt, unter dem die Dampflokomotive zu betrachten ist und erstaunlicherweise war es eine junge Schauspielerin namens Fanny Kemble, die als erste Person (und als erste und fast auch letzte Frau) uns überlieferte, daß sie erkannt hatte, daß es sich hier um etwas Neues handelte, das alle Sinne erregen konnte. Am 26. August 1830 schrieb sie an einen Freund, daß „... ein gewöhnliches Blatt Papier ausreicht um über Liebe zu schreiben, aber nur ein großer Kanzleibogen Platz genug bietet für die Eisenbahn und meine Begeisterung". Sie beschrieb weiter „den tapferen kleinen Feuerdrachen ... die magische Maschine mit ihrem wundervoll dahinwehenden weißen Atem und dem rhythmischen gleichmäßigen Gang" und schließlich empfand sie „daß kein Märchen auch nur halb so schön sein kann wie das, was ich gesehen habe". Zwar hatte nicht jeder das Glück, George Stephenson als Lokführer zu haben, wenn er das erste Mal eine Dampflokomotive erlebte, aber diese scharfsinnige Dame traf genau den richtigen Ton mit der Art, in der sie schrieb.

Oben: *Die Museumslokomotive „Blackmore Vale", eine Pazifik der britischen Southern Railway, befördert 1981 einen Personenzug auf der Bluebell Railway.*

Oben: *Eine „Fairlie"-Gelenklokomotive der Mexikanischen Eisenbahn überquert mit ihrem Arbeitszug eine zerbrechlich aussehende Brücke.*

Viele von uns merken erst jetzt langsam, was wir einmal besaßen, nachdem es uns wieder genommen wurde oder zumindest derzeit genommen wird. In den meisten Ländern der Erde kann man nicht mehr neben einem Eisenbahngleis stehen und dem Herandonnern eines Schnellzuges lauschen, der bald mit wirbelnden Stangen vorbeirast und mit einer weißen Dampffahne hinter sich in der Ferne verschwindet; oder vielleicht auch am Fenster eines Personenwagens stehen und der harten Auspuffmusik und dem Prasseln der Asche auf dem Dach lauschen, wenn sich eine mächtige Dampflokomotive mit ihrer Wagenschlange die Berge hinauf windet.

Aber zu unserem Dampflokomotivkult gehört noch mehr und wir müssen uns wieder bei Miss Kemble dafür bedanken, daß sie auch dies deutlich machte. Sie konnte zwar unsere heutigen Lokomotiven nicht kennen – die nur geräuschvolle Kästen auf Rädern sind – aber sie hatte vollkom-

Oben: *Die britischen Pazifik „Duchess of Hamilton", die „Herzogin von Hamilton", verläßt den Bahnhof von York auf der ersten Fahrt nach ihrer Wiederaufarbeitung als betriebsfähige Museumslokomotive.*

Links: *Die britische „A4"-Pazifik Nr. 60025 namens „Falcon" stürmt mit dem „Flying Scotsman", dem „Fliegenden Schotten", aus dem Gaswerktunnel beim Londoner Kings Cross-Bahnhof hervor.*

men recht, als sie einen weiteren Reiz der Dampflokomotive erwähnte, nämlich daß ihre meisten Geheimnisse demjenigen klar erkenntlich sind, der nur Augen hat um sie zu sehen. Fanny schrieb „... *sie* (denn sie betrachten alle diese kleinen Feuerpferde als Stuten) bestand aus einem Kessel, einem Ofen, einer kleinen Plattform, einer Bank ... sie bewegt sich auf Rädern, die ihre Füße sind und von glänzenden stählernen Beinen bewegt werden, die sie Kolben nennen; diese werden durch den Dampf angetrieben und je mehr Dampf den oberen Gliedmaßen (wohl die Hüftgelenke) dieser Kolben zugeführt wird, umso schneller bewegen sich die Räder ... Zügel, Kandare und Zaumzeug dieser wundervollen Kreatur ist ein kleiner stählerner Griff, der den Beinen oder Kolben Dampf zuführt oder entzieht, so einfach, daß ein Kind es beherrschen könnte. Die Kohlen, also der Hafer, befanden sich unter der Sitzbank und am Kessel

Oben: *Eine Neukessel-01 der Deutschen Bundesbahn bietet bei der Anfahrt mit ihrem Schnellzug ein herrliches Dampfschauspiel.*

war ein kleines wassergefülltes Glas befestigt, daß durch die Höhe seines Wasserspiegels anzeigte, wann dieses Wesen Wasser brauchte ..."

Obwohl in diesem Buch Lokomotiven beschrieben werden, die sechs Mal länger, sechsundvierzig Mal schwerer und sechzig Mal stärker sind als Fannys Lokomotive (es war übrigens die „Northumbrian"), trifft diese hübsche Beschreibung auch auf sie alle zu. Alle erwähnten Bauteile sind dem außenstehenden Betrachter gleichermaßen sichtbar, und ob die Höchstgeschwindigkeit nun 40 km/h oder 200 km/h beträgt, arbeiten sie doch auf die gleiche Weise.

Wie stark auch immer die Ausführungen der Dampflokomotiven voneinander abweichen mögen – in der Größe und auch in der Form – etwas ist immer gleich, die Anziehungskraft auf uns. Ob nun eine Lok kunstvoll bemalt ist oder nur eine Schicht Bitumen (oder Rost) trägt, ob sie durch ein Messingschild mit einem romantischen Namen oder nur durch eine schablonierte Nummer gekennzeichnet ist, bleibt der Eindruck auf uns gleich – ihr Anblick erfüllt uns mit dem Wunsch alles über jede einzelne dieser wundervollen Maschinen herauszufinden.

Die schwierigste Aufgabe für den Autor war die Auswahl der Lokomotiven aus der großen Zahl der in Frage kommenden Kandidaten. Natürlich betraf die erste Wahl alle die Konstruktionen, die einen wichtigen Schritt in der Entwicklungsgeschichte veranschaulichen, von der „Rocket" bis zu solchen Höhepunkten der Entwicklung, wie zum Beispiel den „Niagara"-D'D2'-Lokomotiven der New York Central Railroad. Es sollten aus möglichst allen Gegenden dieser Erde Lokomotiven vertreten sein und auch Beispiele aus all den Ländern –, einige davon sind erstaunlich klein und wenig technisiert – die ihre eigenen Dampflokomotiven bauten. Gleichzeitig sollten auch möglichst unterschiedliche Einsatzgebiete dieser Personenzuglokomotiven berücksichtigt werden: um einen schweren Schnellzug über die Pässe der nordamerikanischen Rockies zu bringen, braucht man ein ganz anderes Zugpferd wie für die schnellen Züge auf der Ebene von York in England.

Schließlich darf man auch die vielen Versuche, die Technik der Dampflokomotive vom Stephensonschen Konzept weiter zu entwickeln, nicht übersehen. Einige der vielversprechendsten Exemplare unter den vielen Verbund-, Gelenk-, Kondens- und Turbinenlokomotiven werden ebenfalls vorgestellt unter der alleinigen Bedingung, daß diese Versuchsmaschinen wenigstens kurze Zeit einmal einige der bedeutenderen Züge befördert haben, auch wenn sie nicht den Fluß der Entwicklung veränderten.

Schwierig war es auch, die Trennungslinie zwischen Schnellzuglokomotiven und anderen zu ziehen. Abgesehen von so augenfälligen Merkmalen wie einem farbigen Anstrich und der Verwendung von Loknamen wurde gefragt, „War diese Maschine für die Verwendung vor einem der bedeutenden Züge der Erde bestimmt?" Lautete die Antwort „Ja", dann hatte man einen weiteren Kandidaten für dieses Buch.

Die Beschreibungen

Die einzelnen Beschreibungen dieses Buches versuchen die Lokomotiven unter verschiedenen Gesichtspunkten zu betrachten. Zuerst muß man sich mit den Einzelheiten – das heißt, Gewichten, Drücken, Abmessungen, usw. – befassen. Zweitens folgen die Fakten ihrer Geschichte – wie viele es gab, wann sie gebaut wurden, wer sie entwarf und baute, wie lange sie im Dienst blieben und ähnliches. Drittens, und vielleicht noch interessanter ist dann die Beschreibung bemerkenswerter technischer Merkmale. Die Dampflokomotiven erschienen in einer faszinierenden Vielfalt und weil der Großteil ihrer Funktionselemente klar zu sehen ist, hat auch das kleinste Detail das Interesse von Fachleuten und Laien gefunden.

Als nächstes wird erzählt, für welche Aufgaben diese Lokomotivreihe bestimmt war und ob sie die Vorstellungen ihrer Konstrukteure auch erfüllte. Auch ihr Aussehen wird angesprochen – ihr Erfolg oder Mißerfolg als Kunstwerk, wenn man so will. Zuletzt wird darauf hingewiesen, ob es heute noch Exemplare dieser Gattung gibt.

Jede einzelne Lokbeschreibung beginnt mit der Bezeichnung der Reihe oder Klasse. Oft kann man schon aus der Bezeichnung etwas über die Lokomotive erfahren. Beispielsweise verwendete die britische London & North Eastern Railway einen Buchstaben für jede Achsanordnung, gefolgt von einer Nummer, die die eigentliche Reihe innerhalb der Bauform kennzeichnete. Beispielsweise war die „A4" eine stromlinienförmige Lokomotive der Achsfolge 2'C1' (zu dieser Reihe gehörte auch die Rekordlokomotive „Mallard") und die vierte Reihe dieser Achsfolge, die die LNER oder eine der Vorläuferbahnen entwickelte.

Bauartbezeichnungen für Personenzuglokomotiven

Achsanordnung	Whyte-Bezeichnung	Europäisch	Name
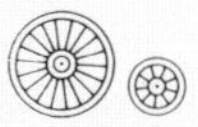	0-2-2	A1	–
	2-2-0	1A	–
	2-2-2	1A1	–
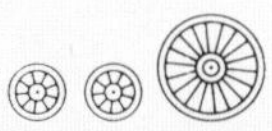	4-2-0	2A	–
	4-2-2	2'A1	–
	4-2-4	2'A2'	–
	0-4-2	B1	–
	2-4-0	1B	–
	2-4-2	1'B1'	(Columbia)*
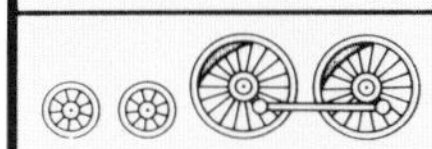	4-4-0	2'B	American
	4-4-2	2'B1'	Atlantik
	4-4-4	2'B2'	(Jubilee)*
	2-6-0	1'C	Mogul
	2-6-2	1'C1'	Prärie
	2-6-4	1'C2'	(Adriatic)*
	4-6-0	2'C	Ten-wheeler
	4-6-2	2'C1'	Pazifik
	4-6-4	2'C2'	Hudson, Baltic
	2-8-0	1'D	Consolidation
	2-8-2	1'D1'	Mikado
	4-8-0	2'D	(Mastodon)*
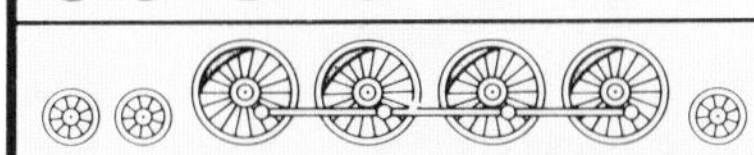	4-8-2	2'D1'	Mountain
	4-8-4	2'D2'	Northern*
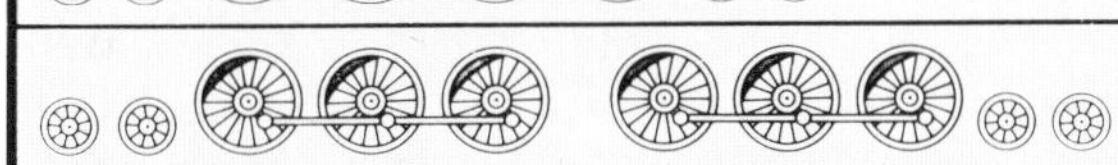	4-6-6-4	(2'C) C2'	Challenger
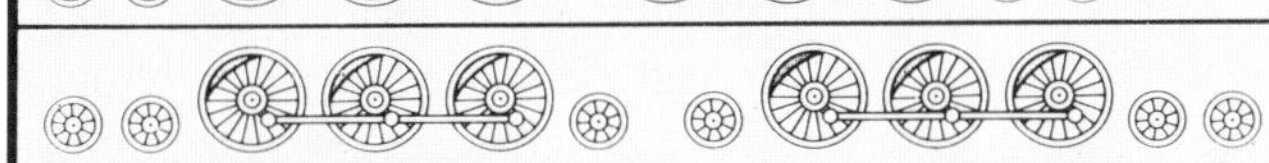	4-6-2 + 2-6-4	(2'C1') (1'C2')	Garratt- Pazifik
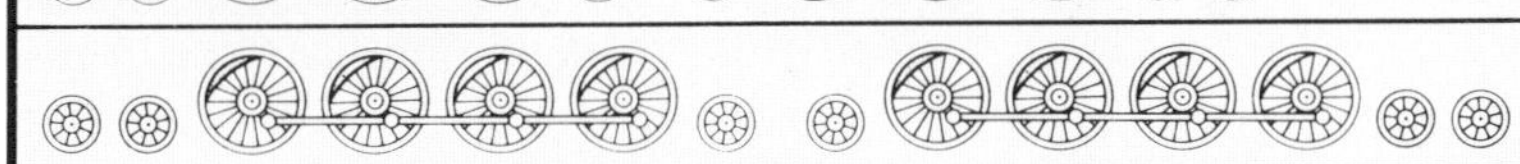	4-8-2 + 2-8-4	(2'D1') (1'D2')	Garratt- Mountain

* Diese Namen wurden selten verwendet

Ein ' bedeutet bewegliche Laufachsen – Triebwerke in Klammern sind beweglich

Andere Bahnen, wie die Deutsche Reichsbahn oder Österreich, verwendete eine Nummernbezeichnung mit System, andere numerierten ihre Loks nach Belieben. Wieder andere Bahnen, die so entgegengesetzt sein konnten, wie die feudale Great Western Railway Englands und die Bahnen der Volksrepublik China, gaben ihren Lokomotivgattungen Namen, die erstere zum Beispiel „Castle", die andere „Vorwärts Marschieren" oder „Hohes Ziel", um sie voneinander unterscheiden zu können.

Danach folgt dann die Achsanordnung, das Herkunftsland, die Eigentümergesellschaft und das Jahr des Neu- bzw. Umbaus. Viele der Achsanordnungen haben allgemein eingeführte Namen, die Tabelle auf Seite 9 gibt darüber eine Übersicht.

Technische Angaben über die Lokomotiven

Jede einzelne Beschreibung beginnt mit einer Auflistung der wichtigsten technischen Angaben wie Zugkraft, Gewichten, Kessel- und Triebwerksabmessungen und Vorräten. Natürlich darf man diese Angaben nicht zu genau sehen, denn nur eine von ihnen – die Länge des Kolbenhubs – liegt völlig fest. Einige verändern sich im Laufe einer Fahrt, wenn sich die Vorräte verbrauchen. Andere verändern sich durch die Abnutzung und es kam auch vor, daß Angaben vom Hersteller oder Besitzer geschönt wurden. Normalerweise gibt es auch unter den verschiedenen Exemplaren einer Reihe Abweichungen in den unterschiedlichsten Punkten.

All das bedeutet, daß diese Informationen mit etwas Zurückhaltung zu betrachten sind. Oft sind die Zahlen auch gerundet worden. Zuerst kommen die Angaben im metrischen System, in Klammern folgen dann die umgerechneten Daten im englischen Maßsystem. Meist wurde auch bei diesen Umrechnungen gerundet, denn eine zu große Genauigkeit ist hier ja nicht sinnvoll, vor allem bei den Gewichtsangaben. Eine metrische Tonne unterscheidet sich von der englischen „long ton" nur um 2%, weniger als die Abweichungen innerhalb einer Lokomotivreihe, die 10% betragen können. Die technischen Angaben sind nachfolgend noch einmal eingehender erklärt.

Zugkraft: Dies ist ein errechneter Nennwert, der einen Anhaltspunkt für die mögliche Zugleistung geben soll. Er errechnet sich aus einer für alle beschriebenen Lokomotiven gleichermaßen verwendeten Gleichung, die einen Kesseldruck von 85% des Maximaldrucks und den Nenndurchmesser der Dampfzylinder zugrunde legt. Man berücksichtigt dabei auch die Hebelübersetzung, die sich aus dem Drehkreis des Triebzapfens und dem Treibraddurchmesser ergibt. Bei Lokomotiven mit mehr als zwei Zylindern und einfacher Dampfdehnung wird der gefundene Wert mit der Hälfte der Zylinderzahl multipliziert. Bei Verbundlokomotiven ergibt diese Formel keine sinnvollen Vergleichswerte, so daß in diesem Fall eine Angabe unterblieb. Der Wert wird wie heute im metrischen System üblich in kN (KiloNewton) angegeben, etwa das 9,81fache der früher verwendeten Angabe in kg. Im britischen Maßsystem erfolgt die Angabe in pound (lb).

Achslast: Diese Zahl gibt den höchsten statischen Achsdruck der Lokomotivachsen an. Bei jeder Bahn bestimmt die Bahnbauabteilung die zulässige Achslast aufgrund der Tragfähigkeit der Schienen und der Oberbauabmessungen (z. B. Schwellenabstand). Die Lokomotivabteilungen mogeln oft ein bißchen und geben niedrigere Achslasten an, wenn sie es nicht geschafft haben, die Konstruktion leicht genug auszuführen, aber die Bahnbauabteilung rechnet meist damit und legt die Grenzen entsprechend niedriger. Die Achslast hängt auch von der Menge des Wassers und der Kohle im Kessel ab, vor allem dürfen auch die dynamischen Effekte der bewegten Teile nicht außer Acht gelassen werden. Die Achslasten werden in Tonnen (t) und pound (lb) angegeben.

Zylinder: Die Zahl der Zylinder, sowie ihr Durchmesser und Hub wird genannt. Letzterer kann als genau angesehen werden, der Durchmesser vergrößert sich, wenn abgenutzte Zylinder neu ausgebohrt werden. Erhält die Lokomotive neue Zylinder oder werden die alten neu ausgekleidet, geht der Durchmesser wieder auf den Nennwert zurück. Verbundlokomotiven haben Hochdruck- und Niederdruckzylinder, die sich in den Abmessungen und manchmal auch in der Anzahl unterscheiden. Wenn die Zylinder einer Loko-

Oben: *Die indische Meterspur-Pazifik Nr. 2439 der Reihe „YP" fährt aus dem Bahnhof von Agra Fort aus.*

Oben: *Die berühmte Museumslokomotive „Flying Scotsman" stürmt durch die englische Hügellandschaft bei Clampham in Yorkshire. Beachten sie den zweiten Hilfstender.*

Oben: *Die Verlegung moderner durchgehend geschweißter Gleise in England.*

Oben: *Eine britische 2'C-Lokomotive der „King"-Klasse der Great Western Railway rollt mit einen Sonderzug an den Bahnsteig des Snow Hill-Bahnhofs in Birmingham.*

Links: *Diese Aufnahme einer eindrucksvollen Anfahrt der 2'C1'-Lokomotive Nr. 01 192 der Deutschen Bundesbahn versinnbildlicht die ganze Herrlichkeit der Dampflokomotive, man sieht wie sie sich anstrengt.*

motive beispielsweise als „(3) 419 x 711 mm (16½ x 28 in)" angegeben werden, bedeutet das, daß die Maschine drei Zylinder mit 419 mm (16½ in) Durchmesser und 711 mm (28 in) Hub besitzt.

Treibraddurchmesser: Man sollte annehmen, daß der Treibraddurchmesser eine verläßliche Angabe ist, aber er verringert sich, wenn die abgenutzten Räder von Zeit zu Zeit auf einer Drehbank überdreht werden. Dadurch kann der tatsächliche Durchmesser bis zu 75 mm unter dem angegebenen Nennwert liegen, angegeben in Millimeter und Zoll (mm/in). Der unterschiedliche Durchmesser neuer und abgenutzter Räder kann die Achslast um bis zu ½ Tonne erniedrigen.

Verdampfungsheizfläche: Die Verdampfungsheizfläche einer Lok in Quadratmetern (m²) und in Quadratfuß (sq ft) ist ein Maß für die Größe des Kessels und seine Fähigkeit zur Dampferzeugung. Sie besteht aus der Summe der Oberflächen von Heizrohren, Feuerbüchse und eventuell vorhandenen Wasserkammern in der Feuerbüchse.

Überhitzerheizfläche: Die Oberfläche der Überhitzerelemente wird in Quadratmetern (m²) und in Quadratfuß (sq ft) angegeben.

Kesseldruck: Der Nenndruck des Kessels und damit der Druck, auf den die Sicherheitsventile eingestellt sind. Während einer Fahrt liegt der vorhandene Druck meist niedriger, sogar erheblich niedriger, wenn die Lokmannschaft Pech hat. Die Angaben erfolgen in Kilopond/Quadratzentimeter (kp/cm²) und in pounds per sqare inch (psi).

Rostfläche: Dieser Wert ist besonders wichtig, denn er gibt die Größe des Feuerbetts an, damit die Größe der Kraftquelle der Lokomotive. Die Angabe erfolgt in Quadratmetern (m²) und in Quadratfuß (sq ft).

Brennstoff: Die Art und das Gewicht der Brennstoffvorräte wird hier genannt. Bei festem Brennstoff (Kohle, Koks) wird das Gewicht angegeben (t/lb), bei flüssigem Heizmaterial (Öl) dafür der Rauminhalt des Brennstofftanks in Kubikmetern (m³) und Imperial Gallons (Imp gal).
Wasser: Die maximale Menge des Wasservorrats wird in Kubikmetern (m³) und in Imperial Gallons (Imp gal) angegeben.
Reibungsgewicht: Eine Lokomotive kann nur eine Zugkraft ausüben, wenn ihre Treibachsen entsprechend belastet sind und genügend Reibung zwischen Treibrädern und Schienenoberfläche vorhanden ist. Die Angabe des Reibungsgewichts (auch: Gewicht auf den Kuppelachsen) erfolgt in Tonnen (t) und in pound (lb) und muß als Anhaltswert betrachtet werden.
Gesamtdienstgewicht: Das Gewicht der dienstfähigen Lokomotive mit gefülltem Tender, in Tonnen (t) und pounds (lb) muß ebenfalls als Richtwert gesehen werden, der stark variieren kann.
Gesamtlänge: Dies ist die Länge von Lokomotive und Tender, gemessen zwischen den Pufferflächen, oder bei Mittelpufferkupplung zwischen den Stoßflächen der Kupplungen.
Abkürzungen: Für die Maßangaben wurden die üblichen Abkürzungen verwendet, die hier noch einmal vollständig wiedergegeben sind: kN = KiloNewton, kg = Kilogramm, kp = Kilopond, t = Tonnen, mm = Millimeter, m = Meter, m² = Quadratmeter, m³ = Kubikmeter, kp/cm² = Kilopond pro Quadratzentimeter, km = Kilometer, km/h = Kilometer pro Stunde, PS = Pferdestärken, lb = pounds, t = tons, in = inches, ft = feet, sq ft = square feet, Imp gal = Imperial Gallons, psi = pounds per square inch, mph = miles per hour.

Wie eine Dampflokomotve funktioniert

Die Dampflokomotive wird oft als unwirtschaftlich bezeichnet; aber nur wenige beachten dabei, daß ihr einfacher Aufbau einen hohen mechanischen Wirkungsgrad mit sich bringt, der sie beim Vorhandensein verschiedener Voraussetzungen auch heute noch durchaus als interessante Alternative zu den „modernen" Traktionsmitteln erscheinen läßt, was deren Vertreter zur Verteidigung ihrer eigenen Interessen auch behaupten mögen.

Das Grundprinzip der Dampflokomotive ist ausgesprochen einfach. Wasser, das über seinen Siedepunkt hinaus erhitzt wird, versucht sich als Dampf auf das 1700fache Volumen auszudehnen. Der Kessel verhindert aber seine Ausdehnung, also steigt der Druck an. Leitet man den Dampf in einen Kolben, übt er auf die Kolbenfläche den gleichen Druck aus, der Kolben bewegt sich. Überträgt man diese Bewegung in geeigneter Weise über ein System von Treibstangen auf die Räder, bewegt sich das Gefährt.

Die Dampflokomotive besteht also aus zwei Grundelementen – dem Kessel und dem mechanischen (Lokomotiv-)Teil. Der „Kessel" ist ein fest verschlossener Behälter, der meistens hinten eine „Feuerbüchse" besitzt. Röhren leiten die heißen Rauchgase nach vorn in die „Rauchkammer". Hunderte von Stäben, die „Stehbolzen" versteifen den Kessel im Bereich der Feuerbüchse, dem „Stehkessel". Der runde Langkessel braucht keine derartigen Versteifungen, die runde Form reicht aus, um dem Druck zu widerstehen. Ein Ventil, der „Regler", kontrolliert den Dampffluß durch das „Hauptdampfrohr" zum Lokomotivteil. Wenn der Dampf dort seine Arbeit verrichtet hat, wird er durch das „Blasrohr" und durch den „Schornstein" ausgestoßen. Dieses sogenannte Blasrohr ist so angeordnet, daß der Dampfstrahl einen Unterdruck in der Rauchkammer erzeugt und dadurch auf das Feuer durch die „Heizrohre" entsprechend der verbrauchten Dampfmenge ein Saugzug ausgeübt wird. Wenn mehr Dampf verbraucht wird, wird auch durch das stärker angefachte Feuer mehr Dampf erzeugt. Andere Kesselbauarten wurden von Zeit zu Zeit ausprobiert, waren aber selten erfolgreich.

Oben: *Der Arbeitsplatz eines amerikanischen Lokführers auf einer 1'D1'-Lokomotive der Denver, Rio Grande & Western Railroad.*

Oben: *Die 2'D2'-Lokomotive Nr. 905 der neuseeländischen Reihe „K" befördert den „Auckland-Express" an einem Tag im Juli 1956.*

Die meisten Dampflokomotiven werden mit Kohle geheizt, sie haben einen „Feuerrost" aus eisernen „Roststäben" auf denen das Feuer brennt. Die Asche fällt hinunter in den „Aschkasten". Verschiedene Vorrichtungen versorgen den Kessel mit frischem Wasser. Befindet sich das Wasser auf einem separaten Fahrzeug, sprechen wir von einem Tender, die Lokomotive ist dann eine Schlepptenderlokomotive; trägt die Lokomotive ihre Vorräte selbst, heißt sie Tenderlokomotive.

Der Lokomotivteil besteht aus dem „Rahmen" aus Stahl-

Oben: *Die größte und stärkste Lokomotivtype, die je für den Personenzugverkehr gebaut wurde, waren die (2'C) C2'-„Challenger"-Gelenklokomotiven der Union Pacific Railroad.*

Oben: *Die 01 187 der Deutschen Bundesbahn donnert mit ihrem Schnellzug nach Hof die Schiefe Ebene bei Neuenmarkt-Wirsberg hinauf – April 1970.*

Links: *Die 1'E-Lokomotive „Evening Star" (Abendstern) ist die letzte für die Britische Eisenbahn gebaute Dampflokomotive. Hier sehen wir sie in Didcot in Berkshire.*

platten („Plattenrahmen"), aus Stahlstäben und -stangen („Barrenrahmen") oder bei moderneren Maschinen aus einem einzigen großen Stahlgußstück (nur in englischsprachigen Ländern als „Lokomotivbett" bezeichnet). In diesem Rahmen sitzen in Aussparungen die „Achslager" für die „Radsätze", das heißt für eine Einheit aus zwei Rädern und einer Achse. Die Achslager sind mit dem Rahmen durch die „Federn" und „Ausgleichshebel" verbunden. Meist vorne sind die „Zylinder" am Rahmen befestigt, in denen sich jeweils ein „Kolben" bewegt. Die Kolbenkräfte, die der Dampf (abwechselnd) erzeugt, werden über ein System aus Stangen auf die Räder übertragen, zuerst von der „Kolbenstange" auf den „Kreuzkopf", der in den „Gleitbahnen" geführt wird, von dort über die „Treibstangen" auf die „Kurbelzapfen" der „Treibräder". Sollen weitere Achsen angetrieben werden, übertragen die „Kuppelstangen" die Antriebskräfte.

Damit kein Dampf aus den Zylindern austritt, dichtet eine „Stopfbuchse" die Austrittsöffnung der Kolbenstange ab. Um den Dampf so in die Zylinder zu leiten, daß eine Fortbewegung der Lokomotive entsteht, regelt man den Dampfeintritt und -austritt mit „Schiebern" oder „Ventilen". Angetrieben werden diese von den Treibrädern durch die „Steuerung". Über die Jahre verwendete man viele unterschiedliche Arten von Steuerungen, wie die Lokomotivbeschreibungen aufzeigen werden. Aber allen gemeinsam ist das Grundprinzip, daß der in den Kolben an einem Ende eintretende Dampf diesen Kolben, abhängig vom Dampfdruck und der Kolbenfläche, mit entsprechender Kraft zum entgegengesetzten Kolbenende hin bewegt.

Begriffserklärungen

Die Ziffern hinter den Benennungen weisen auf die untenstehende Zeichnung hin.

Abgeleitete Steuerung – Oft verwendete man mehr als zwei Zylinder, um einen ruhigeren Lauf oder eine größere Leistung zu erzielen. Um die Komplikationen etwas zu verringern, erhielt nicht jeder Zylinder seine eigene Steuerung, sondern zwei (meist außenliegende) Steuerungen bewegten über Umlenkhebel die anderen (inneren) Schieber.

Ablenkdom „97" – Er dient bei Tendern mit Wasserschöpfvorrichtung zum Ablenken und Verteilen des starken Wasserstrahls.

Abschlammventil – Ein Ventil, an der tiefsten Stelle des Wasserraums des Kessels an der Unterkante der Feuerbüchse. Beim Öffnen reißt das ausströmende Wasser dort abgelagerte Wasserverunreinigungen (Schlamm) mit sich.

Achslager: „28,44" – Die Lager der Achsen sind außen kastenförmig ausgebildet und laufen in den Achslagerführungen, die am Rahmen befestigt sind. In Längsrichtung haben sie kein Spiel, sie können sich aber vertikal gegen den Federdruck bewegen.

Achslagerführungen „44" – siehe Achslager.

Achslastausgleich – Die Federn mehrerer Achsen sind durch Ausgleichshebel verbunden, damit sich bei Gleisunebenheiten keine zu großen Unterschiede in den einzelnen Achslasten ergeben.

Aschkasten „52" – Wie bei jeder Feuerung mit festen Brennstoffen werden auch bei einer Lokomotive die Verbrennungsrückstände in einem Behälter unter dem Rost gesammelt.

Ausgleichshebel – siehe Achslastausgleich.

Barrenrahmen – siehe Rahmen.

Beyer-Garratt Lokomotive – Gelenklokomotivbauart, siehe „Reihe 231 + 132BT" auf Seite 150/151.

Bläser „2" – Eine Düse in der Rauchkammer oder unterhalb des Schornsteins, die mit einem Dampfstrahl einen Saugzug zur Feueranfachung erzeugt, wenn die Lokomotive nicht fährt.

Blasrohr „7" – Die Auspufföffnungen einer Dampflokomotive sind so angeordnet, daß der austretende Dampf in einem Strahl durch den Schornstein ausgestoßen wird. Dadurch erzeugt man einen Unterdruck in der Rauchkammer und facht durch diesen Saugzug das Feuer an.

Blechrahmen „37" – siehe Rahmen.

Bodenring „90" – Ein rechteckiger Ring, der die Feuerbüchse unten mit dem Kessel verbindet.

Bremsen – Lokomotiven besitzen gewöhnlich (aber nicht immer) eine Handbremse und (meist) eine Kraftbremse. Kraftbremsen können mit Druckluft, Dampfdruck oder Vakuum (Unterdruck) betrieben

King-Klasse 2'C

Großbritannien
Great Western Railway (GWR), 1927

Die Zeichnung zeigt die Funktionselemente einer 2'C-Lokomotive der „King"-Klasse (siehe Seite 122), dem fortgeschrittensten Mitglied einer großen Familie von standardisierten Lokomotiven. In einigen Punkten weicht die Lokomotive von der üblichen Praxis ab, so besitzt sie keinen Dampfdom, in dem der Dampf üblicherweise in das Hauptdampfrohr gelangt.
(Die Zeichnung wurde mit freundlicher Genehmigung aus dem Werk „Railway Wonders of the World" entnommen)

1 Schornstein
2 Bläseranschluß
3 Rauchkammertürverkleidung
4 Rauchkammertürverschluß
5 Rauchkammertür
6 Rauchkammmer
7 Blasrohr
8 Ein- und Ausströmöffnungen
9 Dampfverbindungsrohr
10 Überhitzerdampfrohr
11 Heißdampfsammler
12 Reglerventil
13 Saugzugbegrenzer
14 Schieberkasten
15 Kolbenschieber
16 Schieberstange
17 Kolben
18 Kolbenstange
19 Stopfbuchse
20 Vorderer Zylinderdeckel
21 Puffer
22 Schraubenkupplung
23 Schienenräumer
24 Drehgestellrahmen
25 Zylinderhähne
26 Zylinder
27 Drehgestellradsatz
28 Drehgestellaußenlager
29 Achsfeder
30 Drehgestellquerfederungsgehäuse
31 Kreuzkopf
32 Schieberkasten für Innenzylinder
33 Schieberantriebshebel
34 Gleitschienen
35 Gleitschienenträger
36 Drehzapfenbefestigung
37 Hauptrahmen
38 Kurbelzapfen
39 Kuppelstange
40 Führender Treibradsatz
41 Treibstange
42 Sandbehälter
43 Treibachsfedern
44 Achslagerführungen
45 Sandfallrohr

werden. Luft- und Vakuumbremsen verwendet man auch für die Bremsung des Wagenzuges von der Lokomotive aus.
Luftbremse – Die Bremsen, die Druckluft verwenden, fanden am weitesten Verbreitung.
Vakuumbremse – Das Gegenteil der Druckluftbremse ist die Vakuumbremse. Für Dampflokomotiven ist die Vakuumbremse wesentlich einfacher anzuwenden, denn zur Erzeugung eines Unterdrucks braucht man nur einen statischenn Ejektor, für die Druckluft einen vielteiligen Kompressor. Nachteil der Vakuumbremse ist der geringe verfügbare Bremsdruck, der maximal auf ein Dreiviertel des Atmosphärendrucks, also 0,75 kp/cm² beschränkt ist. Entweder braucht man dadurch sehr große Bremszylinder oder der Bremsdruck und damit die Bremswirkung ist nur gering.

Dom – Der Dampf wird dem Kessel am höchsten Punkt entnommen. Wo die Bauhöhe es zuläßt, verwendet man einen runden Kesselaufsatz, den Dom, um dort den Dampf zu sammeln.

Drehgestell „24, 27, 29, 30" – ein drehbares Laufgestell, meist zweiachsig gebaut, führt die Lokomotive in Kurven und trägt einen Teil des Lokgewichts. Sehr oft auch bei Tendern und Wagen verwendet.

Druckausgleichsventil – Ventil am Zylinder, das beim Leerlauf den Druckausgleich zwischen den beiden Seiten des Zylinders ermöglicht.

Ein- und Ausströmöffnungen „8" – siehe Schieber.

Exzenter – eine außermittig angebrachte Scheibe auf der Treibachse, die die Drehbewegung in eine hin- und hergehende Bewegung für den Antrieb der Schieber umsetzt.

Fairlie-Lokomotive – siehe Seiten 92/93.

Federschaken „92" – Die Enden der Blattfedern sind mit dem Rahmen durch bewegliche Glieder verbunden, die Federschaken.

Feuerbüchse „78,84" – Der Teil der Lokomotive, in dem das Feuer brennt. Wird aus Stahl oder Kupfer hergestellt.

Feuerschirm „79" – Ein Schirm aus Backstein oder Beton im Vorderteil der Feuerbüchse, der die Heizgase umlenkt, damit sie länger in der Feuerbüchse verweilen und die Rohrwand vor dem Verbrennen geschützt wird. Die ersten Lokomotiven heizte man mit Koks; dabei war ein Feuerschirm notwendig, bis es gelang Kohle ohne starke Rauchentwicklung zu verbrennen.

Feuertür „58, 62" – Die Öffnung der Feuerbüchse, durch die die Kohle geschaufelt wird, verschließt die Feuertür.

Flachschieber – siehe Schieber.

Füllungsgrad – Der Dampf tritt nur während eines Teils des Kolbenhubs in den Zylinder ein, der Anteil der Einströmzeit an der Dauer eines Hubs wird in Prozent angegeben. Typisch ist eine Anfahrt mit 75% Füllung, während der Fahrt wird die Füllung auf 40-15% zurückgenommen.

Funkenfänger – Eine Vorrichtung in der Rauchkammer, die den Auswurf von glühenden Kohle- und Ascheteilchen verhindert.

Gegendruckbremse – Die Zylinder werden hier als Kompressor verwendet, um Bewegungsenergie zu vernichten, also zu bremsen. Dabei erhitzt sich die Luft in den Zylindern sehr stark und man spritzt zur Kühlung Wasser ein, das sofort verdampft und dann durch einen Schalldämpfer ausgestoßen wird. Oft bei Steilstrecken verwendet, um die Bremsklötze zu schonen.

Gegenkurbel – Ein Kurbelhebel, meist am Ende des Kurbelzapfens der Treibräder, der exzentrisch angeordnet ist, um die Drehbewegungen in eine hin- und hergehende Bewegung für die Schieber umzuwandeln.

46 Bremsklötze
47 Mittlerer Treibradsatz
48 Vakuumbremshauptleitung
49 Achsfeder
50 Abdeckung für Gummiklötze
51 Ausgleichshebel
52 Aschkasten
53 Roststäbe
54 Luftklappen
55 Hebel für Luftklappen
56 Hebel für Zylinderhähne
57 Hebel für Besandungseinrichtung
58 Bedienungsgriff für Feuertür
59 Führerhauswand
60 Führerhausboden
61 Umsteuerrad mit Griffen
62 Feuertür
63 Reglergriff
64 Bläseranstellventil
65 Pfeife
66 Reglerstange
67 Öffnung des Hauptdampfrohrs
68 Senkrechte Stehbolzen
69 Kesselmantel
70 Hauptdampfrohr
71 Sicherheitsventile
72 Speiseventile
73 Wasserablenkbleche
74 Längsstehbolzen
75 Heizrohre
76 Überhitzerelemente
77 Rauchrohre
78 Feuerbüchse
79 Feuerschirm
80 Feuerbüchsrückwand
81 Feuerbüchsdecke
82 Feuerbüchsrohrwand
83 Feuerbüchsstehbolzen
84 Feuerbüchsvorderwand
85 Position des beweglichen Kesselauflagers
86 Radverkleidungen
87 Rauchkammerrohrwand
88 Ausgleichsgewicht
89 Schmelzpfropfen
90 Bodenring
91 Tenderachsfeder
92 Federschaken
93 Bremsklotz
94 Bremsgestänge
95 Wasserschöpfschnabel
96 Wassereinlaßrohr
97 Ablenkdom
98 Puffer
99 Tenderrahmen
100 Tendervorderpuffer
101 Kurbel für Wasserschöpfvorrichtung
102 Kurbel für Tenderbremse
103 Achslager
104 Vakuumbremsbehälter

Gelenklokomotive – Eine Lokomotive, die mehrere, teilweise bewegliche, Triebwerksgruppen besitzt. Die wichtigsten Bauformen „Fairlie", „Beyer-Garratt" und „Malet" werden in diesem Buch beschrieben.

Gleitschienen „34" – siehe Kreuzkopf.

Heizrohre „75" – Die heißen Rauchgase aus der Feuerbüchse durchströmen die Heizrohre (auch „Kesselrohre" oder einfach „Rohre" genannt) zur Rauchkammer hin und erhitzen dabei das Wasser im Langkessel.

Hocheinspeisung „72, 73" – Speisewasser ist verhältnismäßig kalt und wird oft von oben durch die Speiseventile in den Kessel gedrückt, damit die Kesselrohre keinen zu großen Temperaturschwankungen ausgesetzt sind.

Indizierte Leistung – Die Leistung, die in den Zylindern einer Lokomotive entwickelt wird, oft auch als Zylinderleistung bezeichnet. Siehe dazu auch „Zughakenleistung".

Injektor – Eine statische Vorrichtung zum Einspeisen des Kesselwassers. Frisch- oder Abdampf saugt dabei das frische Wasser an.

Kesselrohre „75" – siehe Heizrohre.

Kipprost – Hat eine Lokomotive ihren Einsatz beendet, wird das Feuer vom Rost entfernt. Anfänglich schaufelte man recht mühsam die Überreste des Feuers durch das Feuerloch heraus. Später ordnete man einen Teil des Rosts so an, daß man ihn kippen konnte und Asche und Schlacke einfach nach unten heraus fielen.

Kohlenschieber – eine meist dampfbetriebene Vorrichtung im Tender, die die hinten lagernde Kohle so weit vorschob, daß sie der Heizer leicht erreichen konnte.

Kolben „17" – siehe Zylinder.

Kolbenschieber „15" – siehe Schieber.

Kolbenstange „18" – Verbindet denn Kolben mit dem Kreuzkopf.

Kreuzkopf „31" – Der Kreuzkopf wird in den Gleitschienen geführt und überträgt die Kolbenkräfte auf die Treibstangen. Die Gleitschienen nehmen dabei die Seitenkräfte auf, die sich durch die Schrägstellung der Treibstange ergeben.

Kropfachse – Die Innenzylinder treiben Kropfachsen an, bei denen Kröpfungen den Kurbelzapfen der Außenzylinder entsprechen.

Kuppelstangen „39" – Verbinden die Treibzapfen der Antriebsräder einer Lokomotivseite und übertragen die Antriebskräfte von der Treibachse auf die Kuppelachse.

Kupplung „22" – Die Kupplungen verbinden die einzelnen Fahrzeuge eines Zuges miteinander. Nicht selbsttätige Kupplungen sind meist Schraubenkupplungen aus zwei Gliedern, die eine Schraube verbindet. Die Schraube besitzt je zur Hälfte rechts- und linksläufige Gewinde, damit man die Kupplung verlängern oder verkürzen kann. Nach dem Einhängen in den Kupplungshaken eines Fahrzeugs wird sie so weit verkürzt, daß die Puffer sich berühren. Automatische Kupplungen arbeiten mit Klauen, die beim Zusammenschieben der Fahrzeuge einrasten und von außen wieder gelöst werden können.

Kurbelzapfen „38" – Die Treib- und Kuppelstangen sind mit den Rädern durch die Kurbelzapfen verbunden, die die Triebkräfte übertragen.

Laufachse – Einzelne Laufachsen oder Drehgestelle (siehe dort) führen die Lokomotive in Kurven und übernehmen einen Teil des Lokgewichts.

Luftklappen „54, 55" – Die Stärke des Feuers wird durch die Luftzufuhr geregelt. Die Luftklappen werden vom Heizer mit Hebeln bedient.

Mallet-Lokomotive – siehe „Challenger" auf den Seiten 170/171.

Manganhartstahlplatten – Moderne Lokomotiven besaßen sie in den Achslagerführungen, um den Verschleiß zu verringern.

Massenausgleich „88" – Die hin- und hergehenden und die umlaufenden Massen des Treibwerks erzeugen eine Unwucht, die durch Ausgleichsmassen so weit ausgeglichen werden müssen, daß der Lauf der Lokomotive nicht darunter leidet. Umlaufende Massen lassen sich einfach auswuchten, andere Bewegungen meist nur zum Teil.

Radialachse – Die Achslager einer Radialachse sind so gestaltet, daß die Achse bei einer seitlichen Verschiebung einen Kreisbogen beschreibt. Damit erreichte man die Wirkung eines separaten Laufgestells auch bei einer im Hauptrahmen gelagerten Achse.

Radreifen Die Laufflächen der Räder, die dem Verschleiß unterliegen, sind separate, auf den Radsternen aufgeschrumpfte Stahlreifen.

Radverkleidungen „86" – Bei tiefliegenden Umlaufblechen und in Führerständen mußte man den herausstehenden Teil aus Sicherheitsgründen abdecken.

Rahmen „37" – Oft Hauptrahmen genannt. Das Rückgrat einer Lokomotive bestand entweder aus Stahlplatten (Blech- oder Plattenrahmen) oder aus Stahlstangen (Barrenrahmen). Später verwendete man auch große Stahlgußteile (Lokomotivbett).

Rauchkammer „6" – Im Vorderteil des Kessels sammelt sich der Rauch aus den Heiz- und Rauchrohren und wird durch den Dampfstrahl aus dem Blasrohr ins Freie mitgerissen. Am Boden der Rauchkammer setzen sich Verbrennungsrückstände (Lösche) ab, die durch die Rohre geblasen wurden.

Rauchrohre „77" – Große Kesselrohre, in denen die Überhitzerelemente untergebracht sind.

Regler „12" – Das Ventil, mit dem die Dampfzufuhr zu den Zylindern eingestellt wird, das „Gaspedal" der Lokomotive.

Reibungsgewicht – Der Anteil des Lokgewichts, der auf den Kuppelrädern ruht. Er bestimmt die Kraft, die die Räder auf das Gleis übertragen können und damit die Zugkraft der Lokomotive.

Rohre – siehe Heizrohre.

Rost „53" – Normalerweise aus Gußeisenstäben zusammengesetzte Fläche auf der das Feuer brennt.

Sandstreueinrichtung „42, 45" – Sand aus dem Sandkasten wird durch die Sandfallrohre auf die Gleise geleitet, um die Reibung zu erhöhen, vor allem bei feuchtem Wetter. Die Vorrichtung wird vom Führerstand aus bedient, der Sand fällt entweder durch sein Eigengewicht herab oder er wird mit Dampf oder Luft herausgedrückt.

Saugzugbegrenzer „13" – Manche Lokomotiven besaßen eine Einrichtung, die bei angestrengtem Arbeiten der Maschine den Saugzug und damit die Feueranfachung einschränken konnte.

Schieber – Bei Dampflokomotiven verwendete man drei verschiedene Schiebertypen. Der *Flachschieber* wurde während der ersten 75 Jahre der Dampflokomotive durchweg verwandt. Er besteht aus einem flachen Schiebekörper, der auf dem Schieberspiegel mit den Ein- und Ausströmöffnungen gleitet. Eine Vertiefung im Schiebekörper verbindet die verschiedenen Öffnungen je nach der Stellung der Steuerung. Dadurch wird die Dampfeinströmung und der Auspuff des Dampfes in der gewünschten Reihenfolge vorgenommen.

Später fanden die *Kolbenschieber* fast universelle Anwendung. Der Schieberkasten ist zylindrisch geformt, anstelle des flachen Schieberkörpers treten zwei Kolben, die den Dampf entsprechend leiten. Der Dampf kann in den Zylinder zwischen oder auch auf der Außenseite dieser Kolben in den Zylinder eintreten: entsprechend besitzen die Schieber dann innere oder äußere Einströmung, wobei die innere Einströmung häufiger angewendet wurde.

Einige Lokomotiven erhielten auch Tellerventile *(Ventilsteuerung)*, die in ihrer Ausführung den in Autos verwandten Ventilen ähnlich sind.

Schienenräumer „23" – Sie befinden sich vor dem ersten Radsatz einer Lokomotive und haben die Aufgabe, Gegenstände von den Schienen zu schleudern, die sonst zur Entgleisung führen könnten.

Schlingern – Eine Bewegung um die senkrechte Achse der Lokomotive durch die hin- und hergehenden Massen.

Schmelzpfropfen „89" – Die letzte Sicherung vor den gefährlichen Folgen eines zu niedrigen Wasserstandes. Eingeschraubte Messingspfropfen mit einem Bleieinsatz schmelzen durch, wenn die Feuerbüchsdecke zu heiß wird. Der Dampf, der in die Feuerbüchse strömt, soll das Feuer löschen, damit der Kessel nicht explodiert.

Schornstein „1" – Die Öffnung des Kessels, durch die Abdampf und Rauchgase ins Freie gelangen.

Schüttelrost – Bei ihm können Teile des Feuerrostes hin- und herbewegt werden, damit Verbrennungsrückstände in den Aschkasten fallen.

Sicherheitsventile „71" – Bei Überschreiten des maximalen Kesseldrucks tritt hier der überschüssige Dampf aus.

Speisepumpe – Eine Pumpe, die das Speisewasser in den Kessel drückt, entweder über Hebel vom Triebwerk oder durch einen eigenen Dampfzylinder angetrieben, letztere meist in Verbindung mit einer Vorwärmeranlage.

Speiseventil „72" – ein Rückschlagventil, durch das das Speisewasser in den Kessel gelangt.

Spurkranzöler – In scharfen Kurven drücken die Spurkränze der Räder sehr stark gegen den Schienenkopf, der Verschleiß ist sehr hoch. Um den Verschleiß zu verringern, erhielten Lokomotiven Vorrichtungen, mit denen der Spurkranz geschmiert werden konnte. Häufig findet man heute derartige Vorrichtungen an den Kurvengleisen selbst.

Stehbolzen „68, 74, 83" – Der runde Kessel widersteht dem Druck allein durch seine Form. Die mehr oder weniger rechteckige Feuerbüchse muß durch Hunderte von Stehbolzen mit der Außenwand des Kessels verbunden und versteift werden.

Steuerungen – Die Steuerungen bewegen die Schieber so, daß der Dampf zum richtigen Zeitpunkt in die Zylinder ein- und auch wieder ausströmt. Mit ihr ist es möglich, die Fahrtrichtung der Lok zu ändern und den Füllungsgrad zu verstellen. Viele Bauformen wurden zu diesem Zweck entwickelt. Die Heusinger-Walschaertsteuerung setzte sich weltweit durch und soll hier näher beschrieben werden:

Die Gegenkurbel (1) ist um 90° versetzt auf dem Treibzapfen befestigt. Die Schwingenstange (2) bewegt die Schwinge (3) und den Drehpunkt (4) hin und her. Ein Schwingenstein, der in der Schwinge gleitet, ist mit der Schieberschubstange (5) verbunden. Mit dem Umlenkhebel (6) der Steuerstange kann der Schwingenstein und damit die Schieberschubstange gehoben oder gesenkt werden. Befindet sich die Schieberschubstange (5) oben, fährt die Lok rückwärts, ist sie unten, fährt sie vorwärts. Durch Zwischenstellungen kann die Füllung verändert werden. Der Voreilhebel (7) überträgt einen Teil der Kolbenbewegung auf den Schieber, damit er schon etwas eher öffnet (voreilt).

Die *Bakersteuerung* ist eine Abart

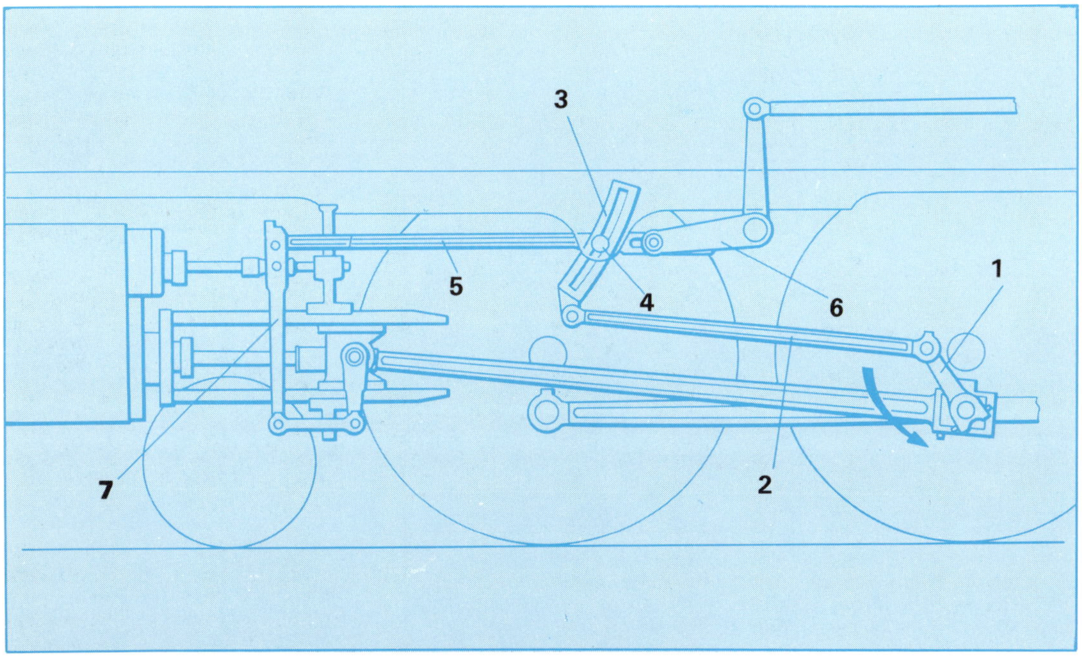

Die Abbildungen zeigen die Anordnung der Heusinger/Walschaertsteuerung. Die Zahlen beziehen sich auf die Beschreibung unter dem Begriff „Steuerungen". Die Zeichnung wurde der Fachliteratur entnommen © Eleanora Steel.

der Walschaertsteuerung, bei der die gekrümmte Schwinge durch mehrere gerade Teile ersetzt wurde. Sie fand hauptsächlich in den USA Verwendung.

Die *Stephensonsteuerung* wurde sicher genauso häufig verwendet wie die Walschaertsteuerung. Andere Bauarten wie Allan, Gooch oder Hakensteuerung wurden seltener verwendet und werden in diesem Buch beschrieben. Man findet sie bei:

Stephenson – siehe „Beuth", Seite 30
Gooch – Siehe „Rover"-Klasse, Seite 46
Allan – siehe „„Reihe 79", Seite 40
Hakensteuerung – siehe „Beuth", Seite 30

Stopfbuchse „19" – Die Dichtung des Dampfzylinders an der Austrittsstelle der Kolbenstange.

Tender – Ein separates Fahrzeug für die Vorräte der Lokomotive.

Tenderlokomotive – Sie führte ihre Vorräte mit sich und besitzt keinen separaten Tender.

Thermischer Wirkungsgrad – Das Verhältnis zwischen geleisteter Arbeit und der Energie, die im Brennstoff enthalten war.

TIA – eine Art der Speisewasserbehandlung, entwickelt von Louis Armand von den Französischen Staatsbahnen, bezeichnet als „Traitement Intégral Armand". Das Wasser wurde regelmäßig auf Härte und Verunreinigung kontrolliert und entsprechend mit Chemikalien behandelt. Die Verwendung sauberen Wassers verringerte die Reparaturhäufigkeit der Kessel erheblich.

Treibräder „40, 47" – Die angetriebenen Räder der Lokomotive; sie werden auch als Kuppelräder bezeichnet.

Treibstange „41" – Sie verbindet den Kreuzkopf mit dem Kurbelzapfen des Treibrades.

Triebwerk – Ein Oberbegriff für alle Teile, die direkt der Fortbewegung der Lokomotive dienen.

Umsteuerhebel – Ein Hebel im Führerstand, der auf die Steuerstange wirkt. Bei Schnellzuglokomotiven modernerer Bauart nicht mehr verwendet.

Umsteuerrad „61" – Das Rad dreht eine Steuerspindel, die im Steuerblock gelagert ist und die über die Steuerstange die Stellung der Steuerung verändert.

Ventilsteuerung – siehe Schieber.

Verbrennungskammer – eine Fortsetzung der Feuerbüchse in den Langkessel hinein, die das Feuerbüchsvolumen auf Kosten der Rohrlänge vergrößert. Sie soll bei langen Kesseln zu einer besseren Verbrennung führen.

Verbundantrieb – Bei der Verbundmaschine sind Zylinder unterschiedlicher Größe so angeordnet, daß zuerst die kleinen Hochdruckzylinder den Frischdampf aus dem Kessel erhalten. Hat er dort seine Arbeit verrichtet, gelangt er über einen Dampfsammler in die größeren Niederdruckzylinder, um sich dort weiter zu entspannen und dabei weitere mechanische Arbeit zu leisten. Die Zylinder sind unterschiedlich groß, damit sich etwa gleiche Leistungen trotz der verschiedenen Drücke ergeben.

Voreilung – siehe Steuerungen.

Wasserkammer – Senkrechte oder schräge Wassergefäße innerhalb der Feuerbüchse, die die direkte Heizfläche vergrößern und die Feuerbüchswände (und den Feuerschirm) versteifen sollen. Ist der Querschnitt der Gefäße rund, sind es Wasserröhren, sind sie flach, spricht man von Wasserkammern.

Wasserreißen – Wenn der Wasserspiegel im Kessel zu hoch ist oder wenn das Wasser durch Verunreinigungen schäumt, kann Wasser in die Zylinder übergerissen werden und dort im schlimmsten Fall zum Wasserschlag führen. Dabei kann sogar der Zylinder zerreißen.

Wasserstandsglas – Ein Glasrohr, das so am Kessel im Führerstand befestigt ist, daß auf ihm der Wasserstand des Kessels zu ersehen ist. Es ist die wichtigste Einrichtung für die Sicherheit des Betriebs einer Dampflokomotive und ist darum meist zweimal vorhanden.

Westinghouse-Bremse Eine bekannte Form der Luftbremse – siehe Bremsen.

Zughakenleistung – Wichtige Größe für die Zugförderung. Es ist die Zylinderleistung abzüglich der Leistung, die die Lokomotive für ihre eigene Fortbewegung benötigt, also das, was tatsächlich zur Beförderung eines Zuges zur Verfügung steht.

Zugkraft – Eine theoretische Größe, die angibt welche Kraft die Lokomotive am Zughaken bei einem Druck von 85% des Maximaldrucks in den Zylindern abgeben kann.

Zylinder „26" – Die Energie, die im Dampf enthalten ist, wird im Zyliner in eine Bewegung des Kolbens umgewandelt.

Zylinderhähne „26, 56" – Wenn eine Lokomotive anfährt, kondensiert der Dampf in den anfänglich kalten Zylindern zu Wasser, das ja nicht komprimiert werden kann. Damit der Zylinder nicht platzt, wird das Wasser durch die untenliegenden Zylinderhähne abgelassen.

Northumbrian A1

Großbritannien
Liverpool & Manchester Railway (L&M) 1830

Zugkraft: 7,0 kN (1580 lb)
Achslast: ca. 3t (6,500 lb)
Zylinder, ∅ x Hub: (2) 280 x 406 mm (11 x 16 in)
Treibrad ∅: 1321 mm (52 in)
Verdampfungsheizfläche: 38m² (412 sq ft)
Kesseldruck: ca. 3,5 kp/cm² (50 psi)
Rostfläche: ca. 0,75 m² (8 sq ft)
Brennstoff (Koks): ca. 1t (2,200 lb)
Wasser: ca. 1,8m³ (400 gall)
Reibungsgewicht: ca. 3 t (6,500 lb)
Gesamtdienstgewicht: 11,5 t (25,500 lb)
Gesamtlänge: 7.315 mm (24 ft)

Oben: *Die 1980 nachgebauten Rocket (links) und Sans Pareil (rechts) aus dem Jahre 1829.*

Der Leser mag vielleicht verwundert sein, daß die Parade der Reisezug-Dampflokomotiven in diesem Buch nicht von Stephensons unsterblicher „Rocket" angeführt wird. Der Grund dafür ist, daß sich zwischen dem Wettrennen von Rainhill im Oktober 1829 und der Eröffnung der ersten städteverbindenden Dampfeisenbahn am 15. September 1830 ebenso viele grundlegende Änderungen ergaben, wie von 1830 bis heute. Dampflokomotiven, die 1982 gebaut wurden, unterscheiden sich von Lokomotiven des Jahres 1830 auch nicht mehr, als diese von den Lokomotiven, die man nur ein Jahr zuvor baute – zumindest in der Grundform. Natürlich wurden sie inzwischen etwas größer und schwerer – etwa um das Vierzigfache.

Die „Northumbrian", die den Jungfernzug an diesem unheilvollen Eröffnungstag im Jahre 1830 zog, besaß wichtige Bauelemente, die die „Rocket" nicht besaß; erstens hatte sie eine Rauchkammer, in der sich die durch Rohre gesaugte Asche sammeln konnte. Zweitens war der Kessel mit dem Wassermantel um die Feuerbüchse herum gebaut. Diese beiden Neuerungen bedeuteten, daß man die endgültige Form des Lokomotivkessels gefunden hatte, wie ihn in den nächsten 150 Jahren mindestens 99,9% aller Dampflokomotiven der Erde erhalten sollten. Der dritte wichtige Punkt war, daß die Zylinder sich nun endlich der horizontalen Lage näherten. Die Zylinder der „Rocket" lagen noch ziemlich steil in einem Winkel von 35° zur Horizontalen; es überrascht daher nicht, daß die unausgeglichenen Massenkräfte zu einem starken Schlingern der Lokomotive führten.

Auch waren die Zylinder der „Northumbrian" besser zugänglich, wenn sie auch noch am falschen Ende lagen. Die „Northumbrian" wog 7,35 Tonnen ohne Tender, beinahe doppelt so viel wie die 4,25 Tonnen schwere „Rocket". Man war sich ihrer unbändigen Kräfte bewußt und stattete sie darum mit einer vorderen Pufferbohle aus, die lederne, mit Roßhaar ausgestopfte, Puffer vervollständigten. Weitere recht wichtige Verbesserungen waren die Verwendung senkrechter Eisenplatten als Hauptrahmen und ein richtiger Tender, der mehr war, als nur ein Faß auf Rädern.

Die charakteristischen Bauelemente der „Rocket", die ihr zum Erfolg von Rainhill verhalfen, verwendete man bei der „Northumbrian" selbstverständlich weiter, aber in größerer und kräftigerer Ausführung. Der verwendete Rohrkessel ist ein Kessel, in dem die Wärmeenergie der Rauchgase nicht in einem einzigen großen Rauchrohr, sondern in vielen kleinen Heizrohren an das Wasser übergehen kann. Eine größere Zahl kleiner Rohre hat eine größere Oberfläche als ein großes Rohr gleichen Querschnitts, damit kann die Wärme besser an das Kesselwasser abgegeben werden und es kann vergleichsweise mehr Dampf erzeugt werden.

Die andere, außerordentlich wichtige, Neuerung der „Rocket" war das Blasrohr, das so wichtig für das Funktionieren einer Dampflokomotive ist, daß bis heute praktisch alle normalen Dampflokomotiven eines erhielten. Mit ihm „bläst" man den Abdampf, der aus den Zylindern kommt, in einem scharfen Strahl in den Schornstein und erzeugt damit einen Unterdruck am Rauchkammerende des Kessels. Die Außenluft strömt nach und versucht den Druck auszugleichen. Der einzige Weg, den sie dabei nehmen kann (so hoffte man), war der durch den Feuerrost, das Feuerbett und die Rauchrohre. Damit wird das Feuer angefacht und man erhält eine Rückwirkung von der abgegebenen auf die erzeugte Leistung. Die Menge der angesaugten Luft hängt nämlich von der ausgestoßenen Dampfmenge ab; arbeitet die Lok stärker, saugt sie auch mehr Verbrennungsluft an. Mehr als alles andere trug diese Kopplung von Dampfverbrauch und Dampferzeugung zum großen Erfolg der Konstruktion von George Stephenson und seinem Sohn Robert bei.

Es spricht wohl für sich, daß der Kessel der „Northumbrian" als „Lokomotivkessel" bekannt wurde. Von all den Lokomotiven, die in diesem Buch beschrieben werden, besaß nur eine, die Nr. 10000 der London & North Eastern Railway, einen anderen Kesseltyp und ebenfalls nur eine, die Reihe 25 der South African Railways war ohne Blasrohr. Dabei hatte es wahrhaftig nicht an Vorschlägen zur Verbesserung der Dampflokomotive gefehlt; vieles wurde versucht, aber nur wenige Vorschläge kamen überhaupt so weit voran, daß sie im normalen Einsatz erprobt werden konnten. Und, wie wir ja wissen, hat es niemand geschafft, den Stephenson Kessel zu ersetzen, zumindest solange man bei der Dampftraktion blieb. Übrigens war der Röhrenkessel keine eigene Idee der Stephensons, diese Ehre gebührt dem Schatzmeister der L&M Company, Mr. Henry Booth.

Was den mechanischen Teil der „Northumbrian" angeht, hat sich das Prinzip der Verwendung von zwei Zylindern – und nur zwei – außerhalb des Rahmens, die direkt mit den Treibrädern verbunden waren, ebenfalls im Laufe der Zeit weltweit durchgesetzt. Gegen Ende der Dampflokzeit war dieses Grundschema praktisch allgemein gültig, abgesehen von Gelenklokomotiven, die dann aber meist zwei derartige Triebwerke besaßen. Auch wenn dies so kam, so wies doch die „Northumbrian" selbst erhebliche Mängel auf.

Weil die Treibräder vorne lagen, befanden sich die schwere Feuerbüchse und die ebenso schweren Zylinder über der hinteren Laufachse. Am vorderen Ende gab es nur einen Behälter voller Rauch, dabei brauchten doch die Treibräder soviel Gewicht, wie die Tragfähigkeit der Gleise nur zuließ, um nicht durchzudrehen. Dazu kam dann noch, daß die Kraftwirkung am hinteren Zughaken bewirkte, daß sich

Oben rechts: *Stephensons Northumbrian, ein zeitgenössischer Kupferstich. Man beachte die Lampen und die Kleidung des Lokpersonals.*

Unten: *Eine frühere Nachbildung der Rocket vor ihrem Umbau.*

Unten: *Die Northumbrian im Neuzustand, so wie sie nach dieser Zeichnung damals ausgesehen haben muß.*

die Lok beim Anfahren vorne noch etwa anhob und damit das Reibungsgewicht weiter vermindert wurde.

Der kurze Achsstand in Verbindung mit außenliegenden Zylindern führte durch die Bewegung der Kolben zu starken Bewegungen um eine senkrechte Drehachse, die Maschine „boxte" und schlingerte. Erst erhebliche Umbauten der „Northumbrian" konnten diese Probleme beseitigen; man verlängerte den Achsstand und verlegte die Zylinder nach vorne. In der Zwischenzeit verließ die Entwicklung die Hauptlinie und zweigte von ihr ab, wie wir sehen werden.

Eine etwas fragwürdige Angelegenheit war die Vorrichtung zur Fahrtrichtungsänderung der „Northumbrian". Ein Exzenter – ein Bauteil, das eine Drehbewegung in eine hin- und hergehende Bewegung umsetzt – saß auf der Treibachse und steuerte die Bewegungen der Dampfschieber der beiden Zylinder. Um die Fahrtrichtung zu ändern, mußte der Exzenter um etwa 180° gegen die Achse verdreht werden. Es war einfach, die Exzenter lose auf der Achse anzubringen und nur Arretierungen für die jeweilige richtige Richtung vorzusehen. Wenn die Achse sich dann drehte, nahm der Exzenter von selbst die richtige Stellung ein. Der Nachteil dieser einfachen Steuerung war, daß es sehr schwierig war, für sie eine Verstellmöglichkeit zu finden, mit der sie auch im Stillstand für die gewünschte Richtung eingestellt werden konnte. Ansonsten war es nur möglich, die Lokomotive durch Anschieben in die richtige Richtung fahren zu lassen!

Die „Rocket" und auch die „Northumbrian" hatten eine primitive mechanische Umsteuervorrichtung; ihr Nachteil war, daß sie während der Fahrt nicht bedient werden konnte. Dies wurde am Eröffnungstag drastisch vor Augen geführt, als das Parlamentsmitglied William Huskisson in den Weg der „Rocket" trat. Joseph Locke, der die Lokomotive fuhr, hatte keine Möglichkeit schnell anzuhalten – abzubrechen, wie man damals sagte – um den denkwürdigen Unfall zu verhindern. Die „Northumbrian" gelangte zwar zu neuem Ruhm, indem sie den schwerstens Verletzten rasch in ärztliche Betreuung brachte, aber auch das half nichts mehr.

Die „Northumbrian" zählt man zur „Rocket"-Klasse, von der die Liverpool & Manchester Railway 1829-30 schon sieben Exemplare erhalten hatte. Die unmittelbaren Nachfolger der „Rocket", die „Meteor", „Comet", „Dart" (Speer) und „Arrow" (Pfeil) besaßen von Anfang an fast waagerechte Zylinder, die „Rocket" wurde bald ebenso umgebaut. „Phoenix" und „North Star" hatten schon eine Rauchkammer. „Majestic", die der „Northumbrian" folgte, stattete man auch mit allen erwähnten Einrichtungen aus. Von allem blieben nur Überreste der „Rocket" erhalten, die sich im Londoner Wissenschaftsmuseum befindet. Sie ähneln aber mehr den späteren Maschinen, als dem Lieferzustand der „Rocket".

Oben: *Eine zweifelhafte Darstellung der Northumbrian aus Holz angefertigt 1930 anläßlich des 100jährigen Jubiläums der L&M.*

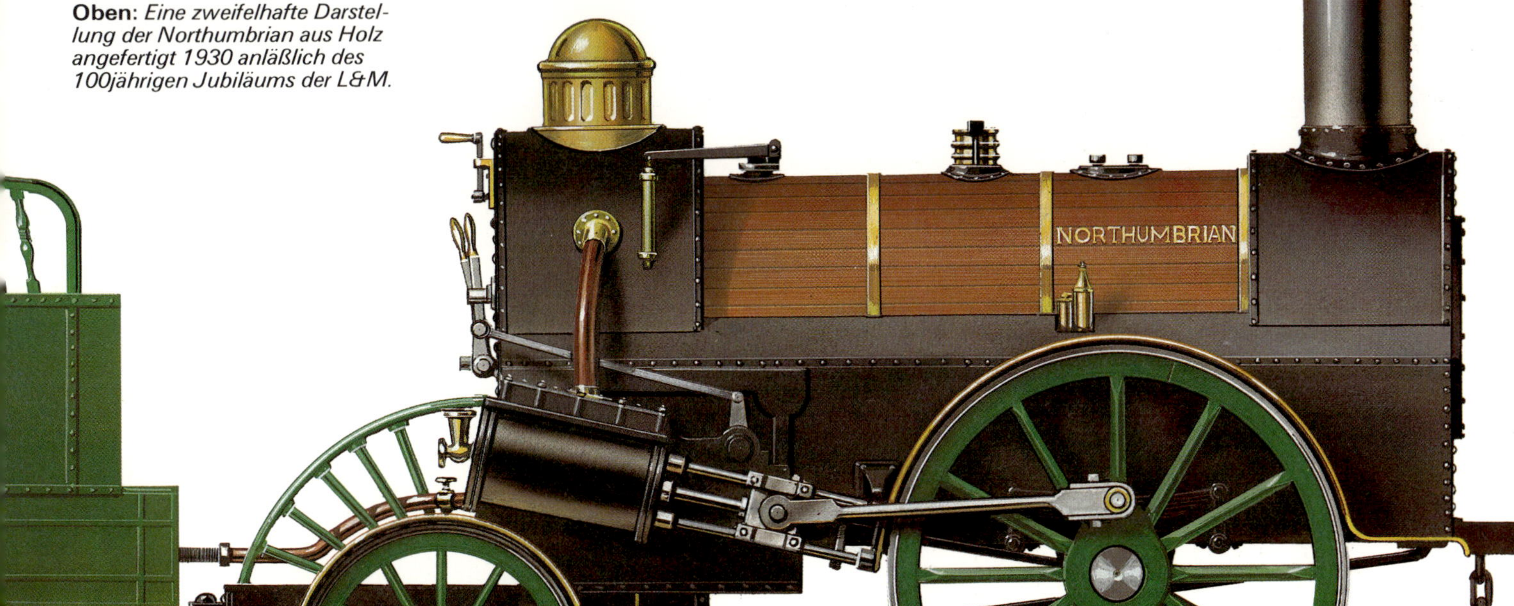

Planet-Reihe 1A

Großbritannien
Liverpool & Manchester Railway, 1830

Zugkraft: circa 6,5 kN (1450 lb)
Achslast: 5,1 t (11 250 lb)
Zylinder, Ø x Hub: (2)
292 x 406 mm (11 ½ x 16 in)
Treibrad Ø: 1575 mm (62 in)
Verdampfungsheizfläche:
37,8 m² (407 sq ft)
Kesseldruck: circa 3,5 kp/cm²
(50 psi)
Rostfläche: 0,67 m² (7,2 sq ft)
Brennstoff (Koks): circa 1 t
(2200 lb)
Wasser: circa 1,8 m³ (400 Imp gal)
Reibungsgewicht: 5,1 t
(11 250 lb)
Gesamtdienstgewicht: 13,4 t
(29500 lb)
Gesamtlänge: 7407 mm
(24 ft 4 in)

Die „Planet" erschien auf der Liverpool & Manchester Railway im Oktober 1830, kurz nach der Eröffnung. Die Stephensons hatten zwei Dinge seit Ablieferung ihrer „Northumbrian", wenige Wochen zuvor, geändert. Zuerst verlegten sie die Zylinder wieder an das vordere Ende der Lok; damit verbesserte sich die Gewichtsverteilung der Maschine, angetrieben wurde die hintere Achse, die die schwere Feuerbüchse unterstützte. 99% aller Dampflokomotiven der Welt sollten diese Anordnung mit zwei vornliegenden waagerechten Zylindern erhalten.

Zweitens versuchte man das „Boxen" der früheren Lokomotiven zu lindern. Man näherte die Zylinder der Mittelachse, indem man sie zwischen die Rahmenwangen verlegte und die Treibachse als Kropfachse ausführte. Nicht nur bereiteten diese Kropfachsen bis in die jüngste Zeit Schwierigkeiten durch ihre störungsanfällige Form, sondern man mußte für sie auch das Pleuellager der Treibachsen teilen – und damit schwächen –, um sie auswechseln zu können. Trotzdem sollten etwa 5% aller Dampflokomotiven der Welt zwei Innenzylinder mit Kropfachsen erhalten. Die Firma Robert Stephenson & Co lieferte derartige Maschinen noch im Jahre 1953 an die British Railways.

Die „Planet"-Bauart war sehr erfolgreich und viele dieser Maschinen, manche mit gekuppelten Achsen, erschienen von den Stephensons und anderen. Eine 1A-Lok namens „Old Ironsides" baute 1832 ein Matthias Baldwin in Philadelphia. Dies war der Beginn der größten Lokomotivfabriken, die es auf der Welt gab und die in 130 Jahren 60000 Lokomotiven erbaute. Man berichtet, daß Baldwin so große Schwierigkeiten bei der Eintreibung der Rechnung für seine erste Lokomotive hatte, daß er erklärte, nie wieder eine zu bauen! Im Gegenteil dazu beschlossen die Stephensons beim Entwurf ihrer berühmten dreiachsigen Lokomotiven, daß sie diesmal ein Patent beantragen würden, um Nachahmer abzuschrecken.

Immerhin war es die „Planet", die am Ende eine noch skeptische Welt davon überzeugen konnte, daß man hier endlich ein verläßliches Transportmittel besaß, und daß die Stephensons die richtigen Leute zu seiner Herstellung waren. Schon bald sollten sie es von einer kleinen Hütte am Tyne zu Millionären bringen, in britischen Pfunden der damaligen Zeit selbstverständlich. Vor allem aber war – und ist – ihr Name überall dort geläufig, wo immer auch und solange es Eisenbahnen gibt.

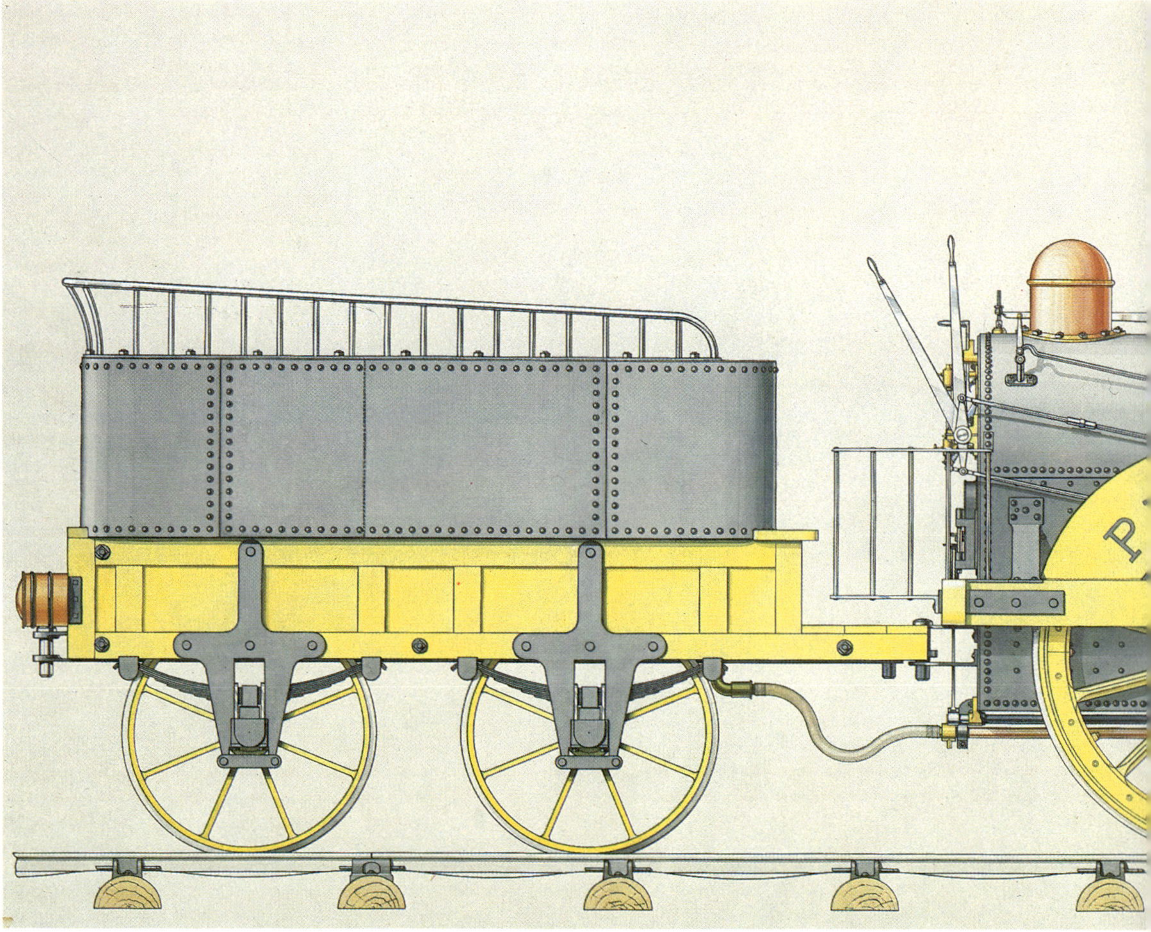

Best Friend of Charleston B

USA
South Carolina Railroad (SCRR), 1830

Zugkraft: 2 kN (453 lb)
Achslast: 2 t (4500 lb)
Zylinder, Ø x Hub: (2)
152 x 406 mm (6 x 16 in)
Treibrad Ø: 1372 mm (54 in)
Kesseldruck: 3,5 kp/cm³ (50 psi)
Rostfläche: 0,2 m² (2,2 sq ft)
Brennstoff (Koks):
Nicht bekannt
Wasser: 0,625 m³ (137 Imp gal)
Reibungsgewicht: 4,1 t
(9000 lb)
Gesamtdienstgewicht: 4,1 t
(9000 lb)
Gesamtlänge: 4496 mm
(14 ft 9 in)

Ein Tag der ganz gewiß in die Geschichte einging, war der 15. Januar 1831, an dem die erste in den USA in voller Größe gebaute Lokomotive ihren Dienst begann. Es war der „Best Friend of Charleston", der zum erstenmal auf der ersten kommerziellen Bahn der Neuen Welt, der South Carolina Railroad, fuhr. Dieser kleine Apparat kündigte den Anfang eines Zeitalters an, in dem

Unten: *Eine Zeichnung der Lokomotive „Planet" der Liverpool & Manchester Railway, Stephensons erste Innenzylinderlokomotive.*

allein in den USA 170000 Dampflokomotiven gebaut werden sollten. Den „Best Friend" erbaute die West Point Giesserei in New York gegen Ende des Jahres 1830. Zu ihren Merkmalen gehörten ein senkrecht stehender Kessel, ein im Rahmen angeordneter Wasserbehälter, vier gekuppelte Räder und zwei leicht geneigte Zylinder. Entworfen hatte dieses Fahrzeug der Ingenieur der South Carolina Railroad, E. L. Miller.

Obwohl abgesehen von den gekuppelten Achsen nichts von dieser Lokomotive übernommen wurden, war sie doch recht erfolgreich. Die nächste Maschine der Bahn hatte dann einen waagerechten Kessel, den ersten in Amerika gebauten. Der „Best Friend" selbst konnte immerhin 5 Wagen mit mehr als 50 Passagieren bei einer Geschwindigkeit von 32 km/h bewegen.

Auf tragische Weise ging diese Lokomotive in einem weiteren Punkt in die Geschichte ein. Den Heizer störte das Zischen des Dampfes, der aus dem Sicherheitsventil entwich und pflegte dessen Hebel festzubinden. An einem Tag im Juni 1831 tat er dies einmal zu oft – bei der resultierenden Explosion des Kessels kam er ums Leben. Nach einiger Zeit gelang es dann, die Sicherheitsventile so zu bauen, daß derartige Manipulationen nicht mehr möglich waren – es bedarf halt meist eines Schocks, bis etwas unternommen wird.

Man baute später die Lok mit einem neuen Kessel wieder auf und nannte sie – angemessenerweise – „Phoenix". 1834 verband die South Carolina Railroad schon mit einem 248 km langen Schienenstrang die Stadt Charleston mit Hamburg, dem die Stadt Augusta, Georgia am anderen Ufer gegenüberlag, die weitaus längste Bahn der damaligen Zeit.

Links: *Der „Beste Freund von Charleston". Einige zeitgenössische Berichte sprechen von zusätzlichen Dampfzylindern, die die Tenderachsen getrieben haben sollen.*

Brother Jonathan 2'A

USA
Mohawk & Hudson Railroad (M&HRR), 1832

Oben: *„Brother Jonathan", Vorfahr aller Drehgestellokomotiven.*

Zugkraft: circa 4,6 kN (1023 lb)
Achslast: 3,2 t (7000 lb)
Zylinder, ∅ x Hub: (2)
241 x 406 mm (9½ x 16 in)
Treibrad ∅: 1524 mm (60 in)
Kessel: Keine Einzelheiten bekannt
Kesseldruck: circa 3,5 kp/cm² (50 psi)
Reibungsgewicht: circa 3,2 t (7000 lb)
Gesamtgewicht*: 6,4 t (14000 lb)
Gesamtlänge*: 5017 mm (16 ft 5½ in)
* *Lok ohne Tender*

Was Schnellzuglokomotiven angeht, so war einer der großen Wohltäter der Menschheit ein gewisser John B. Jarvis, der 1832 das führende Drehgestell in die Entwicklungsgeschichte der Lokomotive einführte. Auf den Gedanken brachte ihn niemand anderer als Robert Stephenson, als er ihn in England besuchte. Obschon nur wenige Einzelheiten überliefert sind, war es diese kleine 2'A-Lokomotive, anfänglich als „Experiment" bezeichnet, an der er die Idee probierte. Diese wegweisende Konstruktion erbaute die West Point Gießerei in New York für die Mohawk & Hudson River Railroad.

Auffallend ist der kleine Kessel (übernommen von Stephensons „Planet"-Bauart), der zum Außenrahmen noch Raum für die Treibstangen ließ. Die Treibachse lag, wie bei den späteren Crampton-Loks, hinter der Feuerbüchse.

All dies konnte sich in den folgenden Jahren nicht durchsetzen; was blieb, ist das führende Drehgestell, das bekanntermaßen bei Schnellzuglokomotiven in aller Welt verwendet wurde. Viele der in diesem Buch beschriebenen Lokomotivtypen besaßen die gleiche Bauart des Drehgestells, das Jarvis mit dieser Maschine einführte. Übrigens war „Bruder Jonathan" damals eine recht unhöfliche Bezeichnung für die Engländer, ohne Zweifel wollte man mit diesem Namen dem neugewonnen Gefühl der Unabhängigkeit von britischer Technologie Ausdruck geben.

Grundgedanke bei der Einführung dieses neuartigen Drehgestells war der Wunsch, den Lauf der Lokomotive dadurch zu verbessern, daß sich die beiden äußeren Laufräder den Gleiskrümmungen anschmiegten. Jedem Gleishalbmesser, sogar Knicken in den Schienen, sollte sich das Laufgestell so anpassen, daß alle drei Räder der Außenseite gleichzeitig an der Fahrkante anlagen. Auf den leichten und oft schlecht verlegten Gleisen der damaligen Zeit war dies besonders wichtig.

Diese Lokomotive zeigte klar die Brauchbarkeit des Prinzips. In Zukunft sollte der Großteil der amerikanischen Lokomotiven dieser Bauweise folgen. „Brother Jonathan" selbst war auch ein Erfolg beschieden, in eine 2'B-Lok umgebaut, hatte er noch ein langes und nützliches Leben.

Unten: *Ein Nachbau der „Experiment" alias „Brother Jonathan".*

Vauxhall 1A

Irland
Dublin & Kingstown Railway, 1834

Zugkraft: circa 6,9 kN (1550 lb)
Zylinder, Ø x Hub: (2) 279 x 457 mm (11 x 18 in)
Treibrad Ø: 1524 mm (60 in)
Kesseldruck: circa 3,5 kp/cm² (50 psi)
Gesamtlänge: circa 7315 mm (24 ft)

George Forrester ist ein Lokomotivbauer, dessen Name kaum jemand kennt; und doch gehen auf ihn zwei grundlegende Neuerungen im Mechanismus der Dampflokomotive zurück, von denen sich eine bis zur letzten Dampflok halten konnte.

Daß die „Northumbrian" zwei Außenzylinder, aber am falschen Ende, und daß die Zylinder der „Planet" vorne lagen, aber innerhalb des Rahmens, haben wir schon beschrieben. Mit der „Vauxhall", geliefert 1832 für die Dublin & Kingstown Railway, baute Forrester die erste Lokomotive der Welt mit gut zugänglichen Außenzylindern, die waagerecht am Vorderende der Lok lagen. Nebenbei bemerkt, hatte die D & KR die englische Normalspur von 1435 mm; es sollte noch lange bis zur Einigung auf die irische Spurweite von 1600 mm dauern.

Nun hatten die Zylinder endlich die endgültige Position gefunden, die seitdem bei fast allen Dampflokomotiven der Welt, etwa 150 Jahre lang, beibehalten werden sollte, obwohl man bei Schnellzuglokomotiven noch am ehesten zu komplizierten Neuerungen neigte.

Eine Art, in der die Forrester-Maschinen von den meisten neuzeitlichen Lokomotiven abweichen war die Tatsache, daß zwar die Zylinder außerhalb des Rahmens lagen, aber der Rahmen lag auch außerhalb der Radsätze. Gesonderte Außenkurbeln übertrugen die Kolbenbewegung auf die Achse. Aber auch in jüngerer Zeit konnte man diese Bauweise bei Lokomotiven für besonders kleine Spurweiten (unter 914 mm) wiederfinden.

Forresters grundlegende Verbesserung der Zylindersteuerung war auch sehr wichtig, aber mehr als Schritt nach vorne, denn als Neuerung, die sich lange gehalten hätte. Es wurde bereits erwähnt, daß mit der „Schleif-Exzenter"-Steuerung die Fahrtrichtung nur schwer vom Führerstand einzustellen war, Forrester verwendete daher separate Exzentervorrichtungen für jede Richtung – also insgesamt vier Stück – auf der Treibachse. Der Umsteuerhebel bewegte die senkrecht angeordneten Exzenterstangen und brachte „Haken" an den Enden der Stangen in Eingriff mit den jeweiligen Ventilstiften. Man brauchte jetzt nicht mehr die Kunstfertigkeit, die die seitherige Anordnung verlangt hatte; mit genügend Kraft ließ sich der Hebel in die richtige Stellung bringen. Während der Fahrt war dies aber immer noch nicht möglich.

Eine andere Eigenheit der ersten Forrester-Lokomotive, die nicht wiederholt wurde, war eine Schwinghebelführung für die Kolbenstange. Sie sollte das Gelenk zwischen Kolbenstange und Treibstange in einer geraden Linie führen, auch wenn die Treibstange schräg stand und versuchte, die Kolbenstange seitlich zu verschieben. Die Stephensons hatten dafür bisher einen Kreuzkopf, der zwischen zwei Gleitschienen lief, benutzt und diese einfache Anordnung sollte nie entthront werden. Die einzige Lokomotive in diesem Buch, abgesehen von der „Vauxhall", der dies fehlte, war die „Turbomotive" und das auch nur, weil sie gar keine Zylinder besaß.

Die weit auseinanderliegenden Zylinder in Verbindung mit einem kurzen Achsstand waren kein gutes Rezept für Laufruhe, deshalb hatte man schon 1836 diese 1A-Lok, und andere an die Liverpool & Manchester, London & Greenwich und weitere Bahnen geliefert, zu Lokomotiven mit der Achsfolge 1a1 umgebaut. Trotzdem erreichte die „Vauxhall" am Eröffnungstag in Irland eine Geschwindigkeit von 50 km/h. Die Fahrgäste waren erstaunt und erfreut, daß sie auch bei diesem enormen Tempo noch mit

Bury 1A

Großbritannien
London & Birmingham Railway (L & B), 1837

Zugkraft: 6,2 kN (1386 lb)
Achslast: 5,7 t (12600 lb)
Zylinder, Ø x Hub: (2) 279 x 419 mm (11 x 16½ in)
Treibrad Ø: 1543 mm (60¾ in)
Verdampfungsheizfläche: 33,2 m² (357 sq ft)
Kesseldruck: 3,5 kp/cm² (50 psi)
Rostfläche: 0,65 m² (7 sq ft)
Brennstoff (Koks): 1 t (2200 lb)
Wasser: 1,8 m³ (400 Imp gal)
Reibungsgewicht: 5,7 t (12600 lb)
Gesamtdienstgewicht: 10,0 t (22000 lb)
Gesamtlänge: 8166 mm (26 ft 9½ in)

Edward Bury besaß eine kleine Maschinenfabrik in Liverpool und begann 1829 mit dem Bau einer kleinen Lokomotive, mit der er an dem Wettbewerb von Rainhill teilnehmen wollte, aber sie wurde nicht rechtzeitig fertig. Schließlich lieferte er 1830 diese Lokomotive, die er „Liverpool" nannte, an die Liverpool & Manchester Railway. Sie hatte Treibräder von 1829 mm Durchmesser und eine Zylinderanordnung wie die „Planet". Anders als bei dieser bestand aber der Rahmen aus Stabeisen und nicht aus Blechplatten; eine wichtige Neuerung, denn Bury verkaufte einige Lokomotiven nach Amerika und dort sollte dieser „Barrenrahmen" zum Kennzeichen des amerikanischen Lokomotivbaus werden, bis ihn die Stahlgußrahmen ablösten.

Bury schaffte es, sich die Lieferung der Lokomotiven an die London & Birmingham Railway, damals bei weitem die wichtigste Bahn, zu sichern. Bis 1841 waren alle 58 bestellten 1A-Maschinen abgeliefert.

Ein Problem dieser Lokomotiven waren ihre kleinen Abmessungen, die konstruktiv bedingt waren und nicht durch simple Vergrößerung verschiedener Teile geändert werden konnten. Bury setzte ganz richtig voraus, daß ein Druckgefäß am besten rund sein sollte und so gab er seinen Stehkesseln auch einen runden Querschnitt und eine gewölbte Decke, verbunden mit einem zylindrischen Kessel üblicher Art. Die eigentliche, innenliegende Feuerbüchse war D-förmig, mit dem geraden Teil zum Langkessel, um das Einsetzen der Heizrohre in die gerade Rohrwand zu erleichtern. Schlecht war, daß der kreisförmige Stehkessel nicht über ein bestimmtes (geringes) Maß hinaus vergrößert werden konnte, die Grenze bildete der Raum zwischen den Rädern. Damit war auch die Rostfläche – und damit die Leistung – beschränkt. Auch konnte der Lokomotivrahmen nicht bis hinter den Stehkessel verlängert werden, eine Achsfolge 1A1 war kaum machbar.

Damit eröffnete man die erste längere Hauptbahn Englands im Jahre 1837 mit einem Lokomotivpark, der schon nach damaligen Gesichtspunkten zu schwächlich war. Beispielsweise erhielt im gleichen Jahr die Bahn von London nach Bristol – bei Eröffnung der L&B noch im Bau – eine 1A1-Lok von Stephenson, die „North Star",

Leichtigkeit lesen und schreiben konnten. Nur wenige Einzelheiten dieser wegbereitenden Konstruktion blieben uns erhalten, die fehlenden Daten bei den technischen Angaben dürften denen der „Planet" entsprechen (vgl. S. 20).

Links: *George Forresters „Vauxhall", gebaut 1834 für die Dublin & Kingstown Railway. Beachten Sie die vorneliegenden waagerechten Außenzylinder, eine Anordnung, der mit der Zeit fast alle Lokomotivingenieure der Welt folgten.*

mit doppelt so großer Rostfläche und verdoppeltem Reibungsgewicht gegenüber diesen Bury-1A-Maschinchen.

Die Kleinheit dieser Lokomotiven bot aber auch Vorteile. Sie waren billig beim Bau und zuverlässig im Dienst – die niedrige Beanspruchung der immer problematischen Kropfachsen entsprach mehr den technologischen Fähigkeiten dieser Tage. Und wenn schwere Personenzüge zwei oder drei – oder sogar vier – Lokomotiven benötigten, so ließ sich das eben nicht ändern. Die Arbeitskraft war billig, kräftige Lokomotiven aber teuer und zudem noch nicht ausreichend erprobt.

Wenn wir auch zugute halten wollen, daß Bury mit seinem Denken 1837 noch recht hatte, so blieb seine Bahn doch schon in den nächsten Jahren hinter der Entwicklung zurück.

Unten: *Die 1A-Lokomotive Nr.1 der London & Birmingham Railway, der wichtigsten Bahnstrecke, die in den 30er Jahren des letzten Jahrhunderts eröffnet wurde. Edward Bury entwarf diese ziemlich kleinen Lokomotiven, die für den Schnellzugdienst eigentlich zu schwach waren. Trotzdem waren sie billig und zuverlässig; Bury hielt an seinem Prinzip des „klein, aber zahlreich" fest, bis er 1847 zum Rücktritt gezwungen wurde, kurz nachdem die LNWR durch Fusion der Grand Junction und der London & Birmingham entstand.*

Adler 1A1

Deutschland
Nürnberg-Fürther Eisenbahn, 1835

Zugkraft: 5,4 kN (1220 lb)
Achslast: 6 t (13250 lb)
Zylinder, ⌀ x Hub: (2)
229 x 406 mm (9 x 16 in)
Treibrad ⌀: 1372 mm (54 in)
Verdampfungsheizfläche:
18,2 m^2 (196 sq ft)
Kesseldruck: 4,2 kp/cm^2 (60 psi)
Rostfläche: 0,48 m^2 (5,2 sq ft)
Reibungsgewicht: 6 t
(13250 lb)
Gesamtdienstgewicht*: 14,3 t
(31 500 lb)
Gesamtlänge*: 7620 mm
* *Lok ohne Tender*

Die erste deutsche Lokomotive wurde schon 1816 gebaut, aber sie hatte genausowenig Erfolg wie eine zweite im darauffolgenden Jahr. Es dauerte bis zum 7. Dezember 1835, bis die Dampftraktion ihren Einzug in Deutschland halten konnte. Den Anfang machte die Nürnberg-Fürther Eisenbahn, Ludwigsbahn genannt, nach König Ludwig dem Ersten von Bayern, der 1834 seine königliche Genehmigung zum Bahnbau gab.

Der Gründer der Bahn, ein Herr Scharrer, fragte bei Robert Stephenson & Co wegen der Lieferung von Fahrzeugen an, aber man fand die verlangten Preise zu hoch und beschloß, „deutsch zu kaufen". Zwei Württemberger verpflichteten sich zur Lieferung einer Lokomotive im Gegenwert von 565 englischen Pfund, die „den besten englischen Maschinen gleich ist und nicht mehr Brennstoff verbraucht. „Die Zeit verging und als sich Scharrer nach dem Baufortschritt erkundigte, mußte er feststellen, daß seine Handelspartner sich nach Österreich abgesetzt hatten. Er folgte ihnen dorthin, nur um zu erfahren, daß sich der Preis verdoppelt habe. Der Eröffnungstermin der Bahn näherte sich und Scharrer hatte keine andere Wahl, als am 15. Mai 1835 doch noch eine Eilbestellung an Robert Stephenson über eine 1A1-Lokomotive zum Preis von 1750 £ abzugeben.

Trotz der historischen Wichtigkeit dieser Maschine, sind die vorhandenen Informationen über sie sehr spärlich, sogar über ihren Namen gibt es Zweifel. Alte Quellen sprechen von „Der Adler", heute nennt man sie einfach „Adler" und läßt den Artikel fort. Vorhandene Aufzeichnungen der Erbauer enthalten keine Einzelheiten, aber zeitgenössische Darstellungen zeigen eine Lokomotive, die der „Patentee" ähnelt, die 1834 an die Liverpool & Manchester Railway geliefert wurde. Die Erzeugnisse der Stephensonschen Fabrik in Newcastle beruhten damals vorwiegend auf dieser Konsruktion.

1830 hatte Robert Stephenson & Co an die L&MR die 1A-Lok „Planet" geliefert, die erste Lokomotive mit Innenzylindern und Kropfachse. Indes war die Kunst des Schmiedens von gekröpften Achsen noch neu und die Kombination der Führungskräfte mit den Belastungen durch die Triebstangen zeigte recht bald die Verwundbarkeit dieser empfindlichen Schmiedeteile. 1833 entwarf Robert Stephenson daher eine 1A1-Lokomotive, bei der die Treibräder keine Spurkränze hatten, so daß die Treibachse keine seitlichen Führungskräfte mehr aufnehmen mußte. Die zusätzliche Tragachse verringerte auch die maximale Achslast, die seit der Lieferung der „Rocket" stetig gestiegen war, die noch nach den Vorstellungen der L&M-Direktoren sehr leicht ausgeführt worden war.

Die Verbesserungen, die die 1A1-Bauart mit sich brachte, ließ Stephenson sich patentieren, die erste Maschine hieß entsprechend „Patentee". Sie wog 11,45 t, das Gewicht des „Adler" wird in englischen Quellen mit nur 6,6 t, in Deutschland aber mit 14 t angegeben, davon entfielen 6 t auf die Treibachse. Ähnlich unsicher ist die Höhe des Kesseldrucks, der in einer englischen Quelle mit 4,2 kp/cm^2 (60 psi) und in einer deutschen mit 3,3 kp/cm^2 (47 psi) verzeichnet ist. Bekannt ist, daß der Kessel 62 Kupferrohre enthielt und daß der „Adler" verschiebbare Steuerexzenter hatte. Ihm folgten in Nürnberg weitere Maschinen ähnlicher Bauart von Stephenson. Der „Adler" leistete noch lange Dienst, 1857 ver-

Campbell 2'B

USA
Philadelphia, Germanstown & Norriston Railroad, (PG&NRR), 1837

Zugkraft: 19,5 kN (4373 lb)
Achslast: 3,6 t (8000 lb)
Zylinder, ⌀ x Hub: (2)
356 x 400 mm (14 x 15¾ in)
Treibrad ⌀: 1372 mm (54 in)
Verdampfungsheizfläche:
67,2 m^2 (723 sq ft)
Kesseldruck: 6,3 kp/cm^2 (90 psi)
Rostfläche: circa 1,1 m^2 (12 sq ft)
Reibungsgewicht: 7,26 t
(16000 lb)
Gesamtlänge *(Lok ohne Tender)*:
5017 mm (16 ft 5½ in)

Links: *Die erste 2'B-Lokomotive der Welt, entworfen von Henry R. Campbell, Ingenieur bei der Philadelphia, Germanstown & Norriston Railroad. Sie wurde 1837 bei James Brooks in Philadelphia gebaut.*

Henry Campbell, Ingenieur bei der Philadelphia, Germanstown & Norriston Railroad, kam auf den Gedanken, die gekuppelten Treibräder des „Best Friend Of Charleston" mit dem Laufdrehgestell des „Brother Jonathan" zu verbinden. Auf diese Weise konnte er das Reibungsgewicht verdoppeln und erhielt eine Lokomotive, die auch um scharfe oder ungleichmäßige Kurven laufen konnte. Er ließ sich diese Idee patentieren und wendete sich an einen ortsansässigen Maschinenbauer, der sie in die Tat umsetzte. Im Mai 1837 lieferte James Brooks (nicht der Begründer der bekannten Brooks-Lokomotivfabrik in Dunkirk) die erste 2'B-Lokomotive der Welt ab.

Zwar war sie mehr für den Kohletransport gedacht, aber in diesem Buch hat sie ihren Platz als Vorläufer der wahrscheinlich zahlreichsten und erfolgreichsten Personenzuglokomotivtypen.

Man folgte der generellen Anordnung „Brother Jonathans", die zusätzliche Kuppelachse verband man mit der Treibachse über Stangen mit außenliegenden Kurbeln. Die Zylinder befanden sich damit innerhalb des Rahmens und trieben den ersten Kuppelradsatz über eine Kropfachse, eine Anordnung, die bei einigen europäischen Bahnen sehr beliebt werden sollte, wenn sie auch in Amerika kaum wiederholt wurde. Für die damalige Zeit ist der hohe Kesseldruck sehr bemerkenswert. Diese bemerkenswerte Lokomotive eröffnete zwar große Möglichkeiten, die Beweglichkeit zum Ausgleich schlecht verlegter Gleise in horizontaler Richtung war vorhanden, es fehlte aber eine gleiche Beweglichkeit in vertikaler Richtung, um Buckel und Vertiefungen ebenso gut bewältigen zu können. Dadurch war Campbells erster 2'B kein Erfolg beschieden.

kaufte man die Lokomotive ohne Räder und andere Teile zum Schrottpreis.

Für die Hundertjahrfeier der Nürnberg-Fürther Eisenbahn baute das Ausbesserungswerk Kaiserslautern der DRG eine funktionsfähige Nachbildung, die heute im Nürnberger Verkehrsmuseum ausgestellt ist. Eine zweite, nicht funktionsfähige Kopie entstand 1950 für Ausstellungszwecke. Beide beruhen auf Darstellungen der Lokomotive in zeitgenössischen Gemälden.

Links: *Diese Nachbildung des „Adler" ließ die Deutsche Reichsbahn für die Hundertjahrfeier 1935 bauen. Sie erschien auch im zwiespältig aufgenommenen Film „Das Stahltier", dessen Regisseur für seine Heraushebung der englischen Herkunft der Lok von den Nationalsozialisten mit Haft bestraft wurde.*

Unten: *Der „Adler" wurde 1835 für die Nürnberg-Fürther Eisenbahn gebaut. Sie war die erste Eisenbahn in Deutschland, die Lokomotive lieferte aber noch die berühmte Firma Stephenson & Co in Newcastle-upon-Tyne in England.*

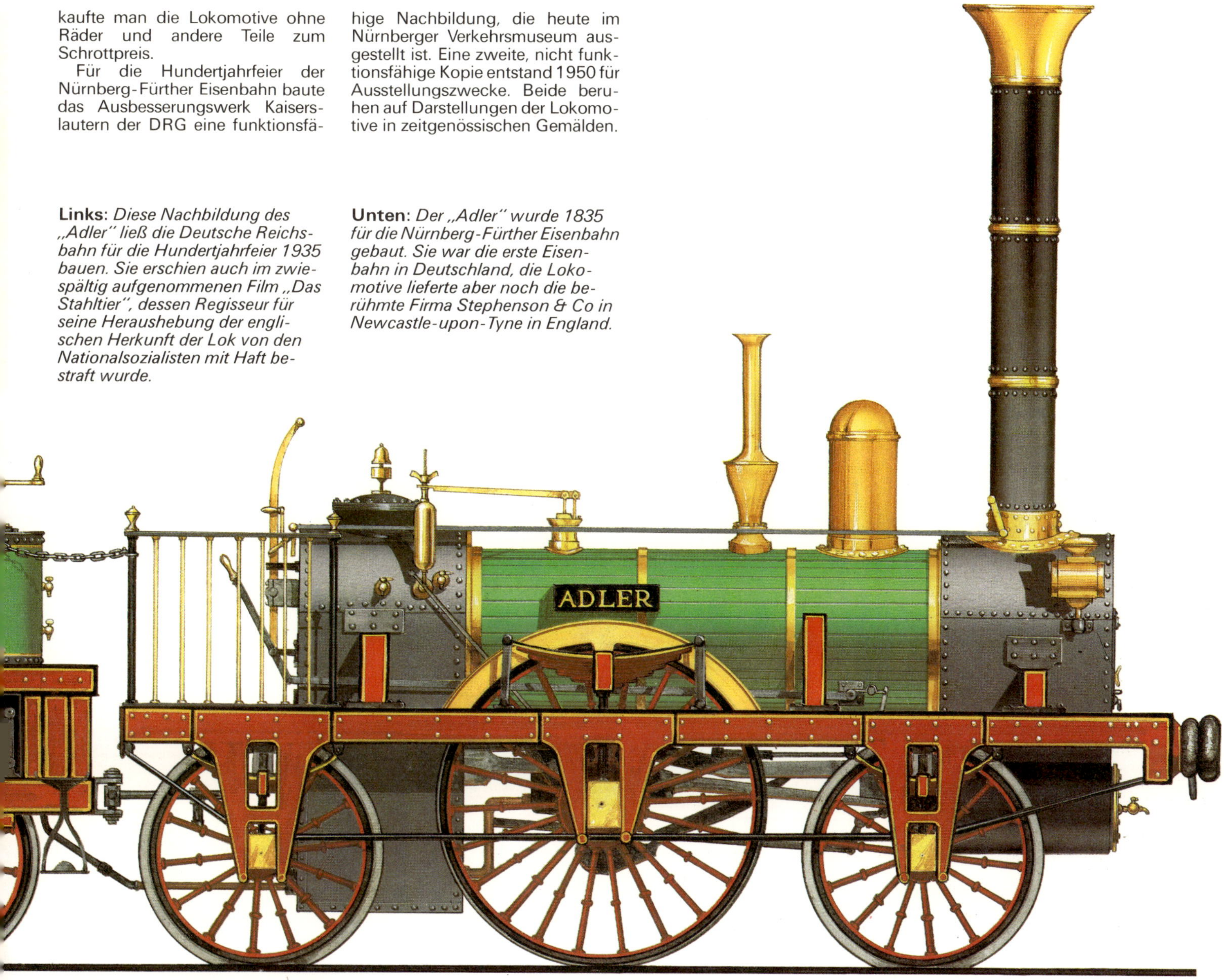

Hercules 2'B

USA
Beaver Meadows Railroad, 1837

Zugkraft: 20,1 kN (4507 lb)
Achslast: circa 4,5 t (10000 lb)
Zylinder, Ø x Hub: (2) 305 x 457 mm (12 x 18 in)
Treibrad Ø: 1118 mm (44 in)
Kesseldruck: 6,3 kp/cm² (90 psi)
Reibungsgewicht: circa 9,1 t (20000 lb)
Gesamtgewicht*: 13,6 t (30000 lb)
Gesamtlänge*: 5766 mm (18 ft 11 in)
* *Lok ohne Tender*

1836 bestellte die Beaver Meadows Railroad eine 2'B-Lokomotive bei der Firma Garrett & Eastwick im benachbarten Philadelphia. Der Werkstattleiter, Joseph Harrison, kannte Henry Cambells Schwierigkeiten mit seiner 2'B-Lok, dem es nicht gelang, alle Räder seiner Lokomotive gleichzeitig im Kontakt mit den Schienen zu halten. Er erinnerte sich aber auch daran, daß der „Brother Jonathan" von 1832 auf den rauhen Gleisen so sicher stand, wie ein dreibeiniger Schemel auf dem Boden. Der Ausdruck „Sicher wie ein Dreibein" kommt dabei lebhaft zur Vorstellung, die drei Beine bildeten die beiden Treibräder und der Drehpunkt des Laufgestells. Ein weiteres Beispiel waren die frühen Norris-2'A-Lokomotiven, ebenfalls aus Philadelphia. Harrison kam auf den Gedanken, die beiden Treibachsen als eine Art nicht-drehbares Drehgestell zu bauen, indem er die jeweiligen Achslager einer Seite durch einen gußeisernen Träger verband, der sich in der Mitte verdrehen konnte. Die Gelenke waren mit dem Hauptrahmen auf jeder Seite über eine große Blattfeder verbunden.

Auf diese Weise trugen die acht Räder das Gewicht der Lokomotive in nur drei Punkten. Dieser geniale Einfall löste das Problem des Betriebs auf schlechtem Oberbau und bildete die Grundlage für die Dreipunkt-Federsysteme der meisten Lokomotiven der Welt bis hin zur 2'F1'.

„Hercules" war ein angemessener Name für diese Lokomotive, der in ähnlicher Form noch viele folgten. Joseph Harrison wurde Partner in der Herstellerfirma (Garrett setzte sich zur Ruhe), die als Eastwick & Harrison bekannt wurde. Die berühmte „American Standard" 2'B-Lokomotive, von der allein in den USA 25000 Stück gebaut wurden, stammt direkt von dieser neuartigen Konstruktion ab.

Links: *„Hercules", gebaut 1836 von Garrett & Eastwick, war ein bedeutender Schritt vorwärts in der Entwicklung der Lokomotive.*

Lafayette 2'A

USA
Baltimore & Ohio Railroad (B&O), 1837

Zugkraft: 9,6 kN (2162 lb)
Achslast: 5,9 t (13000 lb)
Zylinder, Ø x Hub: (2)
267 x 457 mm (10½ x 18 in)
Treibrad Ø: 1219 mm (48 in)
Verdampfungsheizfläche:
36,6 m² (394 sq ft)
Kesseldruck: 4,2 kp/cm² (60 psi)
Rostfläche: 0,8 m² (8,6 sq ft)
Brennstoff (Koks): 1 t (2200 lb)
Wasser: 2 m³ (450 Imp gal)
Reibungsgewicht: 5,9 t
(13000 lb)
Gesamtdienstgewicht: 20 t
(44000 lb)
Gesamtlänge: 9252 mm
(30 ft 4¼ in)

Die sogenannten Norris-Lokomotiven nehmen einen sehr wichtigen Platz in der Lokomotivgeschichte ein; sie bedeuteten einen weiteren großen Schritt vorwärts.

William Norris baute in Philadelphia Lokomotiven seit 1831. Obwohl von Beruf Tuchhändler, machte er sich nach einigen Jahren Partnerschaft mit einem Oberst Stephen Long selbständig. Bis Beginn des Jahres 1836 hatte er sieben Lokomotiven produziert. In diesem Jahr baute er eine 2'A-Lok namens „Washington County Farmer" für die Philadelphia & Columbia Railroad. Im Prinzip ähnelte sie der „Brother Jonathan", doch befanden sich die Zylinder jetzt außerhalb von Rädern und Rahmen und die Schieber lagen oberhalb der Zylinder. Die Treibachse lag vor und nicht mehr hinter der Feuerbüchse und trug damit einen größeren Teil des Lokgewichts.

Damit sind wir schon fast bei der endgültigen Ausführung der Dampflokomotive angekommen. „Northumbrian" hatte den Röhrenkessel und zwei Außenzylinder; „Planet" hatte die Zylinder vorne; bei der „Vauxhall" befanden sie sich dann auch außen. Burys Lokomotiven hatten Barrenrahmen und „Brother Jonathan" das Drehgestell. Endlich haben wir nun eine Kombination von Außenzylindern, Barrenrahmen und führendem Drehgestell.

1827 erhielt die Baltimore & Ohio Railroad als erste Gesellschaft die Konzession zum Betrieb einer Eisenbahn für Personen- und Gütertransport. 1830 eröffnete man die ersten 19 Kilometer ab Baltimore, in den ersten Jahren dienten aber Pferde der Beförderung der Wagen, Dampflokomotiven kamen erst einmal nur zur Probe. 1834 hielt dann die Dampftraktion Einzug in Form der „Grasshopper"-Lokomotiven; ihrer Form mit einem senkrechten Kessel und mit vielen Hebeln wegen verdienten sie die Bezeichnung „Heuschrecke" tatsächlich.

Den Ohio-Fluß erreichte man 1842 über eine Strecke, bei der eine Anzahl von Steigungen mit Schrägebenen und Seilzügen überwunden werden mußten. Aber schon lange vorher verspürte man den Wunsch nach stärkeren Lokomotiven, als sie die Konstruktion mit senkrechten Kesseln zu bauen erlaubte. Die Führung der B&O war beeindruckt von der „Washington County Farmer" und bestellte bei Norris acht gleiche Lokomotiven. Die erste, „Lafayette" wurde 1837 geliefert. Sie war die erste B&O-Lokomotive mit einem waagerechten Kessel. Edward Burys zylindrischer Kuppelstehkessel und Barrenrahmen fanden sich wieder; angeblich hatte die Maschine nockengesteuerte Schieber nach einem Entwurf von Ross Winans von der B&O. Es spricht nicht gerade für diese Bauart, daß spätere Mitglieder dieser Gattung wieder die normale „Haken"-Steuerung der damaligen Zeit erhielten.

Die neuen Lokomotiven waren sehr erfolgreich, sie leisteten mehr und verbrauchten weniger. Sie waren auch recht zuverlässig und benötigten nur wenig Reparaturen. Im gleichen Jahr baute Norris eine gleichartige Lokomotive für die Champlain & St. Lawrence Railway in Kanada. Sie war die erste amerikanische Exportlokomotive. Die Norrislokomotiven bewältigten auch steigungsreiche Strecken; diese Fähigkeit führte zu vielen weiteren Lieferungen ins Ausland.

Der erste Kunde in der alten Welt war die Wien-Raaber Eisenbahn, ihre Lokomotive „Philadelphia" wurde Ende 1837 vollendet. Vor der Versendung erprobte man sie vor einem Zug von 200 t Gewicht auf einer Steigung von 1%, bisher die größte bekannte Leistung einer Lokomotive. Die Eisenbahnen Österreichs (nicht die kleine Republik, wie wir sie heute kennen, sondern die große Donaumonarchie, die den Großteil der heutigen Tschechoslowakei, Polen, Rumänien und Jugoslawien umfaßt) waren die besten Kunden, aber schon vor 1840 hatte Norris auch an die Braunschweigische und an die Berlin-Potsdamer Eisenbahnen geliefert. Eine große Serie von 15 Maschinen ging an die Birmingham & Gloucester Railway in Großbritannien, wo sie sich auf der „Schiefen Ebene" von Lickey mit einer Steigung von 2,7% bewährten.

Die Nachfrage nach Norris-Lokomotiven war so groß, daß die Firma eine genormte Typenreihe in vier Größen anbieten konnte. Die Reihe „C" hatten einen Zylinderdurchmesser von 229 mm, Reihe „B" 267 mm, Reihe „A" 292 mm und Reihe „A extra" 318 mm. Die Rostflächen betrugen entsprechend 0,6, 0,68, 0,73 und 0,88 m², die Lokomotivgewichte waren 7,15, 9,35, 10,9 und 13,45 Tonnen.

Die Norris-Loks, die nach England gingen, waren besonders interessant, denn die englischen Lokomotivingenieure waren es ja eher gewohnt, Lokomotiven zu exportieren, als sie einzuführen. Insgesamt 17 Lokomotiven kamen zwischen März 1839 und Mai 1842 aus Philadelphia, sie gehörten alle zu den größeren Norris-Typen. Es waren neun „B", drei „A" und fünf „A extra"-Maschinen, die stärksten benutzte man als Schublokomotiven auf der Steigungsstrecke.

Verschiedene Verbesserungen verringerten den anfänglich sehr hohen Kohleverbrauch bei dem mühsamen Schiebedienst. Alle fünf „A extras" baute man zu Tenderlokomotiven um und sparte sich dabei das tote Gewicht des Tenders.

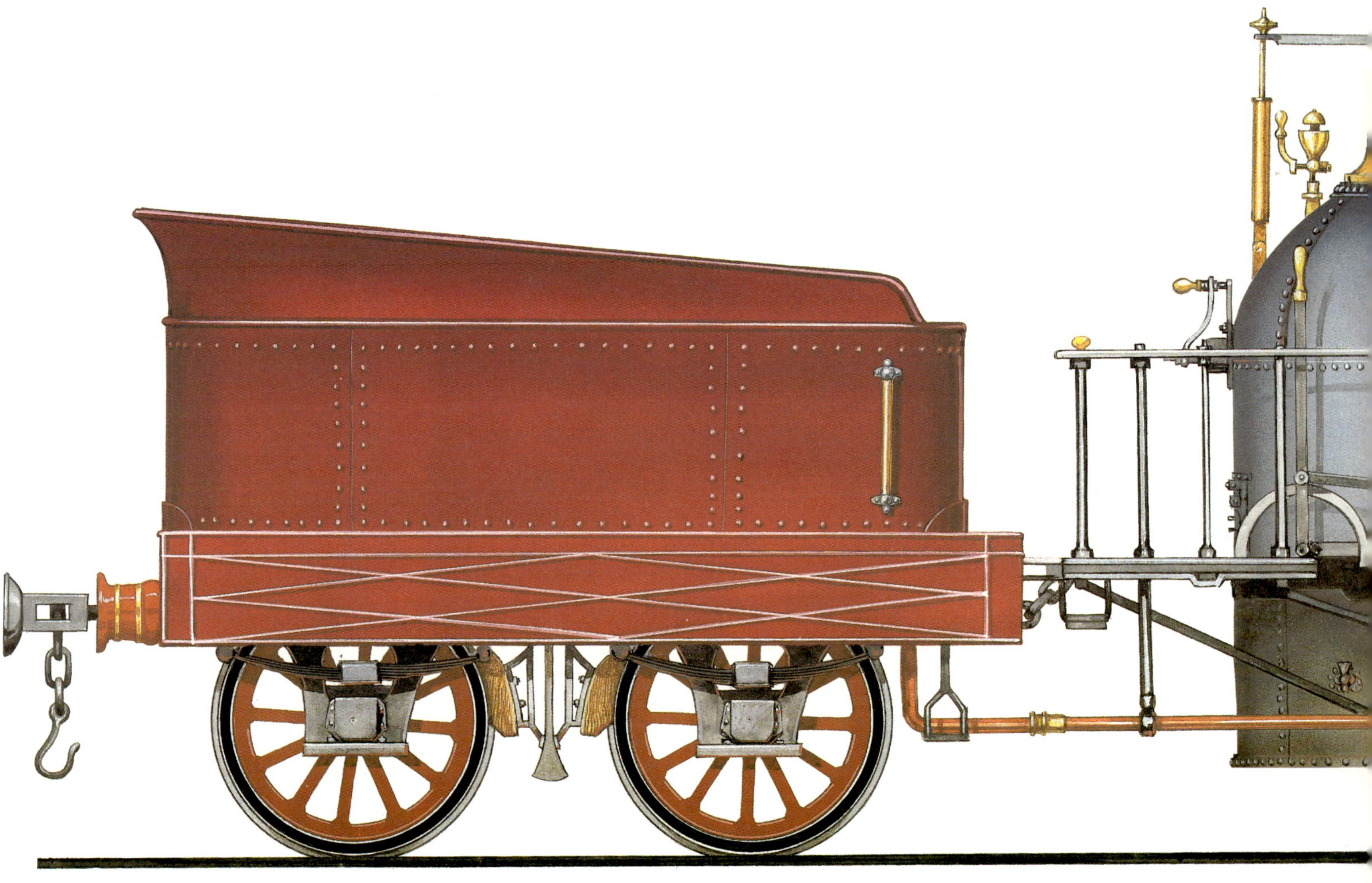

Den Dampf aus den Sicherheitsventilen und einen Teil des Abdampfs leitete man in die neuen Satteltanks zurück. Kupferfeuerbüchsen ersetzten die ursprünglichen stählernen, neue Teile traten an die Stelle der gelieferten zweifelhaften Ausführungen. Der Erfolg der Umbauten war meßbar, der Verbrauch von 26 kg/km des Jahres 1841 konnte bis 1843 um 53% gesenkt werden. Die besten der Norris-Loks blieben bis 1856 im Dienst.

In seiner Heimat Amerika standen in den damaligen 30er Jahren 27 Vorgänger berühmter Bahngesellschaften der Blütezeit der Dampflokomotiven auf der Kundenliste von Norris. Sie lagen in Staaten wie Connecticut, Georgia, Louisiana, Maryland, Massachusetts, New York, North Carolina, Pennsylvania, Tennessee und Virginia. Eine von ihnen, die Richmond, Fredericksburg & Potomac Railroad firmiert auch heute noch unter dem gleichen Namen. Norris wurde für einige Zeit zum größten Lokomotivhersteller der USA und baute auch 2'B-Loks, C-Loks bis hin zu 2'C-Maschinen zusätzlich zu den 2'A-Loks, die seinen Ruf begründeten. Auf der anderen Seite brachte der Erfolg seiner Lokomotiven in Europa dort keine entsprechenden Einnahmen. Obwohl 1844 William Norris und sein Bruder Octavius nach Wien gingen und dort eine Lokomotivfabrik einrichteten, waren es andere Hersteller, die seine Ideen übernahmen, Hunderte von Lokomotiven bauten und damit viel Geld verdienten.

Der erste Produzent von Lokomotiven der Norris-Type war John Haswell in Wien. Andere waren Sigl, ebenfalls in Wien, Günther in Österreich, Cockerill in Belgien, Borsig und Emil Kessler mit der Nachfolgefirma Esslinger Maschinenfabrik in Deutschland. In Großbritannien bauten Hick in Bolton und Nasmyth in Manchester ebenfalls 1A-Maschinen seiner Bauart. Eine derartige 1A-Lok wurde um 1840 als „La Junta" nach Kuba geliefert und wurde später im Bahnhof von Havanna der United Railways of Havanna als Denkmal aufgestellt. In jüngster Zeit wurde nichts mehr über ihr Schicksal bekannt, weder über ihre Erhaltung noch über ein etwaiges Ende. In den USA baute man um 1941 eine Norris-Lokomotive in Originalgröße nach; sie befindet sich heute bei der Tallulah Falls Railway im Norden Georgias.

Oben: *Grabsteine im Friedhof von Bromsgrove, Worcestershire, die an eine Lokmannschaft erinnern, die im November 1870 bei einer Kesselexplosion ums Leben kam. Die Unglücksmaschine war zwar keine Norris-type, aber nichtsdestotrotz zeigen die Steine Abildungen dieser Type, die für die Eisenbahn in Bromsgrove charakteristischer waren.*

Unten: *Unsere Zeichnung zeigt die Seitenansicht einer typischen Norris-2A-Lokomotive. Die einfachen Bedienungsteile der Lokomotiven um 1840 sind klar zu erkennen. Der waagerechte Griff hinter dem Stehkessel gehört zum Dampfregler, rechts steht senkrecht der Hebel, der die Hakensteuerung betätigt. Das Federwaag-Sicherheitsventil und die Pfeife sitzen auf der Kuppel des Stehkessels. Eine Bremse an der Lokomotive war damals noch nicht üblich.*

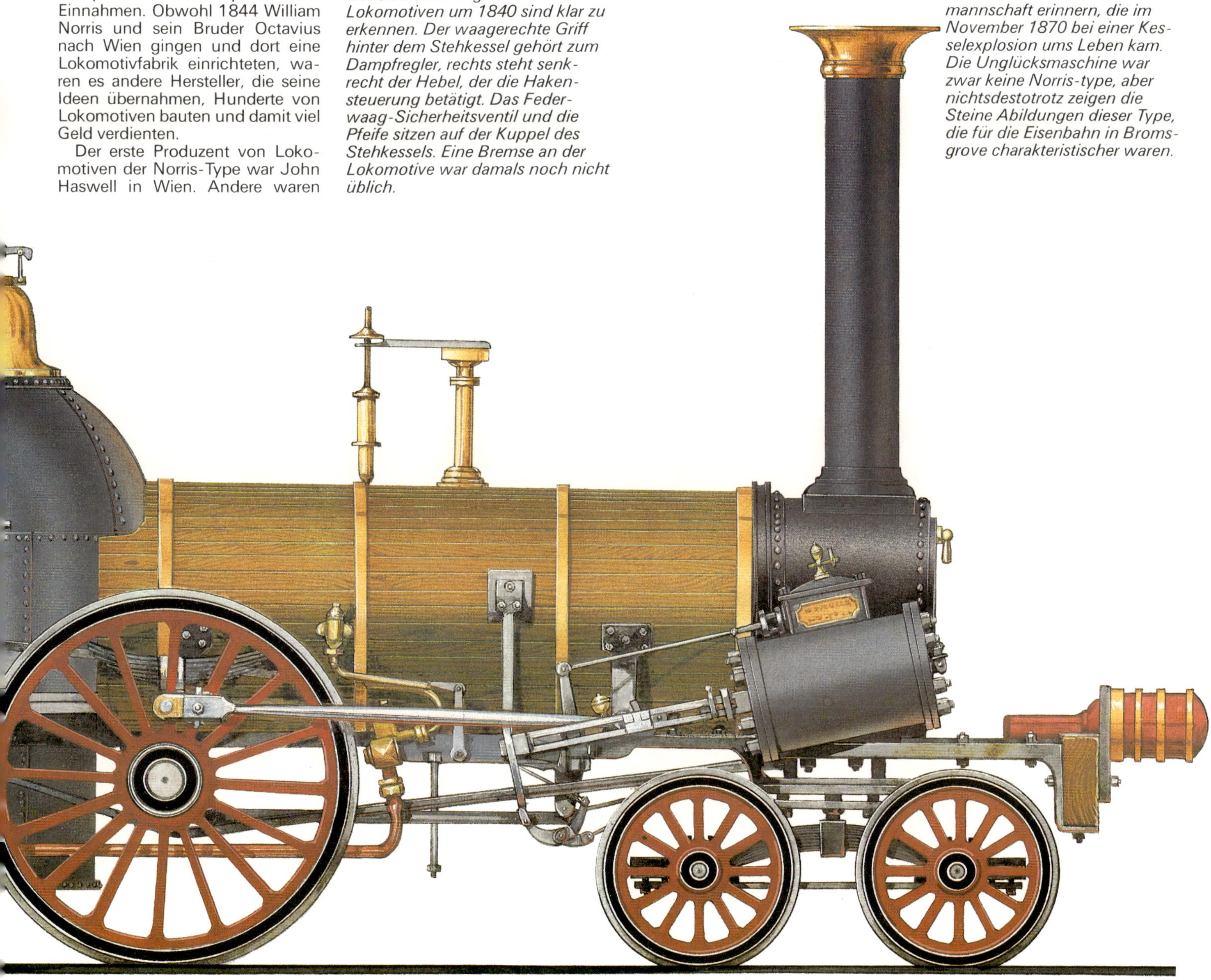

Fire Fly Klasse 1A1

Großbritannien
Great Western Railway (GWR), 1840

Zugkraft: 9,1 kN (2049 lb)
Achslast: 11,3 t (25000 lb)
Zylinder, ⌀ x Hub: 381 x 457 mm (15 x 18 in)
Treibrad ⌀: 2134 mm (84 in)
Verdampfungsheizfläche: 65 m² (700 sq ft)
Kesseldruck: 3,5 kp/cm² (50 psi)
Rostfläche: 1,25 m² (13,5 sq ft)
Brennstoff (Koks): 1,5 t (3400 lb)
Wasser: 8,2 m³ (1800 Imp gal)
Reibungsgewicht: 11,3 t (25000 lb)
Gesamtdienstgewicht: 42 t (92500 lb)
Gesamtlänge: 11989 mm (39 ft 4 in)

Im Jahre 1833 übernahm Isambard Kingdom Brunel die Stellung des leitenden Ingenieurs des „besten Werkes in England", wie er es nannte. Er war kein Nachahmer und hielt wenig von der von ihm geringschätzig „Kohlenloren-Spur" genannten Stephensonschen Spurweite. Er sagte: „Ich dachte, daß die verwendeten Mittel dem angestrebten Ziel nicht angemessen waren", und wählte dementsprechend für seine Eisenbahn eine fast um die Hälfte größere Spur von 7 ft ¼ in, entsprechend 2140 mm. Dies war die größte Spurweite, die je für eine Eisenbahn verwendet wurde.

Auch die Lokomotiven der Great Western Railway genossen großes Ansehen, aber nicht von Anfang an. Brunel hatte eine Reihe von Lokomotiven, vielleicht zu beiläufig, bei verschiedenen Herstellern bestellt; es war nicht gerade seine beste Leistung. Er gab den Firmen völlig freie Hand, machte aber einige kaum zu verwirklichende Einschränkungen. Das Gewicht der sechsrädrigen Lokomotiven sollte 10½ Tonnen und die Kolbengeschwindigkeit bei einer Geschwindigkeit von 48 km/h sollte 85 m/Minute nicht überschreiten. Die Ergebnisse dieser Einengungen waren dementsprechend äußerst unbefriedigend. In ihren ersten Tagen konnte die GWR sich nur auf eine einzige Lokomotive verlassen, die zufällig von Stephenson erworbene „Patentee"-Lokomotive „North Star", die mit 18,2 t über 75% mehr wog als von Brunel ausbedungen war. Sogar die Kolbengeschwindigkeit bei 48 km/h lag mit 98 m/Minute über der Grenze.

Die Verantwortung für die Lokomotiven der Bahn übertrug Brunel einem jungen Mann namens Daniel Gooch aus dem Norden des Landes, der schon für die Stephensons gearbeitet hatte. Nach vielen Anstrengungen – oft die ganze Nacht hindurch – im Lokschuppen von Paddington mit der Ansammlung oft „unbeweglicher Haufen Unglück", die damals den Lokomotivpark der GWR bildeten, formte Gooch seine eigene Meinung über das, was man besser getan hätte. Als klar wurde, daß mit dem vorhandenen unbrauchbaren Material keinerlei Fahrplan eingehalten werden konnte, mußte sich Gooch, über den Kopf seines Vorgesetzten hinweg, an den Aufsichtsrat der Bahn wenden. Brunel war ungehalten, änderte seine Meinung aber bald und beide blieben gute Kollegen und Freunde bis zum Tod des älteren im Jahr 1859.

Schließlich ließ Gooch neue Entwürfe für einen brauchbaren Lokomotivpark ausarbeiten, der mehr als 100 sechsrädrige Lokomotiven nach Art von Stephensons „Patentee" umfaßte. Für Güterzüge sah er 1B- und C-Lokomotiven vor, selbstverständlich auch 1A1-Maschinen für Personenzüge. Kessel, Tender, Triebwerke und viele andere Teile waren bei allen Typen gleich – eine Vereinheitlichung in einem bisher ungekannten Umfang. Dieses Mal ließ man den Baufirmen keinen Spielraum. Auch in den folgenden Jahren sollte man noch oft sehen, daß es nur zwei Möglichkeiten gab etwas zu tun – nach Art der Great Western oder auf die falsche Art. Neben den Zeichnungen erhielten die Firmen auch Schablonen und Lehren für verschiedene Teile; ja, man ging noch weiter und machte die Hersteller für alle Reparaturen verantwortlich, die sich auf den ersten 1600 km im Einsatz mit normalen Zuglasten ergaben. 62 der neuen Lokomotiven waren für den Schnellzugverkehr bestimmt, sie interessieren uns hier. Als erste lieferte Jones, Turner & Evans in Newton-le-Willows, Lancashire im März 1840 die Lokomotive „Fire Fly" (Glühwürmchen). Von dort folgten „Spit Fire, Wild Fire, Fire Ball, Fire King" und „Fire Brand". Am 17. März fuhr „Fire Fly" einen Sonderzug von Tyford nach Paddington, der für die 49,5 km 37 Minuten brauchte und eine Höchstgeschwindigkeit von 93 km/h erreichte. Bis zur Verlängerung der Bahn über Swindon hinaus bis Wootton Bassett standen weitere 25 Maschinen dieses Typs zur Verfügung und ein Fahrplan, der diesen Namen auch verdiente, konnte endlich aufgestellt werden.

Keines dieser kleinen Feuer-Rösser wurde in seiner Würde durch das Anbringen eines Nummernschildes herabgesetzt, aber man bemühte sich, die Erzeugnisse verschiedener Hersteller durch verwandte Namen kenntlich zu machen. Nachstehend die Ergebnisse dieser Bemühungen, die einen Hang zur Klassik erkennen lassen.
Sharp, Roberts & Co, Manchester: „Tiger, Leopard, Panther, Lynx (Luchs), Stag (Hirsch), Vulture (Geier), Hawk (Falke), Ostrich (Strauß), Greyhound (Windhund)."
Fenton, Murray & Jackson, Leeds: „Charon, Cyclops, Cerberus, Pluto, Harpy, Monos, Ixion, Gorgon, He-

Unten: *„Centaur" war eine der berühmten Standardlokomotiven von Daniel Gooch. 1841 bei Nasmyth, Gaskell & Co in Manchester gebaut, stand sie bis 1867 im Einsatz.*

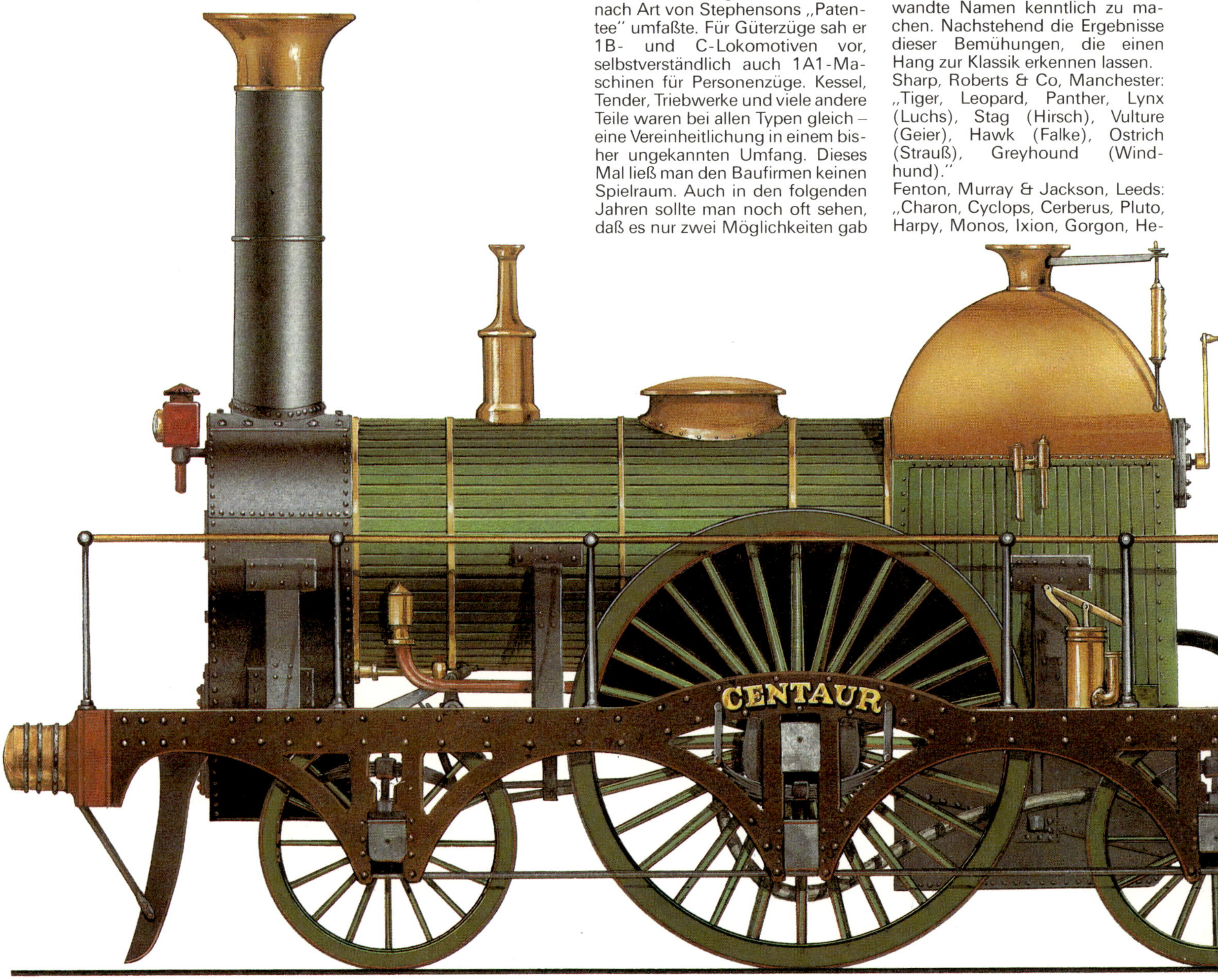

cate, Vesta, Acheron, Erebus, Medea, Hydra, Lethe, Phlegethon, Medusa, Proserpine, Ganymede, Argus."
G. & J. Rennie, Blackfriars, London: „Mazeppa, Arab."
R. B. Longridge & Co., Bedlington: „Jupiter, Saturn, Mars, Lucifer, Venus, Mercury."
Stothert & Slaughter, Bristol: „Arrow, Dart."
Nasmyth, Gaskell & Co., Manchester: „Achilles, Milo, Hector, Castor, Mentor, Bellona, Actaeon, Centaur, Orion, Damon, Electra, Priam, Pollux, Phoenix, Pegasus, Stentor" (der als letzter im Dezember 1842 geliefert wurde).

Übrigens hielt sich der Brauch der Namensgebung und auch die Schrifttype der Messingschilder für die Schnellzuglokomotiven der Bahn bis zur Verstaatlichung im Jahre 1948. Die Rahmenbauart der „Fire Fly"-Klasse war bemerkenswert, die sogenannte Sandwichbauart bestand aus dünnen Eisenblechen, die eine dicke Holzfüllung umschlossen. Die Hakensteuerung wurde wieder verwendet, in späteren Jahren meist auf die Stephensonsche Bauart umgebaut, verbesserte sich die Wirtschaftlichkeit der Lokomotiven durch die nunmehr mögliche Nutzung der Expansionskraft des Dampfes. Alle Lokomotiven waren koksgefeuert und hatten „gotische" Kuppelstehkessel. Die zwei- und dreiachsigen Tender wurden häufig getauscht, die Angaben der Tabelle beziehen sich auf die dreiachsige Type.

„Phlegethon" erhielt die Ehre, den ersten Königlichen Zug zu befördern. Die erste Eisenbahnfahrt der Königin Victoria von Slough nach Paddington erfolgte am 13. Juni 1842. Gooch fuhr selbst, Brunel leistete ihm im Führerstand Gesellschaft. Die Fahrt von 30 Kilometern dauerte 25 Minuten und entzückte die junge Königin.

„Castor" zog den Eröffnungszug zwischen London und Bristol am 30. Juni 1841, damals war dies die ganze Strecke der GWR, aber die Schwestergesellschaft Bristol & Exeter Railway war schon im Bau, so daß „Castor" bis Taunton weiterfahren konnte.

Oben: *Die „Queen" gehörte zur späteren „Prince"-Klasse von 1847 – der Hauptunterschied war das Fehlen des äußeren Rahmens.*

Brunel hatte bekanntermaßen den Wunsch, den Verkehrsbereich der GWR von Bristol bis nach New York auszudehnen. An einem schönen Sommertag, dem 19. Juli 1843, brachte Gooch mit einer nicht überlieferten Lokomotive den Prinzgemahl Prinz Albert nach Bristol, wo dieser dem Stapellauf des berühmten Dampfschiffs „Great Britain" beiwohnte. Gooch schreibt in seinem Tagebuch: „Auf der Hinfahrt hatten wir einige lange Aufenthalte für Ansprachen an den Prinzen, aber auf dem Rückweg hatten wir keine Verzögerungen und legten die Strecke in 2 Stunden und 4 Minuten zurück. Nur wenige Fahrten über diese große Entfernung waren bisher so schnell." Genaugenommen betrug damit die Durchschnittsgeschwindigkeit für die 191 Kilometer 92 km/h.

Zweifellos war die Stabilität, die die große Spurweite von 2140 mm verlieh, in Verbindung mit den bemerkenswerten Laufeigenschaften dieser frühen Einheitslokomotiven, der Grund für diese damals unübertreffbaren Fahrleistungen.

Ein weiteres Beispiel dafür ist der Sonderzug für die geladenen Gäste am Tag der Streckeneröffnung nach Exeter, bei dem Gooch persönlich am 1. Mai 1844 die Lokomotive „Orion" auf der Hin- und Rückfahrt bediente. Einschließlich etlicher Aufenthalte zum Wassernehmen dauerte die 312 km lange Fahrt 280 Minuten. Schon ein Jahr später war diese Leistung alltäglich, die planmäßigen Expreßzüge hatten eine Fahrzeit von 270 Minuten, einschließlich Aufenthalten (insgesamt 13 Minuten) in Didcot, Swindon, Bath, Bristol und Taunton.

Beim „Kampf der Spurweiten" im Jahr 1845, bestritt „Ixion" das Testprogramm der Regierungskommission für die Spurweiten der Breitspurvertreter. Die Fahrten fanden zwischen Didcot und Paddington statt. Mit einer Anhängelast von 60 t legte man die 85 Kilometer in 63,5 Minuten zurück, bei einer Höchstgeschwindigkeit von 98 km/h! Das übertraf alles, das die „Schmalspurleute" (1435 mm-Spur) mit ihren Versuchszügen zwischen York und Darlington zu bieten imstande waren. „Ixion" war auch die letzte dieser berühmten Lokomotiven, die 1879 aus dem Dienst schied. Die Reihe hatte damit fast vierzig Jahre bestanden, in denen die Eisenbahnen zum allgemeinen Transportmittel wurden. Bei Abstellung der „Ixion" war die Entscheidung, die Breitspur aufzugeben, schon gefallen, wenn es auch noch dreizehn Jahre bis zu ihrem Verschwinden dauerte.

Bis 1879 war aus dem jungen Mann, der (mit Hilfe eines anderen jungen Konstrukteurs namens Thomas Crampton, der auch berühmt werden sollte) die „Fire Fly" entworfen hatte, Sir Daniel Gooch, Mitglied des Parlaments und Präsident der Great Western Railway Company geworden.

Lion B1

Großbritannien
Liverpool & Manchester Railway (L&M), 1838

Zugkraft: 8,2 kN (1836 lb)
Zylinder, ⌀ x Hub:
305 x 457 mm (12 x 18 in)
Treibrad ⌀: 1524 mm (60 in)
Kesseldruck: 3,5 kp/cm² (50 psi)
Gesamtlänge: 10287 mm
(33 ft 9 in)
Andere Daten lagen nicht vor.

Obwohl sie keine ausgesprochene Schnellzuglokomotive ist, hat die 1838 für die Liverpool & Manchester gebaute „Lion" aus verschiedenen Gründen ein Anrecht auf Ruhm. Sie wurde fast ein Jahrzehnt nach dem berühmten Lokrennen von Rainhill gebaut, zu einer Zeit, als sich die Herstellung von Lokomotiven so weit etabliert hatte, daß man zuversichtlich sein konnte, daß eine bestellte Lokomotive auch dem angegebenen Zweck entsprach. Lion stammt von Todd, Kitson & Laird in Leeds und gehörte zu einer Lokomotivreihe, die man nach starken Tieren benannte. Damals begann die L&M auch mit dem Lokomotivbau in eigener Werkstatt, eine Unternehmenspolitik, die auch von den Nachfolgegesellschaften der ersten städteverbindenden Bahn der Welt – Grand Junction Railway, London & North Western Railway, London, Midland & Scottish Railway und British Railways – bis heute fortgesetzt wurde.

Ein glücklicher Zufall führte zum Verkauf der „Lion" im Jahr 1859 an den Mersey Docks & Harbour Board, der sie für Verschiebearbeiten benutzte. Nach einigen Jahren stellte man sie dort als stationäre Maschine auf. In dieser Weise blieb sie bis 1920 im Dienst, dann kaufte die LMS die Überreste zum Wiederaufbau. 1930 fuhr „Lion" bei der

Rechts: *Die „Lion" der Liverpool & Manchester Railway ist auch nach 140 Jahren noch betriebsfähig.*

Beuth 1A1

Deutschland
Berlin-Anhalter Eisenbahn, 1843

Zugkraft: 18,35 kN (4120 lb)
Achslast: 9,5 t (20925 lb)
Zylinder, ⌀ x Hub: (2)
330 x 560 mm (13 x 22 in)
Treibrad ⌀: 1543 mm (60¾ in)
Verdampfungsheizfläche:
47 m² (506 sq ft)
Kesseldruck: 5,5 kp/cm² (78 psi)
Rostfläche: 0,83 m² (8,9 sq ft)
Reibungsgewicht: 9,5 t
(20925 lb)
Gesamtdienstgewicht*: 18,5 t
(40750 lb)
Gesamtlänge*: 6,143 mm
(20 ft 2 in)
* *Lok ohne Tender*

1841 war ein denkwürdiges Jahr in der Geschichte der deutschen Lokomotivindustrie, denn in diesem Jahr lieferten gleich drei Fabriken ihre erste Lokomotive – Borsig in Berlin, Maffei in München und Emil Kessler in Karlsruhe. August Borsig war ein Mann mit großartigen Fähigkeiten und ebensolcher Energie, der sich schon einen Industriekonzern aufgebaut hatte, der auch ein Eisenwerk und ein Wasserwerk umfaßte. Zur Zeit seines Eintritts in die Welt des Lokomotivbaus importierte man gerade die Norris 2'A-Lokomotiven nach Europa. Borsigs erste Erzeugnisse waren 15 Maschinen gleicher Achsfolge für die Berlin-Anhalter Eisenbahn, die den Norris-Produkten mit ihren Barrenrahmen und dem großen „Heuschober"-Stehkessel sehr stark ähnelten, aber eine Reihe von Verbesserungen nach Borsigs Ideen enthielten. Die Lokomotiven hatten großen Erfolg, weitere Bestellungen folgten.

Bis 1843 erfuhren die Borsigschen Erzeugnisse weitere Vervollkommnungen, teils von ihm erdacht, teils aus England übernommen. Diese Verbindung aus amerikanischen, englischen und deutschen Bauweisen zeigt uns sehr gut die 1A1-Lokomotive „Beuth", die Borsig 1843 an die Berlin-Anhalter Eisenbahn lieferte. Ihr Name erinnerte an August Borsigs Lehrer, Professor Beuth, am Königlichen Gewerbe-Institut in Berlin.

Durch die gleichmäßigen Achsabstände ergab sich eine bessere Gewichtsverteilung als bei den Norris-Loks. Für die damalige Zeit war die gesamte Konstruktion recht fortschrittlich. Die Flachschieber bewegte die neuartige Kulissensteuerung von Stephenson, die erst 1842 eingeführt worden war. Eigentlich war es eine Erfindung eines Beschäftigten Robert Stephensons, William Howe, was auch von seinen Arbeitgebern nie verschwiegen wurde.

Wie alle großen Erfindungen war auch diese sehr einfach. Die bisherigen Steuerungen besaßen separate Exzenter für Vorwärts- und Rückwärtsfahrt und Haken oder Greifer am Ende jeder Exzenterstange, die in die entsprechende Ventilspindel eingriffen. Howes Idee war nun, die beiden Exzenterstangen durch ein gebogenes und geschlitztes Schwingenglied zu verbinden. In dem Schlitz saß ein verschiebbarer Schwingenstein, der mit der Ventilspindel verbunden war. Man mußte nun nur noch das Schwingenglied heben oder senken um die Fahrtrichtung zu wechseln. Diese Anordnung bewährte sich so hervorragend, daß der Großteil aller Dampflokomotiven, die innerhalb der nächsten 60 Jahre gebaut wurden, diese Steuerung erhielt.

Neu war die Möglichkeit, durch Zwischenstellungen der Schwinge die Einströmung schon zu einem frühen Zeitpunkts des Kolbenhubs zu beenden und damit die Wirtschaftlichkeit durch Ausnutzung der Expansionskraft des Dampfes zu steigern. Borsig benutzte bei dieser Lokomotive allerdings einen zusätzlichen Flachschieber, um die Füllung zu beeinflussen. Die Zylinderablaßhähne, die man vom Führerstand aus bedienen konnte, waren ein Fortschritt gegenüber den Norris-Maschinen, bei denen die Bedienungshebel dafür noch an den Zylindern saßen. Die Speisepumpen trieben am Treibzapfen befestigte Hebel, die unter den Führerstand reichten. Wie Norris verwandte Borsig Barrenrahmen. Der Stehkessel erhielt einen elliptischen Querschnitt, seine Kuppel bildete einen geräumigen Dampfraum. Ein zylindrisches Gehäuse auf dieser Kuppel beherbergte das Dampfrohr und eines der Salter-Sicherheits-

Hundertjahrfeier der Liverpool & Manchester Railway und wurde dann in einem Museum aufbewahrt, dem heutigen Merseyside County Museum in Liverpool. 1980 fuhr „Lion" dann wieder bei der Dampfkavalkade zum 150jährigen Bestehen der L&M und ist damit die älteste betriebsfähige Lokomotive der Welt.

Zu den interessanten Merkmalen der Lokomotive gehören der große „Heuschober"-Stehkessel und Sandwichrahmen zu beiden Seiten der Räder.

„Lion" wurde auch zum Filmstar, als er die Titelrolle in dem auch heute noch beliebten hinreißenden Lustspiel „Titfield Thunderbolt" (in Deutschland: Titfield Expreß) übernahm.

Rechts: *140 Jahre Fortschritt im Eisenbahnwesen: Die „Lion" der Liverpool & Manchester Railway von 1838 steht vor dem „Advanced Passenger Train" von heute.*

ventile. Die Außenseite des Stehkessels bestand aus glänzendem Blech, der Kessel war mit Holzleisten verschalt. Der dreiachsige Tender hatte Außenrahmen und die Spindelbremse wirkte auf alle seine Räder.

Dies war Borsigs 24te Lokomotive und sie unterstützte seinen wachsenden Ruf als Lokomotivbauer. Die Bestellungen häuften sich, das Werk expandierte und 1846 hatte Borsig schon 120 Lokomotiven gebaut, eine bemerkenswerte Leistung für die fünf ersten Jahre des neuen Unternehmens. Die „Beuth" war typisch für die Erzeugnisse der damaligen Zeit.

Die Originallokomotive wurde irgendwann einmal verschrottet, aber 1921 baute der Hersteller einen Nachbau in Originalgröße, der heute im Deutschen Museum ausgestellt wird.

Unten links: *Die Lokomotive „Beuth", 1843 gebaut für die Berlin-Anhalter Eisenbahn.*

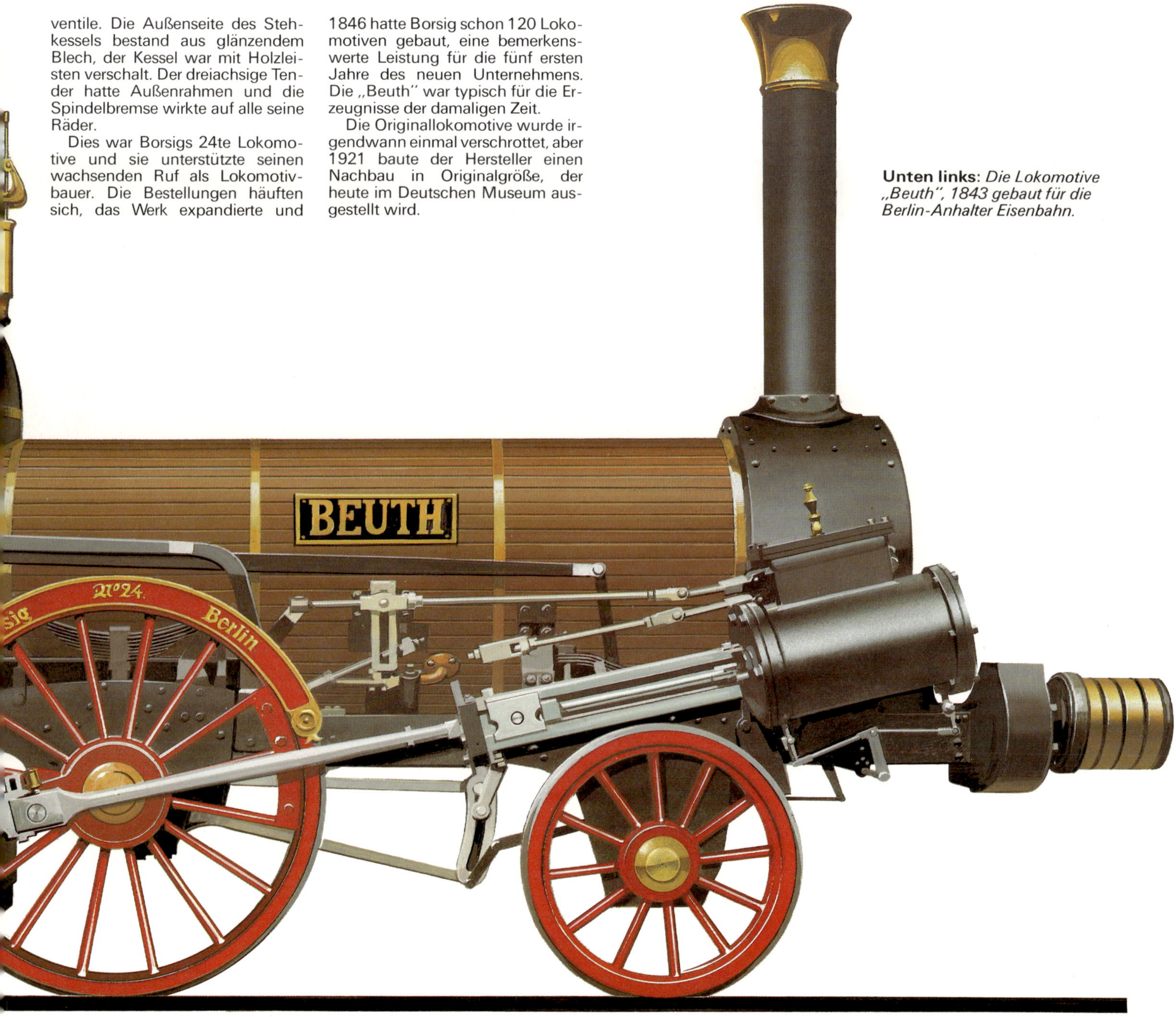

Médoc 1B

Schweiz
Schweizer Westbahn (O-S), 1857

Zugkraft: 40 kN (8986 lb)
Achslast: 9,2 t (20265 lb)
Zylinder, ∅ x Hub:
408 x 612 mm (16,1 x 24,1 in)
Treibrad ∅: 1686 mm (66,4 in)
Verdampfungsheizfläche:
95 m² (1022 sq ft)
Kesseldruck: 8 kp/cm² (114 psi)
Rostfläche: 1,0 m² (10,75 sq ft)
Brennstoff (Kohle): 2,4 t (5290 lb)
Wasser: 4 m³ (880 Imp gal)
Reibungsgewicht: 18,1 t (40000 lb)
Gesamtdienstgewicht: 40 t (88110 lb)
Gesamtlänge: 13650 mm (44 ft 9½ in)

Oben: *Diese 1B-„Longboiler"-Lokomotive der Schweizer Westbahn gehörte später zur Jura-Simplon-Bahn.*

Unten: *Die 1B-Lokomotive Nr. 58 „Simplon" der Jura-Simplon-Bahn, vormals die Nr. 11 der Schweizer Westbahn stand von 1857 bis 1901 im Einsatz.*

Buddicom 1A1

Frankreich
Paris-Rouen-Eisenbahn, 1843

Zugkraft: 13,8 kN (3100 lb)
Achslast: 6,6 t (14,540 lb)
Zylinder, ∅ x Hub: (2)
318 x 533 mm (12,5 x 21 in)
Treibrad ∅: 1600 mm (63 in)
Verdampfungsheizfläche:
49,6 m² (534 sq ft)
Kesseldruck: 5 kp/cm² (71 psi)
Rostfläche: 0,88 m² (9,5 sq ft)
Reibungsgewicht: 6,6 t (14540 lb)

Diese Lokomotivgattung ist die zweitälteste, in diesem Buch erwähnte, von der noch ein betriebsfähiges Originalexemplar (und kein Nachbau) vorhanden ist. Der französischen Staatsbahn gebürt das Lob dafür, zusammen mit ihren Vorgängern – der Westbahn und der Staatsbahn, daß durch ihre große Fürsorge uns dieses bemerkenswerte und reizende, 139 Jahre alte Geschöpf auch heute noch erfreuen kann.

Ihr Konstrukteur, W. B. Buddicom, gehörte zu einer Gruppe britischer Ingenieure, die Stephensons Lehren in der Welt verbreiteten. Dabei ging er allerdings seinen eigenen Weg, der sich am Ende aber als richtig herausstellen sollte. Die Buddicom 1A1-Lokomotiven sind ein weiterer Schritt in der europäischen Entwicklung, die von der „Northumbrian" über die „Planet" und die „Vauxhall" zur auf der ganzen Welt gleichen modernen Zweizylinderlokomotive führte. Es war allerdings ein knappes Rennen mit den sehr ähnlichen und gleich berühmten 1A1-Loks der London & North Western Railway, die in Crewe nach den Entwürfen Alexander Allans gebaut wurden und als „Crewe"-Type bekannt waren. Grund für die neue Bauart war das häufige Brechen der Kropfachsen der Innenzylindermaschinen.

Zu den zwei Außenzylindern kam Stephensons neue Kulissensteuerung und eine tiefe Feuerbüchse zwischen den hinteren Rädern. Das bewährte sich hervorragend, die Lokomotiven blieben sehr lange im Einsatz. Am Ende baute man 22 Stück in Tenderlokomotiven mit der gleichen Achsfolge um. Die letzte Überlebende der Reihe stand lange Zeit abgestellt, bis sie 1946 in den angenäherten Originalzustand versetzt wurde.

Es ist die Lokomotive Nr. 33 der Paris-Rouen-Eisenbahn mit dem Namen „Saint Pierre". 1951 besuchte sie England zu den Britischen Festspielen und wurde sogar

Oben: *Die „Buddicom"–1A1-Lokomotive, umgebaut als Tenderlokomotive.*

Die Stephensons waren die Pioniere des Lokomotivbaus, aber Forrester, Norris, Crampton und andere waren ihnen bei der Verwendung der Zylinderanordnung voraus, die sich endgültig durchsetzen sollte. Die berühmten „Longboiler"-Typen mit drei Achsen, die Robert Stephenson ab 1846 anbot, verbanden die vorneliegenden horizontalen Außenzylinder mit einem verlängerten Kessel, um die Wärmeenergie der Rauchgase besser zu nutzen. Viele der frühen Longboiler-Maschinen hatten anstelle des Dampfdoms noch einen „Heuschober"-Stehkessel.

Die Feuerbüchse ragte über den verhältnismäßig kurzen Radstand hinaus. Dadurch neigten diese Lokomotiven bei höherer Geschwindigkeit sehr zum Stampfen, aber ihre Vorzüge machten sie sehr beliebt, so daß viele in den Achsanordnungen 1A1, 1B und C gebaut wurden, teils in England und teils in Lizenz (oder auch nicht) in vielen Ländern Europas. Der Begriff „Longboiler" gehörte in vielen Sprachen zum Wortschatz der Eisenbahner.

Unser dargestelltes Beispiel ist ein spätes Mitglied der „Longboiler"-Gattung, von dem 15 Exemplare 1856-58 in Karlsruhe für die Schweizer Westbahn, die spätere Jura-Simplon-Bahn gebaut wurden. Der Typ war bekannt als „Médoc", fast eine Standardtype im Frankreich der Zeit. Sie hatten alle lange und nützliche Leben, die letzte stellte man erst 1902 ab.

Oben: *Die in den Originalzustand zurückversetzte „Buddicom"-1A1-Lokomotive stand 1951 im Bricklayer Arms Betriebswerk in London wieder unter Dampf.*

im Betriebswerk Bricklayers Arms in London angeheizt und gefahren. Dort begrüßte Fräulein Buddicom, eine Nachfahrin des Erbauers, die alte Lokomotive. Normalerweise steht sie jetzt im Eisenbahnmuseum von Mulhouse.

Gloggnitzer 2'B

Österreich
Wien-Gloggnitzer Eisenbahn, 1848

Zugkraft: 25,6 kN (5750 lb)
Achslast: 7,5 t (16520 lb)
Zylinder, Ø x Hub: (2) 368 x 579 mm (14,5 x 22,8 in)
Treibrad Ø: 1420 mm (55,9 in)
Verdampfungsheizfläche: 70,6 m² (760 sq ft)
Kesseldruck: 5,5 kp/cm² (78 psi)
Rostfläche: 0,94 m² (10 sq ft)
Brennstoff (Kohle): 2 t (4400 lb)
Wasser: 6,8 m³ (1500 Imp gal)
Reibungsgewicht: 15 t (33040 lb)
Gesamtdienstgewicht: 32 t (70500 lb)
Gesamtlänge: 12853 mm (42 ft 2 in)

Die Geschichte der Norris-Brüder mit ihrem überdurchschnittlichen technischen Verständnis und ihrem schlecht entwickelten Geschäftssinn wurde schon erwähnt. Einer, der diese Eigenschaften in sich vereinigte, war ein Schotte namens John Haswell, der 1836 nach Österreich ging, um dort einige aus England gekaufte Lokomotiven in Betrieb zu nehmen. Man war mit ihm zufrieden und bat ihn, die Leitung der Lokomotivabteilung der 43 km langen Wien-Gloggnitzer Eisenbahn zu übernehmen. Als er 1897 im Alter von 85 Jahren starb, war er für seine Verdienste um Österreich zweimal geadelt worden.

Eine seiner erfolgreichsten Konstruktionen waren 2'B-Lokomotiven, die auf der Norris-Type basierten. Sie wurden als die „Gloggnitzer" bekannt, auch nachdem sich ihr Wirkungsbereich nach Eröffnung der Semmeringpaß-Strecke und der Vollendung der Südbahn 1857 über Gloggnitz hinaus bis Laibach, 460 km von Wien, ausdehnte. Laibach liegt heute in Jugoslawien und heißt Ljubljana.

Unter den Besonderheiten dieser Lokomotiven muß das Drehgestell zuerst genannt werden. Es war so gebaut, daß es sich auch seitlich verschieben konnte und nicht nur um einen Punkt drehen. Da die Treibachsen nahe beim Drehgestell lagen und dadurch die Lage der Lokomotivachse zur Gleisachse bestimmten, sie waren ja nicht seitenverschiebbar, mußte eben das Drehgestell diese Bewegungsmöglichkeit besitzen. Haswell führte diese Anordnung schon lange vor Levi Bissell aus New York (dessen Namen sie gewöhnlich trägt) ein, der aber ein Patent dafür erhielt. Ebenso interessant sind der „Yankee"-Funkenfängerschlot (nicht umsonst hatte Norris eine Fabrik in Wien), die runden Querschnitte der Treib- und Kuppelstangen und die Reisigbündel an den vorderen Bahnräumern, die Steine und andere kleine Hindernisse von den Schienen fegen sollten.

Eine dieser berühmten Lokomotiven überlebte und ist im Wiener Technischen Museum ausgestellt. Es handelt sich um die „Steinbrück", die 1860 zur Graz-Köflacher Eisenbahn kam, die glücklicherweise bei der Verschrottung alter Maschinen sehr zurückhaltend war und damit zur Freude der Lokomotivhistoriker manches interessante Stück in die heutige Zeit rettete.

Unten: *Eine von Haswells „Gloggnitzern", die 2'B-Lokomotive „Steinbrück" wird vom Wiener Technischen Museum erhalten.*

Crampton-Type 2A

Frankreich
Ostbahn (Est), 1852

Zugkraft: 22,4 kN (5040 lb)
Achslast: 12,5 t (27535 lb)
Zylinder, ∅ x Hub: (2)
400 x500 mm ($15^3/_4$ x $19^{11}/_{16}$ in)
Treibrad ∅: 2100 mm (82.7 in)
Verdampfungsheizfläche:
98,4 m^2 (1059 sq ft)
Kesseldruck: 6,5 kp/cm^2
(92.5 psi)
Rostfläche: 1,42 m^2 (15.3 sq ft)
Brennstoff (Kohle): 7 t
(15420 Imp lb)
Wasser: 7 m^3 (1540 Imp gal)
Reibungsgewicht: 12,5 t
(27535 lb)
Gesamtdienstgewicht: 47,5 t
(104625 lb)
Gesamtlänge: 12728 mm
(41 ft 9 in)

Oben: *Crampton 2A-Lokomotive Nr. 170 der französischen Nordbahn. Charakteristisch für die Crampton-Type sind die großen Treibräder hinter der Feuerbüchse.*

Die Lokomotiven von Thomas Russell Crampton sind eine Legende – lange Zeit war der französische Ausdruck für „mit dem Zug fahren" – „prendre le Crampton". Und doch waren sie in keiner Weise ein Schritt nach vorn in der Entwicklung der Dampflokomotive. Aber sie waren einfach großartig.

Crampton wurde im August 1816 geboren, im selben Monat wie Daniel Gooch. Er lernte sein Handwerk als Ingenieur unter Marc Brunel, dem Vater des Erbauers der Great Western Railway. Er trat selbst bei der GWR ein und arbeitete mit Gooch beim Entwurf dessen berühmter Standardlokomotiven.

1842, er arbeitete noch für diese Gesellschaft, beantragte er ein Patent für eine Hochgeschwindigkeitslokomotive, die einen niedrigen Schwerpunkt hatte und trotzdem auch einen ausreichend bemessenen Kessel. Schwierigkeiten bereitete bisher die Treibachse – war sie groß, um eine hohe Geschwindigkeit zu erlauben, mußte auch der Kessel hoch liegen, um Platz für die Kropfachse oder die Steuerexzenter zu lassen. Um den Kessel und damit den Schwerpunkt niedrig zu legen, verlegte Crampton die Treibachse nach hinten. Die Zylinder lagen außerhalb der Räder zur Mitte der Lokomotive hin. Es war eine günstige Anordnung, alle wichtigen Teile waren leicht zugänglich. In diesem Punkt (und nur in diesem) entsprachen die Cramptons schon der endgültigen Bauform der Dampflokomotive.

Crampton arbeitete für eine Breitspur-Eisenbahn und er muß Normalspurlokomotiven als kaum standfester als die Hochräder seiner Zeit angesehen haben. Bei der typischen Crampton-Bauart, die hier dargestellt ist, entspricht die Höhe der Kesselmitte etwa der Spurweite, ähnlich wie es bei den Lokomotiven der Breitspur von 2140 mm üblich war.

Er beschäftigte sich auch mit dem Stampfen und Schaukeln, das bei Lokomotiven mit einem kurzen Achsstand auftrat, vor allem wenn der Großteil des Lokgewichts auf einer mittigen Treibachse ruhte. Man kann die Originalität seiner Gedanken anzweifeln, für ihn zählte das Patent, das er erhielt; damit war er im Geschäft. Es war ein Beispiel für den „Propheten, der im eigenen Land nichts gilt", seine erste Maschine war die 2A-Lok „Namur" für die Eisenbahn Namur-Liège in Belgien. Erbauer war die kaum bekannte und schon lange verschwundene Firma Tulk and Ley of Tulca Works in Whitehaven. Bei Fertigstellung der Lokomotiven war die belgische Bahn selbst noch im Bau, so daß sie erst einmal in Großbritannien und auf der Belgischen Staatsbahn erprobt wurden.

Insgesamt wurden etwa 320 Cramptons gebaut, die meisten für französische Bahnen, vor allem für die Nord- und die Ostbahngesellschaften. Unter den bemerkenswerten Einsätzen dieser Maschinen war auch der letzte Zug, der Paris 1870 vor der Belagerung durch die Deutschen verließ. Eine andere Crampton im Eigentum der Ost-

Oben: *Die Crampton Nr. 80 der französischen Ostbahn vor der Restaurierung zu dem betriebsfähigen Museumsstück, das wir heute kennen.*

Pearson 9ft Single 2'A2'

Großbritannien
Bristol & Exeter Railway (B&ER), 1854

Zugkraft: 32,7 kN (7344 lb)
Achslast: 18,8 t (41 500 lb)
Zylinder, ∅ x Hub:
(2)457 x 610 mm (18 x 24 in)
Treibrad ∅: 2743 mm (108 in)
Verdampfungsheizfläche:
114,7 m^2 (1235 sq ft)
Kesseldruck: 8,4 kp/m^2 (120 psi)
Rostfläche: 2,1 m^2 (23 sq ft)
Brennstoff (Kohle): 2 t
(4480 lb)
Wasser: 6,5 m^3 (1430 Imp gal)
Reibungsgewicht: 18,8 t
(41 500 lb)
Gesamtdienstgewicht: 50,8 t
(112000 lb)
Gesamtlänge: 9373 mm
(30 ft 9 in)

bahn, die Nr. 604, umgebaut mit einem seltsamen Doppelkessel, brach den Geschwindigkeitsweltrekord – nicht nur für Züge, sondern für alles –, als sie am 20. Juni 1890 mit einem Zug von 157 t bei Versuchsfahrten auf der Hauptstrecke Paris-Laroche der Paris, Lyon-Mediterranée-Bahn eine Geschwindigkeit von 144 km/h erreichte.

Ihr Hauptnachteil war das begrenzte Reibungsgewicht, durch die einzelne Treibachse am Ende der Lokomotive ein fundamentaler Nachteil. Dadurch rächte sich in gewissem Maß der eigene Erfolg an den Cramptons. Ihre guten Leistungen vor leichten Zügen warben Kundschaft, zusätzliche Wagen ließen die Züge schwerer werden, bis die Grenze der Cramptons erreicht war. Man muß auch sagen, daß zwar auf den ersten Blick der niedrige Schwerpunkt die Lokomotive stabiler erscheinen ließ, daß dies aber ein Beispiel dafür ist, daß die Medizin oft schlimmer ist als die Krankheit. Solche Lokomotiven mochten weniger dazu neigen, beim zwei- oder dreifachen der zulässigen Geschwindigkeit in der Kurve umzukippen, aber die Neigung zu starken Schwingungen und damit auch die Entgleisungsgefahr durch Aufklettern vergrößerte sich.

Dessenungeachtet waren die Crampton-Maschinen in vielen Punkten ohne Tadel. Die Fahrwerksanordnung ermöglichte endlich die Verwendung ausreichend bemessener Treibachslager, die lange störungsfreie Laufzeiten zwischen den Aufenthalten in der Werkstatt garantierten. Auch von Vorteil war die Tatsache, daß die Spurkränze des hinteren Radsatzes normalerweise nicht am Schienenkopf anlaufen, die Führung durch Gleiskrümmungen übernehmen die vorderen Räder. Damit unterlagen die kleineren und billigeren Laufräder der stärkeren Abnutzung, die großen und teuren Triebräder hielten länger.

Crampton war auch einer der ersten Ingenieure, der die Wirkungen der bewegten Triebwerksmassen richtig verstand und dementsprechend handelte. Auch dies trug zum Erfolg seiner Lokomotiven bei, genauso wie sein patentierter Dampfregler. Crampton hatte offensichtlich einen genialen Verstand, doch oft überstieg seine Erfindungsgabe das vernünftige Maß. Über die bekannte Crampton-Lokomotivbauart hinaus, die in seinem Patent von 1842 nur sekundär war, meldete er dort das Konzept einer Lokomotive an, bei der die Treibachse *„über"* dem Kessel lag. Die erste und sicher auch letzte Maschine dieser Art, nach dem Erbauer der ersten Dampflokomotive „Threvithick" genannt, baute 1847 die London & North Western Railway in ihrer Werkstatt in Crewe. Sie besaß Treibräder mit einem Durchmesser von 9 Fuß (2743 mm) und bot ein äußerst ungewöhnliches Bild. Man braucht kaum hinzuzufügen, daß sie kein Erfolg wurde.

Crampton erhielt 1849 ein weiteres Patent für Lokomotiven mit einem Antrieb über eine Zwischenwelle mit rotierender oder schwingender Bewegung zwischen den Zylindern und den Treibrädern oder -achsen. Die Anwendung bei Dampflokomotiven war nicht allzu häufig (aber nicht so selten wie der Hängekessel); aber nach dem Tode Cramptons 1888 und dem Ablauf seines Patents fand der „Blindwellenantrieb" umfangreiche Verwendung bei den Triebwerken der ersten elektrischen Lokomotiven.

Der beträchtliche Eindruck, den Thomas Crampton in der Geschichte des Lokomotivbaus hinterließ, kommt auch in der Erhaltung der 2A-Lokomotive Nr. 80 der Eisenbahn Paris-Strasbourg, der späteren Ostbahn, zum Ausdruck. Dieses herrliche Überbleibsel der Geschichte, großartig restauriert und wieder mit seinem Namen „Le Continent" versehen, befindet sich normalerweise im Museum von Mulhouse. Zu seltenen Anlässen wurde sie auch wieder unter Dampf gesetzt. Die Angaben bei den technischen Daten beziehen sich auf diese Lokomotive.

Unten: *Crampton-Lok 80 der französischen Ostbahn, als bestens restaurierte Lok, auf einem ihrer seltenen Einsätze unter Dampf.*

Diese bemerkenswerten Tenderlokomotiven entwarf der Leiter der Lokomotivabteilung der Bristol & Exeter Railway, Pearson. 8 Stück mit den Nummern 39 bis 46 baute die Firma Rothwell & Co in Bolton in den Jahren 1853 und 1854. Sie waren für die Teilstrecke der B&ER der Hauptstrecke von London nach Exeter bestimmt. Zu ihren Aufgaben gehörte auch die Beförderung des „Flying Dutchman", seinerzeit der schnellste Zug der Welt. Ihre Treibräder waren die größten, die je erfolgreich angewendet wurden. Keiner konnte bisher eine Aufzeichnung über eine schnellere Fahrt finden, die die 130 km/h einer „Pearson Single" übertroffen hätte, die bei der Talfahrt auf der Wellington-Steigung, südlich Taunton, erreicht wurden.

Nur fünf Jahre zuvor, 1849, hatte die B&ER den Betrieb ihrer eigenen Strecke von der Great Western Railway übernommen. Und nun kam diese urwüchsige Lokomotivkonstruktion zur Ausführung. Es spricht nicht gerade für gute Beziehungen zwischen den beiden Gesellschaften, daß diese Maschinen kaum Gemeinsamkeiten mit Goochs 2'A1 aufwiesen, die hier vorher liefen. Die meisten Prototypen neuer Ideen verbrachten mehr Zeit in der Werkstatt oder auf dem Abstellgleis als auf der Strecke im Einsatz. Bei diesen sogenannten „Nine-Footern" (Raddurchmesser) war das nicht so. Nach 14 Jahren baute man vier von ihnen um, dem Umfang der Arbeiten nach war es mehr ein Neubau. Die Arbeiten erfolgten in der eigenen Werkstatt in Bristol. Man folgte dabei der ursprünglichen eigenwilligen Bauart.

Die Führung im Gleis übernahmen die beiden zweiachsigen Drehgestelle; den Antrieb besorgte das riesige Paar spurkranzloser Treibräder, das etwa in der Mitte zwischen den Drehgestellen saß. Wie bei allen Lokomotiven, die auf Brunels Breitspur fuhren, lag das ganze Triebwerk innerhalb des Rahmens.

Die Wasservorräte befanden sich im hinteren Wasserbehälter und in einem Wasserkasten innerhalb des Rahmens. In einem Punkt wichen Pearsons „Singles" von der üblichen Praxis ab, sie trugen keine Namen, nur Nummern.

1876, kurz nachdem die GWR die B&ER endgültig übernommen hatte, entgleiste eine „Pearson Single" (die Nr. 2001, früher Nr. 39) bei Long Ashton in der Nähe von Bristol; ein Unfall, der auch Menschenleben forderte. Das war der Anlaß für einen weiteren Umbau nach konventionelleren Aspekten in 2'A1-„Singles", die von manchem als die schönsten Lokomotiven angesehen wurden, die je auf der Spur von 2140 mm liefen. Sicherlich verständlich, wenn man die anderen Maschinen betrachtet.

Hätte die Breitspur in das 20te Jahrhundert fortbestanden, kann man sich gut vorstellen, daß diese Umbauten die Grundlage der weiteren Entwicklung gebildet hätten.

Links: *Die Zeichnung zeigt die Seitenansicht der 2'A2'-Tenderlokomotive, verwendet auf den Breitspurstrecken der Bristol & Exeter Railway.*

American 2'B

USA
Western & Atlantic Railroad (W&ARR), 1855

Zugkraft: 30,7 kN (6885 lb)
Achslast: 9,5 t (21 000 lb)
Zylinder ∅ x Hub:
(2) 381 x 610 mm (15 x 24 in)
Treibrad ∅: 1524 mm (60 in)
Verdampfungsheizfläche:
91 m² (980 sq ft)
Kesseldruck: 6,3 kp/cm² (90 psi)
Rostfläche: 1,35 m² (14.5 sq ft)
Brennstoff (Holz): 7,25 m³
(2 cords (Klafter))
Wasser: 5,7 m³ (1250 Imp gal)
Reibungsgewicht: 19,1 t
(42000 lb)
Gesamtdienstgewicht: 40,9 t
(90000 lb)
Gesamtlänge: 15926 mm
(52 ft 3 in)

Oben: *Der „General" in seinem heutigen betriebsfähigen Zustand. Der „Holzstapel" im Tender verbirgt den Heizöltank.*

Den „General" baute die Firma Thomas Rogers in Paterson, New Jersey, im Jahre 1855. Diese Lokomotive ist ein gutes Beispiel für die erfolgreichste und am häufigsten gebaute Lokomotivtype, die je gebaut wurde. Rogers war nämlich derjenige, der die meisten Merkmale, die die „American" zum Erfolg werden ließen, in den Lokomotivbau einführte. Die wichtigste Entwicklung in den USA war die allgemeine Anwendung der Stephenson-Kulissensteuerung, die erst die Nutzung der Expansionskraft des Dampfes erlaubte. Sie ersetzte die bisher verwendeten Gabel- oder Hakensteuerungen, die nur zwei Einstellungen kannten: „Vorwärts" und „Rückwärts".

Abgesehen davon lag der Erfolg Rogers mehr in der guten Bemessung und Ausführung seiner Maschinen und weniger in neuen Erfindungen. Ein Beispiel ist der von ihm vorgesehene großzügige Abstand von den Zylindern zur Treibachse, der die Schrägstellung der Treibstangen und damit die Kräfte auf den Kreuzkopf in senkrechter Richtung verringerten. Der größere Achsstand des führenden Drehgestells erlaubte eine waagerechte Zylinderlage und ließ dennoch genug Raum für eine Seitenbewegung. Die waagerechten Zylinder ließen sich direkt am Barrenrahmen befestigen, bei schrägen war dies nicht so einfach.

Um den Kurvenlauf zu erleichtern, erbten die ersten Exemplare dieser Gattung noch die spurkranzlose erste Treibachse ihrer Vorfahren, aber gegen Ende der 50er Jahre gab man dem Drehgestell die Möglichkeit zur Seitenbewegung und erzielte den gleichen Effekt. Selbstverständlich übernahm man auch die Dreipunktabstützung, die sich ja gut bewährt hatte. Das Feuern mit Holz war damals allgemein verbreitet und der Zwang, die vielen Funken zurückzuhalten, führte zu äußerst vielgestaltigen und oft imposanten Formen der Funkenfänger-Schornsteine.

Schon nach zwei, drei Jahren begannen auch andere Firmen wie Baldwin, Grant, Brooks Mason und Danforth und Hinckley ähnliche Lokomotiven anzubieten. Für den Kauf einer dieser Lokomotiven mußte man kein erfahrener Ingenieur mehr sein, der die Theorie dieser Maschinen genau beherrschte, sondern es war dasselbe wie ein Autokauf heutzutage. Man füllte eine Bestellung aus und konnte dabei unter verschiedenen angebotenen Alternativen auswählen. Bald erhielt man dann eine entsprechende zuverlässige Maschine geliefert.

Die Geschwindigkeiten auf den rauhen Gleisen der Neuen Welt waren mäßig – Durchschnittsgeschwindigkeiten von 40 km/h und Höchstgeschwindigkeiten von 65 km/h waren charakteristisch für die Besten unter den amerikanischen Expreßzügen. Diese 2'B-Lokomotiven liefen durch ihre Bauart zwar auch bei höheren Geschwindigkeiten außerordentlich ruhig, aber die nötige höhere Leistung machte in den 80er Jahren Neuentwicklungen mit wesentlich vergrößerten Abmessungen erforderlich und ließ auch „Ten-wheeler" mit der Achsfolge 2'C die „Americans" ablösen.

Auch beim Aussehen der Lokomotiven brach eine neue Epoche an. Waren die Lokomotiven oft üppig mit Messing, Kupfer und Farbe verziert und trugen sie häufig Namen, kennzeichnete die Maschinen gegen Ende des neunzehnten Jahrhunderts ein viel schlichteres Äußeres. In den 80er Jahren drückten die „Räuberbarone" der großen Gesellschaften in einem mörderischen Konkurrenzkampf die Kleinen des Transportgeschäfts einfach gegen die Wand. Da war natürlich kein Cent übrig für unnötige Verzierungen, ein einfacher Bitumenanstrich und große gemalte Loknummern in der bekannten „Eisenbahn-Grotesk"-Schriftart an den Tenderwänden mußten ausreichen.

Den Großteil der zweiten Hälfte des vergangenen Jahrhunderts dominierte diese eine Lokomotivbauart den nordamerikanischen Bahnbetrieb. Entsprechend gab man ihr die Bezeichnung „American Standard". Etwa 25000 annähernd gleiche Lokomotiven entstanden in dieser Zeit. Die größten Unterschiede lagen in Kleinigkeiten und vor allem in der äußeren Ausstattung. Sie waren alle einfache, robust konstruierte Maschinen, die einem „Entwicklungsland" angemessen waren. Vor allem machte sie das führende Drehgestell und die Unebenheiten ausgleichende Federung geradezu ideal geeignet für die rauhen Gleise im Neuland des Westens.

Gegenstand der angegebenen Daten ist die vielleicht berühmteste Maschine dieser Bauart, zumindest eine der bekanntesten. Der „General" kam zu seinem Ruhm, als er während des amerikanischen Bürgerkriegs von einer Gruppe Unionssoldaten entführt wurde, die in das Gebiet der Konföderierten Armee eingedrungen war. Man beabsichtigte, die Kommunikationswege

Unten: *Eine typische nordamerikanische „American Standard"-Lokomotive der frühen Jahre. Damals verzierte man die Lokomotiven sehr reichlich, in den 80er Jahren des letzten Jahrhunderts fiel dieser Schmuck wirtschaftlichen Erwägungen zum Opfer.*

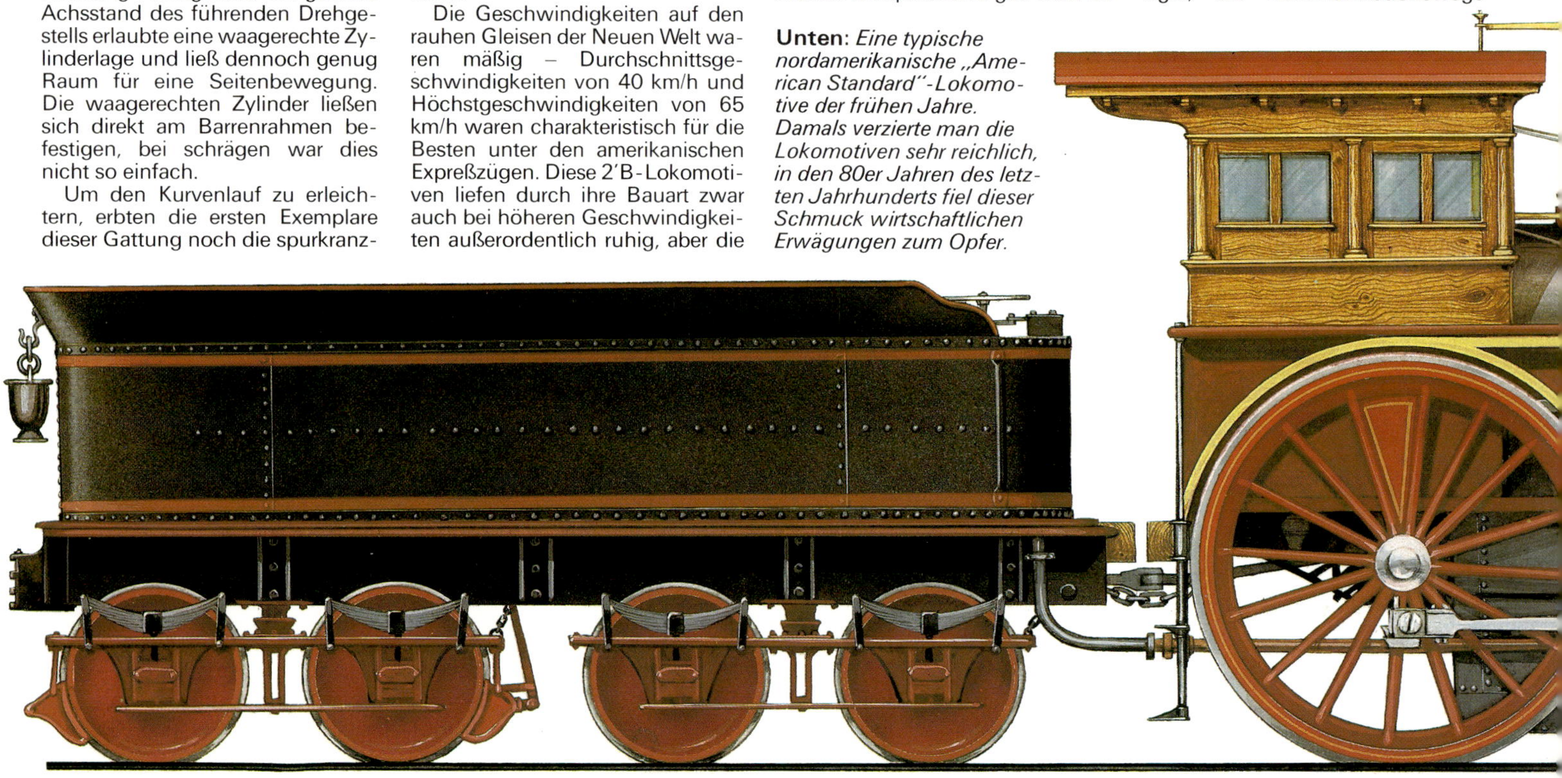

hinter den Linien zu zerstören, vor allem die Breitspurstrecke (5 Fuß; 1524 mm), die über 217 Kilometer hinweg die Städte Atlanta und Chattanooga verband. Nach ihrem Sieg bei Shiloh näherten sich die Unionstruppen Chattanooga und man erwartete, daß die Konföderierten Verstärkungstruppen über die Schiene heranbrachten. In der Nähe eines Ortes namens Oostenabula befand sich eine große Holzbrücke; man beabsichtigte, mit dem gestohlenen Zug zur Brücke zu fahren und sie zu verbrennen. Ein Ersatzbau hätte Wochen in Anspruch genommen.

Die Unionsleute, 20 Mann stark, unter dem Kommando eines Captain Andrews, übernachteten in der Ortschaft Marietta, kauften sich Fahrkarten und fuhren mit dem Zug mit. Etwa 48 km nördlich von Atlanta, in Big Shanty, übernahmen sie die Lokomotive, während Fahrgäste und Mannschaft in der Bahnhofswirtschaft frühstückten. Der Zugführer des Zuges, ein Mr. Fuller, verfolgte den Zug zuerst auf einer Handdraisine und dann auf einer kleinen Lokomotive eines Eisenwerks, der „Yonah".

Der Stoßtrupp wollte die Telegraphenleitungen zerschneiden, gelegentlich eine Schiene entfernen und in den Stationen die sofortige Durchfahrt im Namen des Generals Beauregard der Konföderierten verlangen. Sie hatten aber nicht damit gerechnet, daß ihnen auf der eingleisigen Strecke Züge entgegenkamen. Beinahe wäre das Spiel schon in Kingston verloren gewesen, als sie dort 1 Stunde und 25 Minuten auf einen Gegenzug warten mußten, der in zwei Teilen gefahren wurde.

Sie kamen noch einmal davon, „Yonah" kam erst 4 Minuten nach ihrer Abfahrt an. Fuller übernahm hier eine andere „American", die „Texas". Andrews hatte durch die schnelleren Verfolger jetzt keine Möglichkeit mehr, die Gleise zu blockieren; die konföderierte Verfolgerschar näherten sich schon auf Schußweite. Das Ende kam, als nach 8 Stunden und 87 Meilen Fahrt (140 km) dem Unionstrupp das Feuerholz ausging und sie sich in die Wälder flüchteten. Alle wurden gefangengenommen, die sieben ranghöchsten Soldaten wurden von einem Standgericht erschossen.

Wenn man das menschliche Schicksal einmal beiseite läßt, fallen vor allem zwei Eigenschaften der „American Standards" ins Auge. Zuerst fällt auf, daß trotz der schlechten Gleise Geschwindigkeiten bis zu 100 km/h während der Verfolgung erreicht wurden und beide Lokomotiven dies gut überstanden. Zweitens stellen wir fest, daß der Aktionsradius der holzgefeuerten Lokomotiven sehr klein war. Eine Holzladung von 2 Klaftern (7,25 m³) reichte nur für eine Fahrt von etwa 80 km.

Beide Lokokomotiven, der „General" und die „Texas" haben bis heute überlebt. Allerdings sind Zweifel an der Originalität der Maschinen angebracht. Der „General" wird normalerweise in Chattanooga aufbewahrt und bei besonderen Anlässen auch einmal gefahren. Man feuert ihn heute mit Öl, der Tank ist unter einem imitierten Holzstapel verborgen. Die „Texas" erhielt einen, einem Sieger der Konföderierten angemessenen Ehrenplatz im Grant Park in Atlanta. Beide hatte man nach dem Bürgerkrieg von der 5 Fuß-Spur der Western & Atlantic RR, auf Normalspur umgebaut.

Der amerikanische Bürgerkrieg war einer der ersten großen Kriege, bei denen die Transporte auf der Eisenbahn eine bedeutende Rolle spielten. In diesem Falle war daran auf beiden Seiten vorwiegend die „American Standard"-Type beteiligt. Mit ihnen wurden auch die ersten Transkontinentalverbindungen gebaut und betrieben. Durch das bekannte Foto der feierlichen Vollendung des Bahnbaus in Promontory, Utah, mit dem Einschlagen eines goldenen Schienennagels, wurden die beideh beteiligten Maschinen, die „Jupiter" der Central Pacific und die „Nr. 119" der Union Pacific beinahe so berühmt wie der „General", dessen Berühmtheit ja weniger auf den tatsächlichen Ereignissen beruht, als auf dem Stummfilm mit Buster Keaton. Man sagt, daß „Amerika die Eisenbahnen und die Eisenbahnen Amerika aufbauten", wenn man statt „Eisenbahnen" „American Standard" einsetzt, stimmt es genauso gut.

Die „American"-Type war eine ausgesprochene Universallokomotive; der einzige Unterschied zwischen Personen- und Güterzuglokomotiven waren die unterschiedlichen Raddurchmesser von etwa 1676 mm bzw. 1525 mm. Sie dienten auch den Tausenden von Eisenbahngesellschaften, die damals die 160000 Kilometer des amerikanischen Eisenbahnnetzes betrieben: von Bahnen mit Tausenden von Meilen bis herab zu Nebenbähnchen, deren einzige Lok regelmäßig alle zehn Kilometer abfuhr.

Oben: *Eine „American Standard" 2'B-Lokomotive, die als „Jupiter" der Central Pacific Railroad hergerichtet wurde, um die feierliche Zeremonie der Vollendung der ersten transkontinentalen Eisenbahn Amerikas nachzuvollziehen. Der Standort der Lok ist das „Golden Spike National Monument" in Utah.*

Die letzte „American" schied aus dem normalen Dienst erst mehr als ein Jahrhundert, nachdem Rogers 1852 die Type vorgestellt hatte, aus. In verschiedenen Teilen der Erde kann man auch heute noch das eine oder andere Exemplar mit einer Achsfolge 2'B finden. Viele erhielten Museen oder andere Interessenten in Nordamerika, recht wenige (sogar sehr wenige) kann man noch auf Touristenbahnen unter Dampf erleben, andere wieder hob man auf, um sie gelegentlich für einen Westernfilm anheizen zu können.

Problem Klasse 1A1

Großbritannien
London & North Western Railway, (LNWR), 1862

Zugkraft: 43,8 kN (9827 lb)
Achslast: 15 t (33000 lb)
Zylinder, ∅ x Hub:
(2) 406 x 610 mm (16 x 24 in)
Treibrad ∅: 2362 mm (93 in)
Verdampfungsheizfläche:
102 m^2 (1097 sq ft)
Kesseldruck: 8,5 kp/cm^2
(121 psi)
Rostfläche: 1,39 m^2 (15 sq ft)
Brennstoff (Kohle): 5 t
(11000 lb)
Wasser: 8,2 m^3 (1800 Imp gal)
Reibungsgewicht: 12 t
(26500 lb)
Gesamtdienstgewicht: 60,4 t
(133000 lb)
Gesamtlänge: 13310 mm
(43 ft 8 in)

Rechts: *Eine 1A1-Maschine der „Problem"-Klasse rast uns auf der LNWR-Hauptstrecke entgegen. Als Zuglast hat sie die für eine solch kleine Lokomotive unglaubliche Zahl von 15 Personenwagen.*

Wenn eine Lokomotive es schafft, 40 Jahre im Schnellzugdienst eingesetzt zu werden, ist das schon eine außerordentliche Leistung; John Ramsbottoms „Problem"- oder „Lady of the Lake"-Klasse, auf der LNWR 1859 eingeführt, erreichte fast 50 Jahre, obwohl auch eine gehörige Portion Glück dabei war. Wie alle anderen hervorragenden Lokomotiven, von der „Northumbrian" von 1830 bis zur chinesischen „Ren-Ming"-Reihe von 1980, war ihr Hauptmerkmal ihre Einfachheit. Man kann die unten beschriebenen Stirling „Singles" wirklich nicht als kompliziert bezeichnen, aber die „Problems" waren noch einfacher, denn sie hatten kein Drehgestell, sondern nur eine feste Vorlaufachse.

Die erste von 60 Maschinen erschien 1859, die letzte wurde 1865 geliefert. Das Triebwerk mit Außenzylindern und Innensteuerung war extrem einfach, eine weitere Vereinfachung führte man nach der zehn-

Stirling 8 ft Single 2'A1

Großbritannien
Great Northern Railway (GNR), 1870

Zugkraft: 50,1 kN (11245 lb)
Achslast: 15,7 t (34600 lb)
Zylinder, ∅ x Hub:
(2) 457 x 711 mm (18 x 28 in)
Treibrad ∅: 2463 mm (97 in)
Verdampfungsheizfläche:
108 m^2 (1165 sq ft)
Kesseldruck: 9,8 kp/cm^2
(140 psi)
Brennstoff (Kohle): 3,4 t
(7500 lb)
Wasser: 13,2 m^3 (2900 Imp gal)
Reibungsgewicht: 15,7 t
(34600 lb)
Gesamtdienstgewicht: 66 t
(145500 lb)
Gesamtlänge: 15291 mm
(50 ft 2 in)

Oben rechts: *Die Museumslokomotive „Stirling Single" Nr. 1 steht im August 1975 bereit, um an der Lokomotivkavalkade zur Hundertfünfzigjahrfeier der britischen Eisenbahnen teilzunehmen.*

Unten: *Eine schöne Zeichnung der Stirling 2'A1-Lokomotive Nr. 1 der englischen Great Northern Railway. Außerordentlich eindrucksvoll ist das riesige Treibradpaar. Mit ihrem domlosen Kessel und der geschwungenen Messingverkleidung des Sicherheitsventils sieht die Maschine sehr elegant aus. Die Klingel an der Tenderwand gehört zur frühen Form einer Kommunikationsverbindung zwischen Lok- und Zugpersonal und wurde über einen Seilzug betätigt. Die Nr. 1 ist auch heute noch in betriebsfähigem Zustand.*

ten Maschine ein, als der Giffard-Injektor die unbeliebten Speisepumpen bei der Kesselspeisung ersetzte. Die bekanntesten von ihnen beförderten Züge waren die Züge mit der Post nach Irland mit dem Spitznamen „Wilde Irländer“ vom Euston-Bahnhof nach Holyhead mit einem Lokwechsel in Stafford.

Francis Webb löste 1871 John Ramsbottom ab, er beging nun den Fehler, wie auch andere Lokomotivingenieure vor und nach ihm, daß er meinte mit komplizierten Maschinen mehr erreichen zu können. Seine Verbundlokomotiven waren nicht so zuverlässig wie gedacht, die Betriebsabteilung der LNWR war nach einiger Zeit zu der Anordnung gezwungen, daß Züge mit einer größeren Last als 17 dreiachsigen Personenwagen (etwa 270 t) Vorspann erhalten müssen. Für diese Aufgabe boten sich die 30 Jahre alten „Problem“-Lokomotiven an und dafür baute man sie in aller Stille in den 90er Jahren um. Die Daten in der Tabelle beziehen sich auf diesen letzten Umbau, bei dem sich das Gesamtgewicht gegenüber der Ursprungsversion um 25 % erhöhte. Bei einem früheren Umbau hatten sie Führerhäuser erhalten und man kann sicher sein, daß zum Schluß kaum noch Teile von 1859 vorhanden waren. Alle Änderungen halfen aber nichts gegen ihren größten Mangel, die Neigung zu starken Schwingungen um eine senkrechte Achse bei höheren Geschwindigkeiten.

Einer LNWR-Tradition folgend erhielten sie ihre Nummern und Namen ohne erkennbaren Zusammenhang. Viele der Namen sollten an irgendetwas erinnern, beispielsweise „Erebus“, „Harlequin“, „Atalanta“, „Lady of the Lake“, „Tornado“, „Pandora“ und so fort, andere waren mehr zufällig, wie „Problem“, „Soult“, „Edith“ und „Fortuna“.

Links: *Die Fotografie zeigt die zur „Problem“-Klasse zugehörige Nr. 610 „Princess Royal“ noch ohne Führerhaus, aber schon im „brombeer-schwarzen“ Anstrich der LNWR.*

Die „Stirling 8ft Single“ ist für viele der Inbegriff des als Kunstform betrachteten Lokomotivbaus. Ihre eleganten Linien verbinden sich mit der geschmackvollen Farbgebung und den Messingverzierungen zu einer kaum zu übertreffenden Schönheit.

Patrick Stirling, Lokomotivsuperintendent der Great Northern Railway, ließ die erste Lokomotive dieser Reihe 1870 in den Doncaster-Werkstätten der Bahn bauen. Wie bei der GNR üblich, folgte die Numerierung der Serienlokomotiven keiner Ordnung, aber der Prototyp erhielt die Nummer 1 und konnte mit dieser auffälligen Nummer auch entsprechend Ruhm einheimsen. Bis die 47te und letzte Maschine der Reihe fertiggestellt wurde, sollten 23 Jahre ins Land ziehen.

Der domlose Kessel fiel dem Betrachter gleich ins Auge, dieses Markenzeichen Stirlings war damals sehr ungewöhnlich. Im mechanischen Aufbau waren die Maschinen sehr einfach gehalten, sie hatten Außenzylinder und direkt von der Stephenson-Kulissensteuerung angetriebene innenliegende Flachschieber.

Zu jener Zeit, als die Züge noch aus dreiachsigen Abteilwagen ohne Durchgang bestanden, beförderten diese Lokomotiven alle wichtigen Schnellzüge einschließlich des berühmten Expreßzuges, der um 10 Uhr Vormittags den Kings Cross-Bahnhof in Richtung Edinburgh verließ und damals nur inoffiziell als „Flying-Scotsman“ bezeichnet wurde. Viele verbürgte Aufzeichnungen berichten von Geschwindigkeiten um 120 km/h mit erstaunlich schweren Zuglasten, aber die Entwicklung von schweren vier- und sechsachsigen Durchgangswagen und von Speisewagen verdrängte sie in weniger anstrengende Dienste. Bis 1916 verschwanden alle außer der legendären Nr. 1 aus dem Betrieb. Sie fand am Rande ihres früheren Einsatzgebietes im Nationalen Eisenbahnmuseum in York ein Heim.

1938 holte man sie aus dem Museum, arbeitete sie auf und verwendete sie bei einer Werbeveranstaltung, bei der das neue Wagenmaterial des „Flying Scotsman“ vorgestellt wurde. Man lud Journalisten in den Kings Cross-Bahnhof ein und bot ihnen erst einmal eine Fahrt im „Flying Scotsman“ von 1888, bevor sie in Stevenage in die neuen Luxuswagen umstiegen. Dieses Ereignis veranlaßte eine Gruppe, die sich „Railway Correspondence and Travel Society“ (etwa Eisenbahn-Korrespondenz und -Reise-Gesellschaft) nannte, die Lokomotive Nr. 1 und ihre Dreiachsergarnitur für eine Fahrt von Kings Cross nach Cambridge zu mieten. Das war das erste Mal, daß eine museal erhaltene Hauptbahnlokomotive zur Freude von Eisenbahnfreunden eingesetzt wurde und damit sozusagen ein Präzedenzfall für die vielfältigen Aktivitäten dieser Art, die nach dem 2. Weltkrieg in aller Welt begannen.

PLM 121 1B1

Frankreich
Paris–Lyon–Mediterrannée (PLM), 1876

Zugkraft: 54,4 kN (12225 lb)
Achslast: 14 t (30840 lb)
Zylinder, Ø x Hub:
(2) 500 x 650 mm (197 x 256 in)
Treibrad Ø: 2100 mm (827 in)
Verdampfungsheizfläche:
119 m^2 (1280 sq ft)
Kesseldruck: 9 kp/m^2 (128 psi)
Rostfläche: 2,2 m^2 (23.7 sq ft)
Reibungsgewicht: 27,5 t (60575 lb)
Gesamtdienstgewicht: 49,7 t (109470 lb)
Gesamtlänge: 17215 mm (56 ft 5¾ in)
(Tenderdaten nicht verfügbar)

Französische Lokomotiven nahmen immer eine besondere Stellung ein, und diese bezaubernden Geschöpfe der „Route Imperiale" der Kaiserlichen Bahn sind keine Ausnahme. Vor ihrem Bau stützte sich der Personenverkehr der Paris–Lyon–Mediterrannée auf 2A-Crampton-Lokomotiven. Als man das Bedürfnis nach stärkeren Maschinen hatte, baute diese Gesellschaft 1868 fünfzig „Longboiler"-Lokomotiven der Achsfolge 1B, die Arbeit teilten sich die Bahnwerkstätten in Paris und Ouillons.

Der Leistungsbedarf stieg weiter, so daß man die 1B-Loks vergrößern mußte. Das gestiegene Lokgewicht erforderte den Übergang zu einer zusätzlichen Laufachse, es resultierte die Achsfolge 1B1, die auch die vorhandenen 1B-Loks bei Um-

Unten: *Eine „121" der Paris–Lyon–Mediterrannée, die Nr. 90. Man erkennt die Goochsteuerung, der Dampfdom ist beinahe so dick wie der Kessel. Bemerkenswert sind das Sicherheitsventil mit seinem schön geschwungenen Hebel, die Glocke auf dem Tender zur Kommunikation mit dem Zug und der drehbare Verschlußdeckel für den Schlot.*

Oben: *Die PLM-Lokomotive Nr. 67. Vierhundert Maschinen dieser Bauart wurden gebaut.*

Reihe 79 2'B

Australien
New South Wales Government Railways (NSWGR), 1877

Zugkraft: 61,5 kN (13800 lb)
Achslast: 14,5 t (32000 lb)
Zylinder, Ø x Hub:
(2) 457 x 610 mm (18 x 24 in)
Treibrad Ø: 1702 mm (67 in)
Verdampfungsheizfläche:
104 m^2 (1121 sq ft)
Kesseldruck: 9,8 kp/cm^2 (140 psi)
Reibungsgewicht: 29,1 t (64000 lb)
Gesamtdienstgewicht: 60,6 t (133500 lb)
(Tenderdaten nicht verfügbar)

Ein aktives Arbeitsleben von mehr als 80 Jahren sagt mehr über die Qualitäten dieser hübschen Lokomotiven, als dies eine Beschreibung vermag. Eine von ihnen wurde in eine 2'B1'-Tenderlok umgebaut und hätte in dieser Form fast ihren hundertsten Geburtstag im Dienst erlebt, denn sie rangierte in der NSWGR-Werkstatt Clyde bis Mitte 1972!

Trotz ihrer Herkunft von Lokomotiven für eine städtische Untergrundbahn waren sie für die Beförderung erstklassiger Schnellzüge bestimmt. Grundlage für diese Type waren die berühmten und erfolgreichen 2'B-Tenderlokomotiven, die Beyer, Peacook in Manchester ab 1864 an die Londoner Metropolitan Railway lieferte. Die Australier bestellten erst einmal 30 Stück, die zwischen 1877 und 1879 ausgeliefert wurden. Später orderte man 26 weitere bei Dübs & Co in Glasgow (später ein Teil der North British Locomotive Co). Noch einmal 4 kamen 1881 von Beyer, Peacock, die letzten 4 baute die australische Atlas Engineering Pty in Sydney, New South Wales. Damit ergab sich ein Gesamtbestand von 68 Lokomotiven. Es war eine erfreuliche Abweichung von der ansonsten vorherrschenden Praxis der „KZG"-Maschinen (Keine Zwei Gleich).

Wie wir schon gesehen haben und auch noch häufig sehen werden, war die Einfachheit der Trumpf der Dampflokomotive und Konstrukteure; die Kompliziertes hinzufügten, gingen damit ein hohes Risiko ein. Beyer, Peacocks klassische Bauart (sie soll von Sir John Fowler stammen), die für viele Bahnen mit kleinen Abweichungen gebaut wurde, kam diesem Ziel sehr nahe. Auf dem Bild nicht zu sehen ist die innenliegende Allensteuerung mit gerader Kulisse, die alle diese Lokomotiven besaßen.

Ursprünglich hatte der Führerstand keine Seitenwände. Es dauerte einige Zeit, bis das Lokpersonal mehr Schutz erhielt. Das einfache runde Seitenfenster ist ein Erkennungszeichen der NSWGR-Maschinen dieser Zeit. Seltsam mutet die schräge Vorderwand der Rauchkammer an, sie stammt von ihren Vorfahren der „Metropolitan".

Die New South Wales Government Railways hatten einen bemerkenswert großen Anteil an langen leichtgebauten Nebenbahnen in den landwirtschaftlich genutzten Gebieten. Außerhalb der Erntezeit ist das Verkehrsbedürfnis minimal, hier fanden die 79er noch lange ihr Auskommen, nachdem sie stärkere Maschinen vor den Schnellzügen verdrängt hatten. Für die Postzüge auf diesen Zweigstrecken benötigte man flinke und leichtfüßige Lokomotiven. Es wundert darum nicht, daß man hier auch noch in den 60er

bauten recht bald erhielten. Man hatte nämlich sehr schnell festgestellt, daß die hintere Tragachse auch die Stabilität des Laufs verbesserte. Interessante Merkmale der neuen Lokomotiven waren die Belpaire-Feuerbüchse, die außenliegende Goochsteuerung (beschrieben bei Goochs „Rover"-2'A1-Lokomotiven) und, eine spätere Zutat, die großen Luftkessel für die Luftbremsart der PLM.

Die zweckgebundenen Formen der Lokomotiven waren spielerisch gestaltet. Der prächtig geformte Schlot mit dem großen „capouchon" und der Drehklappe zum Verschließen der Öffnung ist ein wahres Gedicht. Auch der Sandkasten fällt auf; von der Seite ein rechteckiger Kasten, zeigt er von vorne seine schön geschwungene Form. Der riesige Dom mit seinen Federwaag-Sicherheitsventilen ist danach auch keine Enttäuschung des Auges, während die Form des Führerhauses (wenn man es so nennen will) von allen Seiten gleich markant ist.

Sechzig Lokomotiven baute man von dieser Unterbaureihe, auf sie beziehen sich auch die angegebenen Daten. Sie trugen die Nummern 51 bis 110, im Anschluß an die Umbauten aus den früheren 1B-Maschinen.

Diese Maschinen waren so außerordentlich erfolgreich, daß sich ihre Zahl zwischen 1879 und 1883 auf 400 erhöht. Außer 40 wurden alle Mitglieder dieser umfangreichen Reihe „zuhause" gebaut, also in den eigenen Werkstätten. Die 40 anderen lieferte die Firma Sharp, Steward & Co in Manchester. Diese große Anzahl von Lokomotiven setzte man vor Zügen aller Art ein.

Eine neue Entwicklung bahnte sich an, als man 1888 weitere 1B1-Loks baute. Ihr Gesamtgewicht war nur 10 % größer als bei den ersten Exemplaren, aber sie wiesen drei Neuheiten in ihrer Konstruktion auf, die den „Großen Sprung nach vorn" im französischen Lokomotivbau bedeuteten: erstens fand man hier die neue Walschaertsteuerung, die in der ganzen Welt zur Norm werden sollte; zweitens baute man den Kessel für den bisher beispiellosen Kesseldruck von 15 kp/cm², der auch für die modernen Dampflokomotiven typisch werden sollte und gegenüber der Ursprungsausführung eine Erhöhung von 65 % bedeutete. Drittens markierte diese Konstruktion den Übergang bei der größten französischen Bahngesellschaft von der einfachen Dampfdehnung zur Verbundbauweise. Diese sollte im Laufe der Zeit dazu führen, daß Frankreich für lange Zeit einen Vorsprung vor dem Rest der Welt hatte, wenn es um den thermischen Wirkungsgrad der Lokomotiven ging, das heißt um die Brennstoffmenge, die man zur Erzeugung einer bestimmten Leistung benötigt.

Sehr ähnliche 1B1-Lokomotiven ließ ab 1876 die benachbarte Paris–Orleans-Bahn bauen. Es hat sogar den Anschein, als ob die PLM einfach kopierte, was auf der anderen Seite des Zauns einer der größten französischen Lokomotivingenieure, Victor Fourquenot, vorexerziert hatte. Insgesamt erhielt die P–O 126 dieser Maschinen, einige waren noch 70 Jahre später im Einsatz. Eine davon überlebte und wurde nach ihrer Restauration dem Eisenbahnmuseum in Mulhouse übergeben.

Nicht nur die PLM kopierte den Entwurf der P–O. Zwischen 1882 und 1891 wurden für die Österreichisch-Ungarische Staatsbahn 40 Maschinen dieser Type gebaut. Ein Grund dafür könnte die vermutliche finanzielle Beteiligung der P–O an der Österreichisch-Ungarischen Staatsbahn sein.

Jahren diese 2'B-Loks antreffen konnte. Inzwischen hieß die Type zwar „Z-12", von 1885 bis 1923 waren sie die „C" gewesen, aber es waren immer noch dieselben inzwischen 85 Jahre alten Konstruktionen. Eine Abwechslung in diesem Landleben gab es nur an einem Tag im Jahre 1932, als 7000 Tonnen, bestehend aus ältlichen Lokomotiven, Puffer an Puffer die Festigkeit der Hafenbrücke von Sydney prüften.

Links: *Die 2'B-Lokomotive Nr. 176 der Reihe „79" der New South Wales Government Railways wurde aufgearbeitet und ist im NSWGR-Museum zu sehen.*

Duke Klasse 2'B

Großbritannien
Highland Railway (HR), 1874

Zugkraft: 55,0 kN (12338 lb)
Achslast: 14,3 t (31500 lb)
Zylinder, ⌀ x Hub: 457 x 610 mm (18 x 24 in)
Treibrad ⌀: 1918 mm (75½ in)
Verdampfungsheizfläche: 114 m² (1228 sq ft)
Kesseldruck: 9,8 kp/cm² (140 psi)
Rostfläche: 1,5 m² (16,25 sq ft)
Brennstoff (Kohle): 4 t (9000 lb)
Wasser: 8 m³ (1800 Imp gal)
Reibungsgewicht: 27 t (59500 lb)
Gesamtdienstgewicht: 73,7 t (161500 lb)
Gesamtlänge: 15621 mm (51 ft 3 in)

Bei ihrer Einführung im Jahre 1874 waren die „Dukes" der Highland Railway die stärksten Lokomotiven in Großbritannien. Obwohl nur eine kleine Bahn mit weniger als 60 Lokomotiven im Bestand, brauchte die HR starke Maschinen um ihre Züge über die Berge zu bringen. Diese zehn 2'B-Loks, gebaut von Dübs in Glasgow und der erste Entwurf des neuernannten Leiters der Lokomotivabteilung, David Jones, waren die Vorläufer etlicher ähnlicher Reihen. Das waren die „Lochgorn Bogie" von 1876, die „Clyde Bogie" von 1886 und die „Strath"-Reihe von 1889. Die berühmte „Skye Bogie"-Reihe war eng verwandt, hatte aber erheblich kleinere Treibräder. Insgesamt addierten sich diese fähigen Maschinen zu einem Fuhrpark von 30 Lokomotiven, der die Geschwindigkeiten und Zuglasten erheblich erhöhen half. Bei dieser Reihe erschien zum ersten Mal der berühmte „Highland-Schlot", bei dem Luftschlitze helfen sollten, die Auspuffgase höher über das Führerhaus zu leiten und auch die Feueranfachung zu verbessern. Den elegant geformten Doppelrahmen der Vorgänger übernahm man auch für die „Dukes". Wie es einer Bahn angemessen ist, bei der der Leiter der Lokomotiventwicklung Alexander Allen hieß, erhielten die Loks die Allensteuerung.

Bemerkenswert war auch die Verwendung der Le-Chatelier-Gegendruckbremse, bei der die Zylinder auch zum Bremsen benutzt werden. Man wollte damit die handbedienten Bremsklötze bei langen Gefällefahrten schonen, aber diese Einrichtung konnte sich nicht durchsetzen. Das Prinzip kann man sich ähnlich wie bei einem Auto vorstellen, bei dem man bei einer Talfahrt einen niedrigeren Gang einlegt. Die später auch vorn angebrachte Schlauchkupplung der Vakuumbremse konnte umgeklappt werden um die Befestigung eines keilförmigen Schneeräumers zu ermöglichen.

Obwohl heute genauso wie damals eine Fahrt über die Hochland-Hauptstrecke zu den interessantesten Erlebnissen auf den Bahnstrecken der Welt gehörte, so war die Fahrt noch nie sonderlich schnell. In der Frühzeit der Jones-Lokomotiven dauerte die Fahrt über die 230 Kilometer von Perth nach Inverness 5¼ Stunden mit dem besten Zug; die Weiterfahrt nach

Rechts: *Die Zeichnung zeigt „The Duke" im ursprünglichen auffallenden gelben Anstrich. Später ging man zu einem gesetzteren Grün über.*

Gladstone Klasse B1

Großbritannien
London, Brighton & South Coast Railway (LBSCR), 1882

Zugkraft: 58,8 kN (13211 lb)
Achslast: 14,75 t (32500 lb)
Zylinder, ⌀ x Hub: (2) 464 x 660 mm (18¼ x 26 in)
Treibrad ⌀: 1981 mm (78 in)
Verdampfungsheizfläche: 139 m² (1492 sq ft)
Kesseldruck: 9,8 kp/cm² (140 psi)
Rostfläche: 1,9 m² (203 sq ft)
Brennstoff (Kohle): 4,1 t (9000 lb)
Wasser: 10,2 m² (2240 Imp gal)
Reibungsgewicht: 28,8 t (63500 lb)
Gesamtdienstgewicht: 69,5 t (153000 lb)
Gesamtlänge: 15799 mm (51 ft 10 in)

Rechts: *Das Foto zeigt die Lokomotive Nr. 188 „Allen Sarle" der „Gladstone"-Klasse 1901 in Oxted Surrey, die vor allem durch ihre außerordentliche Gepflegtheit besticht.*

Schon seit den Tagen der ersten „Patentee"-1A1-Lokomotive hatte man es als selbstverständlich angesehen, daß eine Schnellzuglokomotive vor ihren Treibachsen Laufachsen zur Führung besaß. Als nun einer der fähigsten Lokomotivingenieure eine B1-Maschine einführte, die für die besten Schnellzüge der London, Brighton & South Coast Railway bestimmt war, staunten seine Kollegen sehr, aber ohne Grund.

Wick, weitere 260 km, nahm noch einmal 8¼ Stunden in Anspruch. Als diese Flotte von Drehgestellmaschinen die Zugförderung übernahm, verringerten sich ab 1890 die Fahrzeiten auf 4 bzw. 6 Stunden.

Für die Planung der HR sehr schwierig war das unausgewogene Verkehrsaufkommen, entweder war der Andrang kaum zu bewältigen – zum Beispiel bei Beginn und Ende der Jagdsaison – oder die Fahrgastzahl so gering, daß man nicht wußte, wie man die Kosten abdecken sollte. Foxwell beschreibt in seinem Buch „Express Trains, Englisch and Foreign, (1895)" einen Schnellzug von Euston nach Inverness, der an einem Augustmorgen des Jahres 1888 Perth verließ, mit zwei 2'B-Loks und 36 Wagen, einschließlich Pferdetransport- und Salonwagen aus dem ganzen Land.

Es überrascht nicht, daß trotz einer Nachschublok auf der 29 km langen, 1,3 %-Steigung von Blair Atholl bis Druimachdar Summit bis Kingussie schon 22 Minuten Verspätung zu verzeichnen waren. Diese 2'B-Maschinen beförderten alle wichtigen Hochland-Schnellzüge bis sie Peter Drummonds größere 2'B und 2'C-Lokomotiven ablösten.

David Jones Vorgänger in Inverness war William Stroudley, der bei der HR seine ureigene Farbgebung in Gelbocker einführte, die später auf der London, Brighton & South Coast Railway noch bekannter werden sollte. Die „Duke"-Klasse wurde mit dieser Farbe geliefert, aber es dauerte nicht lange, bis die grüne Farbgebung nach dem Geschmack von David Jones sie ablöste. Die einzige noch vorhandene Highland-Lokomotive, die „Jones Goods" 2'C-Lok Nr. 103 von 1894 ist fälschlicherweise in dieser gelben Farbe lackiert – näher kann man heute an das Aussehen einer der Highland-Schnellzugmaschinen nicht mehr kommen. Die letzte „Duke", die es gab, war der Namensgeber der Reihe, die Nr. 67 „The Duke", später „Cromartie", die 1923 aus dem Dienst schied. Als letztes Exemplar der verwandten Klassen verschwand die Nr. 95 „Strathcarron" als Lok Nr. 14274 der London, Midland & Scottish im Jahr 1928, noch lange vor dem Zeitalter der umfassenden Erhaltung von Dampflokomotiven.

Oben: *Lokomotive Nr. 82 „Fife" der „Duke"-Klasse passiert das Stellwerk von Welch in Inverness auf ihrem Weg in den Süden des Landes. Die Strecken am linken Bildrand führen zu den Abfahrgleisen des Bahnhofs. Ankommende Züge fahren heute wie damals geradeaus und setzen dann zu den Ankunftsbahnsteigen zurück.*

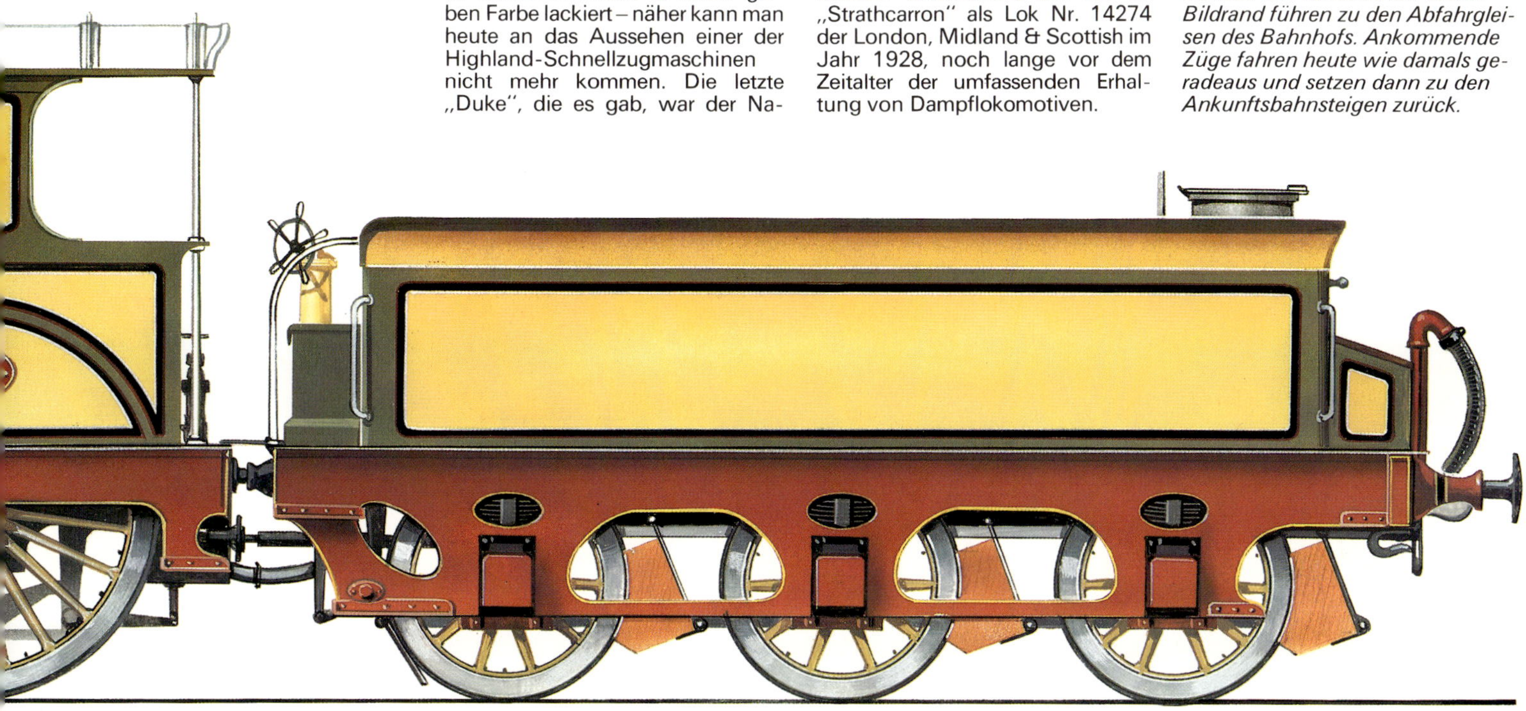

Der Vorstand der LBSCR hatte William Stroudley 1871 aus dem schottischen Hochland zu sich gelockt, um das ziemlich schlampige Lokomotivwesen der Bahn in Ordnung zu bringen. Er war ein Mann, der überzeugt war, daß das Beste auch das Wirtschaftlichste war und der auch das gute Aussehen der Lokomotive sehr wichtig fand. Stroudley gehört zu der Handvoll Lokomotivfachmänner, deren Schöpfungen mehr als siebzig Jahre im Einsatz blieben.

Das letzte seiner Meisterstücke war eine Schnellzuglokomotivreihe, die nach dem Prototyp, der das Licht der Eisenbahnwelt im Dezember 1882 in den Bahnwerkstätten in Brighton erblickte, „Gladstone" genannt wurde. Innerhalb der nächsten acht Jahre baute man 35 weitere. 1889 reiste Nr. 189 „Edward Blount" über den Kanal und gewann auf der Weltausstellung von Paris eine Goldmedaille. Nach Ende der Ausstellung unternahm man Probefahrten mit Nr. 189 auf dem Abschnitt Paris–Laroche der PLM-Hauptstrecke. Die Lokomotive wies gute Leistungen auf und erreichte mit einem schweren Zug 111 km/h, aber leider erkältete sich Stroudley so stark, daß er noch in Paris im Alter von 56 Jahren verstarb. Einige seiner Lokomotiven (die berühmte „Terrier"-Klasse) waren auf den British Railways noch nach 1960 im Dienst.

Der Erfolg der „Gladstone"-Lokomotiven liegt wieder einmal, wie so oft in diesem Buch erwähnt, in der einfachen und robusten Bauweise und in durchdachten Konstruktionen. Zum Beispiel lagen die Flachschieber unter den Zylindern, die Schieberriegel waren aber so geneigt, daß die Stephensonsteuerung ohne Übersetzungshebel direkt wirken konnte. Da eine vordere Laufachse fehlte, widmete man der Abfederung besondere Aufmerksamkeit. Die führende Achse besaß Blattfedern, die Mittelachse weiche Schraubfedern. Eine Komplikation, von der man sich einen Nutzen versprach, war die Rückleitung von Auspuffdampf in das Speisewasser, durch die Verwendung des Kondensats gewann man einen Teil der Abwärme zurück. Den Druckluftvorrat der Westinghousebremse nutzte Stroudley zusätzlich für eine Kraftverstärkung der Schraubenumsteuerung.

Als Produkt seiner Zeit war Stroudley ein strenger Vorgesetzter, aber die Kraftumsteuerung ist ein Beispiel für seinen umsichtigen Umgang mit Untergebenen. Er bestand auch darauf, daß der Name des Lokomotivführers in Goldfarbe auf der Führerstandseite der ihm zugeteilten Lokomotive angeschrieben wurde; jeder der einmal die „Gladstone" im Eisenbahnmuseum von York besichtigt, sollte auf den Namenszug „William Love" achten. Dieser Usus führte zu einem außerordentlich guten Zustand der Maschinen und einem reibungslosen Ablauf des Betriebs. Übrigens war die „Gladstone" sicherlich die erste Hauptbahnlokomotive, die von einer privaten Gruppe erhalten wurde – in diesem Fall die „Stephenson Locomotive Society", die sie 1927 von der Southern Railway, dem Nachfolger der LBSCR, kaufte. Sie mußten den fürstlichen Preis von £ 140 zahlen, das umfaßte aber die Neubekesselung und andere Arbeiten, die die Lokomotive fast in den Originalzustand versetzten. Man lackierte sie in der herrlichen ockergelben Farbgebung Stroudleys und bewahrte sie im Museum in York der London & North Eastern Railway auf.

Eingesetzt wurden die „Gladstones" vor den meisten Schnellzügen der LBSCR, einschließlich der Pullman-Züge von London nach Brighton, den Vorläufern der berühmten „Brighton-Belle" (Schönheit von Brighton). Sie waren imstande die Fahrt vor dem 1898 eingeführten „Brighton Sunday Pullman" in 60 Minuten zurückzulegen. Heute ist der schnellste elektrische Zug nur 5 Minuten schneller.

Vittorio Emanuele II 2'C

Italien
Oberitalienische Eisenbahnen (SFAI), 1884

Zugkraft: 63,3 kN (15335 lb)
Achslast: 16 t (35250 lb)
Zylinder, ∅ x Hub:
(2) 470 x 620 mm (18.5 x 24.4 in)
Treibrad ∅: 1675 mm (66 in)
Verdampfungsheizfläche:
160 m² (1720 sq ft)
Kesseldruck: 10 kp/cm² (142 psi)
Rostfläche: 2,2 m² (24 sq ft)
Brennstoff (Kohle): 3,5 t
(7710 lb)
Wasser: 10 m³ (2200 Imp gal)
Reibungsgewicht: 48 t
(105727 lb)
Gesamtdienstgewicht: 83,7 t
(184361 lb)
Gesamtlänge: 16500 mm
(54 ft 1 5/8 in)

Das alte Königreich Piemont, Heimat des Grafen Cavour, der zusammen mit König Victor Emanuel das Ende der österreichischen Herrschaft über Norditalien und die Einigung Italiens erreichte, besaß eine der ersten wichtigen Gebirgsbahnen Europas. Die Bahn verband die Hauptstadt Turin über den Giovi Pass mit dem Hafen von Genua. Nach einer Bauzeit von neun Jahren wurde die 165 km lange Strecke 1853 eröffnet.

Schwierigkeiten bereitete die Überquerung der Apenninen mit einer Paßhöhe von 360 m nur 22,5 km von Genua entfernt. Die gewählte Bahntrasse war verbunden mit einer gewaltigen Steigung von 3,5 %. B- und C-Satteltank-Lokomotiven, paarweise mit den Führerständen gegeneinander gekuppelt, bewältigten den Verkehr mit einigem Erfolg für die Piemonter Staatsbahnen.

1859 wurde Italien vereinigt und die Giovi-Bahn wurde Bestandteil der Oberitalienischen Eisenbahnen (SFAI), die 1872 das erste Lokomotivkonstruktionsbüro einer italienischen Bahngesellschaft einrichteten. Das letzte Erzeugnis dieser Institution vor der Fusion in die Mittelmeerbahnen war 1885 diese äußerst bemerkenswerte Maschine, die erste 2'C-Lokomotive Europas, Nr. 1181 „Vittorio Emanuele II".

Es war beabsichtigt, diese Reihe auf der neutrassierten, weniger schwierigen Giovi-Bahn zu verwenden, die noch im Bau war, und bei der man, unter Inkaufnahme einer längeren Strecke, die maßgebliche Steigung auf 1,6 % verringert hatte. Als sie 1889 eröffnet

Reihe X2 2'B:

Großbritannien
London & South Western Railway (L&SWR), 1891

Zugkraft: 73,2 kN (16426 lb)
Achslast: 15,2 t (33500 lb)
Zylinder, ∅ x Hub:
(2) 483 x 660 mm (19 x 26 in)
Treibrad ∅: 2159 mm (85 in)
Verdampfungsheizfläche:
125,4 m² (1350 sq ft)
Kesseldruck: 12,3 kp/cm²
(175 psi)
Rostfläche: 1,7 m² (18,2 sq ft)
Brennstoff (Kohle): 3,6 t
(8000 lb)
Wasser: 15 m³ (3300 Imp gal)
Reibungsgewicht: 29,5 t
(65000 lb)
Gesamtdienstgewicht: 82,6 t
(182000 lb)
Gesamtlänge: 16358 mm
(53 ft 8 in)

Diese liebenswerten Maschinen sind das Geistesprodukt von William Adams, der nach seiner Zeit als Maschineningenieur und als Verantwortlicher für den Lokomotivpark der North London Railway, 1878 Chefingenieur der London & South Western Railway wurde. Sein Meisterstück war eine Reihe von 60 Schnellzuglokomotiven der Achsfolge 2'B für die Verbindungen London–Bournemouth und London–Exeter dieser Bahn, die in den Jahren 1891 bis 1896 entstand. Wie damals üblich hatten einzelne Serien kleine Unterschiede, die auch in der Bezeichnung kenntlich wurden; es waren die „X2", „T3", „T6", und die „X6". Der Hauptunterschied war der Treibraddurchmesser, bei den Reihen „X2" und „T6" betrug er 2160 mm, bei den anderen 2007 mm. Allen vier Reihen gemeinsam waren hervorragende Leistungen. Bei vielen Gelegenheiten verzeichnete man Geschwindigkeiten über 130 km/h, ein Beweis für die ausgezeichneten Laufeigenschaften der von Adams entwickelten bekannten Drehgestellbauart, die den Lokführern den Mut zu diesen hohen Geschwindigkeiten gaben.

Ursprünglich boten die Außenzylinder das seltsame und spektakuläre Schauspiel durchgehender Kolbenstangen ohne Verkleidung – das heißt die Kolbenstangen waren durch Stopfbuchsen hindurch nach vorn verlängert. Bei der Fahrt bewegte sich diese Stange dann gut sichtbar hin und her. Nachdem sich Adams zur Ruhe gesetzt hatte, entfernte man diese Stange, ebenso wie Adams elegante Schornsteinbauart. Die innenliegenden Flachschieber betätigte eine Kulissensteuerung nach Stephenson. Die Loknummern verteilten sich wie folgt: „X2" – 577 bis 596, „T3" – 557 bis 576, „T6" – 677 bis 686, „X6" – 657 bis 666; bei der Übernahme der L&SWR durch die Southern Railway gab es keine Änderungen.

Das Aufkommen der Durchgangs- und Speisewagen zu Beginn des Jahrhunderts führten bald zur Verdrängung der Adams-2'B-Loks aus hochwertigen Diensten durch größere Lokomotiven, aber auch am Ende ihrer Tage konnte man immer wieder einmal eine dieser schönen Maschinen vor solch hochklassigen Zügen wie Drei- und Vierwagen-Pullman-Sonderzügen in Verbindung mit dem „Empire"-Flugbootverkehr der „Imperial Airways" antreffen. Selbstverständlich mußten auch sie, wie alles das Räder hatte, schwere Truppenzüge übernehmen, als die Truppen aus Dünkirchen evakuiert wurden. Nr. 657 „spielte" in dem albernen, aber berühmten und heute noch gern gezeigten Film „Oh, Mr. Porter", der auf der schon lange stillgelegten Strecke von Basingstoke nach Alton aufgenommen wurde.

Die Ausmusterungen begannen 1930 und bis zum Kriegsausbruch waren die Adams-2'B-Loks fast verschwunden, nur etwa ein Dutzend war geblieben. Für die Dauer des Krieges waren sie noch einmal gerettet, aber schon 1946 waren alle ausgeschieden bis auf die Nr. 563, die 1948 für eine Ausstellung im Londoner Waterloo-Bahnhof anläßlich dessen Hundertjahrfeier restauriert wurde. Einige Zeit später wurde sie Bestandteil der Nationalen Lokomotivsammlung und kann deshalb heute im Yorker Museum betrachtet werden.

Rechts: *Die 2'B-Lokomotive Nr. 563, Reihe „X2" der London & South Western Railway wurde wieder im Originalzustand aufgearbeitet.*

wurde, hatte man schon eine ganze Anzahl dieser 2'C-Maschinen erbaut. 1896 umfaßte die Reihe 55 Exemplare, gebaut von Ansaldo in Genua, Miani & Silvestri in Mailand und Maffei in München.

Zu den ungewöhnlichen Baumerkmalen der Lokomotiven gehörte die Außensteuerung nach Gooch, die bei dessen „Rover"-Klasse beschrieben wird, aber auf der untenstehenden Zeichnung kann man sehr gut alle Bauteile erkennen. Angetrieben wird sie von zwei Exzentern auf einer Gegenkurbel, die selbst konzentrisch läuft. Man kann sehen, daß eine Bewegung der Steuerstange vom Führerhaus aus, die Kolbenstange hebt oder senkt und nicht die Exzenterstangen mit dem Verbindungsglied, wie das bei der Stephensonsteuerung geschieht.

Auffallend sind die zurückverlegten Zylinder und die dadurch weit vorne liegende Rauchkammer und das kurze Drehgestell darunter. Die Konstrukteure befürchteten, daß zu lange Kesselrohre eine ungenügende Feueranfachung ergeben könnten und vertieften deshalb die hintere Rohrwand in den Kessel hinein. Dies reduzierte die Rohrlänge und vergrößerte das Feuerbüchsvolumen. Ohne es zu wissen schufen sie damit zum ersten Mal einen Bestandteil der modernen Dampflokomotive, die Verbrennungskammer. Später steigerte man den Kesseldruck noch auf 11 kp/cm².

Die Maschinen bewährten sich vorzüglich; sie konnten die neue Giovi-Rampe mit einer Zuglast von 130 Tonnen bei einer Geschwindigkeit von 40 km/h erklimmen. Ihr Höchstgeschwindigkeit lag doppelt so hoch.

Diese 2'C-Loks gingen in einem weiteren Punkt in die Eisenbahnannalen ein – auf wenig beneidenswerte Art waren sie die ersten Hauptbahndampflokomotiven, die durch eine moderne Traktionsform um die Arbeit gebracht wurden, für die man sie gebaut hatte. Die alte Giovi-Strecke wurde 1910 auf elektrischen Betrieb mit Drei-Phasen-Strom von 3300 Volt und 15 Hertz umgestellt, die neue Strecke folgte 1914.

Unten: *Die „2'C-Lokomotive „Vittorio Emanuele II", gebaut für die Oberitalienischen Eisenbahnen im Jahr 1884, für die bekannte Giovi-Rampe bei Genua.*

Teutonic Klasse 1AA

Großbritannien
London & North Western Railway (LNWR), 1889

Achslast: 15,9 t (35000 lb)
Zylinder, ⌀ x Hub:
– **Hochdruck:** (2) 356 x 610 mm (14 x 24 in)
– **Niederdruck:** (1) 762 x 610 mm (30 x 24 in)
Treibrad ⌀: 2259 mm (85 in)
Verdampfungsheizfläche: 130 m^2 (1402 sq ft)
Kesseldruck: 12,3 kp/cm^2 (175 psi)
Rostfläche: 1,9 m^2 (20.5 sq ft)
Brennstoff (Kohle): 5 t (11000 lb)
Wasser: 8 m^3 (1800 Imp gal)
Reibungsgewicht: 31,6 t (69500 lb)
Gesamtdienstgewicht: 71,7 t (158000 lb)
Gesamtlänge: 15551 mm (51 ft 0¼ in)

Die Geschichte von Francis Webb, der London & North Western Railway und den Verbundlokomotiven ist eine der traurigsten Episoden der ganzen Geschichte der Lokomotiventwicklung. Beide, der Mann und die Bahn, waren Giganten und mit gutem Grund. Nicht umsonst kannte man die LNWR als „Die Erste Bahn, die größte Aktiengesellschaft der Welt"; Webb dagegen formte die Werkstätten von Crewe zu einer konkurrenzlosen Produktionsstätte, die alles was eine große Bahngesellschaft braucht, selbst aus Rohmaterialien herstellen konnte. Zu seinen ausgezeichneten 1B-Lokomotiven mit einfacher Dampfdehnung (auf denen auch die ersten drei Serien der Verbundmaschinen basierten) gehörte die „Hardwicke", die noch heute ab und zu fährt. Diese Lokomotive zeigte, wozu Webb-Lokomotiven fähig waren, als sie am 22. August 1895, der letzten Nacht des berühmten Rennens nach Aberdeen, die 227 Kilometer hügelige Strecke von Crewe nach Carlisle mit einer Durchschnittsgeschwindigkeit von Halt zu Halt von 108 km/h bei einer Höchstgeschwindigkeit von 141 km/h fuhr.

In den späten 70er Jahren des letzten Jahrhunderts lag die Idee des Verbundantriebs in der Luft und Webb beschloß, daß dies eine neue Welt sei, die er erobern wollte. Zuerst ließ er die 1A1-Lok „Medusa" von Trevithick in eine Zweizylinder-Verbundlok der Achsfolge 1B umbauen; 1882 folgte dann die erste seiner Dreizylinder-1AA-Verbundlokomotiven, die Nr. 66 „Experiment". Das System, das Webb verwendete, bestand aus zwei Hochdruckzylindern von 292 m Durchmesser, die die hintere Treibachse antrieben und aus einem großen „Mülleimer" von Niederdruckzylinder mit 660 mm Durchmesser, der auf die vordere Achse wirkte. Es gab aber keine Kuppelstangen! Die Schieber trieben drei Joy-Steuerungen an.

Abgesehen von dem Verbundtriebwerk mit seinen drei Zylindern handelte es sich bei dem Rest der Lokomotiven um die übliche LNWR-1B-Type, von der eine große Zahl im Dienst stand. Die „Experiment" benötigte Verbesserungen und die erste Serie von 29 Loks, gebaut 1883–84 erhielt Hochdruckzylinder von 343 mm statt 292 mm Durchmesser. Sie waren nicht besonders wirtschaftlich im Verbrauch und fuhren sehr schlecht an – Männer mit Brechstangen mußten den Maschinen einen Anfahrimpuls geben, damit sie überhaupt losfuhren! Ein großes Problem war, daß Webb ein Autokrat war und jeder, der etwa darauf hinwies, daß die Verbundlokomotiven nicht vollkommen waren, so angesehen wurde, als ob er die Urteilskraft seines obersten Vorgesetzten in Zweifel zog – also um seine eigene Entlassung bat. Es fand sich also niemand, der Webb sagte, wie schrecklich sie eigentlich waren, auch als, unvermeidbar, von 1884 bis 1888 weitere 40 kaum veränderte Lokomotiven als „Dreadnought"-Klasse erschienen.

Das einzige, das seine unterdrückten Mitarbeiter machen konnten, um den Betrieb in Ordnung zu halten, war die Reparatur, mehr ein Neubau, des Fuhrparks älterer 1B-Lokomotiven. Auf diese Weise entstanden von 1887 bis 1901 unter der Nase Webbs neue „Umbauten" ohne Verbundantrieb.

1889 erschienen die besten Webb-Verbundmaschinen, die zehn „Teutonics" (Germanen); sie sind Gegenstand der angegebenen Daten und der untenstehenden Zeichnung. Die neuerliche Änderung betraf die Steuerung des Innenzylinders. Die Joy-Steuerung wurde durch einen „Gleit-Exzenter" ersetzt, eine Steuerung, die unter Spielzeugherstellern bekannter ist, als unter Lokomotivfachleuten. Dabei war ein einzelner Exzenter lose auf der Treibachse angebracht. Ein Stift sitzt auf diesem Exzenter und greift in einen abgestuften Ring ein, der den Exzenter je nach Fahrtrichtung in der richtigen Stellung festhielt. Der Füllungsgrad der Hochdruckzylinder konnte in der üblichen Weise mit der ungewöhnlichen umgedrehten Kulisse der Joy-Steuerung eingestellt werden. Die Steuerungen funktionierten im Allgemeinen recht gut, nur beim

Oben: *Eine Webb 1AA-Verbundlokomotive braucht einen Anstoß von Hand, mit einer Brechstange, um in Fahrt zu kommen. Man sieht sehr gut den riesigen mittigen Niederdruckzylinder hinter der Pufferbohle.*

Unten: *L&NWR Webb's Verbundlok „Jeannie Deans" der „Teutonic" Klasse.*

Anfahren konnte es Schwierigkeiten geben. Wenn die Lokomotive rückwärts an die stehende Wagengarnitur herangefahren war, stand der Gleitexzenter selbstverständlich noch in der Stellung für die Rückwärtsfahrt. Normalerweise erhielten zuerst nur die Hochdruckzylinder Dampf, wenn der Lokführer den Regler für die Abfahrt öffnete. Wenn sich die Lokomotive eine halbe Radumdrehung bewegt hatte und der Niederdruckzylinder Dampf bekam, hatte auch der Gleitexzenter die richtige Position erreicht und die Fahrt konnte reibungslos beginnen. Leider kam es auch vor, daß die Lokomotive beim Anfahren schleuderte, es war ja anfangs nur eine Treibachse angetrieben. Nun erreichte, bei stehender Vordertreibachse der Dampf den Niederdruckzylinder, die Steuerung stand aber noch falsch. Als Resultat erhielt man eine unbewegliche Dampflokomotive, deren Treibachsen sich heftig in entgegengesetzten Richtungen drehten, für schadenfrohe Naturen ein herrlicher Anblick!

Abgesehen davon waren die „Teutonic"-Lokomotiven sehr gut, wenn sie erst einmal fuhren. Die Nr. 1304 „Jeannie Deans" ist berühmt dafür, daß sie die ganzen 90er Jahre hindurch regelmäßig und pünktlich den „2 pm Scottish Express" von Euston nach Crewe beförderte. Nr. 1309 war auch ein Teilnehmer des Rennens nach Aberdeen in der letzten Nacht, ihre Durchschnittsgeschwindigkeit von Euston nach Crewe von 101,5 km/h war aber nicht ganz so herausragend wie die Leistung der „Hardwicke" auf dem anschließenden Abschnitt; trotzdem war auch dies noch recht respektabel.

Diese zehn Maschinen der „Teutonic"-Klasse erreichten fast die Leistungen der Loks einfacher Dampfdehnung und waren damit der Höhepunkt von Webbs Anstrengungen mit der Verbundbauart. Es spricht nicht gerade für die Führung der damaligen LNWR, daß ihn niemand hindern konnte, vor seiner Pensionierung 1903 noch weitere 140 Verbundschnellzuglokomotiven bauen zu lassen, von denen keine auch nur die bescheidenen Fähigkeiten der „Teutonics" besaß und die ein Ärgernis erster Ordnung für die Betriebsabteilung der Bahn, die sich „die Beste" nannte, bildeten.

Rover Klasse 2 A1

Großbritannien
Great Western Railway (GWR), 1888

Zugkraft: 42,9 kN (9639 lb7
Achslast: 16,25 t (35800 lb)
Zylinder, Ø x Hub: (2) 457 x 610 mm (18 x 24 in)
Treibrad Ø: 2438 mm (96 in)
Verdampfungsheizfläche: 193,7 m² (2085 sq ft)
Kesseldruck: 9,8 kp/cm² (140 psi)
Rostfläche: 2,2 m² (24 sq ft)
Brennstoff (Kohle): 3,2 t (7000 lb)
Wasser: 13,5 m³ (3000 Imp gal)
Reibungsgewicht: 16,3 t (36000 lb)
Gesamtdienstgewicht: 72,6 t (160000 lb)
Gesamtlänge: 14478 mm (47 ft 6 in)

Als Anführer des Great Wester Lokomotivparks sind diese legendären Lokomotiven die direkten Nachfolger der „Fire Fly"-1A1-Lokomotiven, der Schnellzugversion von Gooch berühmter Einheitsbauart. Der Prototyp „Great Western" von 1846 war im Grunde nichts anderes als eine verlängerte Version der 1A1-Maschinen mit einer um 68 % vergrößerten Rostfläche und einer um 36 % größeren Zugkraft. Das hatte eine Erhöhung des Lokgewichts um 21 % zur Folge, der Preis dafür mußte schon bald bezahlt werden, als die Vorlaufachse der „Great Western" bald nach der Indienststellung in voller Fahrt bei Shrivenham brach. Man baute sie zu einer 2A1-Lokomotive um, die beiden führenden Achsen waren aber nicht in einem Drehgestell angeordnet, sondern im Hauptrahmen gelagert.

Schon zuvor, am 13. Juni 1846 hatte die „Great Western" einen 100 t-Zug von Paddington nach Swindon in 78 Minuten über die 125 km lange Strecke gezogen, eine Durchschnittsgeschwindigkeit von 96 km/h. Die Konstruktion war so gut durchdacht, daß sie immer und immer wieder nachgebaut wurde, jedes Mal mit kleinen Änderungen und unter Berücksichtigung modernerer Techniken, bis die letzte Serie von 1888 entstand, die Gegenstand unserer Beschreibung ist. Die Bauzeit dehnte sich damit über mehr als 40 Jahre nach dem Erscheinen des Prototyps aus und endete erst 4 Jahre vor dem Ende der Breitspur. Normalerweise befanden sich etwa 24 Lokomotiven dieser Type im Betrieb, insgesamt wurden 54 gebaut; beim Bau der letzten waren aber die ersten schon verschrottet.

Um die Expansionskraft des Dampfes zu nutzen ersetzte bald die von Gooch selbst entwickelte Steuerung die ursprüngliche Hakensteuerung. Die Goochsteuerung ist der Stephensonsteuerung sehr ähnlich, vermutlich wollte Gooch damit nur Stephensons Patent umgehen. Beide Steuerungen besitzen zwei Exzenter, eines für jede Fahrtrichtung, die an ihrem Ende durch ein gekrümmtes Verbindungsglied verbunden sind. Die Krümmung dieses Teils zeigt bei der Goochsteuerung in die entgegengesetzte Richtung, zum Zylinder hin ist es konkav und nicht konvex. Die Steuerung wird durch Heben oder Senken der Schieberstange und des Kulissensteins eingestellt und nicht durch Heben oder Senken des Verbindungsgliedes und der Exzenterstangen wie dies bei der Stephensonsteuerung geschieht.

Abgesehen von der im Ganzen gut durchdachten und sauber ausgeführten Konstruktion lag der Grund für den Erfolg und die Langlebigkeit dieser Lokomotiven auch in der Natur der Breitspur selbst. Bei den meisten britischen Lokomotiven dieser Zeit lagen Antrieb und Steuerung und auch die Feuerroste zwischen den Rahmen, die wiederum zwischen den Rädern lagen. Es überrascht daher nicht, daß die zusätzlichen 705 mm Spielraum in der Breite, der sich durch den Unterschied der Spurweiten von 1435 mm und 2140 mm ergab, den Konstrukteuren sehr willkommen war und von ihnen entsprechend genutzt wurde. Beispielsweise hatte sich hier ganz von selbst eine Breite der Feuerbüchse ergeben, die später von den Konstrukteuren der Normalspurlokomotiven nur unter Schwierigkeiten erreicht wurde. Großzügig bemessene Schieber fanden Platz zwischen ebenfalls großzügig bemessenen Zylindern und man hatte immer noch genügend Platz übrig, um dieses einfache Triebwerk zu warten.

46 Jahre lang regierten also Goochs 2A1-Lokomotiven auf den Strecken der Great Western. Den „Flying Dutchman" von Paddington nach Newton Abbot vertraute man ihnen noch 1892 genauso an wie 1848, als er der schnellste Zug der Welt war. Spätere Versionen wiesen selbstverständlich Abweichungen in Details auf, ja es gab sogar so verzärtelnde Einrichtungen wie Führerhäuser für das Personal! Bis zu ihrem Ende erhielten sie keine Nummern, nur Namen und was für Namen: *Rover, Swallow, Balaklava, Hirondelle, Timour, Iron Duke, Tartar, Sultan, Warlock, Lightning, Amazon, Crimea, Eupatoria, Inkerman, Courier, Bulkely, Dragon, Great Britain, Emperor, Sebastopol, Alma, Prometheus, Great Western, Tornado. Tornado* war die letzte Breitspurlokomotive, die im Juli 1888 geliefert wurde.

E. L. Ahrons, der berühmte Beobachter des spätviktorianischen Eisenbahnbetriebs, beschrieb eine Fahrt in den letzten Jahren der Breitspur, bei der „Lightning" (Blitz) bei der Talfahrt auf der Wellington-Rampe 130 km/h erreichte. Es war, so schreibt er, „meine schnellste Fahrt, nicht nur auf der Breitspur, sondern für lange Zeit auch auf der Eisenbahn überhaupt."

Oben: *Diese 2'A1-Lokomotive der „Rover"-Klasse der Great Western Railway trägt den Namen „Tornado". Maschinen dieser Bauart beherrschten die Breitspurlinien von 1846 an bis zur Umstellung der Spurweite im Jahr 1892 und wurden für ihre Geschwindigkeit und Leistungsfähigkeit gerühmt. Entworfen hat sie Daniel Gooch.*

Johnson Midland Single 2A1

Großbritannien
Midland Railway (MR), 1887

Zugkraft: 64,6 t (14506 lb)
Achslast: 17,9 t (39500 lb)
Zylinder, ∅ x Hub:
(2) 483 x 660 mm (19 x 26 in)
Treibrad ∅: 2375 mm (93½ in)
Verdampfungsheizfläche:
115 m² (1237 sq ft)
Kesseldruck: 12 kp/cm²
(170 psi)
Rostfläche: 1,82 m² (19.6 sq ft)
Brennstoff (Kohle): 4 t
(8800 lb)
Wasser: 15,9 m³ (3500 Imp gal)
Reibungsgewicht: 17,9 t
(39500 lb)
Gesamtdienstgewicht: 82,4 t
(181500 lb)
Gesamtlänge: 16040 mm
(52 ft 7½ in)

Die englische Midland Railway war bekannt für ihre schnellen, häufig verkehrenden und dementsprechend leichten Züge. Ein Grund dafür war sicherlich, daß es in ihrem ganzen Netz nur eine Stadt gab – Kettering in Northamptonshire – in der sie nicht Konkurrenz durch eine andere Bahn hatte. Durch die vielen leichten Züge war die Midland Railway die letzte britische Bahn die noch eine Anzahl von „Singles", also Lokomotiven mit einer Treibachse, unterhielt und die solche Lokomotiven bis zum Anfang des 20ten Jahrhunderts baute.

Die erste dieser, als „Spinnrad" bezeichneten Lokomotiven erbaute 1887 die Bahnwerkstatt in Derby nach einem Entwurf S. W. Johnsons, nachdem 21 Jahre lang nur Lokomotiven mit mindestens zwei gekuppelten Treibachsen gebaut worden waren. Bis 1900 umfaßte der Bestand 95 Lokomotiven dieser Bauart in mehreren Serien mit kleinen Unterschieden in den Hauptabmessungen. Eine Vereinheitlichung der Lokomotiven war damals etwas, das die Midland Railway gerne neueren und draufgängerischeren Eisenbahnen überließ!

Die angegebenen Abmessungen beziehen sich auf die Serie ab Nr. 115 von 1887, die als die beste angesehen wird.

Ihre Eleganz wurde durch ihre noble karminrote Farbgebung noch verstärkt – darüber hinaus wurden sie unglaublich gut gepflegt. Man behauptet tatsächlich, daß es bei der MR üblich war, daß der Werkstattaufseher mit weißen Handschuhen *hinter* den Rädern überprüfte, ob die Maschinen ausreichend poliert waren, um auf die

Oben: *Die Midland Single Nr. 176 hält um 1900 im Bahnhof von Bedford. Hinter der Lok befindet sich ein Stallungswagen für hochwertige Pferde.*

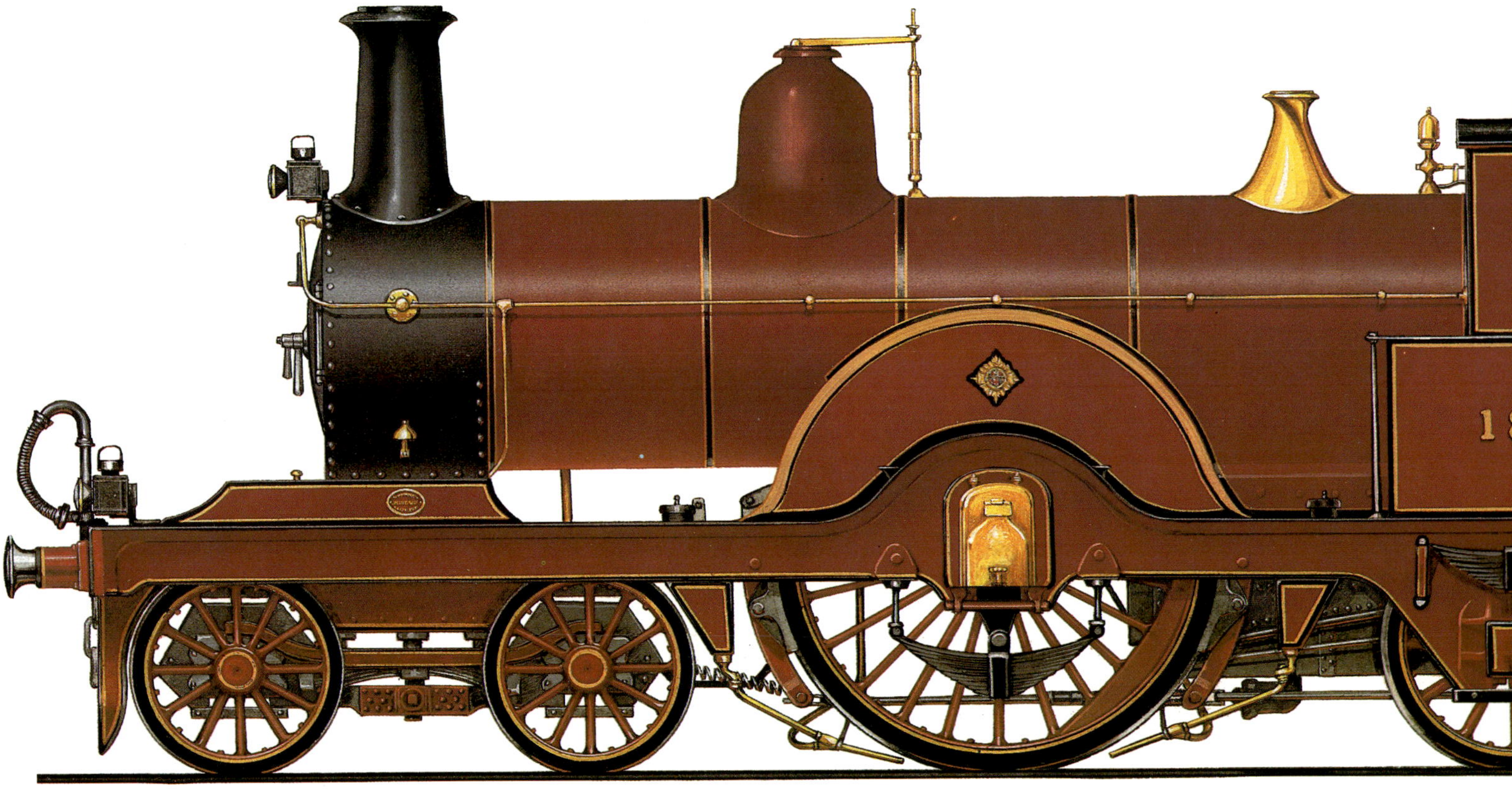

Reihe 17 2'B

Belgien
Belgische Staatsbahnen (SNCB/NMBS), 1902

Zugkraft: 90,2 kN (20261 lb)
Achslast: 18 t (39650 lb)
Zylinder, ∅ x Hub:
(2) 482 x 660 mm (19 x 26 in)
Treibrad ∅: 1980 mm (78 in)
Verdampfungsheizfläche:
128 m² (1378 sq ft)
Überhitzerheizfläche:
Siehe Text
Kesseldruck: 14 kp/cm² (199 psi)
Rostfläche: 2,1 m² (22.6 sq ft)
Brennstoff (Kohle): 4,5 t
(9910 lb)
Wasser: 18,5 m³ (4070 Imp gal)
Reibungsgewicht: 36,5 t
(80400 lb)
Gesamtdienstgewicht: 99,5 t
(219160 lb)
Gesamtlänge: 17475 mm
(57 ft 4 in)

Gegen Ende des 19ten Jahrhunderts fielen die belgischen Eisenbahnen durch besonders eigenwillige Lokomotiven auf. So gab es seltsame 1B1-Maschinen, die mit ihren *quadratischen* Schloten Alpträume bereiten konnten. Bestimmt waren sie für die Traktion der besten Schnellzüge des Landes. Dieses kleine Land ist auch die Heimat von Alfred Belpaire und Egide Walschaerts, deren Erfindungen weltweite Anwendung im Dampflokbau fanden.

Es mutet daher seltsam an, daß dieses älteste aller Staatsbahnsysteme kurz vor der Jahrhundertwende den europäischen Kontinent verließ und bei einer ausländischen Fabrik Lokomotiven nach einem ausländischen Entwurf bestellte, die so einfach und konventionell gebaut waren, daß sie weder eine Belpaire-Feuerbüchse noch eine Walschaertssteuerung besaßen.

Der Lokomotivingenieur J. M McIntosh der Caledonian Railway hatte seine berühmten „Dunalastair"-2'B-Lokomotiven 1897 eingeführt, die viele Jahre die Hauptstütze des Personenverkehrs dieser Bahn bilden sollten. Die meisten davon waren auch nach 1923 noch vorhanden und wurden von der London, Midland & Scottish Railway übernommen, einige erlebten sogar noch die Ära der British Railways nach 1948. Es gab vier Unterbaureihen, die „Dunalastair I" bis „Dunalastair IV". Vor 1914 schmückte sie alle die herrliche blaue Farbgebung der Caledonian Railway. Gebaut wurden sie alle in den bahneigenen St. Rollox-Werkstätten in Glasgow.

Die Caledonian Railway war so stolz auf ihre neuen „Lokomotivgiganten", daß sie eine zur Brüsseler Ausstellung von 1897 sandte, von wo sie mit einer goldenen Auszeichnung zurückkehrte. Ein unerwartetes Resultat dieser Ausstellung war eine Bestellung der Belgischen Staatsbahn über 5 gleiche Lokomotiven, die bei Neilson Reid & Co (einem Vorläufer der North British Locomotive Co) in Glasgow gebaut werden sollten. Weitere 40 Lokomotiven dieses Typs bauten dann zwischen 1899 und 1900 belgische Firmen. Alle diese Lokomotiven bezeichnete man als Reihe „17". Nach einiger Zeit beschaffte man eine vergrößerte Version, die Reihe „18", bis 1905 wuchs der

Strecke zu gehen. Tröge wurden unter der Lokomotive aufgestellt, wenn sie einmal im Lokschuppen abgestellt wurde, um die Öltropfen aufzufangen, bevor sie den Fußboden eines Midland-Schuppens verschmutzen konnten! Unter diesen Umständen ist es kaum verwunderlich, daß der technische Zustand der Fahrzeuge außerordentlich gut war, dies war sicher auch ein Grund dafür, daß verhältnismäßig schwache Maschinen den Betrieb zufriedenstellend abwickeln konnten. Es ließ auch zu, daß alle Teile des Triebwerks für den Betrachter unsichtbar angebracht werden konnten und dort trotzdem nicht vom Lokpersonal und von den Mechanikern übersehen wurden.

Ein weiterer Grund für die Rückkehr zu Lokomotiven mit einer Treibachse war die Erfindung des Dampfdrucksandstreuers, der den Sand zuverlässiger unter die Treibräder blies, als dies bisher die Schwerkraftbesandung konnte. Eine Druckluftbesandung wäre noch etwas besser gewesen, aber leider zeigte die Midland Railway eine Vorliebe für die Vakuumbremse anstelle der Luftbremse, so stand also keine Druckluft zur Verfügung.

Oben: *Die wiederhergestellte „Johnson Single" Nr. 673 der Midland Railway nahm auch an den „Rocket 150"-Feierlichkeiten 1975 teil.*

Unten: *Die Zeichnung zeigt eine „Johnson Single" in der ganzen Pracht ihrer herrlichen karminroten Farbgebung.*

Bei den Lokomotiven mit einer Treibachse mit ihrem beschränkten Reibungsgewicht war eine gute Sandstreuvorrichtung absolut lebenswichtig.

Schnellzüge mit sieben oder acht Drehgestellwagen von 200 bis 250 t Gewicht waren gerade das richtige für diese berühmten Lokomotiven. Bei ruhigem und trockenem Wetter bewältigten sie auch größere Lasten; es gibt Berichte über Züge bis zu 350 Tonnen Gewicht, die sie pünktlich ans Ziel brachten. Sie waren selbstverständlich auch sehr flink, Geschwindigkeiten bis zu 144 km/h sind verbürgt. Eine Rolle spielten diese „Singles" auch als Vorspannlokomotiven für die ebenso bekannten Midland 2'B-Lokomotiven.

Bevor ein logisch aufgebautes Nummernsystem verwendet wurde, ordnete die Midland ihren Lokomotiven die Nummern „wild" zu. Nach 1907 trugen die „Singles" die Nummernreihe von 600 bis 694. Die Verleihung von Namen war, ebenso wie die Vereinheitlichung, nicht nach dem Geschmack der Midland dieser Tage. Es war daher eine große Ausnahme, als die letzte, schon im 20ten Jahrhundert gebaute, Serie – mit Drehgestelltendern, die schwerer als die Lokomotive waren – den Namen „Princess of Wales" erhielt.

Eine Midland Single überlebte; nach ihrer Ausmusterung im Jahre 1928 stellte man die Nr. 118 von 1897 in der Werkstatt von Derby ab. Lange Jahre trug sie mit Fassung einen imitierten Schlot aus Holz; zur Hundertfünfzigjahrfeier „Rocket 150" stand sie endlich wieder mit einem richtigen Schornstein unter Dampf.

Bestand auf 185 Maschinen dieser Bauart. Es gab auch eine Abart als 2'B1-Tenderlokomotive, von der 115 Stück gebaut wurden und die kein Gegenstück bei der Caledonian besaß.

Auf dem europäischen Kontinent übliche Ausrüstungsteile wie Drehgestelltender und Luftbremsen gehörten schon zur Originalkonstruktion, die einzige auffällige Abweichung der belgischen Maschinen betraf die dürftig gehaltenen Führerhäuser der Schotten.

Links: *Die Museumslokomotive der belgischen Reihe 18 präsentiert sich hier in ihrem heutigen Zustand nach ihrer Aufarbeitung.*

Reihe S3 2'B

Deutschland
Königlich Preußische Eisenbahnverwaltung (KPEV), 1893

Achslast: 15,4 t (33920 lb)
Zylinder, ∅ x Hub:
– **Hochdruck:** (1) 460 x 600 mm (18.1 x 23.6 in)
– **Niederdruck:** (1) 680 x 660 mm (26.8 x 23.6 in)
Treibrad ∅: 1980 mm (78 in)
Verdampfungsheizfläche: 117,7 m² (1267 sq ft)
Überhitzerheizfläche: (siehe Text)
Kesseldruck: 12 kp/cm² (171 psi)
Rostfläche: 2,32 m² (25.0 sq ft)
Brennstoff (Kohle): 6,5 t (14320 lb)
Wasser: 21,5 m³ (4730 Imp gal)
Reibungsgewicht: 30,9 t (68060 lb)
Gesamtdienstgewicht: 99,9 t (220045 lb)
Gesamtlänge: 17561 mm (57 ft 7⅜ in)

Oben: *Diese preußische „S3"-Lokomotive war die 5000te Lokomotive, die Borsig baute.*

In den 80er Jahren des letzten Jahrhunderts besaß die Preußische Staatsbahn als neueste Schnellzuglokbauart 1B-Lokomotiven mit Außenzylindern. Gegen Ende des Jahrzehnts wurde der Wunsch nach höheren Geschwindigkeiten und größerem Fahrkomfort (verbunden mit gesteigerten Wagengewichten) laut, man mußte an den Bau größerer Lokomotiven gehen. Damals war August von Borries, bekannt durch seine Verbundlokomotivbauart, Lokomotivdezernent der KED Hannover. Der Minister für öffentliche Arbeiten sandte ihn auf eine Studienreise nach England und Nordamerika, um die neuesten Lokomotiventwicklungen dieser Länder kennenzulernen. Von Borries berichtete nach seiner Rückkehr, daß der benötigte größere Kessel eine zusätzliche Tragachse erforderlich mache und daß sich als beste Anordnung die amerikanische Bauart der 2'B anbiete. Dies werde vor allem wesentliche bessere Laufeigenschaften ergeben, als die vorhandenen 1B-Loks mit ihrem vorderen Überhang aufwiesen.

1890 baute Henschel zwei Zweizylinder-Verbundlokomotiven nach einem Entwurf von Von Borries. Im nächsten Jahr baute die gleiche Firma vier weitere Maschinen gleicher Achsanordnung nach einem Entwurf des Lokomotivdezernenten Lochner aus Erfurt, zwei mit einfacher Dampfdehnung und zwei mit Verbundtriebwerk. Von der Erfurter Bauart mit einfacher Dampfdehnung baute man später noch 150 weitere Lokomotiven. Die Erfahrungen mit diesen Lokomotiven zeigten die Überlegenheit der Hannoverschen Bauart nach Von Borries. 1892 ließ dieser eine verbesserte Ausführung seiner Maschinen bauen, die als „S3" bezeichnet wurde. Das „S" der Typenbezeichnung bedeutet, daß es sich um eine Schnellzuglokomotive handelt, die Numerierung der Bauarten begann bei der „Normallokomotive" der Reihe „S1" und wurde anfangs fortlaufend fortgeführt. Nach der noch eingehender zu besprechenden Einführung der Heißdampflokomotiven erhielten diese die geraden Typenziffern, die Naßdampfloks die ungeraden.

Die Serienloks der „S3" besaßen das Triebwerk der Hannoverschen „Von Borries"-Bauart und den etwas größeren Kessel der Erfurter Type. Sie wurden ein so großer Erfolg, daß sie um die Jahrhundertwende *die* Schnellzuglokomotive in Preußen waren. Bis 1904 beschaffte die KPEV 1072 Maschinen, die elsaß-lothringischen (EL) Reichseisenbahnen erhielten 40 gleiche Loks. Auch die Oldenburgischen Staatsbahnen ließen 6 Stück für sich bauen. Weitere 707 Lokomotiven ähnlicher Ausführung baute man als Personenzuglokomotive der Reihe „P4²" mit kleineren Treibrädern von 1750 mm.

Das Drehgestell saß mittig unter den Zylindern und der Rauchkammer, zusammen mit der weit zurückverlegten Treibachse – um eine möglichst lange Treibstange mit geringer Schrägstellung zu erhalten. Dies zeigt ganz klar den Einfluß der Amerikareise des Dezernenten Von Borries. Die schräg auf den Zylindern liegenden Flachschieber bewegte die außenliegende Heusingersteuerung (baugleich mit der zur gleichen Zeit entwickelten Walschaertsteuerung). In der Ebene zogen die Maschinen Schnellzüge von 320 t mit 75 km/h, auf einer Steigung von 1 % zogen sie noch 150 t mit 50 km/h. Man rühmte sie für ihren geringen Verbrauch und für ihren guten Lauf.

Schon durch ihre Größe verdient die „S3" einen Platz in der Lokomotivgeschichte, aber noch wichtiger ist, daß an ihr zum ersten Mal erfolgreich die Dampfüberhitzung angewendet wurde. Die Notwendigkeit der Überhitzung des Dampfes beruht auf einem physikalischen Phänomen – Wasser verdampft bei einer ganz bestimmten Temperatur, die vom vorherrschenden Druck abhängt. Bei dem Betriebsdruck des „S3"-Kessels von 12 kp/cm² ist das eine Temperatur von 197°C. Solange Wasser im Kessel vorhanden ist – das kann man nur hoffen – kann die Dampftemperatur diese

Unten: *Die 2'B-Schnellzuglokomotiven der preußischen Reihe „S3" waren eine der erfolgreichsten Personenzugtypen Deutschlands. Um die Jahrhundertwende wurden mehr als 1000 Lokomotiven dieser Bauart geliefert. An Loks dieser Type erprobte man die ersten Lokomotiv-Überhitzer der Welt, die bei geringen Mehrkosten einen großen Nutzen brachten.*

Grenze nicht übersteigen. Wenn der Dampf dem Kessel entnommen wird, um seine Arbeit zu verrichten, reißt er auch noch Wasserteilchen mit sich und wenn er dann in Kontakt mit den relativ kalten Oberflächen der Schieber und Zylinder kommt bilden sich weitere Wassertropfen durch die Kondensation an diesen Flächen. Der Großteil der Dampfarbeit findet nach Beendigung der Einströmung in den Zylinder durch Expansion statt. Wasser kann sich aber nicht ausdehnen und stellt damit einen Verlust dar; es wurde vergeblich erhitzt. Darüberhinaus kann zuviel Wasser im Zylinder, verbunden mit der Unachtsamkeit des Personals zu dem gefürchteten Wasserschlag führen, denn Wasser läßt sich ebensowenig komprimieren.

Wenn man nun dem Dampf nach Verlassen des Wasserkessels weitere Wärme zuführt, er also nicht länger in Kontakt mit einer großen Wassermenge steht, kann man ihn „trocknen". Weitere Wärmezufuhr steigert bei gleichem Druck die Dampftemperatur, der Dampf wird überhitzt. Der Hauptvorteil des „Heißdampfes" ist, daß bei der Abkühlung in den Dampfleitungen und im Triebwerk kein Wasser kondensiert bevor nicht die gesamte Überhitzung abgebaut ist. Mit der Überhitzung kann man also den Wärmeinhalt des Dampfes besser nutzen.

Die Vorzüge der Überhitzung kannten die Lokomotivingenieure schon lange, aber erst nach 1890 entstanden praktikable Überhitzerbauarten, der bei weitem wichtigste stammt von Dr. Wilhelm Schmidt aus Kassel. Allen Bauarten gemeinsam war, daß der Dampf nach Verlassen des Kessels in einem Dampfkasten auf eine Reihe von kleinen Rohren in den Überhitzerelementen verteilt und nach dem Überhitzen in einem zweiten Kasten wieder gesammelt wird. Von dort gelangt er dann in die Zylinder. Bei Schmidts erster Konstruktion, dem sogenannten Flammrohrüberhitzer befanden sich die Überhitzerelemente noch in einem großen Rohr von 445 mm Durchmesser, das sich aber nicht bewährte. Die Größe des Rohres sollte sicherstellen, daß die Flammen die Elemente gut erreichten, denn in engen Rohren ersterben die Flammen aus der Feuerbüchse sehr rasch.

Schmidt fand im Berliner Lokomotivdezernenten Robert Garbe einen begeisterten Befürworter seiner Pläne. Mit Garbes Unterstützung entstanden die zwei ersten Heißdampflokomotiven der Welt, eine „S3" und eine „P4". Die „S3" wurde im April 1898 fertiggestellt und machte ihre erste Probefahrt am dreizehnten des Monats, ein Tag, der in die Lokomotivgeschichte einging. Trotz ermutigender Ergebnisse gab es auch Rückschläge, das große Flammrohr verformte sich. Schmidt entwickelte daraufhin zwei weitere Bauarten, bei einer waren die Elemente in der Rauchkammer untergebracht, bei der anderen befanden sie sich in einer Anzahl von „Rauchrohren", die etwas größer als die Siederohre waren und in denen jedes der Elemente eine Schleife bildete.

1899 erschienen zwei neue „S3"-Lokomotiven mit dem Rauchkammerüberhitzer, die nun auch Kolbenschieber erhielten; die Flachschieber waren der Beanspruchung durch die hohen Temperaturen nicht mehr gewachsen. Mit der Kombination von Überhitzer und gut bemessenem Kolbenschieber besaßen diese Maschinen alle Merkmale der endgültigen Form der Dampflokomotive.

Eine der beiden wurde auf der Weltausstellung in Paris 1900 ausgestellt und erregte beträchtliches Aufsehen. Im Einsatz ergaben sich Einsparungen im Kohlenverbrauch gegenüber der normalen „S3" in Naßdampf-Verbundbauart, aber man war sich bald klar, daß die Temperatur der Rauchgase in der Rauchkammer für eine gute Überhitzung nicht ausreichte. Die Zukunft gehörte der Bauart mit Überhitzerelementen in Rauchröhren. Allerdings stellte man fest, daß die höheren Dampftemperaturen auch bessere Schmieröle verlangten. Während man an der Verbesserung der Schmierstoffe arbeitete, rüstete man noch verschiedene „S3"-Maschinen mit einem Rauchkammerüberhitzer aus. Die Serienbauten mit etwas größerem Kessel bezeichnete man als Reihe „S4".

Schmidt arbeitete hart an der Verbesserung seiner Überhitzer und perfektionierte sie innerhalb von 10 Jahren so weit, daß sie schon bald zur Ausrüstung praktisch aller großer Lokomotiven in aller Welt gehörten. Die erste ausländische Lokomotive damit war eine belgische „Caledonian" 2'C-Lokomotive der Reihe 35 im Jahre 1903. Bei geringen Mehrkosten und nur geringerem Mehrgewicht ergaben sich Kohlenersparnisse um 20% und, in vielen Ländern noch wichtiger, eine ähnliche Einsparung beim Wasserverbrauch. Für viele Ingenieure war das Heißdampfsystem Schmidts eine lohnende Alternative zur Verbundbauart, die gleich gute Wirtschaftlichkeit versprach, ohne die Nachteile der komplizierten Verbundtriebwerke mit sich zu bringen. Andere betrachteten die Überhitzung als einen Zusatz zur Verbundwirkung. Eine Reihe von Jahren nach Einführung des ersten Überhitzers wurden beide Meinungen im preußischen Lokomotivbau verfochten. So baute man nach einer Anzahl von einfachen Heißdampfmaschinen mit drei und vier Zylindern auch eine Reihe von Vierzylinder-Verbundloks der Achsfolge 2'C als Reihe „S10[1]".

Insgesamt 34 der „S3"-Lokomotiven überlebten lange genug, um noch Reichsbahnnummern zu erhalten. Die preußischen Maschinen reihte man als 13 001-028 ein und die 6 Stück der Oldenburgischen Staatsbahn als 13 1801-1806. Bis Ende der 20er Jahre musterte man sie aber alle aus.

Links: *Vorgänger der „S3" waren die 1B-Lokomotiven der Reihe „S1", von denen von 1877 bis 1885, 242 Maschinen für die Preußische Staatsbahnen gebaut wurden.*

Nr. 999 2'B USA
New York Central & Hudson River RR (NYC&HRRR), 1893

Rechts: *So sah die berühmte Nr. 999 der New York Central & Hudson River Railroad aus, als sie Weltrekordgeschwindigkeit fuhr.*

Zugkraft: 72,5 kN (16270 lb)
Achslast: 19,1 t (42000 lb)
Zylinder, Ø x Hub: (2) 483 x 610 mm (19 x 24 in)
Treibrad Ø: 2184 mm (86 in)
Verdampfungsheizfläche: 179 m² (1927 sq ft)
Kesseldruck: 13,4 kp/cm² (190 psi)
Rostfläche: 2,85 m² (30.7 sq ft)
Brennstoff (Kohle): 7 t (15400 lb)
Wasser: 13,25 m³ (2915 Imp gal)
Reibungsgewicht: 38,1 t (84000 lb)
Gesamtdienstgewicht: 92,6 t (204000 lb)
Gesamtlänge: 17628 mm (57 ft 10 in)

Als am 10. Mai 1893 die Lokomotive Nr. 999 der New York Central & Hudson River Railroad vor dem „Empire State Express" in einem leichten Gefälle von 0,29% in der Nähe von Batavia, New York State, eine Geschwindigkeit von 181 km/h erreichte, war das nicht nur ein Weltrekord für die Schiene, sondern für alle Verkehrsmittel. Das einzige Problem, das sich bei diesem Rekordwert stellt, ist nicht „wieviel", sondern „ob überhaupt".

Bei einem Zug aus vier schweren „Wagner"-Wagen von je 50-55 t Gewicht hätte diese Geschwindigkeit eine Zylinderleistung von etwa 2000 PS erfordert und dies scheint etwas mehr als das damals Mögliche: nicht so sehr was die Erzeugung der notwendigen Dampfmengen im Kessel angeht, sondern mehr die Fähigkeit der Dampfwege und Schieber, diese Dampfmengen bei derartigen Geschwindigkeiten durchzulassen. Eine Geschwindigkeit von 165,4 km/h, gemessen in der vorhergehenden Nacht, erscheint glaubhafter, muß aber ebenfalls als „nicht eindeutig erwiesen" gelten.

Der Mann, dem wir die Existenz dieser Lokomotive zu verdanken haben, war kein Eisenbahnmagnat, sondern ein ungestümer Patentmedizinverkäufer, den man in New York als Fahrkartenverkäufer angestellt hatte. Er überredete die Verwaltung, für die Dauer der „Columbian Exposition" einen exklusiven „Empire State Express" zwischen New York und Chicago einzusetzen; seine Fahrzeit von 20 Stunden für die 1545 km lange Distanz war bei derart langen Strecken bisher ohne Beispiel.

Der Erfolg dieser Kombination aus Geschwindigkeit und Luxus sollte schon bald zur Einführung des berühmtesten Zuges der Welt, dem legendären „Twentieth Century Limited" (Schnellzug des Zwanzigsten Jahrhunderts) führen, der Tag für Tag zwischen New York und Chicago verkehrte.

Speziell für den „Empire State Express" baute man die Lokomotive Nr. 999, stolz stand der Name des Zuges auf ihren Tenderseiten. Sie entstand in den Werkstätten der NYC&HRRR in West Albany als großrädrige Variante der normalen 2'B-Schnellzuglok der Bahn. Typisch für die damalige Zeit, besaß sie Flachschieber, Stephensonsteuerung und anstelle der üblichen Treibräder von 1981 mm erhielt sie solche von 2184 mm.

Durch ihre Rekordleistung wurde die Lokomotive Nr. 999 weltweit bekannt, sie wurde sogar auf einer amerikanischen 2-Cent-Briefmarke des Jahres 1900 abgebildet. Später baute man sie mehrmals um, ihre großen Treibräder mußte sie dabei gegen alltäglichere mit einem Durchmesser von 2006 mm eintauschen. Äußerlich wieder in den Originalzustand versetzt, kann man sie heute im Chicagoer Museum für Wissenschaft und Technik besichtigen.

Rechts: *Nr. 999 wurde für die Nachwelt erhalten. Sie trägt zwar die Originalbeschriftung, aber ihre großen Räder von 2184 mm büßte sie für den Normalbetrieb gegen weniger auffällige von 2006 mm ein.*

Reihe 6 2'B Österreich
Kaiserlich-Königliche Staatsbahnen (KKStB), 1893

Achslast: 14,5 t (31940 lb)
Zylinder, Ø x Hub,
– **Hochdruck:** (1) 500 x 680 mm (19¾ x 26¾ in)
– **Niederdruck:** (1) 740 x 680 mm (29 x 26¾ in)
Treibrad Ø: 2190 mm (82½ in)
Verdampfungsheizfläche: 140 m² (1507 sq ft)
Kesseldruck: 13 kp/cm² (185 psi)
Rostfläche: 2,9 m² (31 sq ft)
Brennstoff (Kohle): 7,25 t (15970 lb)
Wasser: 16,5 m³ (3630 Imp gal)
Reibungsgewicht: 28 t (61675 lb)
Gesamtdienstgewicht: 94 t (207050 lb)
Gesamtlänge: 16480 mm (54 ft 1 in)

Karl Gölsdorf, Leiter der Lokomotiventwicklung der Kaiserlich-Königlichen Staatsbahnen Österreichs war sowohl ein origineller Denker als auch ein erstklassiger Ingenieur. Obwohl seine Ideen kaum die allgemeine Entwicklung der Dampflokomotive beeinflußten, waren sie doch sehr gut und paßten vor allem auf die lokalen Bedingungen dieses Alpenlandes.

Diese kleinen 2'B-Lokomotiven, die die Floridsdorfer Lokomotivfabrik baute, zeigten dies sehr lebhaft. Es waren Verbundlokomotiven mit nur zwei Zylindern. Damit umging man bei ihnen einen der größten Nachteile der Verbundbauart, die Komplexität des Triebwerks. Bei einer Zweizylinder-Verbundmaschine ist es selbstverständlich unumgänglich, daß der Niederdruckzylinder beim Anfahren Frischdampf erhält, sonst könnte die Lokomotive oft nicht anfahren. Die dazu nötigen Anfahrvorrichtungen bringen meist wieder Komplikationen mit sich, die man eigentlich vermeiden wollte und erschweren die Beherrschung der Maschine durch das Personal.

Gölsdorf umging dieses Bedienungsproblem, indem er zusätzliche Anfahrventile so anordnete, daß sie nur bei voll ausgelegter Steuerung – hier der Heusingersteuerung – geöffnet waren, also bei der Anfahrt aus dem Stand. Wenn der Zug sich in Bewegung setzte, nahm der Lokführer die Steuerung zurück, schloß damit das Anfahrventil und der normale Verbundantrieb kam zur Wirkung. Die zugelassene Achslast der österreichischen Bahnen war sehr niedrig, bei diesen verhältnismäßig schweren Maschinen hielt man sie durch einen weiteren originellen Einfall ein. Bei diesen und anderen Lokomotiven verschob man die Achsen so weit nach hinten, daß die führende Laufachse fast unter dem Schlot lag. Dadurch übernahm das sonst nur gering belastete Drehgestell einen größeren Teil des Gesamtgewichts und der Gewichtsanteil der Treibachsen blieb innerhalb der zulässigen Grenzen.

Im Einsatz erwies sich diese Reihe nicht nur als leistungsstark, sondern auch als sehr schnell, die zulässige Höchstgeschwindigkeit setzte man auf 130 km/h fest. Durch sie konnte man die planmäßige Fahrzeit der Bäder-Schnellzüge von Wien nach Karlsbad (heute Karlovy Vary) von 12 auf 8 Stunden reduzieren. Durch die bekannten politischen Schwierigkeiten, die auch diese Strecke berühren, dauert fast 90 Jahre später eine Reise zwi-

schen diesen Städten 11 Stunden und 29 Minuten.

Ein auffälliges Kennzeichen vieler Gölsdorf-Lokomotiven, auch dieser 2'B-Maschinen der Reihe 6, war das Dampfrohr zwischen dem Dampfdom und dem Reglerdom. Technisch ist dies nichts besonderes, denn die meisten Dampflokomotiven besitzen ein Rohr vom Dampfdom, in dem dem Kessel Dampf entnommen wird nach vorn zum Regler und zu den Zylindern, nur ist es – abgesehen von Rußland und China – üblich, daß dieses Rohr innerhalb des Kessels verläuft.

Rechts: *Die 2'Bn2v-Schnellzuglokomotive Nr. 6.51 der KKStB. Auffallendstes Merkmal ist das Dampfrohr zwischen Dampf- und Reglerdom.*

Reihe I-1 2'C

USA
Lake Shore & Michigan Southern Railroad (LS&mSSR), 1900

Zugkraft: 106 kN (23800 lb)
Achslast: 20,4 t (45000 lb)
Zylinder, ⌀ x Hub:
(2) 508 x 711 mm (20 x 28 in)
Treibrad ⌀: 2032 mm (80 in)
Verdampfungsheizfläche:
271 m² (2917 sq ft)
Kesseldruck: 14,1 kp/cm² (200 psi)
Rostfläche: 3,1 m² (33.6 sq ft)
Brennstoff (Kohle): 8 t (17500 lb)
Wasser: 27,25 m³ (6000 Imp gal)
Reibungsgewicht: 61,3 t (135000 lb)
Gesamtdienstgewicht: 136,2 t (300000 lb)
Gesamtlänge: 18974 mm (62 ft 3 in)

Wie wir schon beschrieben haben, wurden die meisten Schnell- und Personenzüge der USA von 1850 bis in die 80er Jahre von den „American Standard"-Lokomotiven mit der Achsfolge 2'B befördert. Mit der Zeit stiegen die Zuglasten aber so weit an, daß sie die Fähigkeiten die-

Reihe D16sb 2'B

USA
Pennsylvania Railroad (PRR), 1895/1914

Zugkraft: 106,4 kN (23900 lb)
Achslast: 23,6 t (52000 lb)
Zylinder, ⌀ x Hub:
(2) 521 x 660 mm (20½ x 26 in)
Treibrad ⌀: 1727 mm (68 in)
Verdampfungsheizfläche:
130 m² (1400 sq ft)
Überhitzerheizfläche: 23,5 m² (253 sq ft)
Kesseldruck: 12,3 kp/cm² (175 psi)
Rostfläche: 3,1 m² (33.2 sq ft)
Brennstoff (Kohle): 11,8 t (26000 lb)
Wasser: 21,2 m³ (4660 Imp gal)
Reibungsgewicht: 44,7 t (98500 lb)
Gesamtdienstgewicht: 127,6 t (281000 lb)
Gesamtlänge: 20422 mm (67 ft 0 in)

Gegen Ende des 19ten Jahrhunderts genoß Pennsylvania Railroad großes Ansehen durch ihre kräftigen Lokomotivkonstruktionen, die, meist in den eigenen Werkstätten gebaut, vor allem durch die Belpaire-Feuerbüchse auffielen, in Amerika eine große Rarität. Auch ihre 2'B-Lokomotiven waren keine Ausnahme, den Höhepunkt der Type bildete die Reihe „D16", die 1895 eingeführt wurde. Mit Zylindern von 470 mm Durchmesser und 660 mm Hub und einem Kesseldruck von 13 kp/cm² waren sie damals große Maschinen; noch eindrucksvoller machte sie die Anordnung der Feuerbüchse über dem Rahmen und die damit verbundene ungewohnt hohe Kessellage.

Anfangs baute man 2 Varianten der Lokomotive, eine erhielt Räder von 2032 mm Durchmesser für die Flachlandstrecken (D16a), die andere mit Rädern von 1727 („D16") war für die gebirgigen Abschnitte bestimmt. Die „D16a" etablierten sich bald als „Renner", denn man setzte sie im Konkurrenzkampf mit der Atlantic City Railroad auf der 94 km langen „Rennstrecke" von Camden nach Atlantic City ein. Bei diesen Zügen brachte es ein Lokführer fertig über 13 Kilometer hin-

ser Lokomotive mit zwei Treibachsen überstiegen.

Die naheliegendste Lösung war das Hinzufügen einer weiteren Treibachse und das ist auch genau das, was man machte. Einige der besten Eigenschaften der Achsanordnung 2'B blieben auch bei den 2'C-Maschinen erhalten, vor allem das Drehgestell, das die Lokomotiven durch Kurven führte. In anderen Punkten ergaben sich aber neue Schwierigkeiten. Der Aschkasten kam in Konflikt mit der dritten Treibachse und der Zwischenraum zwischen der vorderen Treibachse und dem Drehgestell, durch den das Triebwerk der „American" so gut zugänglich war, mußte verkleinert werden. Trotzdem gab es eine Zeit gegen Ende des 19ten Jahrhunderts, als die Achsfolge 2'C den Schnellzugverkehr der USA beherrschte. Etwa 16000 Maschinen dieser Bauart entstanden, die meisten davon zwischen 1880 und 1910.

Links: *Die 2'C-Schnellzuglokomotive Nr. 604 der Lake Shore & Michigan Central Railroad, Reihe „I-1", führt den „Twentieth Century Limited".*

Das hochrädrige Beispiel, mit dem wir diese berühmte Bauart vorstellen wollen, entstand 1900 in den Brooks Locomotive Works, in Dunkirk, New York State für die Lake Shore & Michigan Southern Railroad. Sie war dazu vorgesehen, die besten Züge auf dem Westteil der Hauptstrecke von New York nach Chicago zu übernehmen, die bald zur New York Central Railroad gehören sollte.

Kipling beschrieb diese Zeit in seiner gefühlvollen Kurzgeschichte „007" (in der Werksammung „The Day's Work"), aber sie sollte nur von kurzer Dauer sein. Breite Feuerbüchsen, Kolbenschieber und Überhitzer ersetzten sehr bald die schmalen Feuerroste, Flachschieber und den Naßdampf des 19ten Jahrhunderts und änderten damit die Welt der Dampflok für immer. Genau genommen war die Farbe auf diesen Lokomotiven kaum trocken, als die LS&MS einige 1'C1'-Schnellzugloks mit breiter Feuerbüchse über der Nachlaufachse bestellte. Allerdings führte die Neigung der führenden Einzellaufachse zum Aufklettern und Entgleisen bei hohen Geschwindigkeiten sehr bald dazu, daß diese 2'C-Loks wieder die Führung so bekannter Züger wie des luxuriösen „Twentieth Century Limited" von New York nach Chicago kurz nach dessen Einführung am 15. Juni 1902 übernehmen mußten.

Die Fahrzeit für die 1545 km lange Strecke zwischen dem New Yorker „Grand Central Terminal" und der „La Salle Street Station" in Chicago betrug 20 Stunden, eine Reisegeschwindigkeit von 77 km/h. Dies schloß etliche Halte zur Wartung und zum Wechsel der Lokomotiven ein, vor allem aber auch Langsamfahrstellen wie die Ortsdurchfahrt in Syracuse, wo die Hauptstrecke entlang der Hauptstraße des Ortes führte und dementsprechend langsam befahren werden mußte, damit die Pferde nicht scheuten. Damit ergab sich insgesamt wohl der anstrengendste Fahrplan der Welt. Ursprünglich bestand der Zug aus einem Wagen mit Buffet und Leseabteil, einem Speisewagen und drei Schlafwagen, von dem der letzte ein Salonabteil und eine offene Aussichtsplattform, mit Messinggeländer, besaß. Der angebotene Komfort entsprach dem eines erstklassigen Hotels.

Die großzügige Ausstattung dieser Wagen und die beachtliche Länge von 24,4 m ließen die Züge sehr schwer werden, auch wenn es nur fünf Wagen waren. Als die steigende Nachfrage eine Erweiterung des Platzangebots nötig machte, reichte die Leistung der 2'C-Maschinen nicht mehr aus, sie mußten ersetzt werden.

---

weg eine Geschwindigkeit von 164 km/h zu halten. Ein andermal brachte es derselbe Lokführer mit einem Sonderzug des US-Präsidenten auf der 145 km langen Strecke von Philadelphia nach Jersey City auf eine Durchschnittsgeschwindigkeit von 116 km/h.

Die technische Wertarbeit dieser Konstruktion illustrierte die Lokomotive Nr. 816 sehr gut, als sie innerhalb von drei Jahren und vier Monaten im Zentralbezirk der PRR eine Laufleistung von 300000 Meilen (482700 km) erreichte, ohne daß sie zu größeren Reparaturen die Werkstatt aufsuchen mußte, seinerzeit eine außerordentlich bemerkenswerte Leistung.

Insgesamt 426 Maschinen in fünf Unterbauarten der „D16" baute die PRR zwischen 1895 bis 1910. Abgesehen von den Treibrädern waren alle anderen Hauptabmessungen gleich. Das Aufkommen der Atlantiks und später der Pazifiks im neuen Jahrhundert verdrängte die „Americans" vor den besten Zugleistungen, aber nach 1914 bekamen sie ein zweites Leben geschenkt, als fast die Hälfte nach dem Vorbild der neueren Lokomotiven modernisiert wurde. Leicht vergrößerte Zylinder mit Kolbenschiebern, weiter durch die innenliegende Stephensonsteuerung angetrieben und ein Schmidt-Überhitzer bei leicht verringertem Kesseldruck gehörten dazu. Die meisten der umgebauten Maschinen besaßen die kleineren Treibräder, diese wurden zur Baureihe „D16sb", auf sie beziehen sich auch die angegebenen Daten. In dieser Form besorgten sie noch lange Jahre den Betrieb auf den zahlreichen Nebenstrecken der Pennsylvania Railroad, noch zu Beginn des 2. Weltkriegs konnte man dort drei Maschinen antreffen. Eine davon, die Nr. 1223, gebaut 1905, wurde wieder aufgearbeitet und kann heute auf der Strasburg Railroad in ihrer Heimat Pennsylvania bewundert werden.

Links: *Die Museumslokomotive Nr. 1223, eine 2'B-Maschine der Reihe „D16sb" der Pennsylvania Railroad, hält an der Station „Groff's Drove" ihrer neuen Heimat auf der Strasburg Railroad.*

Unten: *Die hervorragende Qualität der Aufarbeitung, die die Touristenbahn Strasburg RR durchführte, ist auf diesem Foto gut zu erkennen.*

Unten: *Das Gesicht der „D16sb" Nr. 1223 zeigt diese Aufnahme in Strasburg, Pennsylvania.*

Reihe Q1 2'B

Großbritannien
North Eastern Railway (NER), 1896

Zugkraft: 75,5 kN (616953 lb)
Achslast: 19,1 t (42000 lb)
Zylinder, ∅ x Hub:
(2) 508 x 660 mm (20 x 26 in)
Treibrad ∅: 2318 mm (91 ¼ in)
Verdampfungsheizfläche:
113 m² (1216 sq ft)
Kesseldruck: 12,3 kp/cm²
(175 psi)
Rostfläche: 1,93 m² (20,75 sq ft)
Brennstoff (Kohle): 5,1 t
(11200 lb)
Wasser: 18,2 m³ (4000 Imp gal)
Reibungsgewicht: 35 t
(77000 lb)
Gesamtdienstgewicht: 93,5 t
(206000 lb)
Gesamtlänge: 17145 mm
(56 ft 3 in)

Hier haben wir eine richtige „Rennlokomotive". Nicht einfach eine Lokomotive, die schnell fuhr, sondern eine die einzig für eine Geschwindigkeitskonkurrenz mit öffentlichen Zügen bestimmt war. Beabsichtigt war, einen Zug voller Fahrgäste von London nach Schottland zu bringen, bevor die Konkurrenz auf der anderen Strecke das Ziel erreicht hatte. Die Gesellschaften, die die verschiedenen Strecken an Ost- und Westküste der britischen Insel betrieben, hatten sich von 1888 an Tag für Tag zwischen London (Kings Cross und Euston) und Edinburgh und Nacht für Nacht zwischen London und Aberdeen dieses Rennen geliefert. Die Fahrzeiten verringerten sich in dieser Zeit von anfänglich 12 Stunden auf 8 Stunden 32 Minuten ab Euston und 8 Stunden 40 Minuten ab Kings Cross. Um sich diese Leistung klar zu machen, muß man wissen, daß heutzutage der Nachtzug ab Kings Cross knappe 10 Stunden für die 525 Kilometer benötigt! Beim „Waffenstillstand" zwischen den Bahnen im Jahre 1895 hatte die Westküste einen kleinen Vorsprung, die Rivalen waren auf Revanche aus. Wie ernst man an diese Dinge heranging, zeigt die Tatsache, daß die North Eastern Railway, ansonsten die gelassenste der betroffenen Bahnverwaltungen, die die Züge dieses Rennens auf der (meist) ebenen und geraden Strecke von York nach Edinburgh brachte, einige speziell für die für 1896 vorgesehene „Wiederaufnahme der Feindseligkeiten" bestimmte 2'B-Innenzylinder-Lokomotiven bestellte. In der Zwischenzeit ereignete sich allerdings auf der Westküstenstrecke in Preston ein Unfall, der auf die hohe Geschwindigkeit zurückgeführt wurde, wenn er auch nichts mit dem „Rennen" zu tun hatte. Dadurch verloren die Kontrahenten den Spaß an den schnellen Zügen, ein Teil der bestellten Rennlokomotiven wurde storniert, nur zwei der fünf bestellten (Nr. 1869 und 1870) wurden abgeliefert. Sie bezeichnete die NER als Reihe „Q1".

Wilson Worsdell ging die Aufgabe, eine besonders schnelle Maschine zu konstruieren, recht pragmatisch an. Kessel, Zylinder und Triebwerk üblicher Bauart kombinierte er mit ungewöhnlich großen Treibrädern von 2315 mm Durchmesser, wohl die größten Lokomo-

Rechts: *Die Reihe „Q1" der North Eastern Railway wurde im Jahre 1896 für die „Lokomotivrennen" gebaut.*

Camelback Atlantic 2'B

USA
Atlantic City Railroad (ACR), 1896

Zugkraft: 102,0 kN (22906 lb)
Achslast: 18,2 t (40000 lb)
Zylinder, ∅ x Hub: (4) Siehe Text
Treibrad: 2134 mm (84 in)
Verdampfungsheizfläche:
170 m² (1835 sq ft)
Kesseldruck: 14,1 kp/cm²
(200 psi)
Rostfläche: 7,06 m² (76 sq ft)
Wasser: 15,1 m³ (3330 Imp gal)
Reibungsgewicht: 35,9 t
(79000 lb)
Gesamtdienstgewicht: 99 t
(218000 lb)

Das ungewöhnliche Erscheinungsbild dieser seltsam anmutenden, aber wegweisenden Lokomotive täuscht über ihre Fähigkeiten hinweg, die ihrer Zeit weit voraus waren. Die Atlantic City Railroad (ACR) verwendete sie vor Schnellzügen, die die Menschen aus der Großstadt Philadelphia in die Erholungsorte der Küste von New Jersey brachten. Von Camden (auf der anderen Seite des Flusses gegenüber Philadelphia) nach Atlantic City waren es 89 Kilometer und der Konkurrenzkampf mit der mächtigen Pennsylvania Railroad, die direkten Zugang zur Großstadt hatte, war sehr hart. In Juli und August, also zur Urlaubszeit, verbesserte man täglich die Fahrzeiten gegenüber der Planzeit von 50 Minuten. An einem Tag dauerte die Fahrt nur 46,5 Minuten von Halt zu Halt, eine Reisegeschwindigkeit von 115 km/h. Das setzt voraus, daß durchgehend eine Geschwindigkeit von 145 km/h und mehr gehalten wurde, Berichte über Geschwindigkeiten von 160 km/h sind aber nicht offiziell verbürgt. Ganz sicher war aber der „Atlantic City Flier" einer der planmäßig schnellsten Züge der Welt zu dieser Zeit.

Abgesehen von Breitspurlokomotiven erscheint hier zum ersten Mal bei den Lokomotiven dieses Buchs jenes Merkmal, das Bestandteil der meisten modernen Dampflokomotiven werden sollte – die breite Feuerbüchse, für die die Achsfolge 2'B1 geradezu prädestiniert ist. In diesem Fall verwendete man sie, um Kohle geringen Heizwerts zu verfeuern, später fand man

tivräder bei gekuppelten Antriebsachsen. Die riesigen Räder hätten zu einem bizarren Aussehen der Lokomotiven führen können, aber die gekonnte Hand Worsdells führte zu einer ausgesprochen wohlproportionierten Lokomotive. Für das England der damaligen Zeit ungewohnt war das geräumige Führerhaus mit Seitenfenstern und Lüftungsaufsatz, das dem Personal ausreichend Schutz bot. Die Flachschieber lagen über den Zylindern und wurden von der Stephensonsteuerung über Schwinghebel angetrieben.

Als klar wurde, daß ihre außergewöhnlichen Fähigkeiten nun doch nicht gefragt waren, gesellte man die beiden „Renner" ihren normalen Geschwistern der Reihe „Q" bei der Beförderung normaler Schnellzüge zu, bis sie alle 1903 von Atlantiks vor den besten Zügen verdrängt wurden. Ein beliebter Einsatz war der Schnellzug von Newcastle nach Sheffield, der eine bemerkenswerte planmäßige Reisezeit von Halt zu Halt auf dem 71 km langen Abschnitt Darlington–York von 43 Minuten hatte, eine Reisegeschwindigkeit von 99 km/h. Um diese Fahrzeit halten zu können, mußten Geschwindigkeiten bis über 130 km/h gefahren werden.

Obwohl sie von der normalen Bauart abwichen, überlebten sie bis 1930, lange genug, um noch nach den Fusionen von 1923 zur Reihe „D18" der London & North Eastern Railway zu werden.

Links: *Eine 2'B-Lokomotive der Reihe „Q" der North Eastern Railway. Diese Maschinen glichen den „Rennern" der Reihe „Q1", besaßen aber normal große Treibräder.*

Links: *Die „Camelback"-Atlantic der Atlantic City Railroad, Nr. 1027, wurde 1896 gebaut. Beachten Sie die übereinander angeordneten Hoch- und Niederdruckzylinder, das Führerhaus in Kesselmitte und die reiche Verzierung der Tenderseiten.*

heraus, daß sie auch für Fettkohle und sogar bei Ölfeuerung Vorteile bringt.

Zwei andere Eigenschaften dieser Maschinen sind interessant, wenn sie auch etwas absonderlich anmuten. Wie man sehen kann, war dies eine Verbundlokomotive, bei der Hoch- und Niederdruckzylinder übereinander saßen und auf einen gemeinsamen Kreuzkopf wirkten. Erfunden hatte dies Samuel Vauclain, Chef der Baldwin Locomotive Works. Er beabsichtigte damit, die Vorteile der Verbundbauart zu erhalten, ohne ein kompliziertes Innentriebwerk in Kauf nehmen zu müssen. In diesem Fall saßen die Hochdruckzylinder von 330 mm Durchmesser über den Niederdruckzylindern von 559 mm Durchmesser, der gemeinsame Hub betrug 660 mm. Beide Zylinder einer Seite besaßen auch nur eine Steuerung. Leider gerieten diese Vauclain-Verbund-Lokomotiven bald aus der Mode, als man herausfand, daß die Arbeitsleistung der unterschiedlichen Zylinder oft ungleich war und damit der Kreuzkopf auch seitlichen Belastungen ausgesetzt war, mit entsprechenden Auswirkungen auf die Haltbarkeit.

Noch seltsamer erscheint uns die Anordnung des Führerhauses in Lokomotivmitte, das vorwiegend dem Lokführer zum Schutz diente, der Heizer mußte in seiner üblichen Position zwischen Lok und Tender bleiben und konnte sich glücklich schätzen, wenn er ein kleines Dach als Wetterschutz hatte, oft fehlte auch dies. Nachteilig war auch die räumliche Trennung der beiden Lokomotivmänner. Hauptgrund für diese Bauart war die breite Feuerbüchse, die ja die gesamte Breite der Lokomotive beanspruchte. Hätte man hinter ihr ein ausreichend bemessenes Führerhaus angeordnet, wäre die Lok länger geworden, die Drehscheiben hätten auch verlängert werden müssen und das kostete viel Geld, das man sich auf diese Weise sparte. Die Philadelphia & Reading Railroad (später einfach Reading Railroad), die die ACR bald übernahm, baute auch in Zukunft viele ihrer Lokomotiven in dieser „Camelback" oder „Mother Hubbard"-Bauart. Auch bei anderen Bahnen konnte man sie antreffen, weite Verbreitung fanden sie aber nicht.

Seltsamerweise stammt der Name „Atlantic" für die Achsfolge 2'B1 nicht von Maschinen dieser Bahn, sondern von ziemlich unscheinbaren Lokomotiven – ohne breite Feuerbüchse – die 1893 für die Atlantic Coast Line, einer Bahn in südlicher Richtung nach Florida, gebaut wurden. Auch wenn die ACR-Atlantiks nicht dieser Type den Namen gaben, so bereiteten sie doch der konkurrierenden Pennsy eine tüchtige Schlappe und führten dazu, daß diese das gleiche Prinzip anwandte, mit Resultaten die wir noch sehen werden.

Reihe 500 2'C

Italien
Adriatische Bahn (RA), 1900

Achslast: 14,6 t (32160 lb)
Zylinder, Ø x Hub:
– **Hochdruck:** (2) 370 x 650 mm (14.7 x 25.6 in)
– **Niederdruck:** (2) 580 x 650 mm (22.8 x 25.6 in)
Treibrad Ø: 1920 mm (75.6 in)
Verdampfungsheizfläche: 166,6 m² (1793 sq ft)
Überhitzerheizfläche: Später eingebaut, Größe nicht bekannt.
Kesseldruck: 14 kp/cm² (199 psi)
Rostfläche: 3 m² (32.3 sq ft)
Brennstoff (Kohle): 4 t (8810 lb)
Wasser: 15 m³ (3300 Imp gal)
Reibungsgewicht: 43,8 t (96475 lb)
Gesamtdienstgewicht: 100 t (220265 lb)
Gesamtlänge: 24135 mm (79 ft 2.2 in)

Oben: *Lokomotive Nr. 3701 der Reihe „500" der italienischen „Rete Adriatica" fuhr „rückwärts".*

Fast von Beginn des Dampflokzeitalters an, seit Eröffnung der Stockton & Darlington Railway im Jahre 1825, lag die Richtung, in der eine Lokomotive zu fahren hatte und der Platz des Lokführers fest. Der Schlot der „Locomotion", der ersten Lokomotive der S&D, lag in Fahrtrichtung vorn, während der Führer und der Heizer ihr Werk am hinteren Ende des Kessels verrichteten, wo sich die Feuertür und die Bedienungseinrichtungen befanden. Hinter ihnen befand sich wiederum der Tender mit den Vorräten an Kohle und Wasser. Fast alle Dampflokomotiven, die seither gebaut wurden, folgten dieser Anordnung.

Etwas in Frage zu stellen, das fast ein Naturgesetz zu sein schien, war ein schweres Unterfangen, aber es gab einige eigenwillige Geister, die dies taten. Einer davon war Guiseppe Zara, Lokomotivingenieur der italienischen Adriatischen Bahnen (Rete Adriatica oder kurz RA); er leitete das Konstruktionsbüro der Bahn in Florenz. Zara fand, daß es das Beste wäre, wenn der Lokführer seinen Platz vorne in der Lokomotive hätte und entwarf zu diesem

Reihe E3sd 2'B1

USA
Pennsylvania Railroad (PRR), 1901

Zugkraft: 122,0 kN (27400 lb)
Achslast: 29,3 t (64500 lb)
Zylinder, Ø x Hub: (2) 559 x 660 mm (22 x 26 in)
Treibrad Ø: 2032 mm (80 in)
Verdampfungsheizfläche: 190 m² (2042 sq ft)
Überhitzerheizfläche: 38 m² (412 sq ft)
Kesseldruck: 14,4 kp/cm² (205 psi)
Rostfläche: 5,2 m² (55.5 sq ft)
Brennstoff (Kohle): 15,5 t (34200 lb)
Wasser: 25,7 m³ (5660 Imp gal)
Reibungsgewicht: 57,9 t (127500 lb)
Gesamtdienstgewicht: 165 t (363500 lb)
Gesamtlänge: 21793 mm (71 ft 6 in)

Oben: *Eine alte Fahrtaufnahme einer „E2"-Atlantik der Pennsylvania Railroad mit einem Schnellzug von New York nach Chicago.*

In der zweiten Hälfte des vergangenen Jahrhunderts war die 2'B-„American" die Standard-Personenzuglokomotive Nordamerikas, aber gegen Ende des Jahrhunderts erreicht man die Grenze der Leistungsmöglichkeit dieser vierachsigen Lokomotiven und die Zuglasten stiegen weiter an. Der Übergang zu fünfachsigen Maschinen war unvermeidbar. Hier gab es nun zwei interessante Alternativen, die Achsfolgen 2'C oder die 2'B1 „Atlantik". Die zuerst genannte hatte zwar ein größeres Reibungsgewicht, aber der Feuerrost war zwischen den hinteren Treibrädern sehr eingeengt. Die Atlantik hatte zwar ein geringeres Reibungsgewicht, aber genügend Platz für eine große Rostfläche. Für die Pennsylvania Railroad war die Atlantik die Type ihrer Wahl. Die Bahn war schon dabei außerordentlich schwere Schienen für hohe Achslasten zu verlegen, während die Lokomotiven imstande sein mußten auch Kohlen minderen Heizwerts zu verwerten.

1899 entstanden in der Werkstatt von Altoona die beiden ersten Atlantiks der Bahn und sie schöpften die Möglichkeiten der Achsanordnung vollständig aus. Ihre Reibungslast von 46,1 t und die Rostfläche von 6,3 m² waren mehr als doppelt so groß wie bei den bisherigen 2'B-Loks. Eine dritte Maschine hatte eine etwas bescheidenere Rostfläche von 5,2 m², die zur Norm für alle weiteren Atlantiks und auch andere Lokomotiven dieser Zeit werden sollte. Mit dieser Lokomotive lag die Bauform aller 576 nachfolgenden Atlantiks fest, die alle den gleichen Treibraddurchmesser, den selben Kesseldruck und die selbe Rostfläche erhielten.

Obwohl die grundlegenden Maße gleichblieben, erzielte man bei späteren Serien selbstverständlich auch Verbesserungen. Die drei Prototypen besaßen die bei der PRR üblichen Belpaire-Feuerbüchsen, die folgenden zwei Serien von 96 Atlantiks erhielten aber Kessel mit runden Feuerbüchsdecken. Danach kehrte man zur Belpaire-Bauart zurück und behielt sie bis zur letzten Maschine bei. Die beiden erwähnten Serien unterschieden sich nur durch ihre Zylinderdurchmesser, die „E2" hatte solche von 521 mm, die „E3" von 559 mm. Die

Zweck eine 2'C-Lokomotive, bei der Kessel und Zylinder entgegengesetzt der üblichen Bauweise angeordnet waren. Den Kohlenvorrat nahm ein Bunker auf einer Seite der Feuerbüchse auf, die über dem Drehgestell genügend Platz fand und nicht zwischen den Rädern eingezwängt war. Der Tender befand sich am Rauchkammerende und trug natürlich nur einen Wassertank.

Die Vorteile, die man sich von dieser Bauform versprach, waren zuallererst die hervorragende Sicht des Personals auf die Strecke, genauso gut wie bei einer heutigen Diesel- oder Elektrolok. Zweitens traten die Auspuffgase hinter dem Führerhaus aus und verminderten dadurch die Gesundheitsgefahren bei der Fahrt durch Tunnel, zumindest für die Lokmannschaft.

Die vier Zylinder des Verbundtriebwerks waren ungewöhnlich angeordnet. Die beiden Hochdruckzylinder lagen auf einer Seite übereinander, die Niederdruckzylinder gleichermaßen auf der anderen, jedes Zylinderpaar besaß einen gemeinsamen Kreuzkopf. Wie bei einer normalen Zweizylinderlokomotive waren die Kurbeln der beiden Seiten um 90° versetzt, der Antrieb ähnelte der aus den USA stammenden Vauclainbauart, nur lagen dort jeweils ein Hoch- und ein Niederdruckzylinder übereinander. Jede Seite besaß eine Walschaertsteuerung für den Schieber, der beide Zylinder gleichzeitig mit Dampf versorgte. Eine ganze Zahl italienischer Lokomotiven besaß derartige Verbundtriebwerke, die nach ihrem Erfinder System Plancher benannt wurden. Nachteilig war dabei, daß es meist nicht möglich war, die Leistungen der Hoch- und der Niederdruckzylinder auszugleichen. Dadurch ergab sich oft ein Schlingern der Lokomotiven.

Die Prototyplokomotive wurde bei einer Versammlung des Internationalen Eisenbahnkongresses in Paris ausgestellt. Eine Einzelheit, die R. M. Deeley von der britischen Midland Railway beeindruckte, war die Bauart der Anfahrvorrichtung für diese Verbundmaschine. Wenn der Regler nur leicht geöffnet wurde, erhielt das Niederdrucktriebwerk Frischdampf, um die Anfahrt zu ermöglichen. Öffnete man den Regler etwas stärker, stellte sich selbsttätig die Verbundwirkung ein. Deeley verwandte dieses System bei seinen erfolgreichen Midland-Verbundloks, Zara selbst benutzt es bei den 42 Serienlokomotiven nicht mehr, sondern gab einem unabhängig arbeitenden Ventil den Vorzug. Ein möglicher Grund dafür mag gewesen sein, daß es wünschenswert war, die Leistung der Triebwerke aneinander anzupassen. Normalerweise wäre dies wohl nur ein frommer Wunsch geblieben, aber im Falle der Plancher-Verbundloks lag es im ureigensten Interesse der Bedienungsmannschaft, denn ein Ausgleich der von Hoch- und Niederdruckzylindern ausgeübten Kräfte minderte auch das unangenehme starke Schlingern der Maschinen.

Während der Prototyp sich in Frankreich befand, unternahm man auch Versuchsfahrten und erreichte mit einem 130 t-Zug eine Höchstgeschwindigkeit von 126 km/h. Bei der Verstaatlichung der Eisenbahnen wurden die Lokomotiven 1905 zu den FS-Loks Nr. 670001 bis 670043 und bewährten sich viele Jahre lang vor Schnellzügen in der Po-Ebene. Die meisten baute man später in Heißdampfloks um, sie wurden dadurch zur Reihe 671. Anfang der vierziger Jahre endete ihr Einsatz.

Unten: *Diese seltsam aussehende „rückwärtsfahrende" 2'C-Lokomotive wurde von Guiseppe Zara um die Jahrhundertwende für die Adriatische Bahn entworfen.*

Absicht dabei war, daß man die „E3" für schwerere Einsätze etwas zugkräftiger machen wollte. Alle diese Lokomotiven hatten noch Flachschieber, die Serie von 1903 erhielt dann Kolbenschieber, noch in Verbindung mit der Stephensonsteuerung. Ab 1906 verwandte man dann auch die Walschaertsteuerung.

Bis 1913 hatte man insgesamt 493 Atlantiks gebaut, alle mit einem Kessel mit einem Maximaldurchmesser von 1664 mm. Zu dieser Zeit hatte sich die Pazifik-Bauart auf der Pennsy etabliert und es schien als ob die große Zeit der Atlantiks vorbei sei. Jedoch war der leitende Ingenieur Axel Vogt nicht damit einverstanden, daß man Geld für Loks mit drei Treibachsen ausgab, wenn für verschiedene Dienste auch zwei Treibachsen ausreichten. So ließ er 1910 eine weitere Atlantik bauen, die zwar die gleiche Rostfläche hatte, deren größter Kesseldurchmesser aber 1949 mm betrug, fast so groß wie der der Pazifiks. Zusätzlich besaß er auch eine Verbrennungskammer. Die neue Maschine, als „E6" bezeichnet, entwickelte bei Geschwindigkeiten über 64 km/h mehr Leistung als die vorhandenen Pazifiks. Zwei weitere „E6"-Loks folgten, dieses Mal aber mit Überhitzern und mit noch erstaunlicherer Leistungsfähigkeit. Die Verdampfungsleistung des Kessels ließ eine Vergrößerung des Zylinderdurchmessers auf 597 mm zu.

Nach vier Jahren intensiver Entwicklungsarbeit entstand eine Serie von 80 „E6"-Atlantiks mit einigen Verbesserungen gegenüber den Prototypen, unter anderem längeren Kesselrohren. Diese Maschinen entstanden in großer Eile von Februar bis August 1914, also im selben Jahr, in dem die berühmten „K4s"-Pazifiks gebaut wurden. Diese Lokomotiven übernahmen die wichtigsten Schnellzugleistungen auf den flacheren Strecken des Bahnetzes und leisteten während des 1. Weltkrieges für zweifach gekuppelte Lokomotiven schier Unglaubliches. Als nach dem Krieg große Stückzahlen der „K4s"-Pazifiks erschienen, zog man sie auf weniger geschäftige Strecken zurück, vor allem in New Jersey.

Die kleineren Atlantiks hatten bald einen guten Ruf als schnelle Maschinen, aber das volle Ausmaß ihrer Fähigkeiten erkannte man erst 1905, als die Fahrzeit des „Pennsylvania Special" von Jersey City nach Chicago auf 18 Stunden verkürzt wurde, entsprechend einer Reisegeschwindigkeit für die Gesamtstrecke von 80,8 km/h. Die 302 Kilometer von Jersey City nach Harrisburg legte der Zug mit einer Durchschnittsgeschwindigkeit von 93,5 km/h zurück. Auf der ersten Fahrt in westlicher Richtung soll die „E2" Nr. 7002 eine Geschwindigkeit von 193 km/h überschritten haben, es gibt aber keine eindeutigen Beweise dafür. Die „E2" und „E3"-Lokomotiven hielten die Fahrzeit von Zügen, die bis zu acht hölzerne Personenwagen umfaßten, ein Zuggewicht von etwa 325 t. Die Einführung der schwereren Stahlwagen machte Doppeltraktionen zur alltäglichen Notwendigkeit.

Die „E6s"-Atlantiks waren imstande Züge von 700-800 t Gewicht zu befördern, zum Beispiel auf der Relation New York–Philadelphia–Washington, aber vor leichteren Zügen trumpften sie richtig auf. Ihre bekannteste Leistung ist der „Detroit Arrow" (Der Pfeil von Detroit), der 1933 der schnellste planmäßige Zug der Welt war mit Reisegeschwindigkeiten von 121,5 km/h auf den 103 km von Plymouth nach Fort Wayne und von 121,2 km/h über die 198 km zwischen Fort Wayne und Gary. In diesem Dienst zogen sie fünf oder sechs Stahlpersonenwagen mit einem Zuggewicht von 270-320 t.

Im Lauf der Zeit modernisierte man viele der älteren Atlantiks mit Überhitzern und Kolbenschiebern und machte sie damit zu zeitgemäßen Maschinen für leichte Dienste. Fünf davon überlebten bis 1947 und eine von ihnen, die „E2sd" Nr. 7002, wurde erhalten. Es ist nicht die Rekordmaschine von 1905, sondern sie erhielt die Nummer später, vielleicht auch um weiszumachen, daß es doch das Original sei. Die „E6s"-Lokomotiven überlebten bis in die 50er Jahre hinein und eine von ihnen, die 460, blieb auch erhalten. Diese Lokomotive hatte Ruhm durch eine Schnellfahrt erlangt, bei der sie die Filme von der Rückkehr des Atlantikfliegers Lindbergh von Washington nach New York brachte. Bei der rasenden Fahrt mit einem Durchschnitt von 119 km/h entwickelte man Filme im Zug und konnte sie in New Yorker Kinos vorführen, bevor die mit Flugzeugen beförderten Filme eintrafen.

Claud Hamilton Klasse 2'B

Großbritannien
Great Eastern Railway (GER), 1900

Zugkraft: 76,2 kN (17100 lb)
Achslast: 18,6 t (41000 lb)
Zylinder, ∅ x Hub:
(2) 483 x 660 mm (19 x 26 in)
Treibrad ∅: 2134 mm (84 in)
Verdampfungsheizfläche:
151,5 m² (1631 sq ft)
Kesseldruck: 12,7 kp/cm² (180 psi)
Rostfläche: 2 m² (21,3 sq ft)
Brennstoff (Öl): 3,25 m³ (715 Imp gal)
Wasser: 15,7 m³ (3450 Imp gal)
Reibungsgewicht: 37,2 t (82000 lb)
Gesamtdienstgewicht: 96,7 t (213000 lb)
Gesamtlänge: 16275 mm (55 ft 4¾ in)

Das neue Jahrhundert war noch keine drei Monate alt, als eine wirklich großartige 2'B-Lokomotive, nach dem Direktor der Bahn „Claud Hamilton" genannt und mit der naheliegenden Nummer „1900", die Werkstatt der Great Eastern Railway in Stratford verließ. Ihre Bauweise mit Innenzylindertriebwerk stammte noch aus dem vergangenen Jahrhundert, aber mit dem großen Führerhaus und in vielen anderen Einzelheiten war sie ihrer Zeit weit voraus. Einige davon, wie die Kraftumsteuerung und die Wasserschöpfeinrichtung warteten immer noch auf ihre allgemeine Einführung, als 60 Jahre später die letzte Dampflokomotive der britischen Eisenbahnen gebaut wurde. Sogar an eine Einsparung von wertvollen Rohstoffen dachte man, denn die ersten „Clauds" heizte man mit Ölrückständen anstelle von Kohle, die aus der Ölgasherstellung der Bahn stammten. Andere Bauelemente nach dem neuesten Stand der Technik waren der Dampfinjektor und das Blasrohr mit verstellbarer Öffnung. Die beiden Stephensonsteuerungen nahmen den gesamten Raum zwischen den Rahmenplatten ein, den das Triebwerk noch übrig gelassen hatte. Vor 1914 erstrahlten sie in der fantastischen Farbgebung, die die Zeichnung uns zeigt.

Die „Claud Hamilton"-Klasse hat eine komplizierte Geschichte. Zwischen 1900 und 1923 entstanden insgesamt 121 dieser Maschinen. Neue Entwicklungen wie vergrößerte Kessel, Überhitzer und Kolbenschieber – anstelle der Flachschieber – wurden nach und nach bei neugebauten Lokomotiven eingeführt, die meisten älteren Loks wurden entsprechend umgebaut. Die ersten „Clauds" mußten mehrere Umbauten über sich ergehen lassen, irgendwann ähnelten die meisten von ihnen den letzten beiden Unterbaureihen der „Super Claud". Die letzten dieser Umbauvarianten, schon unter der Leitung der London & North Eastern Railway, kehrten zur ursprünglichen Bauart mit runder Feuerbüchse zurück, alle dazwischenliegenden Neu- und Umbauten besaßen Belpaire-Feuerbüchsen.

Entsprechend der LNER-Bezeichnungsweise gibt die nebenstehende Tabelle die Details der einzelnen Serien wieder.

In ihren Tagen als erste Garde der GER-Schnellzuglokomotiven beförderten die Original-„Clauds" den „Norfolk Coast Express" mit 14 Wagen ohne Halt vom Bahnhof Liverpool-Street in London nach

Große C 2'B

Frankreich
Paris–Lyon–Mediterrannée (PLM), 1898

Achslast: 17,5 t (38550 lb)
Zylinder, ∅ x Hub:
– **Hochdruck:** 340 x 620 mm (13.4 x 24.4 in)
– **Niederdruck:** 540 x 620 mm (21.3 x 24.4 in)
Treibrad ∅: 2000 mm (78,7 in)
Verdampfungsheizfläche:
190 m² (2040 sq ft)
Kesseldruck: 15 kp/cm² (213 psi)
Rostfläche: 2,5 m² (26.9 lb)
Brennstoff (Kohle): 5 t (11000 lb)
Wasser: 20 m³ (4400 Imp gal)
Reibungsgewicht: 34,4 t (75770 lb)
Gesamtdienstgewicht: 101,5 t (223570 lb)
Gesamtlänge: 19200 mm (63 ft 0 in)

Frankreichs Kohleförderung konnte den Bedarf der Eisenbahnen des Landes nicht decken, jede Möglichkeit, den Verbrauch der Lokomotiven zu verringern war den Lokomotivkonstrukteuren also willkommen. Die bedeutsamste Entwicklung des 19. Jahrhunderts auf diesem Gebiet war die Einführung der Verbundtriebwerke. Bei einer Verbundmaschine leistet der Dampf nacheinander in zwei Zylindern seine Arbeit. Dadurch konnte man das Expansionsverhältnis gegenüber einer „einfachen" Maschine vergrößern und damit mehr Wärmeenergie in Bewegungsenergie umwandeln. Eines der Probleme, dem die Ingenieure gegenüberstanden, war die Notwendigkeit, die Belastungen durch die Triebwerksteile aneinander anzugleichen; man war sich einig darüber, daß die Leistung, die die Hoch- und Niederdruckzylinder erzeugten, möglichst gleich sein sollten. Das Verhältnis der geleisteten Arbeit hing teilweise von der Größe der Zylinder, aber auch vom Füllungsgrad ab, das heißt vom Zeitpunkt während eines Kolbenhubs, zu dem die Dampfeinströmung beendet wird. In einer französischen „Vollblut"-Verbundlokomotive konnte der Lokführer mit zwei Umsteuerungen die Füllungen der Triebwerke beliebig einstellen, aber um diese Möglichkeit ausnutzen zu

Oben: *Den Versuch einer stromlinienförmigen Verkleidung trägt diese PLM 2'B-Lokomotive Nr. „C 91" genannt „Coupe-Vent" (Windschneider).*

LNER-Reihe	Beschreibung	Anzahl der Neubauten	Anzahl der Umbauten	Im Einsatz von/bis
D14	Original „Claud" Hamilton" wie beschrieben	41	0	1900-1931
D15	Erste mit Belpaire-Feuerbüchsen	66	9	1903-1933
D15/1	Erste Überhitzer	4	70	1911-1935
D15/2	Verlängerte Rauchkammer	0	80	1914-1952
D16/1	Größere Kessel („Super Claud")	10	5	1923-1934
D16/2	Desgleichen	0	40	1926-1952
D16/3	Kuppelstangenverkleidung entfernt. Wieder runde Feuerbüchsdecke	0	104	1933-1958

Unten: *Die herrliche Farbgebung der „Claud Hamilton"-Lokomotiven der englischen Great Eastern Railway in Blau und Schwarz mit Messing- und Kupferverzierungen gehört zum Schönsten, was es an Lokomotiven gab.*

North Walsham. Der Dienstplan sah Lasten bis zu 430 t und eine Fahrzeit von 159 Minuten für die 209 Kilometer vor, für diese kleinen Maschinen eine erstaunliche Leistung.

Das Eintreffen von 2'C-Lokomotiven im Jahre 1913 bedeutete für sie das Ende vor den besten Planzügen in Ostengland. Der angesehenste Einsatz von allen blieb ihnen aber auch weiterhin, denn auf der Strecke nach Wolferton waren keine schwereren Maschinen zugelassen. Nun ist Wolferton aber die Bahnstation für Haus Sandringham, einem beliebten Aufenthaltsort der Königlichen Familie. Die häufigen „Royal Trains" von London nach Sandringham übernahmen ein oder zwei besonders lackierte „Royal Clauds". Noch in den 30er Jahren erinnerten diese gepflegten Maschinen – auch wenn sie nun grün lackiert waren – an die Zeit, als die Great Eastern-Loks eine Wohltat für müde Augen waren.

Am Stichtag der Verstaatlichung der Eisenbahnen, dem 1. Januar 1948, gab es noch 13 „D15/2"-, 16 „D16/2"- und 88 „D16/3"-Maschinen. Die Reihe verfehlte nur knapp das sechzigjährige Dienstjubiläum und ein unseliger Zufall führte dazu, daß keine der Nachwelt erhalten blieb. Im Ausbesserungswerk von Stratford hatte man eine „Claud" ausgesucht, die nicht verschrottet werden sollte. Leider hatte man sie nur auf einer Seite gekennzeichnet und die Verschrottungsmannschaft kam von der anderen Seite, um ihr trauriges Werk zu verrichten. So können diese berühmten Maschinen nur noch in der Erinnerung weiterleben.

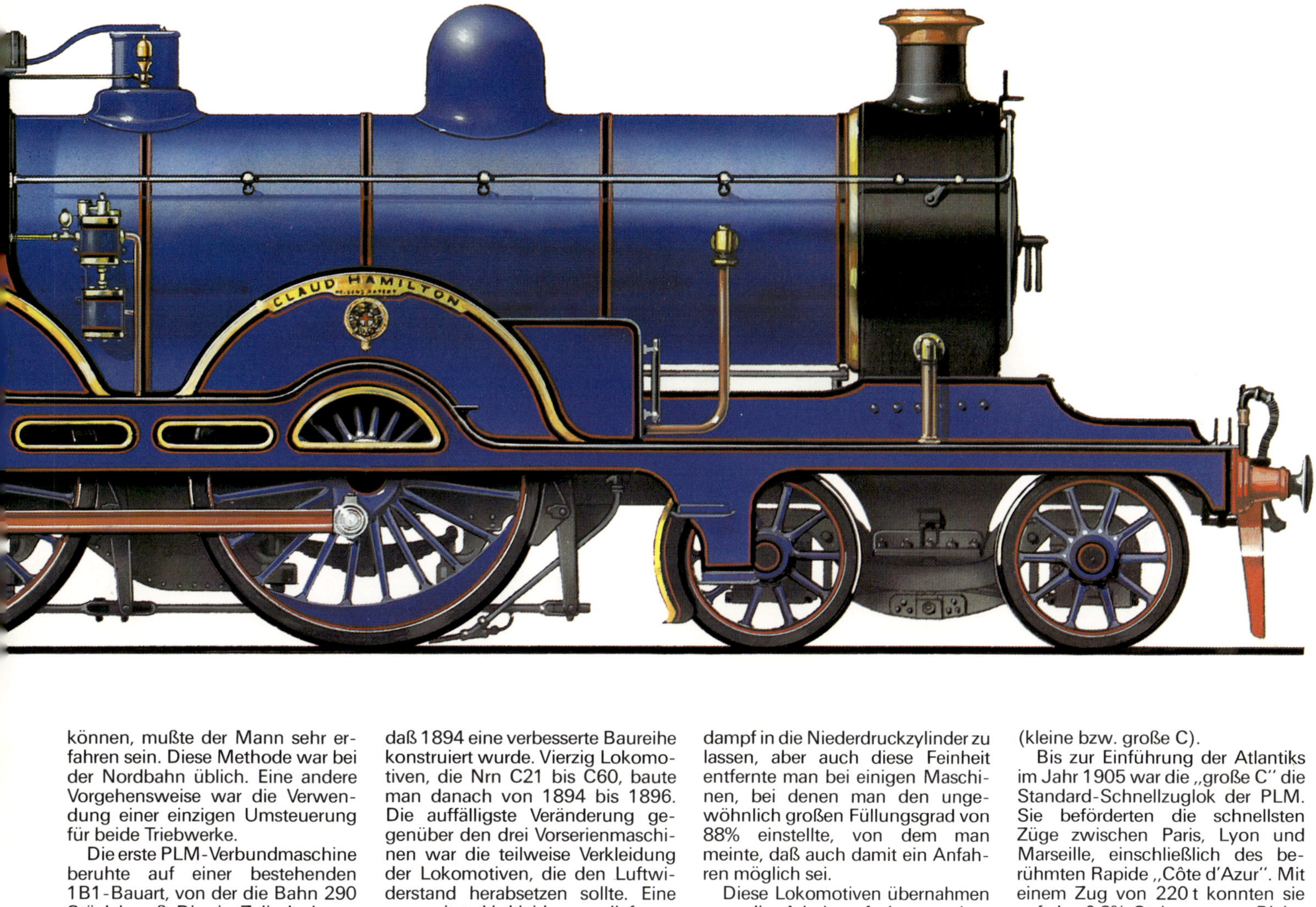

können, mußte der Mann sehr erfahren sein. Diese Methode war bei der Nordbahn üblich. Eine andere Vorgehensweise war die Verwendung einer einzigen Umsteuerung für beide Triebwerke.

Die erste PLM-Verbundmaschine beruhte auf einer bestehenden 1B1-Bauart, von der die Bahn 290 Stück besaß. Die vier Zylinder lagen nebeneinander, die innenliegenden Hochdruckzylinder trieben die erste Treibachse an, die äußeren Niederdruckzylinder wirkten auf die zweite Achse. Bedient wurden sie durch eine einzige Umsteuervorrichtung. Der Kesseldruck von 15 kp/cm² war seinerzeit der höchste der Welt. Nach diesem Entwurf entstanden zwei Lokomotiven, Nr. C1 und C2. Sie bewährten sich und man entwarf eine neue Type mit der Feuerbüchse zwischen den Treibrädern, um einen stabileren Lauf zu erzielen. Die erste Lokomotive, Nr. C3, besaß die Achsfolge 1B, zwei weitere erhielten aber ein führendes Drehgestell, die Nrn C11 und C12. Auch diese Maschinen hatten Erfolg, so daß 1894 eine verbesserte Baureihe konstruiert wurde. Vierzig Lokomotiven, die Nrn C21 bis C60, baute man danach von 1894 bis 1896. Die auffälligste Veränderung gegenüber den drei Vorserienmaschinen war die teilweise Verkleidung der Lokomotiven, die den Luftwiderstand herabsetzen sollte. Eine zugespitzte Verkleidung verlief vom Schornstein über die Rauchkammerfront bis zur Pufferbohle, auch die Vorderwand des Führerhauses verlief V-förmig. Im Bauzustand waren die Steuerungen der Innen- und Außentriebwerke miteinander verbunden, wie schon erprobt, aber nach einer Reihe von Versuchen, bei denen man die günstigste Kombination der Füllungen feststellen wollte, entschied man, daß eine Verstellung der Füllung des Niederdruckantriebs kaum Nutzen brachte und legte dessen Füllung bei 63% fest. Damit betätigte der Lokführer mit seiner Umsteuerung nur noch die Steuerung der Hochdruckzylinder. Ein Ventil ermöglichte dem Lokführer beim Anfahren Frischdampf in die Niederdruckzylinder zu lassen, aber auch diese Feinheit entfernte man bei einigen Maschinen, bei denen man den ungewöhnlich großen Füllungsgrad von 88% einstellte, von dem man meinte, daß auch damit ein Anfahren möglich sei.

Diese Lokomotiven übernahmen nun die Arbeit auf den weniger schwierigen Strecken der PLM, aber die Zuglasten stiegen rasch und stärkere Lokomotiven wurden erforderlich. Mit gleichen Zylinderabmessungen, aber mit einem größeren Kessel baute man von 1898 bis 1901 noch einmal 120 Lokomotiven mit den Nummern C61 bis C180. Durch den etwas längeren Kessel wurde der Winkel der vorderen Verkleidung etwas stumpfer, dafür erhielten sie eine weitere Verkleidung zwischen Schlot und Dom. Die beiden Klassen erhielten die Spitznamen „compound à bec" (Verbundlok mit Schnabel) und „coupe-vent" (Windschneider). Untereinander unterschied man sie als „le petit C" und „le grosse C" (kleine bzw. große C).

Bis zur Einführung der Atlantiks im Jahr 1905 war die „große C" die Standard-Schnellzuglok der PLM. Sie beförderten die schnellsten Züge zwischen Paris, Lyon und Marseille, einschließlich des berühmten Rapide „Côte d'Azur". Mit einem Zug von 220 t konnten sie auf der 0,8%-Steigung von Blaisy Bas eine Geschwindigkeit von 85 km/h halten, die gesamte Strecke von Paris bis Marseille legten sie mit einer Geschwindigkeit von 87 km/h zurück. Bei Versuchsfahrten erreichten sie 140 bis 150 km/h vor leichten Zügen. Man rechnete ihre Fähigkeit zu hohen Geschwindigkeiten der „coupe-vent"-Verkleidung zu, aber aus heutiger Sicht kann man annehmen, daß dies genauso einer großzügigen Bemessung der Dampfwege zuzuschreiben ist. Die „große C" Nr. C145 blieb uns erhalten.

de Glehn Atlantik 2'B1 Frankreich Nordbahn, 1910

Achslast: 17,8 t (39207 lb)
Zylinder, ⌀ x Hub:
– **Hochdruck:** (2) 340 x 640 mm (13.4 x 25.2 in)
– **Niederdruck:** (2) 560 x 640 mm (22 x 25.2 in)
Treibrad ⌀: 2040 mm (80.3 in)
Verdampfungsheizfläche: 138 m² (1485 sq ft)
Überhitzerheizfläche: 39 m² (419.8 sq ft)
Kesseldruck: 16 kp/cm² (228 psi)
Rostfläche: 2,75 m² (29.6 sq ft)
Brennstoff (Kohle): 7 t (15420 lb)
Wasser: 23 m³ (5060 Imp gal)
Reibungsgewicht: 35,6 t (78415 lb)
Gesamtdienstgewicht: 120 t (264320 lb)
Gesamtlänge: 18247 mm (59 ft 10.4 in)

Oben: *Eine der hervorragenden „de Glehn Atlantiks", die Nr. 2.674 der französischen Nordbahn.*

Trotz seines Namens – teils französisch und teils deutsch – war Alfred de Glehn von Geburt Engländer, wurde aber in den 70er Jahren des letzten Jahrhunderts Direktor der Konstruktionsabteilung bei der französischen „Société Alsacienne de Construction Mécanique" in Mulhouse, noch nicht einmal 30 Jahre alt. Zusammen mit Gaston de Bousquet von der französischen Nordbahn entwickelte er ein Verbundantriebssystem, das auch die Prüfungen der Zeit bestehen sollte. Die Mehrzahl der französischen Schnellzuglokomotiven des 20ten Jahrhunderts waren de Glehn-Verbundmaschinen.

Ein wichtiger Faktor für seinen Erfolg war die Tatsache, daß die französischen Lokführer nicht ehemalige Heizer waren, sondern als Mechaniker ausgebildet wurden. Das heißt, daß der Mann im Führerstand auch verstand, was es mit all den komplizierten Bedienungseinrichtungen vor ihm auf sich hatte und daß er sie auch so bedienen konnte, daß er die besten Resultate erhielt. Das de Glehn-System war vom Standpunkt des Lokführers sicherlich sehr kompliziert, verfügte er doch über zwei Regler und zwei Umsteuerungen, sowie zusätzliche Ventile, mit denen er das Ganze beeinflussen konnte. Die Tabelle 1 zeigt, daß die Lokomotive in 5 verschiedenen Betriebsweisen gefahren werden konnte!

In Stellung A des Zwischenventils gelangte der Dampf aus den Hochdruckzylindern in die Zwischenkammer und von dort in das Niederdrucktriebwerk. Ein Sicherheitsventil auf dem Zwischenbehälter begrenzte dessen Druck auf 6 kp/cm².

In Stellung B war diese Verbindung verschlossen, der Abdampf der Hochdruckzylinder ging direkt zum Blasrohr. Die Betriebsarten IV und V verwendete man nur für alleinfahrende Maschinen oder im Notfall, wenn eines der Triebwerke Schwierigkeiten bereitete. Betriebsart III steigerte die Zugleistung, indem der Zwischenbehälter Dampf mit dessen Maximaldruck von 6 kp/cm² erhielt.

Selbstverständlich reichte es nicht aus, die korrekte Betriebsweise zu wählen, man mußte auch mit den beiden Umsteuerungen die Füllungen der Triebwerke einstellen. Bei dieser Vielfalt von Handgriffen, an die man zur rechten Zeit denken mußte, war der Übergang von einer einfachen auf eine derartige Verbundlokomotive wie der Wechsel vom Spielen eines Instruments zum Dirigieren eines ganzen Orchesters!

Du Bousquet und de Glehn begannen ihre Zusammenarbeit in Verbindung mit einigen sehr erfolgreichen 2'B-Verbundlokomotiven in den 90er Jahren, aber einen Platz in der Ruhmeshalle der Eisenbahnwelt sicherten sie sich, als die Atlantiklokomotive Nr. 2.641 auf der Pariser Weltausstellung 1900 gezeigt wurde. Mit Außenlagern am Drehgestell und Innenlagern für die Nachlaufachse sah sie recht ungewöhnlich aus, aber sie war ganz sicher ein gut aussehendes Beispiel für die Kunst ihrer Erbauer. Ihr sollten noch 32 gleiche Lokomotiven allein für die Nordbahn folgen.

Die inneren Niederdruckzylinder lagen in Höhe der ersten Laufachse und wirkten auf die erste Treibachse, dagegen trieben die äußeren Hochdruckzylinder das hintere Paar Treibräder. Ein Kritikpunkt dieser

Tabelle 1

Betriebsart	Zweck	Nennzugkraft	
I	Normal	72,0 kN	(16,171 lb)
II	Anfahren	107,0 kN	(24,069 lb)
III	Zugkraftverstärkung	85,4 kN	(19,194 lb)
VI	nur Hochdrucktriebwerk	49,5 kN	(11,125 lb)
V	nur Niederdrucktriebwerk	57,6 kN	(12,944 lb)

Tabelle 2

Betriebsart	Hochdruckregler	Niederdruckregler	Zwischenventil
I	Offen	Zu	A
II	Offen	Offen	B
III	Offen	Offen	A
V	Zu	Offen	B

Tabelle 3

Land	Bahngesellschaft	Bestellte Anzahl
Frankreich	Ostbahn	2
Frankreich	Paris–Orleans	14
Frankreich	Midi	34
Frankreich	Etat	9
Groß-Britannien	Great Western Railway	3
Preußen	Preußische Staatsbahn	79
USA	Pennsylvania RR	1
Ägypten	Staatsbahn	10

Konstruktion war die Tatsache, daß alle Zylinder gerade dort am Rahmen befestigt waren, wo dieser durch Ausschnitte für die Drehgestellräder geschwächt war. Abgesehen davon war das einzige Problem die schlechte Zugänglichkeit des inneren Triebwerks für die Wartung. Als Tender kamen sowohl dreiachsige als auch Drehgestelltender zur Verwendung. Abgesehen von diesen Nachteilen (mit denen man leben konnte) waren die Leistungen dieser Atlantiks vor Zügen wie den Schiffszügen von Paris nach Calais mit einem der anspruchsvollsten Fahrpläne, sehr eindrucksvoll. Die Einsparungen beim Kohlenverbrauch waren beträchtlich und das damit eingesparte Geld war sehr willkommen, aber das war nicht ihr einziger Vorzug. Mit den Atlantiks näherte man sich dem Punkt, an dem die Leistung einer Lokomotive nicht mehr von ihrer Größe, sondern von der Kohlemenge, die der Heizer schaufeln konnte, abhing. Daraus folgt, daß eine Lokomotive mit einem höheren thermischen Wirkungsgrad mit der gleichen Kohlemenge eine größere Leistung erzeugen konnte. Und das zeigte sich auch; Züge von 270 t Gewicht konnten die Atlantiks beispielsweise über die 21 km lange Steigung zwischen St. Denis und Survilliers von 0,5% noch mit einer Durchschnittsgeschwindigkeit von mehr als 100 km/h befördern.

Es folgten Bestellungen für ähnliche Lokomotiven, aber nicht nur aus Frankreich, sondern auch aus dem Ausland, wie Tabelle 3 zeigt.

Einige davon waren etwas größer, andere wichen in Details erheblich ab, aber alle folgten demselben Prinzip. Die französischen Bahngesellschaften gingen zu größeren Lokomotiven der Achsfolge 2'C, 1'D1, 2'C1, 2'D1 und anderen über, aber die britische Great Western Railway baute alle ihre künftigen Schnellzuglokomotiven nach dem gleichen Grundschema, nur mit vier Zylindern einfacher Dampfdehnung.

Wie auch in anderen Ländern führten schwerere Stahlwagen und die Erhöhung des Komforts zur Notwendigkeit von drei Treibachsen, so daß die de Glehn-Atlantiks zwischen den beiden Weltkriegen aus dem Betrieb verschwanden. Die Nr. 2.670 der Nordbahn überlebte und kann heute, herrlich restauriert, im Museum von Mulhouse, in der Stadt ihres Entstehens, bewundert werden.

Links: *Die „de Glehn Atlantik" Nr. 2.670 der Nordbahn wurde für das Eisenbahnmuseum in Mulhouse wieder aufgearbeitet.*

Unten: *Die Zeichnung zeigt eine der Vierzylinder-Verbund-Atlantiks der französischen Nordbahn mit einem der später verwendeten großen Tender.*

Reihe Q 2'C1' Neuseeland

New Zealand Government Railways (NZGR), 1901

Zugkraft: 87,0 kN (19540 lb)
Achslast: 10,7 t (23500 lb)
Zylinder, Ø x Hub: (2) 406 x 559 mm (16 x 22 in)
Treibrad Ø: 1245 mm (49 in)
Verdampfungsheizfläche: 155 m² (1673 sq ft)
Kesseldruck: 14,1 kp/cm² (200 psi)
Rostfläche: 3,7 m² (40 sq ft)
Brennstoff (Kohle): 5 t (11000 lb)
Wasser: 7,7 m³ (1700 Imp gal)
Reibungsgewicht: 31,6 t (69500 lb)
Gesamtdienstgewicht: 74,9 t (165000 lb)
Gesamtlänge: 16878 mm (55 ft 4½ in)

Das Jahr 1901 sah den Bau der ersten Lokomotive einer neuen Achsfolge – wohl *der* berühmtesten aller Achsfolgen – für Schnellzuglokomotiven, die bis zum Ende des Dampflokbaus beibehalten werden sollte. Es war aber keine der großen Eisenbahnnationen, die für ihre Entstehung verantwortlich war und die sie auch bestellte, sondern das kleine Neuseeland. A. W. Beattie, Chefingenieur der Staatsbahn, wollte eine Lokomotive mit einer großen Feuerbüchse, in der man auch die schlechte Braunkohle aus den Otago-Minen der Südinsel verfeuern konnte.

Die amerikanische Lokomotivfabrik Baldwin schlug eine „Camelback"-Lokomotive der Achsfolge 2'C mit breiter Feuerbüchse über den Kuppelrädern vor, aber der Neuseeländer schlug stattdessen eine zusätzliche, tragende Laufachse unter der Feuerbüchse vor, damit hatte man die Achsanordnung 2'C1'. Die 13 bestellten Maschinen waren schnell gebaut und traten ihren Weg über den Pazifik an; auf diese Weise entstand der Name, den zukünftig Tausende von Lokomotiven tragen sollten. Es dauerte nicht lange, bis der Begriff „Pazifik" den Eingang in das englische Eisenbahnvokabular bekam und von dort in den Sprachgebrauch gelangt.

Eine weitere Einzelheit, die in Zukunft bei den meisten Dampflokomotiven der Welt auftauchen sollte, die noch gebaut wurden, war die

Unten: *Die 1901 gebauten Lokomotiven der Reihe „Q" der neuseeländischen Staatsbahnen waren die ersten „Pazifiks" der Welt.*

Oben: *Die „Q" Nr. 343 verkehrte auf dem südlichsten Eisenbahnnetz der Welt mit Personenbeförderung. Hier sehen wir sie zwischen Invercargill und Bluff, Southland.*

Reihe F15 2'C1' USA

Chesapeake & Ohio Railway (C&O), 1902

Zugkraft: 144,3 kN (32400 lb)
Achslast: 23,8 t (52500 lb)
Zylinder, Ø x Hub: (2) 597 x 711 mm (23½ x 28 in)
Treibrad Ø: 1829 mm (72 in)
Verdampfungsheizfläche: 273 m² (2938 sq ft)
Kesseldruck: 12,7 kp/cm² (180 psi)
Rostfläche: 4,4 m² (47 sq ft)
Brennstoff (Kohle): 13,6 t (30000 lb)
Wasser: 34,1 m³ (7500 Imp gal)
Reibungsgewicht: 71,3 t (157000 lb)
Gesamtdienstgewicht: 185,2 t (408000 lb)
Gesamtlänge: 22555 mm (74 ft 0 in)

Die Chesapeake & Ohio Railway kann ihre Geschichte bis in das Jahr 1785 zurückverfolgen, als die „James River Company" eine Konzession erhielt. Der erste Aufsichtsratsvorsitzende der Gesellschaft war George Washington höchstpersönlich. Der Eisenbahnbetrieb begann allerdings erst 1836 mit der Eröffnung der „Louisa Railroad" in Virginia.

Nur wenige Wochen, nachdem die Missouri Pacific die ersten – amerikanischen – Pazifiks erhielt, bekam auch diese geschichtsträchtige Gesellschaft den Prototyp ihrer berühmten „F15"-Pazifiks geliefert. Es gab keinen Zweifel mehr – die Standard-Schnellzuglokomotivtype der nordamerikanischen Bahnen des 20ten Jahrhunderts war endlich erschienen. Die wegweisende C&O Nr. 147 besaß schon Kolbenschieber, aber noch die Stephensonsteuerung zwischen den Rahmen. Selbstverständlich hatte sie zu dieser Zeit noch keinen Überhitzer – man experimentierte ja erst

Bauart der Steuerung, die diese Maschinen erhielten. Von 105 Lokomotiven, die in diesem Buch noch beschrieben werden, besaßen 86 die Walschaertsteuerung. Die Erfindung war nicht neu, ein belgischer Ingenieur namens Egide Walschaert hatte sie schon 1844 entwickelt – der Deutsche Heusinger hatte sie unabhängig davon wieder erfunden, deshalb verwendet man im deutschen Bereich die Bezeichnung „Heusingersteuerung", ansonsten „Walschaertsteuerung", es handelt sich aber um die gleiche Bauart. Aber erst mit diesen kleinen „Pazifiks" begann ihre Verbreitung außerhalb Westeuropas. Die Steuerung ergab eine gute Dampfverteilung, aber ihr Hauptvorteil war ihre Einfachheit und die Tatsache, daß sie ohne Schwierigkeiten außen an den Treibrädern angebracht werden konnte und damit gut zugänglich war. In diesem Fall trieb die Steuerung Kolbenschieber mit äußerer Einströmung an, auch diese Kolbenschieber waren im Lokomotivbau noch neu.

Man kann sagen, daß diese Maschinen der endgültigen Form der Dampflokomotive näher kamen als alle bisher beschriebenen. Nur zwei grundlegende Verbesserungen sollten noch erfolgen – die allgemeine Verwendung von Kolbenschiebern mit innerer Einströmung und von Überhitzern.

Nach einigen kleinen Änderungen erfüllte die Reihe „Q" ihren Dienst zuverlässig, erst 1957 schied die letzte von ihnen aus. In ihren großen Tagen beförderten sie nicht nur alle wichtigen Personenzüge der Südinsel, einige kamen auch auf die Nordinsel, um den „Roturua Express" zwischen Auckland und den berühmten heißen Quellen dieses Namens zu bespannen.

Rechts: *Zum Aufnahmezeitpunkt im Jahre 1956 näherte sich die hervorragende Pazifik der Reihe „Q", Nr. 343, dem Ende ihrer mehr als 50 Jahre währenden Dienstzeit auf der Spurweite von 1067 mm auf den New Zealand Government Railways, einer Bahn, die der amerikanischen Lokomotivpraxis folgte.*

Links: *Eine Fortentwicklung der C&O-Pazifiks war die Reihe „F16", 1937 von Baldwin gebaut. Das Markenzeichen der C&O fällt besonders auf, die beiden Duplex-Luftpumpen an der Rauchkammerfront der Nr. 472.*

in Deutschland damit – aber allein ihre Größe und Leistungsfähigkeit setzte neue Maßstäbe. In den Jahren 1903 bis 1911 folgten 26 weitere Maschinen. Die meisten davon überlebten bis zur Verdieselung der C&O in den 50er Jahren und in diesem Land, dem man nicht gerade nachsagen kann, daß es sehr an Althergebrachtem hing, sagt das ziemlich viel über die Qualitäten der Reihe „F15". Natürlich mußten sie im Laufe der Zeit die Beförderung der wichtigen Züge moderneren Lokomotiven überlassen, aber es gab auch Strecken mit weniger tragfähigen Brücken, auf denen diese für amerikanische Verhältnisse leichten Maschinen bis fast an ihr Ende auch Schnellzüge befördern durften. In den 20er Jahren modernisierte man alle Mitglieder dieser Reihe mit Walschaertsteuerung, Überhitzern, größeren Tendern, neuen Führerhäusern, Stokern, neuen Dampfzylindern und in einigen Fällen auch mit neuen Rahmen; genau wie der berühmte irische Hammer – „Hundert Jahre alt, nur zwei neue Köpfe und drei Stiele".

Die „F15" war nicht nur Vorbild für fast 7000 Pazifiks allein in den USA, sondern auch Ahnherr einer ganzen Dynastie von Pazifiks auf der eigenen Bahn. Die „F16" von 1913 bedeutete eine Erhöhung der Zugkraft um 34% bei einer um 28% vergrößerten Rostfläche, bei der „F17" von 1914 betrugen die Steigerungen dieser Werte 45% bzw. 71%, allerdings nur auf Kosten einer 27% höheren Achslast. Nach dem 1. Weltkrieg erschienen die Reihen „F18" und „F19", die vor allem durch ihre sechsachsigen Tender mit einer Wasserkapazität von fast 82 m³ auffielen. Bis zum Erscheinen der ersten 2'C2'-Lokomotiven 1941 versahen diese 61 Pazifiks alle Schnellzugdienste der C&O.

Es fällt bei diesen Maschinen noch etwas anderes auf. Während des Dampfzeitalters gab es keine großen Eisenbahngesellschaften außerhalb Nordamerikas, deren Gleise mehr als 22,5 t Achslast vertrugen, so daß diese Lokomotiven von 1902 besser als manches andere zeigen, daß die USA sich anschickten, von ihrer rückständigen Position des alten Jahrhunderts zur führenden Industriemacht der Welt zu werden.

Large Atlantic 2'B1' Großbritannien
Great Northern Railway (GNR), 1902

Zugkraft: 77,2 kN (17340 lb)
Achslast: 20,4 t (45000 lb)
Zylinder, Ø x Hub:
(2) 508 x 610 mm (20 x 24 in)
Treibrad Ø: 2032 mm (80 in)
Verdampfungsheizfläche:
182,5 m² (1965 sq ft)
Überhitzerheizfläche: 52,8 m² (568 sq ft)
Kesseldruck: 12 kg/cm² (170 psi)
Rostfläche: 2,9 m² (31 sq ft)
Brennstoff (Kohle): 6,6 t (14500 lb)
Wasser: 15,9 m³ (3500 Imp gal)
Reibungsgewicht: 40,9 t (90000 lb)
Gesamtdienstgewicht: 114,6 t (252500 lb)
Gesamtlänge: 17634 mm (57 ft 10¼ in)

Mit diesen berühmten Maschinen hielt die breite Feuerbüchse Einzug in Großbritannien. Zwischen 1902 und 1910 baute man davon 94 Stück. Bis zum Erscheinen der Pazifiks 1921 herrschten sie auf dem Teil der Hauptstrecke an der Ostküste von London nach Schottland, den die Great Northern Railway betrieb, das heißt zwischen Kings Cross und York. Auch später waren die leichten Luxusgarnituren der 20er Jahre, die man mit Pullmanwagen bildete, gerade recht für die Atlantiks.

Mitte der 30er Jahre setzten die neuen Stromlinien-Pazifiks die älteren frei, die man jetzt für die Pullman-Züge einsetzen konnte, aber die nun 30 Jahre alten Schlachtrösser fanden eine neue und hochinteressante Betätigung vor den berühmten sehr schnellen und leichten „Bier-Zügen" von Kings Cross nach Cambridge. Sie standen auch in Orten wie Peterborough, Grantham und Doncaster bereit, um Vorspann- oder Reservedienste zu leisten und demonstrierten bei vielen Gelegenheiten, daß sie unter günstigen Umständen und mit einer Mannschaft, die kräftig zupackte, durchaus imstande waren die Fahrzeiten der Pazifiks vor den Stromlinienzügen oder auch mit einem 17-Wagen-Schnellzug einzuhalten.

Die Ankunft der „Green Arrow"-1'C1'-Lokomotiven, die jeden Zug auf der Hauptstrecke übernehmen konnte und darüber hinaus das Fehlen leichter schneller Züge während der Kriegszeit bedeuteten das Ende der Atlantiks. Die erste (GN Nr. 1459, LNER Nr. 4459) wurde 1943 ausgemustert. Als letzte ging die Nr. 62822 der British Railways, die vorher schon die LNER-Nrn 2822 und 3294 und die GN.Nr. 294 trug und noch auf ihrer letzten Fahrt eine Geschwindigkeit von 121 km/h erreichte. Für die Öffentlichkeit waren sie die Verkörperung der Eisenbahnromantik der „guten alten Zeit"; auch ihre Besitzer hatten sie sehr gemocht – bei einem Neupreis von 3400 £ kann man sie auch kaum als schlechte Investition bezeichnen. Ihr Personal war von der Leichtigkeit, mit denen sie gefeuert und gefahren werden konnten, sehr angetan, auch wenn die nur angedeuteten Führerhäuser nicht viel Schutz vor den Unbilden des Wetters boten.

Wie die meisten großartigen Dampflokomotiven der Welt waren sie ausgesprochen einfach, wenn auch auf dem neuesten Stand der Technik. Die Zylinder lagen außen, die Schieber und die Steuerung (von Stephenson) lagen innen. Die ersten 81 wurden noch ohne Überhitzer und mit entlasteten Flachschiebern gebaut. Die letzten 10 aus dem Jahr 1910 hatten dann Kolbenschieber und Überhitzer. Mit der Zeit erhielten auch alle anderen Maschinen den Überhitzer, die meisten dabei auch Kolbenschieber. Es erschienen auch drei Atlantiks versuchsweise mit Vierzylinder-Verbundtriebwerken, die aber gegenüber ihren einfacheren Kollegen keine Vorteile zeigten. Alle Atlantiks, außer einer Verbundlokomotive bauten die bahneigenen Werkstätten in Doncaster nach dem Entwurf Henry Ivatts.

Ein außerordentlich simples Bauteil, das im 20ten Jahrhundert schon sehr ungewöhnlich für eine Schnellzuglokomotive war, war der

Midland Compound 2'B Großbritannien
Midland Railway (MR), 1902

Achslast: 20,2 t (44500 lb)
Zylinder, Ø x Hub:
– **Hochdruck:** (1) 483 x 660 mm (19 x 26 in)
– **Niederdruck:** (2) 533 x 660 mm (21 x 26 in)
Treibrad Ø: 2134 mm (84 in)
Verdampfungsheizfläche:
122,4 m² (1317 sq ft)
Überhitzerheizfläche: 25,3 m² (272 sq ft)
Kesseldruck: 14,1 kp/cm² (200 psi)
Rostfläche: 2,6 m² (28.4 sq ft)
Brennstoff (Kohle): 5,7 t (12500 lb)
Wasser: 15,9 m³ (3500 Imp gal)
Reibungsgewicht: 40,4 t (89000 lb)
Gesamtdienstgewicht: 106,2 t (234000 lb)
Gesamtlänge: 17258 mm (56 ft 7½ in)

Die „Midland Compound"-Lokomotiven haben sich wirklich einen Platz unter den Berühmtheiten der Schiene verdient. S. W. Johnson führte sie 1902 ein, sein Nachfolger R. M. Deeley entwickelte sie weiter. 1914 wurden sie dann von Henry (später Sir Henry) Fowler grundlegend umgebaut. Sie waren die einzigen auf lange Sicht erfolgreichen Verbundlokomotiven Großbritanniens; und als die Midland Railway 1923 mit anderen Bahnen zur London, Midland & Scottish vereinigt wurde, wählte man diese Bauart – etwas überraschend – zur Standard-Schnellzuglokomotive der neuen Gesellschaft. Insgesamt wurden von ihnen 240 Exemplare gebaut. In den Tagen der MR und der LNER trugen sie die Nummern 900-939 und 1000-1199, die meisten überlebten lange genug, um auch noch die BR-Nummern 40900-41199 zu erhalten.

Die LMS-Nachbauten hatten einen um 76 mm kleineren Treibraddurchmesser. Die letzten nahm man 1961 aus dem Dienst, nur sieben Jahre vor dem „endgültigen" Ende des BR-Dampfes. Die Lokomotive mit der Midland-Nummer 1000 blieb für das Nationale Eisenbahnmuseum in York betriebsfähig erhalten. Die meisten der Lokomotiven wurden in den Werkstätten der Midland in Derby gebaut, aber auch andere Lokomotivbaufirmen erhielten in der Frühzeit der LMS Bauaufträge.

Anders als die Webb-Verbundloks hatten diese Lokomotiven *einen einzelnen* Hochdruck- und *zwei* Niederdruckzylinder. Der Hochdruckzylinder lag innen, die anderen außen. Ebenfalls innerhalb des Rahmens befanden sich *drei* vollständige Stephensonsteuerungen neben dem Innentriebwerk. Wenn der Regler leicht geöffnet wurde, erhielten die Niederdruckzylinder Frischdampf und arbeiteten damit zum Anfahren „einfach". Öffnete der Lokführer den Regler stärker, schloß sich die Frischdampföffnung und die normale Verbundarbeitsweise setzte ein.

In den Tagen der LMS, als die Lokomotiven auch außerhalb des ursprünglichen Midland-Gebietes verwendet wurden, brachte diese ungewohnte Funktion des Reglers manchen Lokführer in Verlegenheit, sie waren es eben nicht gewohnt, daß ein teilweise geschlossener Regler mehr Dampf durchließ als ein voll geöffneter. Trotzdem genossen die „Midland Compounds" den Ruf der Zuverlässigkeit und waren allseits beliebt. Für die schnellen, häufig verkehrenden, aber kurzen Personenzüge ihrer Stammbahn waren die „Roten Herumtreiber" ein angemessenes und wirtschaftliches Betriebsmittel.

Rechts: *Die „Midland Compound" Nr. 1000 leistete der LNER „Green Arrow" Nr. 4771 Vorspann bei einem Sonderzug für Eisenbahnfreunde in der Nähe von Settle Junction, Yorkshire im Mai 1950.*

Oben links: *Diese Aufnahme aus der Zeit vor dem 2. Weltkrieg zeigt die „Large Atlantic" Nr. 4458 vor einem Pullman-Zug.*

Oben: *Die „Large Atlantic" Nr. 251 des Nationalen Eisenbahnmuseums arbeitete man in der ursprünglichen grünen Farbgebung der Great Northern Railway auf.*

einfache „Johnson bar" oder Umsteuerhebel zur Bedienung der Steuerung; man fand ihn im Allgemeinen nur noch bei kleinen Rangierlokomotiven, deren Steuerung leicht gebaut war und bei denen die Fahrtrichtung oft und schnell gewechselt werden mußte. Mit diesem Hebel war es schwierig während der Fahrt die Füllung zu verstellen – oft mußten sich Lokführer und Heizer gemeinsam anstrengen! Damit hatte man keinerlei Möglichkeit, die Feineinstellungen während der Fahrt vorzunehmen, die bei anderen Lokomotiven zum niedrigen Kohlenverbrauch führten. Auf dieser Bahn wog der Preis der Kohle aber nicht so stark und wenn die Ivatt-Atlantiks auch etwas mehr verbrauchten, so stand doch im großen Ganzen ihre Wirtschaftlichkeit außer Zweifel.

Die erste der „Large Atlantics" Ivatts, GN Nr. 251, LNER 3251, später 2800, überlebte die allgemeine Verschrottung und erhielt einen Ehrenplatz im Nationalen Eisenbahnmuseum in York.

City Klasse 2'B

Großbritannien
Great Western Railway (GWR), 1903

Zugkraft: 79,2 kN (17790 lb)
Achslast: 18,6 t (41 000 lb)
Zylinder, ⌀ x Hub: (2) 457 x 660 mm (18 x 26 in)
Treibrad ⌀: 2045 mm (80½ in)
Verdampfungsheizfläche: 125,5 m² (1351 sq ft)
Überhitzerheizfläche: 20,1 m² (216 sq ft)
Kesseldruck: 14,1 kp/cm² (200 psi)
Rostfläche: 1,9 m² (20,56 sq ft)
Brennstoff (Kohle): 5 t (11 000 lb)
Wasser: 13,6 m³ (3000 Imp gal)
Reibungsgewicht: 36,8 t (81 000 lb)
Gesamtdienstgewicht: 94 t (207 000 lb)
Gesamtlänge: 17126 mm (56 ft 2¼ in)

Der Ruhm der „City"-Klasse der Great Western Railway beruht auf einer Fahrt im Mai 1905, bei der ein Postsonderzug die kurvenreiche Wellington-Rampe, westlich Taunton, mit großer Geschwindigkeit bergab fuhr. Dazu hatte man den bekannten Journalisten und „Eisenbahn-Zeitnehmer" Charles Rous-Marten eingeladen, der eine offiziell gemessene Höchstgeschwindigkeit von 164 km/h (102.3 mpH) feststellte und damit den offiziellen Geschwindigkeitsrekord. Eine nachträgliche Analyse der Zeiten, die Rous-Marten beim Passieren der Viertelmeilensteine nahm, zeigte allerdings, daß er wohl auch andere Objekte als Markierung genommen haben muß und daß damit die tatsächliche Geschwindigkeit wohl etwas niedriger lag. Auch wenn dies so ist, führte dieses Ereignis zur Erhaltung des Tageshelden, der Nr. 3171 „City of Truro". Ursprünglich als 3433-3442 bezeichnet, nummerte man sie später in 3710-3719 um.

Es gab nur zehn eigentliche „City"-Maschinen, aber 27 ähnliche Lokomotiven entstanden durch Umbauten aus den verwandten „Badminton"- und „Atbara"-Klassen. Sie waren eine Art Lückenfüller in einer Zeit, als die ehrwürdige GWR einen großen Sprung nach vorne machte und ihren schon für das 19te Jahrhundert als altmodisch geltenden Lokomotivpark durch Maschinen ersetzte, die ihrer Zeit voraus waren. In der Zwischenzeit baute man diese Reihe von Lokomotiven, mit Innenzylindern und außenliegenden Kuppelstangen und mit innen- und außenliegenden Sandwichrahmen, aber mit neuzeitlichen Kesseln.

Die Triebwerksanordnung ähnelte, oberflächlich gesehen, der ältesten aller 2'B-Lokomotiven, der Lokomotive von Campbell von 1837 für die Philadelphia & Norristown Railroad in den USA. Nur wenige andere, vor allem nicht in der Heimat des Erfinders, hatten derartige Lokomotiven gebaut, aber gegen Ende des 19ten Jahrhunderts erschien diese Type in großer Zahl auf der GWR. Zusätzlich zu den „City"-Loks und den erwähnten Umbauten gab es 60 „Duke", 156 „Bulldog", 20 „Flower" und 40 „Stella"-Maschinen ähnlicher Ausführung. Um die Jahrhundertwende waren die 2'B-Loks mit Außenrahmen kennzeichnend für den Personenlokpark der GWR.

Als Lückenbüßer wurde die „City"-Klasse nur kurz vor namhaften Schnellzügen benötigt, aber abgesehen von dem etwas zweifelhaften Rekord hatten sie allgemein einen guten Ruf als schnelle Renner. Die letzte verschwand schon 1931 aus dem Dienst, allerdings kehrte die „City of Truro" nach dem 2. Weltkrieg in den Betrieb zurück, um für Sonderzüge der Eisenbahnfreunde zur Verfügung zu stehen. Heute darf sie sich im Great Western Museum in Swindon ausruhen.

Unten: *Die erhalten gebliebene Great Western Nr. 3717 „City of Truro" mit einem Zug bei Hullavington, Wiltshire. Diese Lokomotive hielt lange den offiziellen Geschwindigkeitsrekord für Dampflokomotiven mit 164 km/h und steht heute im Great Western Railway Museum in Swindon, Wilts in England.*

Saint Klasse 2'C

Großbritannien
Great Western Railway (GWR), 1902

Zugkraft: 108,6 kN (24395 lb)
Achslast: 18,8 t (41500 lb)
Zylinder, ⌀ x Hub: (2) 470 x 762 mm (18½ x 30 in)
Treibrad: 2045 mm (80½ in)
Verdampfungsheizfläche: 171 m² (1841 sq ft)
Überhitzerheizfläche: 24,4 m² (263 sq ft)
Kesseldruck: 15,8 kp/cm² (225 psi)
Rostfläche: 2,5 m² (27.1 sq ft)
Brennstoff (Kohle): 6,1 t (13500 lb)
Wasser: 15,9 m³ (3500 Imp gal)
Reibungsgewicht: 56,75 t (125000 lb)
Gesamtdienstgewicht: 114 t (251000 lb)
Gesamtlänge: 19209 mm (63 ft 0¼ in)

Oben: Diese betagte Farbaufnahme zeigt Lok Nr. 2937 „Clevedon Court" der „Saint"-Klasse. Die „Courts" waren die letzte Serie der „Saints" im Jahre 1911.

Als kurz vor der Jahrhundertwende der auch nicht mehr allzu junge George Jackson zum designierten Nachfolger des Lokomotivdezernenten der Great Western Railway, William Dean, avancierte, hatte er schon beschlossen, daß er bei seiner Amtsübernahme viel ändern würde. Schnellzüge mit Durchgangswagen und Speisewagen und das Verlangen der Kundschaft nach schnelleren Zügen bedeuteten, daß eine vollständige Erneuerung des Lokomotivparks durchzuführen war, denn schon nach den Maßstäben des 19ten Jahrhunderts waren die vorhandenen GWR-Lokomotiven sehr verschieden und unbefriedigend. Solange Churchward noch die Nummer zwei unter einem alternden Chef war, hatte er die Gelegenheit, seine Ideen beim Bau einer ganzen Anzahl seltsamer Maschinen zu prüfen. Weil es schon so viele Abstrusitäten gab – beispielsweise 2'B-Lokomotiven umgebaut aus normalspurigen B2'-Tenderloks, die man wiederum aus Breitspurmaschinen nach dem Ende dieser Spur 1892 umbaute – erzeugten seine Produkte wenig Aufsehen.

1902 erblickte dann aber eine große Außenzylinderlokomotive der Achsfolge 2'C das Licht Englands, die neben ihrer Nummer 100 (später 2900) auch taktvoll „Dean" (später „William Dean") genannt wurde. Nach dem Geschmack der Zeitgenossen war sie eine der seltsamsten Konstruktionen ihrer Zeit, aber den wenigen, die das Aussehen eines nordamerikanischen „Ten-wheelers" kannten, kam die Nr. 100 sehr bekannt vor, denn nichts anderes versteckte sich unter dem üblichen GWR-Anstrich mit seinen reichlichen viktorianischen Messingverzierungen. Dahinter steckte die Freundschaft Churchwards mit A. W. Gibb, dem Chefingenieur der Pennsylvania Railroad.

Die Bauart des amerikanischen „Ten-wheelers" wurde strikt eingehalten. Beide Zylinder und Schieberkästen saßen außerhalb der Rahmen und waren dort sehr gut zugänglich; die innenliegende Stephensonsteuerung trieb die Schieber über Umlenkhebel und Schwingwellen an. Mit einigen Verbesserungen sollte sich diese Bauart bei etwa 2000 Lokomotiven Churchwards und seiner Nachfolger wiederfinden. Die Rahmenanordnung von Churchwards Einheitslokomotiven war ein Kompromiß zwischen der britischen und der amerikanischen Lokomotivpraxis. Der Hauptteil mit den Treibrädern war als Plattenrahmen ausgeführt, aber die Zylinder waren, nach echter Yankee-Art, jeweils mit einer Hälfte des Rauchkammersattels in einem Stück gegossen und mit Bolzen verbunden; das Vorderteil des Lokomotivrahmens war als Barrenrahmen angeordnet. Der domlose Kessel war weniger amerikanisch, sondern mehr Churchwards eigene Arbeit und wich genauso wie der neuartige Rahmen von der bisherigen GWR-Bauweise ab. Es sollte aber noch einige Zeit vergehen, bis die Kesselkonstruktion ausgereift war.

Um diese Zeit herum übernahm Churchward die Führung, nicht nur (wie bei den meisten britischen Bahnen) über den Bau und die Reparatur, sondern auch über den Einsatz der Lokomotiven. Er machte es sich zur Angewohnheit, sich mit einem Zeichner, der eine bestimmte Aufgabe vor sich hatte und mit dem Chefkonstrukteur um das Zeichenbrett zu setzen und mit ihnen gemeinsam nach einer Lösung zu suchen. Wenn es Zweifel über die Herstellung eines Teils gab, schickte er nach einem Fachmann – beispielsweise den Gießereimeister. War man sich über einen Punkt unklar, der den Betrieb betraf, holte man den Betriebsinspektor. Sollte Churchward sich einmal danach erkundigen, wie andere ein Problem angepackt hatten, brachte ihm jemand aus der Dokumentationsabteilung ein entsprechendes Buch oder eine Zeitschrift, in der die betreffende Stelle markiert war. Damit erreichte er, daß die GWR bald über einen Lokomotivpark verfügte, der in vielerlei Hinsicht nur wenig Konkurrenz auf der ganzen Welt hatte.

Man war hier weit entfernt von den autokratischen, überheblichen „Allwissenden", die bei vielen anderen britischen Bahnen dieser Zeit das Sagen hatten. Churchward arbeitete nicht nur mit dem eigenen Wissen, sondern vor allem, indem er anderen zuhörte und dann eine in dieser Position sehr seltene Gabe

anwendete, den gesunden Menschenverstand. Churchward nahm sich viel Zeit für seine Entscheidung, welche seiner Schnellzuglokomotiven besser für die Zukunft geeignet war, die 77 Exemplare zählende Zweizylinder-2'C-Lokomotive „Saint", die aus seiner „William Dean" entstand oder die gleich alte Vierzylinder-„Star"-Klasse von gleicher Geschwindigkeit und Leistung. Bevor er sich 1921 zur Ruhe setzte, entschied er sich für die letztere und es erscheint dem Autor, daß dies eine der wenigen falschen Entscheidungen eines der besten Lokomotivingenieure war.

Der Sprung von den besten Schnellzugmaschinen des Jahres 1892, den eleganten 2'A1-„Dean Singles" zur „William Dean" von 1902 brachte eine Steigerung der meisten Kennwerte: Zugkraft – 20%, Zylinderhub – 25%, Verdampfungsheizfläche – 35%, Kesseldruck – 12%, Rostfläche – 30%, Reibungsgewicht – 204%. Zu diesen Schocks fügte sich noch ein weiterer hinzu, der ungewohnte Anblick eines „nackten" Lokomotivtriebwerks.

Obwohl die Lokomotiven als „Saint"-Klasse bekannt wurden, baute man 32 Maschinen anderer Namen, bis die erste „Heilige" erschien, Nr. 2911 „Saint Agatha" im Jahr 1907. Nach „William Dean" kam 1903 erst einmal ein zweiter Prototyp, Nr. 98 (später 2998) „Ernest Cunard" und im gleichen Jahr ein dritter, Nr. 171 (später 2971) „Albion". Vorübergehend lief die Nr. 171 erst einmal als 2'B1, um direkte Vergleiche mit der aus Frankreich importierten de Glehn-Atlantik Nr. 102 „La France" anzustellen. Die ersten 19 Serienlokomotiven (Nr. 172-190, später 2972-2990) erschienen 1905, auch einige davon hatten anfänglich die Form 2'B1! Ihre Namen stammten aus Sir Walter Scotts „Waverley-Novellen". Die 10 nächsten (Nr. 2901-2910) kamen im Mai 1906, sie erhielten Namen von „Ladies". Nr. 2901 namens „Lady Superior" (Mutter Oberin) war die erste britische Lokomotive mit dem modernen Schmidt-Überhitzer, bis 1912 erhielten alle Überhitzer nach einer Konstruktion aus Swindon.

Bei den 20 echten „Saints" von 1907 verschönte man die nüchterne gradlinige Gestaltung der Umlaufbleche durch die gebogene Frontverkleidung, die für alle weiteren GWR-Lokomotiven charakteristisch sein sollte. 1911 kamen dann endlich die 25 „Courts" (Residenzen), alle von Anfang an mit Überhitzer und, was noch auffälliger war, mit den Einrichtungen zur „Hocheinspeisung" (des Speisewassers) zu beiden Seiten des Sicherheitsventils. Diese hochliegenden Speiseventile sollten zu einem Markenzeichen der GWR werden.

Oben: *Gehen und Kommen. Zwei Bilder aus dem Alltag der „Saints". Das obere Bild zeigt, daß sie auch in den Tagen der British Railways gut gepflegt wurden. Wie diese Bilder zeigen, erhielten die meisten „Saints" in späteren Tagen die gebogene Umlaufverkleidung unter der Rauchkammer, die bei den letzten Serien dieser wegweisenden Lokomotiven eingeführt wurden.*

Churchwards Kesseltypen waren sein größter Erfolg und der beste davon war die Type Nr. 1, die nicht nur die 77 „Saints" besaßen, sondern auch die 74 „Star"-2'C-Loks, die 3 „Frenchmen" (Franzosen) 2'B1-Loks, 330 „Hall"-2'C-Loks, 80 „Grange" (Landsitze)-2'C-Loks und die 150 1'D-Maschinen der Reihe „28XX".

Wichtiges Konstruktionsmerkmal des Kessels Nr. 1 waren die Maßnahmen, die man vorsah, um eine Beschädigung der Kesselbleche durch das Zusammentreffen des kalten Speisewassers mit dem heißen Kesselinhalt zu vermeiden, wie dies damals üblich war. Die Einweg-Speiseventile (Klappventile) saßen auf dem Kesselscheitel und richteten den Strahl des eintretenden Wassers nach vorne auf eine Reihe von Schalen, die Verunreinigungen des Wassers auffangen sollten, während sich das Wasser schrittweise erwärmte. Erst jetzt konnte sich das angewärmte Wasser ohne Schwierigkeiten mit dem Kesselwasser vermischen.

Nach einiger Zeit hatte man auch die anderen „Saints" (außer dem Prototyp) an die neueste Ausführung angepaßt. Erst jetzt traf Churchward eine Entscheidung in der Frage des Weiterbaus der verschiedenen Triebwerksanordnungen, denn in letzter Minute stornierte er die Bestellung der letzten fünf „Courts", und ließ stattdessen die vierzylindrigen „Stars" weiterbauen. Die weitere Schnellzuglokentwicklung basierte nun auf den „Stars", obwohl die „Saints" so gut gelungen waren, daß sie imstande waren, alle Leistungen ihrer komplizierten Schwestern zu vollbringen.

1925 baute man die Nr. 2925 „Saint Martin" mit Treibrädern von 1829 mm anstelle der 2045 mm-Räder aus. Die Zugkraft steigerte sich entsprechend, auf die Höchstgeschwindigkeit hatte der Umbau kaum Auswirkungen. In dieser Form wurden als „Hall"-Klasse 330 weitere Maschinen nach dem gleichen Entwurf gebaut, die meist erst durch die Verdieselung aus dem Dienst verdrängt wurden.

Eine besonders lobenswerte Eigenschaft des Lokomotivwesens der GWR dieser Zeit ist die außergewöhnliche Präzision, mit der man die Lokomotiven baute und reparierte. Dies war der wichtigste Beitrag, den Churchwards Nachfolger leisteten. Sie achteten darauf, daß Swindon dafür die richtigen Hilfsmittel besaß – beispielsweise eine optische Anreißapparatur von Zeiss – die es ermöglichte präziser zu arbeiten als anderswo. Die Behauptung, daß die Normen für die Passungen und Toleranzen bei den British Railways für den Neuzustand einer Lokomotive dem Zustand entsprachen, der bei der GWR dazu führte, daß eine Lokomotive als abgenutzt in die Werkstatt eingeliefert wurde, entbehrt sicherlich nicht jeder Grundlage.

Die letzte der Original-„Saints" war die Nr. 2920 „Saint David", die 1953 ausgemustert wurde.

Unten: *Die Zeichnung stellt die „Lady of the Lake" in der ursprünglichen Ausführung dar.*

Reihe P 2'B1'

Dänemark
Dänische Staatsbahn (DSB), 1907

Achslast: 18 t (39650 lb)
Zylinder, Ø x Hub
– **Hochdruck:** (2) 360 x 600 mm (14.2 x 23.6 in)
– **Niederdruck:** (2) 600 x 600 mm (23.6 x 23.6 in)
Treibrad Ø: 1908 mm (78 in)
Verdampfungsheizfläche: 192,5 m² (2072 sq ft)
Kesseldruck: 13 kp/cm² (185 psi)
Rostfläche: 3,2 m² (34.4 sq ft)
Brennstoff (Kohle): 6 t (13215 lb)
Wasser: 21 m³ (4620 Imp gal)
Reibungsgewicht: 36 t (79300 lb)
Gesamtdienstgewicht: 119 t (262115 lb)
Gesamtlänge: 18515 mm (60 ft 9 in)

Man könnte annehmen, daß das flache Land Dänemark keine interessanten Lokomotiven hervorbrachte. Im Gegenteil waren die dänischen Dampflokomotiven ansehnlich und charakteristisch – auch die Reihe „P", die 1907 eingeführt wurde. Neunzehn kamen von der Hannoverschen Maschinenbau AG (Hanomag), 1910 lieferte Schwartzkopff in Berlin 14 weitere Loks. Die zweite Serie erhielt die Bezeichnung „P-2" und unterschied sich durch den größeren Zylinderhub von 640 mm (bei gleichen Zylinderdurchmessern) und durch den höheren Kesseldruck von 15 kp/cm².

Es waren alle Vierzylinder-Verbundlokomotiven mit außenliegenden Niederdruckzylindern. Die Heusingersteuerung lag seltsamerweise innen und trieb die Schieberstangen an, von denen eine gemeinsam einem Hoch- und einem Niederdruckzylinder diente. Alle Zylinder trieben die hintere Kuppelachse an. Dazu lagen die Innenzylinder erhöht und waren geneigt, damit die Treibstangen über der vorderen Treibachse zu liegen kamen. Die zulässige Höchstgeschwindigkeit in Dänemark betrug 100 km/h.

Äußerlich waren die dänischen Atlantiks sehr eindrucksvoll, den Schlot schmückten die dänische Nationalflagge – rot, gelb, rot – und sie besaßen so verspielte Einzelheiten wie die Speiseleitung, die fast einen vollen Kreis beschrieb, bevor sie in das Speiseventil einmündete.

Dänemark war ein Pionier bei der Einführung der diesel-elektrischen

Oben und unten: *Die 2'B1-Reihe „P" der Dänischen Staatsbahn. Diese eindrucksvollen Maschinen trugen von 1910 bis 1935 die Hauptlast des dänischen Personenverkehrs.*

Reihe 640 1'C

Italien
Staatsbahn (FS), 1907

Zugkraft: 110,5 kN (24810 lb)
Achslast: 15 t (33040 lb)
Zylinder, Ø x Hub: (2) 540 x 700 mm (21¼ x 27½ in)
Treibrad: 1850 mm (72.8 In)
Verdampfungsheizfläche: 108 m² (1162.5 sq ft)
Überhitzerheizfläche: 33,5 m² (361 sq ft)
Kesseldruck: 12 kp/cm² (171 psi)
Rostfläche: 2,42 m² (26 sq ft)
Brennstoff (Kohle): 6 t (13215 lb)
Wasser: 15 m³ (3300 Imp gal)
Reibungsgewicht: 44,5 t (98020 lb)
Gesamtdienstgewicht: 89,8 t (197800 lb)
Gesamtlänge: 16530 mm (54 ft 2.8 in)

Als die italienischen Staatsbahnen 1905 gebildet wurden, war eine der ersten Arbeiten des Lokomotivdezernenten der neuen Verwaltung, Guiseppe Zara, der Entwurf einer Reihe neuer Einheitslokomotiven. Er war ein fähiger Mann mit eigenwilligen Ideen – seine kleinere Schnellzuglokomotive steckt auch voll interessanter Details, trotzdem sind einige von ihnen noch 75 Jahre nach Anlieferung der ersten derartigen Maschine im Einsatz.

Die 1'C-Lokomotiven der Reihe 640 erschienen 1907, die erste Serie baute Schwartzkopff in Berlin. Bis 1930 wurden insgeamt 188 Loks dieser Reihe gebaut, die meisten davon von italienischen Firmen. Zur Reihe gehörten auch 15 umgebaute Zweizylinder-Verbundlokomotiven der Reihe 630. Die 630er waren ursprünglich als Einheitsreihe vorgesehen gewesen, aber schon kurz nach ihren Erscheinen hatte ihnen das Aufkommen des Überhitzers ein frühes Ende bereitet.

Es war schon ziemlich eigenwillig, die 1'C-„Mogul"-Achsfolge für eine Schnellzuglokomotive zu wählen, aber die Kombination mit großen Treibrädern, Innenzylindern und außenliegenden Schieberkästen ergab wirklich etwas, das einen Umweg wert ist, nur um es einmal zu sehen.

Der Grund, warum die Achsfolge 1'C nicht oft Gelegenheit bekam, die besten Züge eines Landes zu befördern, war, daß man einer einzelnen Vorlaufachse keine guten Laufeigenschaften bei höheren Geschwindigkeiten zutraute. Die meisten Schnellzuglokomotiven hatten darum zweiachsige Drehgestelle zur Führung, auf der anderen Seite kann eine 1'C einen größeren Anteil ihres Gewichts für die Adhäsion nutzen, ein wichtiger Vorteil in einem gebirgigen Land wie Italien. Aber Zara hatte noch einen Trumpf im Ärmel – sein Zara-Drehgestell, in Italien auch italienisches Drehgestell genannt. Die erste Treibachse hatte ein Seitenspiel von 20 mm in den Achslagern, die Kuppelstangen und -zapfen besaßen kugelförmige Lager, damit alles richtig funktionierte, auch wenn die Treibräder seitlich verschoben waren. Die Vorlaufachse saß mit dieser Treibachse in einem gemeinsamen Drehgestell, so daß beide gemeinsam die Führung in der Kurve übernahmen. Dies Drehgestellbauweise war so erfolgreich, daß die 1'C und 1'C1'-Lokomotiven seither im Schnellzugbetrieb in Italien dominieren.

Traktion; die ersten diesel-elektrischen Schnellzüge gingen schon 1935 in Betrieb. Sie waren bekannt als „Lyntogs" (Blitzzüge) und bildeten zwar keine Gefahr für die Dampftraktion als solche, aber ihr Einsatz berührte die Atlantiks sehr wohl, die bisher die leichten Schnellzüge gefahren hatten. Daher baute man eine Anzahl von ihnen zwischen 1943 und 1955 in ziemlich kurze Pazifiks in der DSB-Werkstatt in Kopenhagen um. Der Kessel wurde mit einem zusätzlichen Schuß verlängert, die breite Feuerbüchse mußte einer schmaleren Type weichen, die von den 2'C-Loks der Reihe „R" stammte. Die Zylinder und die Steuerung verblieben, aber die neuen Treibräder hatten nur noch einen Durchmesser von 1727 mm. Die Umbauten bezeichnete man als Reihe „PR".

Die Umstellung von der Dampf- zur Dieseltraktion währte mehr als 40 Jahre, aber einmal war es doch so weit. Kurz zuvor war die letzte der Atlantiks, die Nr. 912 im Jahre 1968 ausgemustert worden. Dänemark hat viele Dampflokliebhaber und so führte ihr Enthusiasmus zur Erhaltung von zwei dieser herrlichen Atlantiks, den Lokomotiven Nr. 917 und 931 – die zweite steht im Museum von Odense. Die ebenfalls noch vorhandene Nr. 908 ist eine der Umbau-Pazifiks.

Oben: *Die Vorkriegsaufnahme einer „P" der Dänischen Staatsbahn zeigt die klare Linienführung vor dem Anbau der Luftbremseinrichtung.*

Die Elektrifizierung der italienischen Hauptstrecken hatte schon begonnen, als die 640001 erschien, daher ist es nicht erstaunlich, daß nach 1928 keine neuen Dampfschnellokomotiven erschienen. Aber die Elektrifizierung trug auch zum langen Überleben von Maschinen wie der 640 bei, denn sie wären schon lange verschwunden, hätte man modernere Loks besessen.

Links: *Noch im Juni 1972 stand die 1'C-Lokomotive des FS, Nr. 640004 im Lokdepot Alessandria unter Dampf.*

BESA 2'C **Indien**
Indian Railways, 1905

Zugkraft: 100,6 kN (22590 lb)
Achslast: 17,9 t (39500 lb)
Zylinder, Ø x Hub: (2) 521 x 660 mm (20½ x 26 in)
Treibrad Ø: 1 880 mm (74 in)
Verdampfungsheizfläche: 137 m² (1 476 sq ft)
Überhitzerheizfläche: 32,7 m² (352 sq ft)
Kesseldruck: 12,7 kp/cm² (180 psi)
Rostfläche: 3,0 m² (32 sq ft)
Brennstoff (Kohle): 7,6 t (16800 lb)
Wasser: 18,2 m³ (4000 Imp gal)
Reibungsgewicht: 53,6 t (118000 lb)
Gesamtdienstgewicht: 123,9 t (273000 lb)
Gesamtlänge: 18980 mm (62 ft 3¼ in)
(Die Angaben beziehen sich auf spätere Lieferungen mit Walschaertsteuerung, außenliegenden Schiebern und Überhitzer).

Britischer als jede britische Lokomotive, diente diese mustergültige Schnellzuglok mehr als 75 Jahre ihren Aufgaben und fährt sogar heute noch. Es ist die „BESA Heavy Passenger 4-6-0", die schwere Personenzuglokomotive der Achsfolge 2'C nach den Entwürfen der „British Engineering Standards Association", der „britischen Vereinigung für die Normung im Maschinenbau". Von dieser Type, die 1905 erschien, sind auch heute noch etliche Exemplare in Indien im Einsatz (aber keine der Originallieferung), zumindest zum Zeitpunkt der Entstehung dieses Buches.

Die Eisenbahnen Indiens entwickelten sich vornehmlich durch privaten Unternehmungsgeist in einem Konzessionssystem, bei dem die Britische Regierung Indiens eine kleine Dividende garantierte, dabei sich aber ein gewisses Maß der Kontrolle und eine eventuelle spätere Übernahme vorbehielt. Die Regierung war der Meinung, daß eines ihrer Vorrechte die Schaffung von Normen war und nachdem man bei der Frage der Spurweiten ein ziemliches Durcheinander angerichtet hatte, bemühte man sich hier eine bessere Leistung zu zeigen. Und wie wir sehen werden gelang diese auch sehr gut.

Man entschied sich dafür, nachdem eine Reihe britischer Lokomotivhersteller vorstellig geworden war. Bekanntlich hatte nach der Jahrhundertwende eine explosionsartige Nachfrage nach neuen Lokomotiven eingesetzt und die Firmen waren nicht bereit, kleine Serien zu liefern, die kleinen Serien für andere Besteller bis auf wenige Details ähnelten.

Die Entwürfe für die indischen Einheitslokomotiven umfaßten für die Breitspur (1676 mm) eine „Standard Passenger"-2'B-Lock eine „Standard Goods"-C-Lok, eine „Heavy Goods"-1'D-Lok und schließlich eine „Heavy Passenger"-2'C-Lok. Alle diese Konstruktionen bewährten sich so gut, daß nach ihnen gebaute Lokomotiven noch heute voll ihren Mann stehen. Die „Heavy Passenger" wurde bis 1950 nach der Unabhängigkeit Indiens, gebaut, die 2'B-Maschinen kann man noch in Pakistan antreffen.

Staatseigene Bahnen, wie die „North Western" folgten den Normen ohne Vorbehalt, einige der anderen waren nicht gewillt ihre Unabhängigkeit in so wichtigen Fragen wie der Lokomotivbeschaffung allzu schnell aufzugeben. Im Laufe

Oben: *Die BESA-2'C-Lokomotive Nr. 24 256, 1949 gebaut von der Vulcan Foundry, gehört heute zur Ostregion (Eastern Region) der Indian Railways.*

Unten: *Die 2'C-Lok Nr. 24 328 der Western Railway entstand 1923 bei der Firma William Beardmore & Co in Glasgow.*

der Zeit sprachen aber die Qualitäten der Einheitstypen für sich.

Die ersten „BESA 4-6-0"-Lokomotiven waren solide Muster guten Maschinenbaus, größer als alles, daß man hier hatte. Ihre nächsten Verwandten in ihrem Herkunftsland scheinen einige 2'C-Maschinen der Glasgow & South Western Railway zu sein, die die North British Locomotive Co. in Glasgow 1903 baute. NBL lieferte auch die ersten 2'C-Loks nach Indien.

Im Laufe der Jahre baute man hier und bei anderen Firmen wie der Vulcan Foundry in Newton-le-Willows und bei Robert Stephenson & Co. Einige lieferten auch Kitson in Leeds und kurz vor dem 1. Weltkrieg auch William Beardmore in Glasgow, eigentlich eine Schiffsbaufirma. Die ersten Exemplare waren Naßdampfmaschinen mit Außenzylindern und innenliegenden Flachschiebern mit Stephensonsteuerung, aber schon bald erhielten sie außenliegende Walschaertsteuerung mit Kolbenschiebern und auch Überhitzer. Alle besaßen Kessel mit Belpaire-Feuerbüchsen. In der Zwischenkriegszeit rüstete man einige kleine Serien versuchsweise mit einer Ventilsteuerung aus. Einige der später gebauten Maschinen besaßen einen vierachsigen Drehgestelltender anstelle der üblichen dreiachsigen Bauform.

Als man 1957 das für ganz Indien gültige Nummernschema einführte, zählte man noch 387 Breitspurlokomotiven der Achsanordnung 2'C. Weitere Maschinen des Typs existierten noch in Ostpakistan (heute Bangladesh) und Westpakistan. Fast alle diese Loks entsprachen dem BESA-Entwurf oder kamen ihm recht nahe. Sie erhielten die neuen Nummern 24 000 bis 24 470, gemeinsam mit einigen 2'B1'-Loks und einen 2'C1' und 2'C-Loks, die nicht zu den Einheitsloks gehörten.

Auch die Ankunft ihrer Nachfolger, der „India Railway Standard" (IRS) 2'C1'-Maschinen, Reihe „XA" und „XB", berührte ihre Verwendung in hochwertigen Diensten kaum, weil die Neulinge sich als äußerst unbefriedigend herausstellten. Der große Erfolg der BESA-Lokomotiven scheint auf der Tatsache zu beruhen, daß man nicht versuchte etwas Neues zu schaffen, sondern einfach die übliche britische Baupraxis anwendete. Die in Indien etwa ein Viertel niedriger liegenden Geschwindigkeiten bei ähnlichen Zuglasten glich die rauhere Behandlung wieder aus. So kam es in staubigen Gegenden dazu, wo die Lokomotiven stark zum Heißlaufen neigten, daß man Wasserleitungen verlegte, die während der Fahrt Wasser auf die empfindlichen Lager tröpfeln ließen! Sicher trug auch die größere Spurweite ihren Teil bei, die im Vergleich zu ihrem Ursprungsland zwischen den Rädern 240 mm zusätzliche Breite für den Einbau des Feuerrostes ließ.

Dennoch verkündete eines Tages das Eintreffen des Nachkriegs-Pazifiks und der Diesel- und Elektrolokomotiven das nahende Ende der „BESA 4-6-0". 1980 war ihre Zahl auf etwa 100 gesunken, aber noch immer findet man sie an der Spitze von Personenzügen. Und wenn man die Wichtigkeit eines Zuges an der Menge der darin geballten oder sogar außen hängenden Menschheit mißt, dann sind es wirklich außerordentlich wichtige Züge. Es ist aber weit entfernt von jener Zeit, als der „Imperial Indian Mail" mit einer dieser Lokomotiven bespannt, Platz für 32 distinguierte Fahrgäste bot – selbstverständlich mit ihrer Dienerschaft, die sie für die 1979 km lange Reise von Bombay nach Kalkutta benötigten.

Oben: *Einige der noch vorhandenen BESA-2'C-Loks der Indian Railways besitzen einen vierachsigen Drehgestelltender anstelle der ursprünglichen dreiachsigen Bauart.*

Unten: *Der ausgezeichnete Zustand der Lok Nr. 24 280, 1915 von der North British Locomotive Co geliefert, läßt ihre fast 70 Jahre kaum ahnen.*

Baureihe P 8

Deutschland
Königlich Preußische Eisenbahnverwaltung (KPEV), 1906

Zugkraft: 119,2 kN (26760 lb)
Achslast: 17,7 t (38990 lb)
Zylinder, ⌀ x Hub:
(2) 575 x 630 mm (22.6 x 24.8 in)
Treibrad ⌀: 1750 mm (68.9 in)
Verdampfungsheizfläche:
144,96 m² (1560 sq ft)
Überhitzerheizfläche: 58,9 m² (634 sq ft)
Kesseldruck: 12 kp/cm² (171 psi)
Rostfläche: 2,64 m² (28.4 sq ft)
Brennstoff (Kohle): 7 t (15420 lb)
Wasser: 21,5 m³ (4730 Imp gal)
Reibungsgewicht: 51,6 t (113655 lb)
Gesamtdienstgewicht: 129,7 t (285685 lb)
Gesamtlänge: 18585 mm (60 ft 11.7 in)

Oben: *„P8" Nr. 38 3635 der Deutschen Bundesbahn steht mit einem Personenzug im Bahnhof von Lippstadt zur Abfahrt bereit.*

Zu Beginn dieser Jahrhunderts sahen sich die Preußischen Staatsbahnen der Frage gegenüber, die sich auch den meisten anderen Eisenbahnen der Welt in den nächsten zehn Jahren stellen sollten – war der neu erfundene Überhitzer eine Alternative zum Verbundantrieb oder eine Ergänzung? Seit 1884 hatte die Verwaltung nebeneinander einfache und Verbundlokomotiven beschafft, die Verbundloks vorwiegend für höherwertige Dienste, die einfachen Maschinen für untergeordnete Arbeiten. Der Bau von Naßdampf-Verbundloks dauerte bis 1911 fort, aber in der Zwischenzeit hatten neue Heißdampfloks mit einfacher Dampfdehnung Fuß gefaßt. Eine davon war die Reihe „P6", eine 1'C-Lok für gemische Dienste, also gleichermaßen geeignet für Personen- und Güterzüge, von der zwischen 1903 und 1910 272 Stück gebaut wurden. Es stellte sich aber heraus, daß die Treibräder von 1600 mm für die gewünschte Höchstgeschwindigkeit zu klein waren und daß die Gewichtsaufteilung ungünstig war.

1906 erschien eine vergrößerte Ausführung mit führendem Drehgestell, also als 2'C und mit Treibrädern von 1750 mm. Man visierte für die neue Maschine eine Höchstgeschwindigkeit von 110 km/h an und wollte sie für Schnellzugdienste im Hügelland verwenden. Leider erwiesen sich die ersten Exemplare dieser Reihe als unzuverlässig und unbeliebt, auch kam es oft zu Ausfällen durch technische Mängel.

Diese Kinderkrankheiten bekämpfte man unter anderem mit der Verkleinerung des Zylinderdurchmessers und Veränderungen der Gewichtsverteilung. Vor allem entschied man aber, daß Laufwerk und Steuerung nicht für Geschwindigkeiten über 100 km/h geeignet waren und führte sie im Bezeichnungsschema nicht mehr als Schnellzuglok („S") sondern als zweitrangige Personenzuglok („P") und gab ihr die Reihenbezeichnung „P8". Damit wurde aus einer Lokomotive, die für Schnellzüge auf einem begrenzten Teil des preußischen Netzes bestimmt war, eine Allzwecklokomotive, die in ganz Europa Verbreitung finden sollte.

Wie viele erfolgreiche Lokomotivkonstruktionen war die „P8" sehr einfach gebaut und zumindest anfänglich von schlichter Eleganz. Der Kessel mit runder Feuerbüchsdecke war gut proportioniert; mit der Zeit gab es zwar verschiedene Kesselvarianten, die grundlegenden Abmessungen wurden aber nicht verändert. Als Ergänzung zu Dr. Schmidts Überhitzer benutzte man die von ihm empfohlenen langhubigen Kolbenschieber. Durch die Kombination des Überhitzers mit Kolbenschiebern und einer gut bemessenen Heusingersteuerung erreichten die Maschinen eine Wirtschaftlichkeit, die Lokomotiven einfacher Dampfdehnung nur selten erzielten. In der Ebene beförderten sie Personenzüge von 400 t mit der zulässigen Geschwindigkeit von 90km/h; mit 365 t schafften sie auf einer Steigung von 1% noch 40 km/h. Schnellzüge hatten einen etwas niedrigeren Laufwiderstand, so daß die „P8" ihre 100 km/h mit einem D-Zug von 300 t Gewicht ausfahren konnte, auf der Steigerung von 1% erreichte sie damit nicht ganz die 50 km/h-Marke.

Nach Beseitigung der anfänglichen Probleme wurde sie so beliebt, daß sie in riesigen Stückzahlen gebaut wurde, ihre Achslast erlaubte ihren Einsatz auf einem großen Teil des preußischen Bahnnetzes. Auch die Bahnverwaltungen von Oldenburg, Mecklenburg und Baden bestellten insgesamt 58 dieser Maschinen. Obwohl sie jetzt offiziell eine „Personenzuglokomotive" war, übernahm sie genauso gut Schnellzüge, wenn deren planmäßige Geschwindigkeit nicht höher als 100 km/h lag.

Bis zum Ende des 1. Weltkrieges hatte man 2350 „P8" für deutsche Bahnen gebaut, nun mußte ein großer Teil von ihnen, nämlich 628 Stück als Reparation an die Siegermächte abgegeben werden.

Unten: *Im Laufe der Zeit wurde aus der preußischen Reihe „P8" die Baureihe „38" der Deutschen Reichsbahn Gesellschaft (DRG), später liefen sie mit gleicher Bezeichnung bei der Deutschen Bundesbahn (DB) und der deutschen Reichsbahn (DR). Die Zeichnung zeigt eine „38" der DB in der letzten Ausführung mit Witte-Leitblechen und Indusikasten unter der Führerstandsbeschriftung, aber noch mit dem alten Nietentender.*

Den Verlust durch die Reparationsleistungen machte man durch einen umfangreichen Weiterbau der Baureihe wieder wett, der bis in die 20er Jahre dauerte. Letzte neugebaute deutsche Lokomotive dieser Type war die 1923 von der AEG schon mit neuer Nummer gelieferte „38 4051". Bei Reparaturen und Aufarbeitungen wurden die Kessel häufig getauscht, auch mit der verwandten Güterzuglokomotive „G10", das äußere Erscheinungsbild der Lokomotiven änderte sich aber vor allem durch den Anbau von Windleitblechen, Speisewasservorwärmern und anderen Zusatzausrüstungen.

Beim Ostfeldzug des 2. Weltkrieges gelangten auch sehr viele „38er" nach Rußland, die meisten kehrten zwar zurück, aber viele sahen ihre Heimat nicht mehr wieder; ein Teil der in Rumänien vorhandenen Maschinen ist aber keine Kriegsbeute, sondern wurde neu an die CFR geliefert. In vielen Ländern baute man die „P8" nach eigenen Vorstellungen und Normen um, die Grundbauart blieb aber immer erhalten. Insgesamt wurden für deutsche Bahnen 3561 „P8" gebaut, für Litauen, Polen und Rumänien noch einmal 395 Stück. Die Zahl 4000 wurde damit knapp verfehlt. Polen baute darüberhinaus 190 vergrößerte „Ok 22", die einen neuen Kessel auf einem Fahrwerk des „P8-Typs besaßen.

Nach dem 2. Weltkrieg verblieben buchmäßig 2234 „38er" in Deutschland, davon waren aber in den Westzonen nur 1351 und in der Ostzone etwa 842 Maschinen vorhanden, der Rest war nicht auffindbar. Die DB-Loks rüstete man im Laufe der Zeit mit den neueren Witte-Windleitblechen aus, viele kuppelte man mit Wannentendern von verschrotteten Kriegsloks der Baureihen 42 und 52. Bei der DR behielt man die älteren kleinen Wagnerbleche meist bei, 76 Loks wertete man aber durch den Einbau von Giesl-Ejektoren (Flachesse) in der Wirtschaftlichkeit auf, über die Schönheit läßt sich aber streiten.

Zwei der DB-Loks baute man mit kurzgekuppelten Zweiachstendern in 2'C2'-Tenderloks der Reihe „78^{10} um, die gleich gute Laufeigenschaften in beiden Richtungen hatte, aus Sicherheitsgründen rückwärts aber keine 100 km/h fahren durfte. Der schnell fortschreitende Traktionswechsel verhinderte den Bau von mehr als den 2 Prototypen. Über 40 Wannentender-38er rüstete die DB mit Wendezugeinrichtung und geschlossenen Führerhäusern um. Am Ende siegte aber doch die Verdieselung; 1968 besaß die DB nur noch 73 „P8", die meist südlich Stuttgarts liefen. Der letzte Abschied von dieser Reihe verzögerte sich dann mehrmals, aber Anfang 1975 dampfte 38 1772 zum letzten Mal über die Gleise der DB, 3 Jahre nach der Abstellung der letzten DR-Maschinen. In anderen Ländern, wie Polen und Rumänien fuhren sie auch weiterhin durch die Lande, auch noch 1979, also 73 Jahre nach dem Bau der ersten „P8". 8 Lokomotiven blieben in verschiedenen Orten Deutschlands der Nachwelt erhalten.

Es ist interessant, die „P8", die nach der deutschen Fahrzeugbegrenzung gebaut war, mit etwa 1500 britischen 2'C-Loks zu vergleichen, die in Größe und Leistung sehr ähnlich waren, obwohl sie unabhängig voneinander entwickelt wurden. Sogar die Schieberdiagramme der „P8" und der LMS „Stanier Black Fives" waren fast identisch.

Oben: *Die 383753 fuhr bis 1966 für die Deutsche Bundesbahn.*

Unten: *Wieder eine „P8", aber diesmal die 230187 der Rumänischen Staatsbahn. (CFR).*

Cardean Klasse 2'C

Großbritannien
Caledonian Railway (CR), 1906

Zugkraft: 101,0 kN (22667 lb)
Achslast: 18,8 t (41 500 lb)
Zylinder, ⌀ x Hub:
(2) 527 x 660 mm (20¾ x 25 in)
Treibrad ⌀: 1981 mm (78 in)
Verdampfungsheizfläche:
168,5 m² (1814 sq ft)
Überhitzerheizfläche: 48 m²
(516 sq ft)
Kesseldruck: 14,1 kp/cm²
(200 psi)
Rostfläche: 2,4 m² (26 sq ft)
Brennstoff (Kohle): 5 t
(11 000 lb)
Wasser: 22,7 m³ (5000 Imp gal)
Reibungsgewicht: 55,8 t
(123000 lb)
Gesamtdienstgewicht: 133,5 t
(294000 lb)
Gesamtlänge: 19 964 mm
(65 ft 6 in)

Kaum eine Lokomotive hat ein größeres Anrecht, als Inbegriff des Goldenen Dampfzeitalters betrachtet zu werden, als die „Cardean" mit ihren Schwestern. Die schöne und sehr gepflegte Farbgebung im Blau der Caledonian Railway, wie sie die Zeichnung darstellt, spricht für sich, aber auch ansonsten kommen uns diese Maschinen heute wie ein Traum vor. Zum Beispiel war die „Cardean" einem bestimmten Zug und einem Lokführer fest zugeteilt. Der legendäre David Gibson („temperamentvoll wie ein Filmstar") war von 1911 bis 1916 ihr Herr. An jedem Wochentag fuhren sie den berühmten „Corridor"-Durchgangszug, der um 2 Uhr nachmittags von Glasgow nach Euston fuhr, bis Carlisle. Zurück ging es am gleichen Abend mit dem Gegenzug.

Ohne Zweifel betrachtete Gibson die „Cardean" als persönliches Eigentum und ließ ihr eine liebevolle Pflege zuteil werden, wie man sie heute nur noch bei wenigen Autonarren finden kann. Als Resultat ergab sich eine Zuverlässigkeit der Lokomotive, die außerhalb der Vorstellungskraft heutiger Bahnverwaltungen liegt. Es gab natürlich auch unangenehme Geschehnisse; eines ereignete sich im April 1909, als eine Kropfachse in voller Fahrt brach. Eines der Treibräder machte sich selbständig und purzelte die Böschung hinunter. Der Zug trennte sich von der Lok und entgleiste, blieb aber bald durch die automatische Westinghouse-Bremse stehen; die Lokomotive, jetzt nur noch eine 4-5-0 statt einer 4-6-0 fuhr lustig weiter und blieb

Oben: *Eine der kleineren Schwestern der „Cardean" eine 2'-C-Lok der Reihe „908" für gemischten Dienst. 10 dieser Lokomotiven lieferten 1906 die Werkstätten von St. Rollox.*

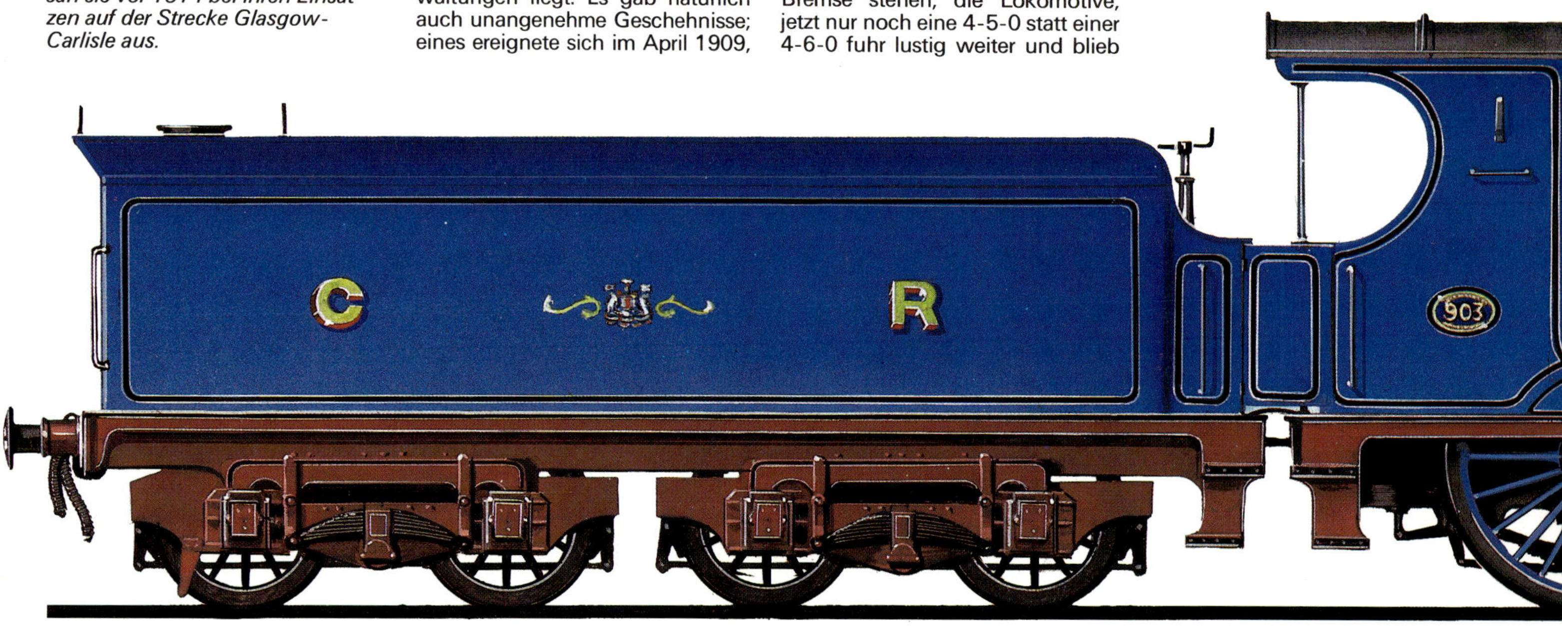

Unten: *Die 2'C-Lokomotive Nr. 903 „Cardean" der Caledonian Railway in ihrer ganzen Pracht. So sah sie vor 1914 bei ihren Einsätzen auf der Strecke Glasgow-Carlisle aus.*

Reihe A 2'C

Australien
Victorian Government Railways (VGR), 1907

Zugkraft: 122,4 kN (27480 lb)
Achslast: 17,9 t (39500 lb)
Zylinder, ⌀ x Hub:
(2) 559 x 660 mm (22 x 26 in)
Treibrad ⌀: 1854 mm (73 in)
Verdampfungsheizfläche:
190 m² (2048 sq ft)
Überhitzerheizfläche: 35 m²
(375 sq t)
Kesseldruck: 13 kp/cm² (185 psi)
Rostfläche: 2,7 m² (29 sq ft)
Reibungsgewicht: 53,6 t
(118000 lb)
Gesamtdienstgewicht: 119,6 t
(263500 lb)
(Tenderdaten nicht verfügbar)

erstaunlicherweise auf den Schienen. Der damalige Herr der Lokomotive war James Currie, der Vorgänger Gibsons.

Gibson ist noch heute beinahe genauso bekannt wie John Farquharson McIntosh, der Konstrukteur dieser ausgezeichneten Maschinen. Die fünf Mitglieder der Reihe entstanden 1906 in den bahneigenen Werkstätten von St. Rollox in der damals üblichen Bauweise. Innentriebwerk und innenliegende Stephensonsteuerungen, die über Schwinghebel die Flachschieber über den Zylindern antrieben, entsprachen völlig der Praxis des 19ten Jahrhunderts. McIntosh war der Meinung, daß die besseren Laufeigenschaften und das bessere Aussehen einer Innenzylindermaschine mehr als ausreichend die Mehrkosten der Kropfachse und die schlechtere Zugänglichkeit des Antriebs ausglichen. 1911-12 baute man Überhitzer ein. Später kam dazu auch noch eine Vakuumbremseinrichtung, um auch vakuumgebremste Fremdwagen fahren zu können, die Caledonian Railway besaß ja Luftdruckbremsen.

Dem Lokführer half eine Dampf-Kraftumsteuerung; große Drehgestelltender erlaubten es, Strecken wie die 243 Kilometer von Carlisle nach Perth ohne Halt zurückzulegen. Seltsamerweise erhielt nur eine der Lokomotiven einen Namen; „eigenartigerweise" wählte man dafür den Namen des Hauses, in dem der Vizepräsident der Bahn wohnte. So mußten alle außer der Nr. 903 „Cardean" mit ihren Nummern 904-907 vorlieb nehmen.

Nr. 907 fiel dem fürchterlichsten Eisenbahnunglück der britischen Geschichte in Quintinshill bei Carlisle am 22. Mai 1915 zum Opfer. Die anderen vier erlebten die erste Eisenbahngruppierung von 1923. Letzter Überlebender der Reihe war „Cardean" selbst, die 1930 als Nr. 14 752 der London, Midland & Scottish Railway ausgemustert wurde. Nur eines der Merkmale der Caledonian, das die LMS nach einigen Jahren übernahm, war die tieftönende Dampfpfeife der CR. die William Stanier für seine Lokomotiven verlangte.

Oben: *Als einzige Caledonian-Lokomotive blieb die „Single" 2'A1-Lok Nr. 123 von 1886 erhalten; sie ist zur Zeit in Glasgow zu sehen.*

Die ersten dieser 2'C-Lokomotiven der Reihe „A" entstanden nach dem sich langsam verbreitenden Selbsthilfeprinzip um 1905 in den eigenen Werkstätten der Victorian Railways in Newport. Es waren stattliche und ansehnliche Maschinen, die der britischen Lokomotivpraxis folgten. Sieben Jahre später gab es schon 125 von ihnen, alle mit Außenzylindern, innenliegenden Flachschiebern mit Stephensonsteuerung und Drehgestelltendern. Anfänglich hatten sie keine Überhitzer, damit rüstete man sie im Laufe der Jahre aus, die letzten erst 1949. Ab 1923 bezeichnete man die Naßdampfmaschinen als Reihe „A-1", die Heißdampfvariante als „A-2", mit den Nummern 816-939.

2'C-Maschinen für Güterverkehr hatte man schon sehr früh, nämlich 1879 von Baldwin bezogen. Die berühmte „DD"-Reihe gleicher Achsfolge baute man ab 1902 im eigenen Land. Sie war der direkte Vorfahr der zahlreichsten und langlebigsten Schnellzuglokomotive Viktorias.

Spätere Änderungen umfaßten den Umbau von 57 Exemplaren auf Ölfeuerung und zuvor schon den Anbau von Windleitblechen. Eine Gruppe von 5 Lokomotiven modernisierte man umfänglich mit neuen Vorderpartien und „Boxpok"-Scheibentreibrädern, die das Aussehen erheblich veränderten.

Von 1915 bis 1922 entstanden weitere 60 Maschinen der Reihe „A-2" (Nrn 940-999) mit außenliegenden Schiebern und Walschaertsteuerung. Die Reihenbezeichnung unterschied nicht zwischen den Walschaert- und den Stephensonmaschinen. Die 185 Lokomotiven waren bis nach dem Ende des 2. Weltkriegs die Hauptstütze des Personenverkehrs der VGR. Man muß bedenken, daß die VGR insgesamt nur 640 Lokomotiven auf ihrem Netz mit 1600 mm-Breitspur (5ft 3in) besaßen und man sieht leicht, welche hervorragende Stellung die „A-2" einnahmen. Es war so, als ob die London, Midland & Scottish 2300 „Royal Scots" besessen hätte und nicht nur 70.

1950 lieferten britische Hersteller einige 2'C2'-Lokomotiven der Reihe „R", die zahlreiche Maschinen der Reihe „A-1" und „A-2" überflüssig machten. Trotzdem hielt sich diese Type bis 1963 im normalen Dienst. Drei blieben erhalten, Nr. 995 steht im Museum der „Australian Railway Historical Society" in Newport. Nr. 964 steht bei Edwardes Lakes und Nr. 966 in einem öffentlichen Park in Echucha. Damit endete eine bedeutende Ära in der Geschichte dieses Staates.

Links: *Die 2'C-Lokomotiven der Reihe „A" waren lange Jahre die vorrangigen Schnellzuglokomotiven der Victorian Railways.*

Reihe 4500 2'C1' Frankreich
Paris-Orleans-Bahn (P-O), 1907

Achslast: 17,5 t (38550 lb)
Zylinder, ⌀ x Hub:
-Hochdruck: (2) 420 x 650 mm (16.5 x 25.6 in)
-Niederdruck: (2) 640 x 650 mm (25.2 x 25.6 in)
Treibrad ⌀: 1900 mm (74.8 in)
Verdampfungsheizfläche: 195 m² (2099 sq ft)
Überhitzerheizfläche: 63,5 m² (684 sq ft)
Kesseldruck: 16 kp/cm² (228 psi)
Rostfläche: 4,27 m² (46 sq ft)
Brennstoff (Kohle): 6 t (13215 lb)
Wasser: 20 m³ (4400 Imp gal)
Reibungsgewicht: 53 t (116740 lb)
Gesamtdienstgewicht: 136,5 t (300660 lb)
Gesamtlänge: 20790 mm (68 ft 2½ in)
(Diese Angaben beziehen sich auf die Heißdampfversion der Reihe vor dem Umbau durch Chapelon)

Oben: *Eine der 2'D-Lokomotiven (Nr. 240 P.2), die 1940 für die PLM aus Pazifiks der P-O umgebaut wurden.*

Unten: *Die 231.E.23 der SNCF ist eine der Pazifiks, die Chapelon aus den Lokomotiven der Paris-Orleans von 1907 umbaute.*

Wenn man aus der Vielzahl der in diesem Buch beschriebenen Lokomotiven eine Schnellzuglokomotive aussuchen müßte, die auf jeden Fall beschrieben werden muß, dann wäre die Wahl ganz bestimmt auf diese Lokomotiven gefallen. Es war, mit knappem Vorsprung die erste Pazifik, die in Europa lief (nicht die erste gebaute – in Großbritannien waren etwas früher im gleichen Jahr einige für Malaya entstanden) und wurde später nicht nur zur leistungsfähigsten, sondern auch zur wirtschaftlichsten Pazifik Europas. Es waren sicher auch die modernsten, wenn auch vielleicht die kompliziertesten, Maschinen der Achsanordnung 2'C'1.

Zwischen 1907 und 1910 baute man 100 Pazifiks der Reihe „4500", meist in Frankreich, eine Serie (Nr. 4541-70) stammt eigenartigerweise von der American Locomotive Co. in Schenectady, USA. Die 90 Lokomotiven der Reihe „3500" waren bis auf die 100 mm kleineren Treibräder identisch. Sie entstanden zwischen 1909 und 1918.

Alle diese Pazifiks der Paris-Orleans-Bahn waren de Glenn-Vierzylinder-Verbundloks. Interessant war die Bauart der Feuerroste. Hinten waren sie breit, wie bei Pazifiks üblich, nach vorne verjüngten sie sich trapezförmig und reichten zwischen die Rahmenplatten. Spätere Lieferungen baute man mit Überhitzer, andere erhielten diesen nachträglich eingebaut. Die Hochdruckzylinder besaßen Kolbenschieber, für die Niederdruckzylinder reichten der P-O Flachschieber. Sie waren fähige, aber nicht besonders bemerkenswerte Maschinen ihrer Zeit, die etwa 2000 PS Zylinderleistung erreichen konnten.

In den 20er Jahren machten die steigenden Zuggewichte durch den Übergang von Holz- auf Stahlwagen die Unzulänglichkeiten der Pazifiks offensichtlich, die begonnene Elektrifizierung ließ aber keine Mittel für Neubauten übrig.

Ein junger Mann namens André Chapelon, der bei der P-O als Entwicklungsingenieur beschäftigt war, schlug einen drastischen Umbau vor, 1926 hatte er seine Vorgesetzten – gegen deren Überzeugung – soweit gebracht, daß sie die Arbeit in seine Hände legten. Veränderungen in der Verwaltungsspitze bedeuteten weitere Überzeugungsarbeit, aber am Ende konnte die umgebaute Nr. 3566 1929 ihre erste Fahrt antreten. Eine neue Ära der Dampftraktion hatte begonnen. Bei gleicher Dampfmenge leistete die Maschine 25% mehr, die Verbesserungen des Kessels steigerten aber auch die Dampferzeugung, so daß eine Zylinderleistung von 3700 PS erreicht wurde, eine Steigerung von 85% gegenüber der vorherigen Ausführung.

Chapelon erzielte dieses Ergebnis nach einer sorgfältigen Analyse der Mängel der vorhandenen Konstruktion. Er betrachtete den gesamten Vorgang, vom kalten Wasser im Tender bis zum Auspuffdampf und ergriff folgende Maßnahmen zur Verbesserung:
(a) Vorwärmen des Speisewassers mit Wärmeenergie aus dem Abdampf.
(b) Vergrößern der direkten Heizfläche in der Feuerbüchse durch flache Wasserbehälter, die sogenannten Wasserkammern.
(c) Verwendung eines Überhitzers mit einer um 24% größeren Heizfläche, in einer wirtschaftlicheren, wenn auch komplizierteren Bauart.
(d) Vergrößerung der Dampfleitungen, um den Durchfluß zu erleichtern.
(e) Einbau einer Ventilsteuerung an Hoch- und Niederdrucktriebwerken, um schneller öffnende und größere Dampfdurchlässe zu erhalten.
(f) Eine verbesserte Auspuffanordnung ergab eine höhere Saugwirkung bei niedrigerem Gegendruck, äußerlich durch den Doppelschlot erkennbar.

Die Walschaertsteuerung wurde zum Antrieb der Schwingwelle der Ventilsteuerung beibehalten.

Die P-O gab an, daß Lok Nr. 3566 die 113 Kilometer von Poitiers nach Angoulême mit einem 567 t-Zug mit einer Reisegeschwindigkeit von Anfahrt bis Halt von 107,7 km/h zurücklegte: eine Steigerung von 0,5% meisterte sie dabei mit 124 km/h. Diese in Frankreich beispiellose Leistung war eine Sensation für die Welt des Lokomotivbaus.

Um den Bedarf der P-O zu decken, baute man weitere 31 Pazifiks der Reihe „3500" um. Das Fortschreiten der Elektrifizierung führte dazu, daß die P-0 einige der älteren Pazifiks nicht mehr benötigte, die anderen französischen Bahngesellschaften konnten es kaum erwarten, diese Wundermaschinen in ihre Hände zu bekommen. Für die Nordbahn wurden 20 umgebaut, später 23 Stück für die Ostbahn. 20 weitere Nordbahnlokomotiven wurden neu gebaut.

1932 baute man 16 Loks der Reihe „3500" weniger weitgehend um. Anstelle der Ventilsteuerung erhielten sie Doppelkolbenschieber, die doppelt so große Dampföffnungen wie normale Kolbenschieber hatten. Benannt wurden sie nach ihrem Konstrukteur Willoteaux, einem Assistenten Chapelons.

Im gleichen Jahr baute man eine der noch in Naßdampfausführung vorhandenen 2'C1'-Loks der Reihe „4500" in der Werkstatt Tours in eine 2'D-Lokomotive um. Damit wollte man eine Lokomotive erhalten, die mehr Reibungsgewicht für die Bewältigung der Strecke nach Toulouse besaß, die schwieriger war, als die nach Bordeaux. Man benötigte dazu einen anderen Kessel mit einer schmalen Feuerbüchse, die zwischen den Treibrädern Platz fand. Bei dem Entwurf hielt man sich an den Kesseltyp der Nordbahn-Pazifiks.

Ansonsten folgte man wieder dem gleichen Rezept, einige Detailverbesserungen ergaben nun eine Zylinderleistung von 4000 PS. 1934 baute man 11 weitere Loks dementsprechend um; 1940 noch einmal 25 für die PLM (jetzt die

SNCF-Region Süd) als Reihe „240P", dieses Mal mit einem mechanischen Stoker.

Die Abmessungen dieser Umbauten, die sich wesentlich von den Originallokomotiven unterscheiden sind wie folgt:

Achslast: 20 t (44055 lb)
Zylinder, ⌀ x Hub:
-Niederdruck: 650 x 690 mm (25.6 x 27.2 in)
Verdampfungsheizfläche: 213 m² (2293 sq ft)
Überhitzerheizfläche: 68 m² (732 sq ft)
Kesseldruck: 20,4 kp/cm² (290 psi)
Rostfläche: 3,75 m² (40.4 sq ft)
Brennstoff (Kohle): 12 t (26430 lb)
Wasser: 34 m³ (7480 Imp gal)
Reibungsgewicht: 80,5 t (177315 lb)

Zu den jetzt möglichen Leistungen dieser 2'D-Maschinen gehörte, daß sie nun die Steigung von 0,8% bei Bleisy-Bas zwischen Paris und Dijon mit 787 Tonnen mit mindestens 94 km/h bewältigen konnten. Während des Krieges bürdete man der „240P" Züge mit 28 Schnellzugwagen auf, mit denen sie in der Ebene noch 85 km/h erreichte. Leider wurde die Hauptstrecke von Paris nach Lyon 1952 elektrifiziert und Vorschläge, diese Maschinen in Frankreich anderweitig zu verwenden, scheiterten aus nie ganz klar gewordenen Gründen.

In den 60er Jahren massierten sich die verbliebenen P-O-Pazifiks, sehr zur Freude ihrer britischen Bewunderer, in Calais. Viele werden sich noch lange daran erinnern, wie sie mühelos die schweren Schiffszüge über die 0,8%-Steigung zwischen Calais und Boulogne bewegten.

1956 führte man Versuche über das Verhalten von Ellok-Pantografen bei hohen Geschwindigkeiten durch. Dabei schob die 231.E.19 eine 220 t-Garnitur mit 177 km/h vor sich her, die höchste bekannte Geschwindigkeit dieser Maschinen.

Im Gegensatz dazu stand die traurige Tatsache, daß die „Chapelons" zwar sehr wirtschaftlich waren, was ihren Verbrauch betrifft, sie waren aber im Unterhalt teurer als die zahlreich vorhandenen einfachen und robusten 1'D1'-„Liberation"-Lokomotiven, die nach Kriegsende in den USA gebaut worden waren. Auch diese konnten, beispielsweise, einen Zug von 850 t auf der 0,8%-Steigung mit 84 km/h fahren, wenn man ihnen dabei die Anstrengung auch anmerkte. So kam es in Calais wie überall in Frankreich dazu, daß diese einfachen Arbeitstiere die großartigen Verbundmaschinen überdauerten. Die 231.E.22 steht im Museum von Mulhouse, die 231.E.41 wird in St. Pierre-les-Corps wieder aufgearbeitet. Auch die nicht umgebaute Nr. 4546 der Strecke Paris–Orleans blieb uns erhalten.

Oben: *Bahnhof Calais Maritime. Die Chapelon-Pazifik Nr. 231.E.39 ist soeben mit dem „Golden Arrow"-Express aus Paris angekommen. Die Fahrgäste fahren mit dem rechts zu sehenden Dampfer weiter in Richtung Großbritannien.*

Unten: *So sieht die, für das Eisenbahnmuseum in Mulhouse in den Originalzustand zurückversetzte Pazifik der Paris-Orleans-Bahn, Nr. 4546, heute aus.*

Reihe S 3/6 2'C1'

Deutschland
Königlich Bayerische Staatsbahn (KBStB), 1908

Achslast: 18,4 t (40530 lb)
Zylinder, ⌀ x Hub
-Hochdruck: (2) 440 x 610 mm (17.3 x 24 in)
-Niederdruck: (2) 650 x 670 mm (25.6 x 26.4 in)
Treibrad ⌀: 1870 mm (73.6 in)
Verdampfungsheizfläche: 197,4 m^2 (2125 sq ft)
Überhitzerheizfläche: 74,2 m^2 (799 sq ft)
Kesseldruck: 16 kp cm^2 (228 psi)
Rostfläche: 4,5 m^2 (48.4 sq ft)
Brennstoff (Kohle): 8,5 t (18725 lb)
Wasser: 27,4 m^2 (6030 Imp gal)
Reibungsgewicht: 55,1 t (121365 lb)
Gesamtdienstgewicht: 153,9 t (338990 lb)
Gesamtlänge: 21 371 mm (70 ft 1.4 in)
(Die Angaben beziehen sich auf die Nachbauserie von 1926 von Maffei)

Die Lokomotiven Bayerns unterschieden sich von den preußischen genauso wie die bayerischen Alpen vom norddeutschen Flachland. Der Grund dafür war einfach; die meisten bayerischen Lokomotivtypen stammten von Maffei und der Chefkonstrukteur Leppla hatte eine Vorliebe für Lokomotiven mit einem geschmackvollen Aussehen – etwas, das dem Lokomotivbau Preußens fehlte. Eine der bemerkenswertesten Leistungen der Firma Maffei war eine ganze Familie von Pazifiks, die 1908 erstmals geliefert und über eine Zeit von 23 Jahren für die Eisenbahnen Bayerns, Badens und auch für die Deutsche Reichsbahn des Nachkriegsdeutschlands weitergebaut wurden.

Ab 1895 beschaffte die Bayerische Staatsbahn nur noch Vierzylinder-Lokomotiven für den Personenverkehr, dazu gehörten auch zwei Atlantiks, die 1901 von Baldwin aus den USA kamen. Diese Maschinen scheinen Maffei so beeinflußt zu haben, daß diese Firma die erste in Europa war, die den Barrenrahmen allgemein verwendete. Zu den amerikanischen Eigenheiten, die man hier übernahm, gehörte auch die Herstellung der Zylinderblöcke als große Gußstücke in einem Teil mit dem Rauchkammersattel. Alle vier Zylinder der Maffei-Maschinen trieben die gleiche Achse an, bei den Pazifiks war das die mittlere. Damit die Treibstange an der vorderen Achse vorbei kam, mußten die innenliegenden Hochdruckzylinder stark geneigt werden. Die zugehörigen Schieber lagen außen über den Schiebern der Niederdruckzylinder. Dadurch konnte über einen einfachen Zwischenhebel die äußere Steuerung auch die Innenschieber antreiben. Auch die Dampfverbindungsleitungen lagen in diesem massiven Gußblock.

Die ersten Maschinen dieser Bauart lieferte Maffei 1907 an die Badische Staatsbahn; Bayern erhielt eine erste Serie im folgenden Jahr. Bis 1911 entstanden 23 Lokomotiven mit Treibrädern von 1870 mm und einem Kesseldruck

Oben: *Die luxuriöse Inneneinrichtung der Salonwagen des „Rheingold"-Zuges.*

Mitte: *Eine S3/6 mit dem „Rheingold" in voller Fahrt im Rheintal.*

Unten: *Eine der S3/6-Nachbauloks posiert mit dem „Rheingold" für den Fotografen.*

von 15 kp/cm^2. 1912/13 kam eine Reihe von 18 Maschinen mit Rädern von 2000 mm (Die Hochhaxigen); nachfolgende Serien von 1913 bis 1924 hatten wieder die Treibräder von 1870 mm und umfaßten 78 Stück. Die bis 1918 gelieferten „S3/6" hatten (außer den hochrädrigen) Führerhäuser mit schrägen Vorderwänden als Windschneide. Ab 1912 erschien auch der charakteristische Krempenschornstein. Zu Zutaten späterer Serien gehörten auch Speisewasservorwärmer und eine Erhöhung des Kesseldrucks auf 16 kp/cm^2. Ihre Bezeichnung „S3/6" weist darauf hin, daß es Schnellzuglokomotiven („S") sind, die drei Treibachsen bei insgesamt sechs Achsen besitzen. In etwas veränderter Form lebte diese Bezeichnung auch auf den Gattungsschildern der Deutschen Reichsbahn fort, dort kam noch die Angabe der maximalen Achslast hinzu, bei 18 t Achslast der späteren „S3/6"-Maschinen ergab das „S36.18".

1925 wurden die ersten Einheits-Pazifiks der DRG gebaut. Aber diese Lokomotiven hatten eine Achslast von 20 t und konnten nicht überall verwendet werden. Es bestand darum ein Bedarf an weiteren leichten Maschinen mit einer Achslast von 18 t. Die DRG-Verantwortlichen waren von der Leistungsfähigkeit der „S3/6" so beeindruckt, daß sie von der jetzt als „Baureihe 18^{4-5}" bezeichneten Konstruktion bei Maffei weitere 40 als 18 509-548 bestellten. Während des Baus ging die Firma bankrott, die 18 531-548 lieferte Henschel in Kassel als Lizenzproduktion. Dies waren die einzigen von der DRG bestellten Länderbahnmaschinen, die nicht aus Preußen stammten. Vor allem durch die DRG-Nach-

bauten verließen viele „18er" ihre Heimat und arbeiteten bis zum Eintreffen der Einheitsloks der Reihe „03" mit ebenfalls 18 t Achsdruck in so weit nördlich liegenden Betriebswerken wie Osnabrück und Berlin-Anhalter Bahnhof. Von der Rheinstrecke konnte sie auch die „03" nicht verdrängen, wo die bayerischen Pazifiks vor (und auch nach) dem 2. Weltkrieg den angesehenen „Rheingold" bespannten.

Die Reihe bewährte sich so hervorragend, daß die Deutsche Bundesbahn anfang der 50er Jahre beschloß, 30 der 40 Nachbauten mit neuen Kesseln (mit Verbrennungskammer) aufzuwerten. 1953 bis 1956 entstanden so die 18 601-630. Sie fuhren jetzt zwar nicht mehr am Rhein, die Strecke wurde elektrifiziert, aber auch in Bayern waren ihre Dienste willkommen. Ihre letzten Leistungen erbrachten sie zwischen München und Lindau am Bodensee bis 1966.

Mehrere Lokomotiven dieser Reihe blieben erhalten, die wohl bekannteste ist die Nr. 3634 (alias 18 451) im Deutschen Museum in München. Auch die 18 478 (letzte mit Windschneidenführerhaus), 18 505, 18 508, 18 528 und die 18 612 wurden erhalten, teils von Firmen und teils von privaten Eisenbahnfreunden.

Wenn man die bayerischen Pazifiks von der Seite sieht, wirken sie durch das unter dem Kessel und durch den Barrenrahmen hindurchscheinende Licht sehr schlank, von vorne gab ihnen der riesige Zylinderblock ein bulliges Aussehen. Die bei der DRG eingeführten Windleitbleche verbesserten ihre Vorderansicht erheblich. Anfänglich verwendete man zylindrische „Ofenrohre" als Schlote, später ging man zum britisch beeinflußten Krempenschornstein über. Es war in Deutschland leider oft so, daß Umbauten das Aussehen einer Lokomotive verschlechterten, aber hier war es nicht so, das Gegenteil war der Fall: sie sahen mit der Zeit immer besser aus, nur der bayerische leuchtende grüne Anstrich mit gelben und schwarzen Zierlinien fehlte einem Betrachter später schon.

Reihe 10 2'C1'

Belgien
Belgische Staatsbahn (EB), 1910

Zugkraft: 195,1 kN (43800 lb)
Achslast: 19,6 t (43170 lb)
Zylinder, Ø x Hub: (4) 500 x 660 mm (19.7 x 26 in)
Treibrad Ø: 1980 mm (78 in)
Verdampfungsheizfläche: 232 m² (2499 sq ft)
Überhitzerheizfläche: 76 m² (818 sq ft)
Kesseldruck: 14 kp/cm² (199 psi)
Rostfläche: 4,6 m² (49.5 sq ft)
Brennstoff (Kohle): 7 t (15420 lb)
Wasser: 24 m³ (5280 Imp gal)
Reibungsgewicht: 59 t (129955 lb)
Gesamtdienstgewicht: 160 t (352425 lb)
Gesamtlänge: 21 404 mm (70 ft 2.7 in)

Eisenbahnfreunde, die früher zum ersten Mal Belgien besuchten, mögen wohl befürchtet haben, unter Halluzinationen zu leiden, wenn sie eine Pazifik erblickten, die so aussah, als ob sie den Kessel einer Atlantik erhalten hatte. Es waren wirklich einige der bemerkenswertesten Lokomotiven Europas, aber es war eine 1'E-Güterzuglok und keine Atlantik, die an dem kurzen Kessel schuld war.

Zu Beginn des Jahrhunderts durchlief die Belgische Staatsbahn eine interessante Phase, in der man eine Anzahl von Innenzylindermaschinen beschaffte, die den Lokomotiven der McIntosh-Ära der Caledonian Railway stark ähnelten. 1904 begann eine völlig neue Ära unter der Führung von J. B. Flamme. Französische Verbundlokomotiven zogen große Aufmerksamkeit auf sich, man lieh sich eine davon zur Erprobung aus. Die Überlegenheit über die vorhandenen belgischen Lokomotiven war so augenscheinlich, daß 12 ähnliche Loks gebaut wurden, gefolgt von 57 Verbundlokomotiven der Achsfolge 2'C. Der nächste Schritt war der Bau von vier neuartigen 2'C-Loks, um die Verwendung von Überhitzern an einfachen und Verbundlokomotiven zu vergleichen. Nach den Versuchen entschied Flamme, daß er zur einfachen Lokomotive ohne Verbundanordnung zurückkehren konnte, für die größten geplanten Maschinen war es aber wünschenswert vier Zylinder zu verwenden, um einen guten Massenausgleich zu erhalten.

Ergebnis dieser Überlegungen war der Bau von zwei sehr großen Lokomotivtypen, einer Pazifik für Schnellzüge und einer 1'E-Lok für den Güterverkehr. Abgesehen von kleinen Unterschieden bei den Feuerbüchsabmessungen waren die Kessel der beiden Typen identisch. Ihre Länge bestimmten die Gewichtsbeschränkungen der 1'E-Type. Dieser Kessel hätte auf jeder Pazifik kurz ausgesehen, aber Flamme ließ auch noch die Innenzylinder die erste Achse antreiben. Um ausreichend lange Treibstangen zu erhalten, mußten diese Zylinder weit nach vorne gelegt werden. Sogar die Außenzylinder lagen noch vor der Rauchkammer.

Über den Innenzylindern ordnete Flamme eine große Plattform an. Auch der Kessel selbst war für das damalige Europa sehr ungewöhnlich, denn man brauchte eine große Rostfläche, um minderwertige Kohle verfeuern zu können. Damit dies nicht zu einem zu hohen Kesselgewicht führte, baute man ihn vorne schmal und erweiterte ihn dann konisch nach hinten in einer Bauart, die in den USA „wagon top" genannt wird. Die Walschaertsteuerung lag außen, die inneren Schieber wurden über Umlenkhebel angetrieben.

Zwischen 1910 und 1912 entstanden 28 Pazifiks; die zweite Serie von 30 Stück, die in den nächsten zwei Jahren folgte erhielt etwas kleinere Rostflächen; damit reduzierte sich ihr Gewicht von 102 auf 98 t. Diese Maschinen, später als Reihe 10 bezeichnet, übernahmen alle wichtigen Schnellzüge auf den Strecken von Brüssel nach Liege-Lüttich und nach Luxemburg und bewährten sich dabei sehr gut.

In einem Modernisierungsprogramm nach dem 1. Weltkrieg vergrößerte man die Überhitzer der Pazifiks, sie erhielten Doppelschlote nach einem Entwurf des amtierenden Lokomotivdezernenten Legein, die Rahmen wurden vorne verstärkt und viele Kleinigkeiten wurden verbessert. Sie erhielten auch Windleitbleche und ACFI-Vorwärmer, so daß das Lokgewicht allmählich anstieg. Eine Lokomotive rüstete man mit mechanischer Rostbeschickung aus, bei einer anderen verkürzte man die Feuerbüchse und die Hinterpartie, um das Gewicht wieder etwas zu reduzieren, es blieb hierbei jeweils bei einer Maschine. Drehgestelltender von preußischen Reparationslokomotiven ersetzten die alten dreiachsigen.

Ab 1938 führte man durchgreifende Verbesserungen, beeinflußt von Chapelons Arbeit in Frankreich, durch. Dazu gehörten größer bemessene Dampfleitungen und der Ersatz der Legein-Blasrohre durch die Kylchap-Bauart. Mit dem voluminösen Kylchap-Schornstein und anderen Zutaten sahen die Maschinen direkt furchterregend aus, aber ihre Leistungen wurden weiter verbessert. Die verschiedenen Umbauten hatten eine Steigerung des Zuggewichts auf der Luxemburger Strecke von 350 auf 500 t erlaubt. Bis zur Vollendung der Elektrifizierung beförderten sie hier die Schnellzüge; am 30. September 1956 zogen sie den letzten dampfbeförderten Schnellzug dieser Strecke, Ende 1956 schied dann die letzte der zweiten Serie aus, die letzte der ersten Serie verschwand dann 1959, 49 Jahre nach Einführung der Reihe.

Unten: *Zwar sieht die 2'C1'-Lokomotive Nr. 10 045 der belgischen Reihe „10" sehr seltsam aus, sie war aber trotzdem eine erfolgreiche Konstruktion.*

Die Paris-Orleans Pazifiks (siehe Seite 78)

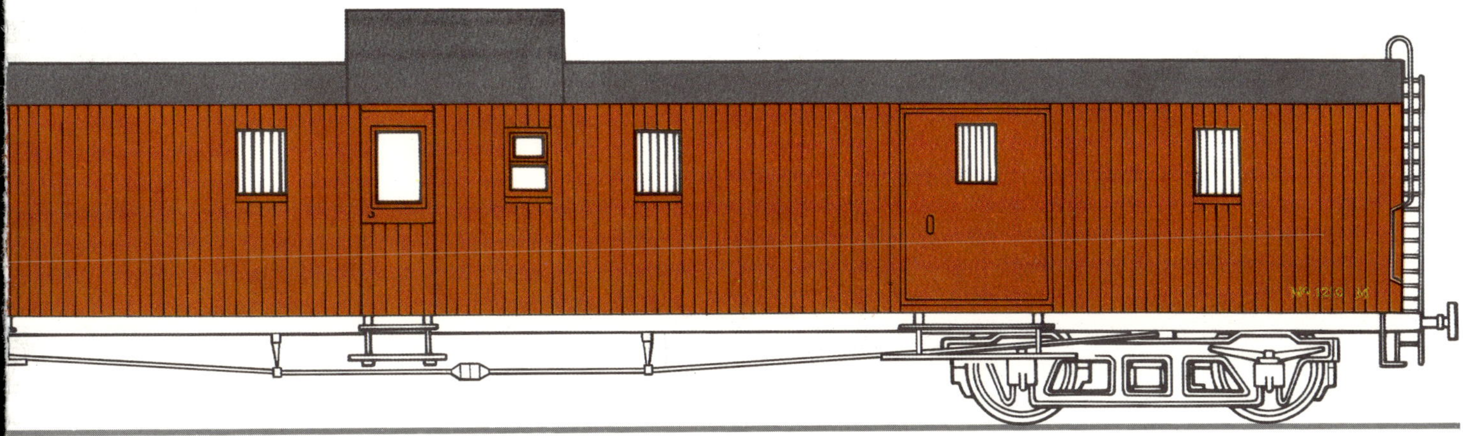

Die Zeichnung illustriert das Aussehen des berühmten „Süd-Express" der Paris-Orleans-Bahn im Zustand vor 1914. Die Lokomotive ist die Nr. 4501 der P-O, die erste Pazifik, die in Europa fuhr. Sie und ihre Geschwister waren Vierzylinder-Verbundlokomotiven nach dem System de Glehn. Für ihre Zeit waren sie ausgezeichnete Maschinen; später verwandelte sie aber der Zauberer Andre Chapelon in einige der leistungsfähigsten und wirtschaftlichsten Lokomotiven, die je geschaffen wurden. Der „Sud-Express" verließ jeden Morgen Paris und erreichte die spanische Grenze in Hendaye gegen Abend. Die Passagiere stiegen für eine Nachtfahrt nach Madrid oder Lissabon in einen spanischen Breitspurzug. Die wohlbekannte „Internationale Schlafwagen Gesellschaft" stellte die Schlafwagen für den spanischen Abschnitt und auch die Luxusgarnitur für die Tagesfahrt. Die im französischen Teil verwendeten Wagentypen sind oben dargestellt; Speisewagen, Salonwagen (von denen mehrere Wagen entsprechend der Nachfrage mitfuhren) und den Packwagen (Fourgon). Die Seitenwände bestanden aus gefirnißtem Holz, Beschriftung und Abzeichen der Gesellschaft fertigte man aus Messing.

Die Bayerischen Maffei Pazifiks (siehe Seite 80)

ET DES GRANDS EXPRESS EUROPEENS
SALOON CAR
Nº 1677 E
Nº 1210 M

P.O
4021

Oben und rechts: *Die drei herrlichen Salonwagen in cremevioletter Farbgebung gehören zum „Rheingold"-Zug der Zwischenkriegszeit. Dieser Luxuszug fuhr von Hoek van Holland und Amsterdam über Köln und Mannheim nach Basel und Luzern. Die Wagen bediente die „Mitteleuropäische Speisewagen und Schlafwagen Aktiengesellschaft", die „MITROPA". Abgesehen vom violetten Packwagen bestand der Zug durchgehend aus diesen zweifarbigen Fahrzeugen, die die erste und die zweite Klasse führten, damals ja beides Polsterklassen. Ein Teil der Wagen besaß Küchenabteile, die Speisen servierte man den Fahrgästen am Platz. Einige der Wagen, die die Kriegszeit in Deutschland überlebten, sind heute in der Hand eines Vereins, der sie gelegentlich für Sonderfahrten einsetzt. Diese Züge zogen auf einem großen Teil des Weges die bayerischen Pazifiklokomotiven der Reihe „S3/6", ähnlich der unten dargestellten Maschine.*

PEENS
CAR
Nº 2127 D
COMPAGNIE INTERNATIONALE DES WAGONS LITS
VOITURE-SALON
Nº1677 E

REICHSBAHN
MITROPA
RHEINGOLD
1
MITROPA
2

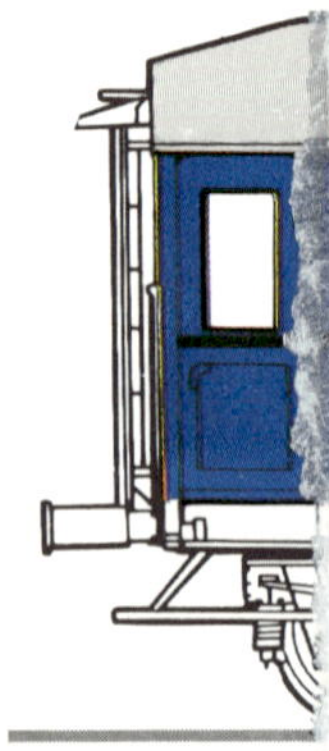

S 3/6
K.Bay.Sts.B
MAFFEI MÜNCHEN

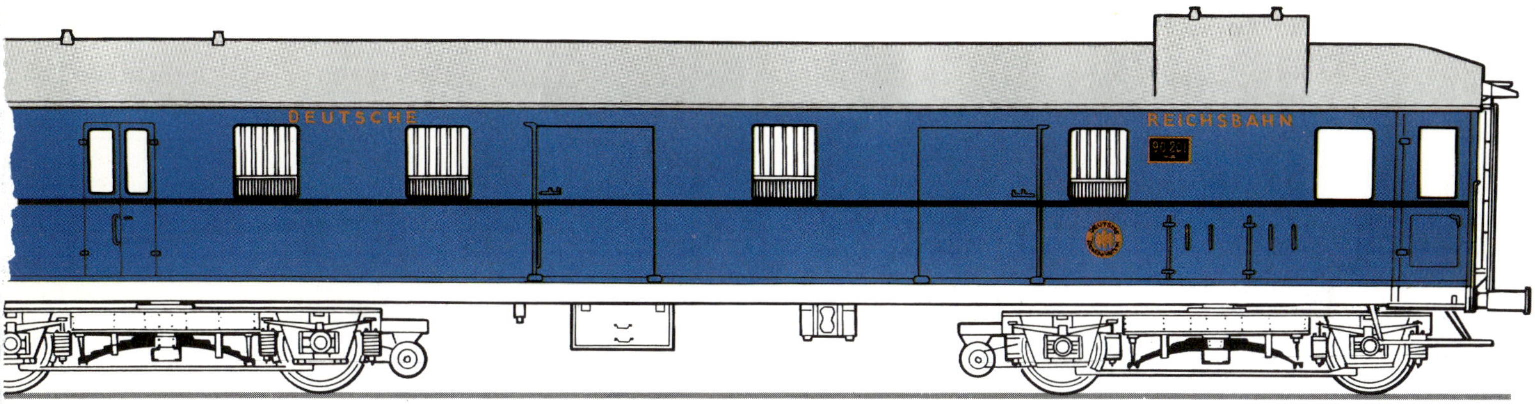

Unten: *Diese Grafik illustriert den Originalzustand der Vierzylinder-Verbundlokomotiven der Reihe „S3/6" der Königlich Bayerischen Staatsbahn mit der herrlichen grünen Farbgebung, die Maffei ab 1908 baute. Nach dem 1. Weltkrieg erhielten sie den ebenfalls ansehnlichen schwarzen Anstrich mit roten Rädern der Deutschen Reichsbahn, in dem sie dann auch den „Rheingold" beförderten.*

Reihe 1501 2'C1' Argentinien

Buenos Aires and Pacific Railway (BAP), 1910

Zugkraft: 117,9 kN (26472 lb)
Achslast: 18,2 t (40000 lb)
Zylinder, ∅ x Hub:
(2) 533 x 660 mm (21 x 26 in)
Treibrad ∅: 1702 mm (67 in)
Verdampfungsheizfläche:
148 m² (1597 sq ft)
Überhitzerheizfläche: 40.4 m² (435 sq ft)
Kesseldruck: 10,5 kp/cm² (150 psi)
Rostfläche: 2,5 m² (27 sq ft)
Brennstoff (Öl): 8,9 m³ (1960 Imp gal)
Wasser: 25 m³ (5500 Imp gal)
Reibungsgewicht: 53,6 t (118000 lb)
Gesamtdienstgewicht: 163,9 t (361 000 lb)
Gesamtlänge: 21 393 mm (70 ft 2¼ in)

Die vier wichtigen Eisenbahngesellschaften Argentiniens waren früher in britischem Besitz und erstreckten sich von der Hauptstadt Buenos Aires in Richtung Westen über die Pampas. Die Breitspurhauptstrecke (5ft 6in = 1676 mm) der Buenos Aires & Pacific verlief genau nach Westen und verdiente sich zumindest zum Teil ihren Namen dadurch, daß sie Mendoza am Fuße der Anden erreichte, wo ein Anschluß an die Transandino-Bahn nach Santiago an der chilenischen Pazifikküste bestand. Die Beschaffenheit des durchquerten Landes wird klar, wenn man erfährt, daß es auf dieser Strecke ein durchgehend gerades Stück von 330 km Länge gibt.

1909 bestellte die Bahn bei der North British Locomotive Co. in Glasgow einige Pazifiks mit sehr charakteristischem Aussehen. Für ihre Zeit waren sie sehr fortschrittlich, sie waren sogar die ersten von der NBL gebauten Lokomotiven mit Überhitzer. Bei der breiten Spur war die zusätzliche hintere Tragachse eigentlich gar nicht nötig, denn eine Feuerbüchse zwischen den Rahmenwagen ist ja nicht so schmal und auch wenn sie etwas schmäler ausfällt, ist das bei Ölfeuerung kein Nachteil. Die vorderen Klappuffer sind eine argentinische Spezialität. Rinder, die vom Kuhfänger zur Seite geworfen werden, könnten an feststehenden Puffern hängen bleiben. Gleichermaßen unkonventionell war das dekorative Aussehen der Rauchkammertürscharniere und die ungewohnte Form des Führerhauses.

In Großbritannien gebaute Lokomotiven, beispielsweise für Indien, sahen den eigenen britischen Maschinen oft zum Verwechseln ähnlich, aber diese Pazifiks hatten ihre eigene Note. 1910-11 wurden 14 Loks mit den Nummern 1511-1524 geliefert, die letzten Schnellzuglokomotiven, die die Gesellschaft vor der Verstaatlichung 1948 bestellte, auch ein Zeichen für die schwierige wirtschaftliche Situation der Bahnen in ausländischem Eigentum im Argentinien dieser Jahre.

Nach der Verstaatlichung hieß die ehemalige Buenos Aires and Pacific Railway nun General San Martin National Bahn, aber die Pazifiks diente auch den neuen Herren. Im Rentenalter von mehr als 60 Jahren konnte man sie Mitte der 70er Jahre noch vor Vorortzügen antreffen.

Rechts: *Schon mehr als 60 Jahre alt ist die 2'C1'-Lokomotive Nr. 1515 der General San Martin Eisenbahn, die hier einen Vorortzug am Haken hat. Bemerkenswert sind die nach oben geklappten Puffer europäischer Bauart an der vorderen Pufferbohle.*

Reihe A 3/5 2'C Schweiz

Schweizer Bundesbahnen (SBB), 1913

Achslast: 16 t (35240 lb)
Zylinder, ∅ x Hub
-Hochdruck: (2) 360 x 660 mm (14.2 x 26 in)
Niederdruck: (2) 570 x 660 mm (22.4 x 26 in)
Treibrad ∅: 1780 mm (70 in)
Verdampfungsheizfläche:
129 m² (1388.5 sq ft)
Überhitzerheizfläche: 46,2 m² (497 sq ft)
Kesseldruck: 15,5 kp/cm² (220 psi)
Rostfläche: 2,6 m² (28 sq ft)
Brennstoff (Kohle): 7 t (15420 lb)
Wasser: 17,8 m³ (3915 Imp gal)
Reibungsgewicht: 48 t (105727 lb)
Gesamtdienstgewicht: 110 t (242290 lb)
Gesamtlänge: 18 640 mm (61 ft 1.8 in)

Als kleines Land zwischen zwei großen lokomotivbauenden Nationen, übernahmen die Schweizer vieles aus der Baupraxis der Nachbarländer Deutschland und Frankreich. Die Jura-Simplon-Bahn, die zur französischen Grenze führte,

verwendete deGlehn-Verbundlokomotiven; die Gotthardbahn in Richtung Deutschland bevorzugte das Verbundsystem von Maffei in München.

Wenn es aber an den eigentlichen Lokomotivbau ging, wendete man sich fast ausschließlich an die berühmte Schweizerische Lokomotiv- und Maschinenfabrik (SLM) in Winterthur. Von den 200 Schweizer 2'C-Loks stammten nur 4 nicht von diesem Werk. Zur Bezeichnung ihrer Lokomotiven benutzen die Schweizer ein eigenes System; so bedeutet „A3/5", daß es sich um eine Lokomotive handelt, deren Höchstgeschwindigkeit über 75 km/h liegt („A") und daß 3 der 5 Achsen gekuppelt sind.

Es mag seltsam anmuten, daß man eine 2'C-Maschine für ein derart gebirgiges Land als ausreichend ansah, aber fast alle Hauptstrecken verlaufen entlang der Täler mit Ausnahme der Lötschbergbahn, die aber von Anfang an elektrisch betrieben wird. Damit bleibt nur noch die Gotthardstrecke mit ihren langen Rampen von 2,6% übrig und hier verwendete man entweder „A3/5"-Doppeltraktionen oder spannte eine der 1'E-Maschinen vor die „A3/5", um die Schnellzüge durch den Gotthardtunnel zu bringen.

Die angegebenen Abmessungen beziehen sich auf die zahlenmäßig stärkste Gruppe von 109 Lokomotiven (Nrn 701-809), die für die Jura-Simplon-Bahn und die SBB zwischen 1902 und 1909 gebaut wurden. Überhitzer erhielten sie nachträglich zwischen 1913 und 1933.

Die Gotthardbahn verwendete erstmals 2'C-Lokomotiven im Jahre 1894, bis 1905 besaß sie schon 30 deGlehn-Verbundloks (GB Nrn. 201-230; SBB-Nrn. 901-930), aber die nächsten Bestellungen waren dann Maffei-Produkte (SBB-Nrn. 931-938 und 601-649), von denen Maffei selbst aber nur die Nr. 931-934 lieferte. Von den deGlehns unterschieden sie sich vor allem durch den Antrieb auf die erste Kuppelachse.

Zur Zeit ist die Nr. 705 betriebsfähig, später wird sie im Verkehrshaus von Luzern ausgestellt werden.

Links: *Die „A3/5" Nr. 705 von 1904 ist heute betriebsfähige Museumslokomotive der SBB und wird vor Sonderzügen verwendet, zur Freude aller Eisenbahnfreunde.*

Reihe 3700 2'C

Niederlande
Niederländische Staatsbahn (NS), 1910

Zugkraft: 114,2 kN (25647 lb)
Achslast: 17 t (37445 lb)
Zylinder, ⌀ x Hub:
(4) 400 x 600 mm (15¼ x 26 in)
Treibrad ⌀: 1850 mm
(72¾ x 26 in)
Verdampfungsheizfläche:
145,5 m^2 (1566 sq ft)
Überhitzerheizfläche: 41 m^2
(441 sq ft)
Kesseldruck: 12 kp/cm^2 (171 psi)
Rostfläche: 2,8 m^2 (30.1 sq ft)
Brennstoff (Kohle): 6 t
(13215 lb)
Wasser: 18 m^3 (3960 Imp gal)
Reibungsgewicht: 50 t
(110130 lb)
Gesamtdienstgewicht: 123 t
(270925 lb)
Gesamtlänge: 18 480 mm
(60 ft 7½ in)

Britische Augen empfanden die meisten Dampflokomotiven auf dem europäischen Kontinent als nicht gerade schön – eine Ausnahme waren die Niederlande; dort bot die Mehrzahl der Schnellzug-Lokomotiven einen gewohnten Anblick. Seltsam mutete nur ihre Höhe an, teilweise nur eine Illusion, denn man sah die meist von ebenerdigen Bahnsteigen aus und nicht von Plattformen, die fast einen Meter über den Schienen lagen. Sie waren aber wirklich höher gebaut, als ihre britischen Gegenstücke – fast 600 mm höher. Ansonsten hatten sie alles, was man auf der anderen Seite des Kanals gewohnt war, niedrige Umlaufbleche mit Radverkleidungen, Schornsteine und kupferne Krempen, Messingdome und apfelgrüne Farbe. Etwas unbritisch waren nur die herrlichen großen Petroleumlampen und das Fehlen von Namensschildern.

Die erste Serie baute 1910 die britische Firma Beyer, Peacock in Manchester, bis 1930 entstanden insgesamt 120 dieser Maschinen. Einige baute die niederländische Firma Werkspoor, andere kamen aus Deutschland. Spätere Lieferungen besaßen größere vierachsige Tender anstelle der dreiachsigen Ausführung. Die vier Zylinder mit einfacher Dampfdehnung lagen alle in einer Flucht und trieben die erste Kuppelachse an. Die beiden Steuerungskulissen nach System Walschaert trieben die äußeren Schieber direkt und die inneren über Umlenkhebel an. Man verwendete Knorr-Speisewasservorwärmer und -pumpen. In den 20er Jahren verwendete man zwei dieser Lokomotiven für Versuche mit Staubkohle minderer Güte, die aber nicht so erfolgreich waren, daß man sie weiter verfolgt hätte.

Auf Basis dieser 2'C-Loks entstanden 1929 zehn 2'C2'-Tenderlokomotiven, aber die Zeit der Dampflok ging in den Niederlanden zu Ende. Die Elektrifizierung der Hauptbahnen schritt rasch voran und wurde nach dem Krieg noch intensiver vorangetrieben. Der Dampfbetrieb endete 1958, aber glücklicherweise stellte die Bahnverwaltung die Nr. 3737 für das Eisenbahnmuseum in Utrecht beiseite. Nach längerer Standzeit arbeitete man sie in den 70er Jahren wieder betriebsfähig auf und führt mit ihr ab und zu Sonderfahrten durch.

Unten: *Die 2'C-Lokomotive Nr. 3737 der Niederländischen Staatsbahn wurde annähernd in den Originalzustand zurückversetzt und wird vom Eisenbahnmuseum Utrecht für Sonderfahrten eingesetzt.*

Mexican Fairlie C'C'

Mexiko
Mexikanische Eisenbahn (FCM), 1911

Zugkraft: 260,5 kN (58493 lb)
Achslast: 20,9 t (46000 lb)
Zylinder, Ø x Hub:
(4) 483 x 635 mm (19 x 25 in)
Treibrad Ø: 1219 mm (48 in)
Verdampfungsheizfläche:
271 m² (2924 sq ft)
Kesseldruck: 12,9 kp/cm²
(183 psi)
Rostfläche: 4,4 m² (47.7 sq ft)
Brennstoff (Kohle): 9,1 t
(20000 lb)
Wasser: 15,9 m³ (3500 Imp gal)
Reibungsgewicht: 125,3 t
(276000 lb)
Gesamtdienstgewicht: 125,3 t
(276000 lb)
Gesamtlänge: 15 437 mm
(50 ft 7¾ in)

Die mexikanische Eisenbahn betreibt eine 425 km lange Strecke von der Hafenstadt Vera Cruz am Atlantischen Ozean nach Mexico City, in einer Höhe von 2240 m. Die Scheitelhöhe der Strecke liegt bei 2536 m, aber die Höhe von 2454 m muß in 174 km erklommen werden. Die größte Steigung dieser Bahn sind unangenehme 4,5%, die schärfste Kurve hat einen Radius von 99 m. Vor der Elektrifizierung im Jahre 1923 hatte diese landschaftlich außerordentlich interessante Bahn auch, wie fast zu erwarten ist, ebenso ungewöhnliche Lokomotiven zu bieten.

Die „Fairlie"-Gelenklokomotive entwickelte ein englischer Ingenieur namens Robert Fairlie im Jahre 1864. Seine Erfindung war in einem Punkt eine Vorbote der heutigen Lokomotiven, die Krafterzeugungsanlage (der Kessel) war in die Tragkonstruktion einbezogen, ähnlich wie diese heute bei Drehgestellmaschinen der Fall ist. Alle Achsen wurden angetrieben, damit stand das gesamte Gewicht für die Erzeugung von Zugkraft zur Verfügung und doch war diese Anordnung sehr flexibel. Dadurch war diese Bauart geradezu für steile Berglinien mit engen Kurven bestimmt. Trotzdem wurden die „Fairlies" nie so populär wie die „Garratt" oder die „Mallet". Auf dieser mexikanischen Bahn fanden sie ihre große Anwendung, gleichermaßen was ihre Größe und ihren Erfolg angeht.

Die erste „Fairlie" kam 1871 nach Mexiko; bis 1911 wurden 49 derartige Maschinen hierher geliefert, von denen 1923 noch 18 im Dienst waren und durch die Elektrifizierung überflüssig wurden. Die letzten und auch größten dieser Lokomotiven waren die 1911 von der Vulcan Foundry gelieferten Nr. 183-185. Die Vorteile der „Fairlie" kann man sich am besten beim Vergleich mit typischen Lokomotiven des Herstellungslandes vor Augen führen. Wenn man diese mexikanischen Loks beispielsweise mit einer LNWR-Maschine vergleicht, stellt

Rechts: *Die „Fairlie" der „Ferrocarril Mexicano" Nr. 184 gehört zur Serie, die 1911 die Vulcan Foundry lieferte.*

George the Fifth Klasse 2'B

Großbritannien
London & North Western Railway (LNWR), 1910

Zugkraft: 89,4 kN (20066 lb)
Achslast: 19,8 t (43680 lb)
Zylinder, Ø x Hub:
(2) 521 x 660 mm (20½ x 26 in)
Treibrad Ø: 2057 mm (81 in)
Verdampfungsheizfläche:
144 m² (1547 sq ft)
Überhitzerheizfläche: 28,1 m²
(303 sq ft)
Kesseldruck: 12,3 kp/cm²
(175 psi)
Rostfläche: 2,08 m² (22.4 sq ft)
Brennstoff (Kohle): 6,1 t
(13440 lb)
Wasser: 13,6 m³ (3000 Imp gal)
Reibungsgewicht: 38,9 t
(85 680 lb)
Gesamtdienstgewicht: 96,6 t
(212800 lb)
Gesamtlänge: 17 443 mm
(57 ft 2¾ in)

1903 zog sich Francis Webb (etwas zögernd, wie Gerüchte besagen) von seinem Posten als Chef der Lokomotivabteilung der London & North Western Railway zurück und setzte sich zur Ruhe. Seine Verbundlokomotiven und auch die anderen veralteten Maschinen, die deren ungenügende Leistungen ausgleichen sollten, folgten ihm bald nach. Webbs direkte Nachfolger, George Whale und W. J. Bowen-Cooke stockten den Bestand mit 336 fachmännisch gelungenen 2'B und 2'C-Loks innerhalb der nächsten zehn Jahre wieder auf, die alle in den Werkstätten von Crewe entstanden. Und wenn man sagt, „entstanden", dann meint man das in der vollen Bedeutung des Wortes. Züge, beladen mit Kohle, Erz, Kalkstein, Kupferbarren und anderem rollten an einem Ende in diese Werkstätten hinein, am anderen Ende erschienen dann Lokomotiven in dem herrlichen „Brombeerschwarz" der LNWR, komplett bis zum Namensschild ausgestattet. Dafür muß man Francis Webb hoch achten, auch wenn er beim Loko-

man fest, daß ein 29% größeres Gesamtgewicht und eine 5% höhere Achslast, eine um 114% größere Rostfläche, ein um 220% größeres Reibungsgewicht und eine 190% größere Zugkraft ermöglichen. Diese „Fairlies" waren zu diesem Zeitpunkt die stärksten in Großbritannien gebauten Lokomotiven.

Obwohl die Geschwindigkeit dieser mexikanischen Lokomotiven bei Bergfahrt durch die große Steigung beschränkt war und bei Talfahrt aus Sicherheitsgründen auf 13 km/h begrenzt werden mußte, besaßen die „Fairlies" auch ausgezeichnete Laufeigenschaften bei hohen Geschwindigkeiten. Man stellte dies unfreiwillig beim Durchgehen von Zügen nach Versagen der Bremse fest, mit schätzungsweise mehr als 110 km/h rasten die Züge durch die engen Kurven zu Tal und entgleisten trotzdem nicht. Die Triebwerke dieser Maschinen waren konventionell, mit Außenzylindern und Walschaertsteuerung, gebaut. Dafür waren die Doppelkessel umso ungewöhnlicher. Die beiden Langkessel entsprachen der üblichen Ausführung, besaßen aber in der Lokmitte eine gemeinsame Feuerbüchse. Ein großer Dampfdom saß in üblicher Weise auf einem der Langkessel, meist dem bergwärts zeigenden, und sammelte den Dampf für alle vier Zylinder.

Der große Aufwand für diese doppelte Kesselanlage war sicher der Hauptgrund, warum die „Double Fairlie" nie weite Verbreitung fand. Es stimmt zwar, daß es einige Probleme mit der Abdichtung der beweglichen Dampfleitungen mit ihren Gelenken gab, aber mit zunehmender Erfahrung und dem normalen technischen Fortschritt, hätte man sie in Griff bekommen können. Schließlich kann man das bei der einzigen Bahn der Welt, die noch „Double Fairlie"-Loks betreibt, der Festiniog Railway in Nord Wales, sehen, wenn auch die kleinen 40-Tonnen B'B'-Tenderloks nicht mit den mexikanischen 123-Tonnen-Riesen zu vergleichen sind.

Sogenannte „Single Fairlies" sah man weitaus häufiger. Sie hatten einen normalen Lokomotivkessel, ein führendes Treibdrehgestell und ein Laufgestell hinter der Feuerbüchse. Die Fähigkeit, unglaublich enge Kurven bewältigen zu können, fand Gefallen und viele fanden Verwendung bei Vorortbahnen, die enge Straßenecken zu umrunden hatten. Meist nannte man sie aber nicht Fairlie, denn in den USA erkannte man das Patent Fairlies nicht an. Ein bekannter amerikanischer Typ war die „Mason Bogie". Aber die „Single Fairlies" waren halt auch nur die eine Hälfte einer guten Idee.

motivbau viel zu lange an abwegigen Ideen festhielt.

Aus den vier Schnellzugloktypen, die in diesen ereignisreichen Jahren in Crewe entstanden, ragt die letzte von zwei 2'B-Konstruktionen besonders heraus, die legendäre „George the Fifth"-Klasse, die 1910 ihren Dienst begann. Zur robusten Einfachheit der „Precursor"(Vorgänger) von 1903 kamen Kolbenschieber und Überhitzer mit Resultaten, die heute kaum zu glauben sind. Neunzig „George the Fifth" wurden gebaut, dazu muß man 64 Umbauten aus „Precursors" und auch 10 Umbauten aus einer Reihe von 2'B-Naßdampfmaschinen der „Queen Mary"-Klasse rechnen. Diese vergleichsweise kleinen Maschinen übernahmen alle nennenswerten Schnellzüge, die den Londoner Euston-Bahnhof in Richtung Norden verließen auf souveräne Art; mit Zügen von mehr als 400 t Gewicht – etwa 13 Drehgestellwagen – liefen sie in der Relation Euston-Crewe in Fahrplänen mit Reisegeschwindigkeiten von 88 km/h von Halt zu Halt, die Höchstgeschwindigkeiten von wenigstens 120 km/h erforderten. Wenn eine „George" mit ihrer Garnitur aus „plum and spilt milk" (Pflaumen und verschüttete Milch, ein Spitzname des Wagenanstrichs) vorbei röhrte, war das ganz bestimmt ein eindrucksvolles Schauspiel. Es gab zu dieser Zeit kaum andere Bahnen, die ihren zweifach gekuppelten Lokomotiven derartige Lasten und Fahrzeiten zumuteten. Auf dem schwierigeren Abschnitt von Crewe bis Carlisle waren zumindest theoretisch die verwandten 2'C-Loks der „Experiment" und „Prince of Wales"-Klassen die übliche Bespannung, aber südlich Crewe waren die wichtigsten Züge fest in der Hand dieser 2'B-Lokomotiven.

Links: *eine LNWR-Lokomotive der „George the Fifth"-Klasse ergänzt in voller Fahrt ihre Wasservorräte aus einem Wassertrog.*

Alles an den „Georges" war einfach gehalten, beispielsweise waren die Kanten der Feuerbüchse stärker gerundet als bei der Belpaire-Bauart. Die Zylinder lagen innen, aber die Verwendung der Joy-Steuerung, deren Stangen und Gleitbahnen in der gleichen vertikalen Ebene wie das Triebwerk lagen, bedeutete, daß trotzdem alle Triebwerkteile leicht zugänglich waren. Einige kleine Schwächen beeinträchtigen ihre Leistungen etwas; so hatten die Schmidt-Kolbenschieber die Unart, bei Abnutzung undicht zu werden und den Verbrauch an Kohle und Wasser erheblich zu steigern. Und wenn auch gesagt wurde, daß die Joy-Steuerung einfach war, so war die Version, die die „Georges" erhielten, doch nicht so einfach, wie es wünschenswert gewesen wäre. Aus irgendwelchen Gründen – man nimmt an, daß man die Steuerung der „Precursor" weiter verwenden wollte, die Flachschieber mit äußerer Einströmung besaß und keine Kolbenschieber mit innerer Einströmung – hatte sie einen zusätzlichen Umlenkhebel zwischen Schieberstange und Schieberspindel. Nutzten sich die Lager des Hebels ab, hatte das auch negative Auswirkungen auf den Dampfverbrauch. Allerdings waren diese LNWR-Maschinen so robust, daß man, wenn die Zeit für einen Besuch in der Werkstatt von Crewe nahte, die „George" nur härter herannehmen mußte, um pünktlich anzukommen, sie hielten es schon aus.

Bei der Zusammenlegung der britischen Bahnen 1923 kamen alle „Georges" in den Bestand der London, Midland & Scottish Railway, die hauptsächlich von Midland-Leuten beherrscht wurde, die wenig von den Lokomotiven hielten, die auf die LNWR zurückgingen. Es überrascht darum nicht, daß die Ausmusterung dieser großartigen Maschinen Ende 1935 begann, die 1948 mit der Abstellung des letzten Exemplars endete. Mit der Zerlegung der Heißdampf-„Precursor" namens „Sirocco" im Oktober 1949 verschwand die letzte LNWR 2'B, um genau zu sein, auch die letzte aller LNWR-Schnellzugmaschinen. Keine der 2'B- unbd 2'C-Loks blieb der Nachwelt erhalten, eine überraschendes letztes Werk der Abneigung der „Midlander".

Reihe Su 1'C1' Rußland
Ministerium für Transportwesen, 1911

Zugkraft: 134,0 kN (30092 lb)
Achslast: Siehe Text
Zylinder, ∅ x Hub:
(2) 575 x 700 mm (22.6 x 27.6 in)
Treibrad ∅: 1850 mm (72.8 in)
Verdampfungsheizfläche:
198 m² (958 sq ft)
Überhitzerheizfläche: 89 m²
(958 sq ft)
Kesseldruck: 13 kp/cm² (185 psi)
Rostfläche: 4,72 m² (50.8 sq ft)
Brennstoff (Kohle): 18 t
(39650 lb)
Wasser: 23 m³ (5060 Imp gal)
Reibungsgewicht: Siehe Text
Gesamtdienstgewicht: 168 t
(370044 lb)
Gesamtlänge: 23 738 mm
(77 ft 10.6 in)

Diese gutaussehenden Schnellzuglokomotiven bildeten eine der zahlenmäßig stärksten Lokomotivreihen für den Personenverkehr, die es je gab. Mehr als 40 Jahre lang gebaut und über 60 Jahre im Dienst sind sie sicherlich die zahlenmäßig umfangreichste Gattung in der Hand einer Verwaltung. Verglichen mit britischen Lokomotiven ließ das russische Umgrenzungsmaß eine um 1200 mm größere Höhe und eine um 600 mm größere Breite der Fahrzeuge zu, die Gleise ließen, zumindest zu Zeiten des Dampfbetriebs, aber nur um 2 t niedrigere Achsbelastungen zu. Man kam also nicht in Versuchung, den verfügbaren Raum mit schlecht zugänglichen Stahlteilen aller Art vollzustopfen.

Im zaristischen wie im kommunistischen Rußland lag die Konstruktion von Dampflokomotiven in den Händen von Universitätsprofessoren, die sich eingehend mit der Theorie der Lokomotiven beschäftigten und viele faszinierende Möglichkeiten theoretisch ergründeten – wahrscheinlich gründlicher als alle anderen. Wenn es aber tatsächlich an den Entwurf einer alltagstauglichen Maschine ging, kamen diese gelehrten Herren anscheinend immer wieder zum gleichen Schluß, wie „Old Geordie" (Stephenson), daß nämlich die einfachste Lösung die beste ist.

Ein weiterer Punkt, in dem die alte Regierung ihrer Zeit voraus war, war die Standardisierung der Typen; auch die großen Umwälzungen der Russischen Revolution unterbrachen dies nicht. Zum Beispiel besaß Großbritannien 1955 zwanzig Reihen von Schnellzuglokomotiven, die mehr als 10 Lokomotiven umfaßten, die Sowjetunion hatte dagegen nur vier, bei etwa gleichem Umfang des Lokomotivparks. Die hier beschriebenen 1'C1'-Lokomotiven der Reihe „S" (in russischer Schrift „C") sind eine Konstruktion, die auf Anordnung des Ministeriums für Transportwesen entstand und den Lokomotivpark der vielen unabhängigen Bahngesellschaften einheitlich gestalten sollte. Das „S" steht für die Sormowo-Werke in Nischni Nowgorod, die diese Reihe bauten. Vor der Russischen Revolution entstanden etwa 900 dieser Lokomotiven.

Über die Form einer Lokomotive, die in etwa der letzten Entwicklungsstufe der Dampflokomotive entsprach, braucht nicht viel gesagt werden. Sie hatten zwei Außenzylinder, Walschaertsteuerung, eine breite Feuerbüchse, Überhitzer und eine Abfederung mit Ausgleichshebeln, deren Drehpunkte so verändert werden konnten, daß sich die Achslast der Treibachsen änderte. Für den Einsatz auf wenig tragfähigen Gleisen konnte man ohne großen Aufwand die Achslast von 18 auf 16 t vermindern, entsprechend sank das Reibungsgewicht von 54 auf 48 t. Das restliche Gewicht übernahmen dann die Laufachsen.

Eine verbesserte und vergrößerte Version, Reihe „Su", bauten die Kolomna-Werke bei Moskau ab 1926. Diese Variante, von der in den nächsten 15 Jahren etwa 2400 Stück entstanden, ist die Grundlage für die Tabelle und die untenstehende grafische Darstellung. Das „u" steht für „Usilenny", auf deutsch „verstärkt", die russische Schreibweise lautete „Cy". Die Zylinder, der Achsstand und die Kesselabmessungen wurden vergrößert, interessanterweise bleib der Kesseldruck aber auf dem gleichen mäßigen Wert. Die Erhöhung des Kesseldrucks war aber so oft ja nur (wie später oft der Traktionswandel) der kostspielige Ausdruck des Wunsches „mit Meier von nebenan mithalten zu können".

Die zusätzlichen Kosten eines hohen Kesseldrucks, vor allem bei der Unterhaltung, sind beträchtlich, während sogar der theoretische Nutzen zweifelhaft ist. Natürlich mußte manche Bahnverwaltung

Rechts: *Die „Su" Nr. 100-85 steht vor der Werkstatt von Sormowo. Diese Lokomotive besitzt Ölfeuerung.*

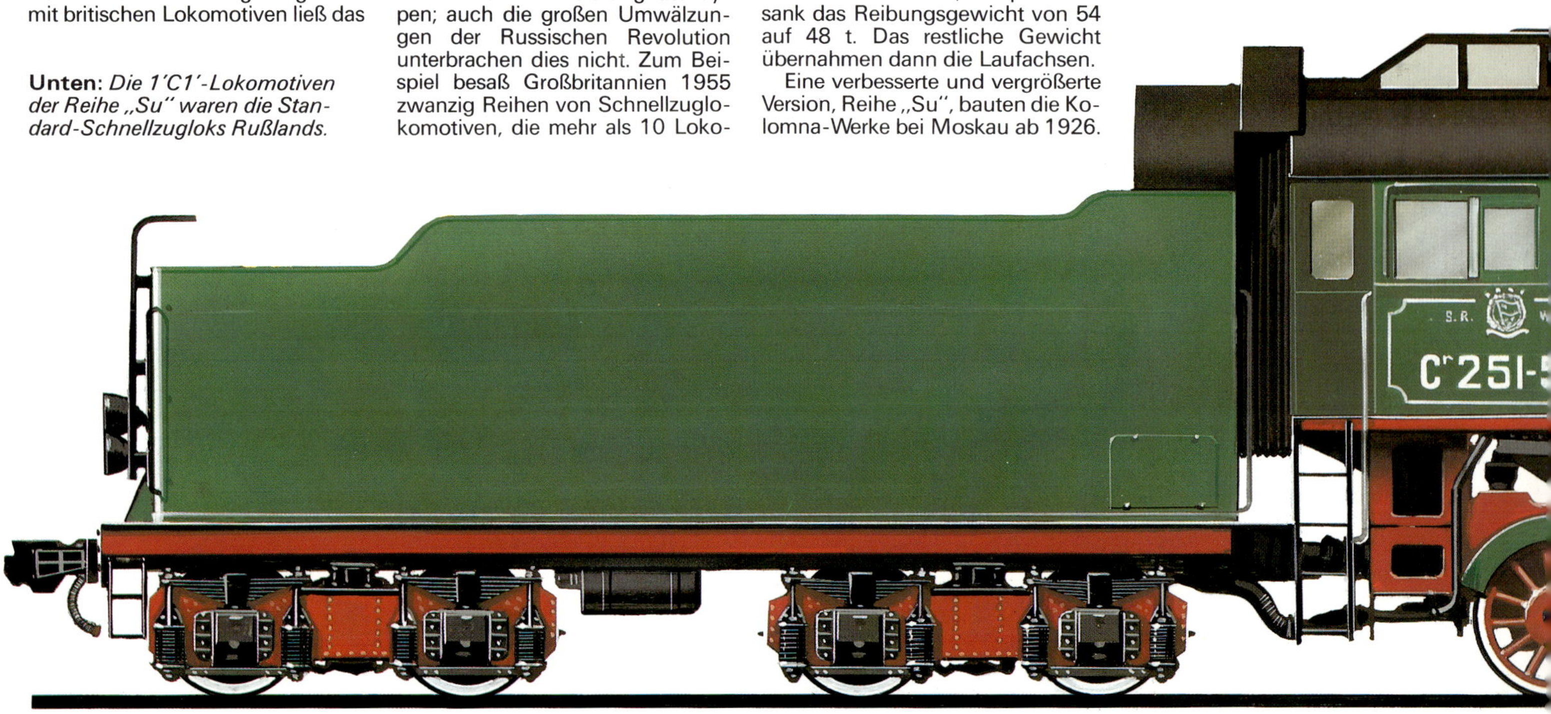

Unten: *Die 1'C1'-Lokomotiven der Reihe „Su" waren die Standard-Schnellzugloks Rußlands.*

Reihe 685 1'C1' Italien
Staatsbahn (FS), 1912

Zugkraft: 123,6 kN (27741 lb)
Achslast: 16 t (35243 lb)
Zylinder, ∅ x Hub:
(4) 420 x 650 mm (16.5 x 25.6 in)
Treibrad ∅: 1850 mm (72.8 in)
Verdampfungsheizfläche:
178,6 m² (1,922 sq ft)
Überhitzerheizfläche: 48,5 m²
(522 sq ft)
Kesseldruck: 12 kp/cm² (171 psi)
Rostfläche: 3,5 m² (37.7 sq ft)
Brennstoff (Kohle): 6 t
(13215 lb)
Wasser: 22 m³ (4840 Imp gal)
Reibungsgewicht: 47 t
(103525 lb)
Gesamtdienstgewicht: 120,4 t
(265200 lb)
Gesamtlänge: 20 575 mm
(67 ft 6 in)

Die Reihe „685" entwickelte sich von 1912 an zur Standardausführung der italienischen Schnellzuglokomotiven. Insgesamt entstanden 390 Maschinen dieser Reihe, einige aus früheren Naßdampf-Verbundlokomotiven (Reihe „680") nach System Plancher, die meisten wurden neu gebaut. Man wollte annähernd die Leistung der 2'C1'-Loks der Reihe „690" erzielen, ohne unter deren einsatzbeschränkender Achslast von 19 t zu leiden. Die Reihe „685" besaß Überhitzer und ein Vierzylinder-Triebwerk mit einfacher Dampfdehnung, jeweils ein Zylinderpaar besaß einen gemeinsamen Kolbenschieber. Die gewundenen Dampfwege, die diese ungewöhnliche Anordnung mit sich brachte, trugen nicht gerade zu einem leichten Lauf der Maschinen

Rechts: *Von der italienischen Standard-Schnellzuglokomotivbaureihe „685" wurden 390 Exemplare gebaut.*

hohe Drücke verwenden, um genügend Zugkraft aus den größtmöglichen Zylindern zu holen, die in ein enges Lademaß paßten, aber Sowjetrußland gehörte sicher nicht dazu. Auch ein Verdienst der „Eierköpfe".

Nach dem 2. Weltkrieg begann die Produktion wieder in den Sormowo-Werken, deren Standort inzwischen Gorki hieß und wurde bis 1951 fortgeführt. Insgesamt erreichten die Produktionszahlen der Reihe „S" und der Nachfolger die Marke von 3750. Zu den Unterbauarten gehörten einige Normalspurmaschinen aus dem Jahr 1915 für die Strecke von Warschau in Richtung Wien mit der Bezeichnung „Sv" („Cb"). Es gab auch eine Gruppe von „Sum" („Cym")-Maschinen, bei denen die Verbrennungsluft durch eine Zusatzeinrichtung vorgewärmt wurde. 1880 hatte ein Schotte namens Urquhart erfolgreich die Ölfeuerung in Rußland propagiert, die später allgemein üblich wurde. So waren auch viele dieser Lokomotiven damit ausgerüstet.

bei. Ein auffälliges, aber recht seltsam anmutendes Bauelement italienischer Lokomotiven ist das Salter-Federwaag-Sicherheitsventil, das gesetzlich vorgeschrieben ist, neben den beiden normalen und modernen Pop-Sicherheitsventilen. Selbstverständlich war auch bei dieser Konstruktion die führende Laufachse mit der ersten Treibachse in einem Zara-Gestell verbunden.

Arthur Caprotto stammt bekanntlich aus Italien, die von ihm entwickelte Ventilsteuerung (die vielleicht weltweiter Standard geworden wäre, hätte man weiter Dampfloks gebaut), erhielten dementsprechend später auch 123 Loks dieser Reihe. Das leidige Problem der Wartung – die Caprotti-Nockengehäuse waren Präzisions- und keine Schmiedearbeit – löste man durch Auswechseln kompletter Baueinheiten.

Zwei andere Namen, die mit dem Versuch diese und andere italienische Dampflokomotiven zu verbessern, verbunden sind, sind Attilo Franco und Piero Crosti, deren Franco-Crosti-Kessel den Auspuffgasen einer gewöhnlichen Lokomotive in großen Wärmetauschertrommeln einen Teil der sonst ungenutzten Wärmeenergie entzieht, indem das Speisewasser vorgewärmt wird. Aus ästhetischer Sicht war das Resultat fürchterlich, aber die fünf 1940 umgebauten „685er" konnten eine Kohleersparnis von 18,3% aufweisen. Dabei hatte man aber die Trumpfkarte der Dampflok, die Einfachheit, fallengelassen; die verbliebenen 385 Maschinen rührte man nicht an.

Rechts: *Der Lokführer dieser „685" der FS kümmert sich um die Stangenlager seiner Maschine.*

Reihe 231 C 2'C1' Frankreich
Paris-Lyon-Mediterrannée-Bahn (PLM), 1912

Achslast: 18,5 t (40750 lb)
Zylinder, ⌀ x Hub:
-Hochdruck: (2) 440 x 650 mm (17.3 x 25.6 in)
-Niederdruck: (2) 650 x 650 mm (25.6 x 25.6 in)
Treibrad ⌀: 2000 mm (78.7 in)
Verdampfungsheizfläche: 203 m² (2185 sq ft)
Überhitzerheizfläche: 65 m² (700 sq ft)
Kesseldruck: 16 kp/cm² (228 psi)
Rostfläche: 4,3 m² (46.7 sq ft)
Brennstoff (Kohle): 5 t (11 000 lb)
Wasser: 28 m³ (6160 Imp gal)
Reibungsgewicht: 55 t (121 145 lb)
Gesamtdienstgewicht: 145,5 t (320485 lb)
Gesamtlänge: 20 000 mm (65 ft 7.4 in)

Oben: *Der berühmte Schnellzug „Fleche d'Or" (Goldener Pfeil) wird von einer der langlebigen tüchtigen „231 K"-Pazifiks gezogen, die aus den PLM-„231 C" umgebaut wurden.*

Die französischen Ingenieure bekannten sich sehr früh zum Glauben an die Verbundlokomotive; in keinem anderen Land verfolgte man diesen Weg begeisterter und erfolgreicher. Dennoch schlichen sich von Zeit zu Zeit – bis zum Ende der Dampflokentwicklung – immer wieder einmal Zweifel in die Gedanken der Konstrukteure; dann erschien eine Serie Lokomotiven einfacher Dampfdehnung, aber am Ende wurde dadurch die vorherrschende Auffassung nur noch gestärkt.

Die PLM-Pazifiks veranschaulichen diese Vorgänge sehr schön. Zwischen 1890 und 1907 bestellte die Bahn 845 Lokomotiven, von denen 835 Verbundmaschinen waren, vor allem in der Zeit von 1905 bis 1907 war der Bau von Verbund-Atlantiks und -2'C-Loks in vollem Schwung. 1907 erschien die erste europäische Pazifik; die PLM ließ daraufhin 1909 zwei Prototypen dieser Achsfolge bauen, eine mit einfacher Dampfdehnung, die andere in Verbundart. Eine Dampfmaschine in Verbundanordnung ermöglicht, einen größeren Teil der im Dampf enthaltenen Energie in mechanische Arbeit umzuwandeln, aber um die Vorteile dieser Bauart voll nutzen zu können, benötigt man einen relativ hohen Kesseldruck und ein hoher Kesseldruck wiederum bringt höhere Unterhaltskosten mit sich. Zu dieser Zeit gab es eine neue Attraktion für Ingenieure – den Überhitzer –, der es ermöglichte den thermischen Wirkungsgrad auch bei einfacher Dampfdehnung auf annehmbare Werte zu verbessern und das bei einem niedrigeren Kesseldruck.

Mit den beiden PLM-Pazifiks wollte man diese Frage untersuchen; die Verbundlokomotive verwendete Naßdampf, die einfache Maschine erhielt einen Überhitzer. Die Verbundlok besaß ein Triebwerk in deGlehn-Anordnung, die äußeren Hochdruckzylinder waren bis auf die Höhe des zweiten Drehgestellradsatzes zurückverlegt; die einfache Lokomotive hatte vier Zylinder, die alle in einer Flucht angeordnet waren, so wie bei den bisherigen PLM-Atlantiks und 2'C-Maschinen. Die Parallelanordnung der Zylinder ergab einen viel steiferen Aufbau als die deGlehn-Bauart. Abgesehen von den erwähnten Unterschieden der Zylinder, Triebwerke und Kessel waren die beiden

Oben: *Die SNCF-Lokmannschaft kümmert sich um ihre Pazifik, die noch von der Paris-Lyon-Mediterrannée stammt.*

Unten: *Die Lokomotive des „Fleche d'Or" fährt rückwärts vom Lokdepot Calais zum Bahnhof Calais Maritime, um ihren Zug zu übernehmen.*

Lokomotiven so gleich wie möglich ausgeführt, die Verbundlok hatte dabei einen Kesseldruck von 16 kp/cm², die einfache Lokomotive nur 12 kp/cm².

1911 führte man vergleichende Versuchsfahrten durch, dabei entwickelte die Heißdampfmaschine höhere Leistungen und verbrauchte dabei 16% weniger Kohle als die Verbundlok. Der logische Schritt wäre jetzt eine Heißdampflokomotive mit Verbundtriebwerk gewesen, aber dies erlaubten die damaligen Gewichtseinschränkungen nicht. Daher bestellte man 1911 70 weitere Heißdampf-Vierlingslokomotiven, aber schon im nächsten Jahr hatte man doch einen Weg zur Heißdampf-Verbundlok gefunden und baute davon 20 Stück, die sich vom Prototyp dadurch unterschieden, daß alle vier Zylinder in einer Reihe lagen, wie bei den einfachen Lokomotiven.

Man war sich aber immer noch nicht über die richtige Bauweise sicher, so daß man 1913 die beiden Heißdampfvarianten sorgfältig miteinander verglich. Dabei glänzte die Verbundtype durch einen um 25% niedrigeren Kohleverbrauch und bessere Leistungen. Damit war die Entscheidung gefallen und die PLM baute keine weiteren Pazifiks mit einfacher Dampfdehnung mehr, auch die vorhandenen Maschinen baute man mit der Zeit entsprechend um.

1921 bestellte die PLM weitere 230 Pazifiks, 1931 noch einmal 55 Stück, damit besaß sie 462 Pazifiks. Spätere Serien verbesserte man in den Details, hauptsächlich bei der Auspuffanordnung und in den Kesselabmessungen, aber die grundlegende Bauweise änderte sich nicht. Auch nach dem Bau gingen die Verbesserungen weiter, noch später führten Chapelons Ideen zum Umbau einer Maschine mit einem Kessel, der einen Kesseldruck von 20 kp/cm² besaß. Es war vorgesehen, diesen Kessel allgemein einzuführen, aber die Übernahme der PLM in die SNCF führte dazu, daß nur 30 Loks auf diese Art umgebaut wurden, die letzten davon 1948; aber 284 Pazifiks verbesserte man nach den Grundsätzen Chapelons in weniger weitreichender Weise. Durch die verschiedenen Bauserien und Umbauten war das Bezeichnungsschema sehr verwickelt geworden, die Baureihen reichten von „231A" bis „231K", wobei die letzteren ein Umbau aus der ursprünglichen „231C" sind.

Die PLM-Pazifiks hatten ein langes und bemerkenswertes Leben, ihre Leistungsfähigkeit stieg mit jeder konstruktiven Verbesserung, die man an ihnen vornahm, aber sie erreichten nie die Fähigkeiten der von Chapelon umgebauten Paris-Orleans-Pazifiks. Die Elektrifizierung der PLM-Hauptstrecke verdrängte sie von 1952 an in andere Regionen der SNCF. Die Ausmusterungen begannen in den 50er Jahren, aber viele Kessel waren noch in gutem Zustand und verhalfen Schwesterloks zu einem längeren Einsatz, der erst 1969 endgültig endete.

Vier Maschinen stellte man zur Erhaltung beiseite, dazu gehört auch die 231.K.22, eine der Umbauten nach Chapelons Methode, die sich im Steamtown im britischen Carnforth befindet.

Reihe 310 1'C2'

Österreich
Kaiserlich und Königliche Staatsbahn (KKStB), 1908

Achslast: 14,6 t (32160 lb)
Zylinder, ⌀ x Hub:
-Hochdruck: (2) 390 x 720 mm (15.4 x 28.3 in)
-Niederdruck: (2) 620 x 720 mm (24.4 x 28.3 in)
Treibrad ⌀: 2100 mm (82.7 in)
Verdampfungsheizfläche: 193 m² (2077 sq ft)
Überhitzerheizfläche: 43 m² (463 sq ft)
Kesseldruck: 15 kp/cm² (213 psi)
Rostfläche: 4,6 m² (49 sq ft)
Brennstoff (Kohle): 8,5 t (18720 lb)
Wasser: 21 m³ (4620 Imp gal)
Reibungsgewicht: 44 t (96916 lb)
Gesamtdienstgewicht: 146 t (321586 lb)
Gesamtlänge: 21 318 mm (69 ft 11.3 in)

Die Eisenbahnen Österreichs wurden mit leichten Gleisen gebaut und wiesen oft erhebliche Steigungen auf. Die Lokomotiven mußten daher eine niedrige Achslast haben, aber trotzdem imstande sein, bei mäßigen Geschwindigkeiten beachtliche Leistungen zu erbringen, und das mit einer Kohle niedrigeren Heizwertes. Von 1897 bis 1916 lag die Lokomotiventwicklung vorwiegend in den Händen Karl Gölsdorfs, einem Mann voller schöpferischer Ideen, auf den etwa 45 verschiedenen, oft neuartige Lokomotiventwürfe zurückgehen, die seine Handschrift tragen.

Nach dem Bau von Zweizylinder-Verbundloks kam er 1908 an den Punkt, an dem die benötigte Leistung nur noch durch vier Zylinder zu erzeugen war. Um Gewicht zu sparen verwendete er einen einzigen Kolbenschieber für Hoch- und Niederdruckzylinder einer Seite. Dies führte zu komplizierten Dampfwagen, die bei hohen Kolbengeschwindigkeiten eine schwer zu überwindende Grenze dargestellt hätten.

In diesem Jahr, 1908, entstand Gölsdorfs Meisterwerk. Er drehte diese Achsfolge um, damit für die schlechte Kohle eine große Feuerbüchse verwendet werden konnte und man gleichzeitig eine leichtere Vorderpartie der Lokomotive erhielt, als bei einer Pazifik mit vorderem Drehgestell. Um die Nachteile seiner Steuerungsanordnung zu lindern, sah er Treibräder mit einem Durchmesser von 2100 mm vor, obwohl die Höchstgeschwindigkeit nur 100 km/h betragen sollte. Damit blieben aber die Kolbengeschwindigkeiten im gewünschten niedrigen Bereich. Er nutzte jede Möglichkeit, um Gewicht einzusparen; die Achslast dieser großen Maschine betrug dann auch nur 14,6 t, eine bemerkenswerte Leistung. Bei den verhältnismäßig niedrigen Geschwindigkeiten war auch die einzelne führende Laufachse kein Nachteil.

Die Abmessungen der Zylinder, die bei einer Verbundlok besonders kritisch sind, stellten sich als ungünstig heraus und trotz verschiedener Änderungen an den Schiebern erreichten die Maschinen nie die Leistung, die die Kesselgröße erwarten ließ. Trotzdem bewährten sich diese Loks vor den wichtigsten Schnellzügen der Monarchie und später auch der Republik Österreich auf den leichteren Hauptstrecken des Landes, bis dann 1928 die ersten 1'D2'-Lokomotiven erschienen.

Die ersten der 1'C2'-Loks waren Naßdampfmaschinen und wurden als Reihe „210" bezeichnet. Ab 1911 erschien dann die Reihe „310" mit Überhitzern. Österreich besaß insgesamt 43. Auch in Polen, der Tschechoslowakei und in Preußen konnte man im Laufe der Zeit derartige Loks antreffen, die dorthin teils neu, teils auf Umwegen aus Österreich gelangten. Die letzte der österreichischen Maschinen stellte man 1957 ab, die Lok Nr. 16.08, die frühere 310.23, ist seit 1974 im Freigelände des Technischen Museums in Wien aufgestellt.

Oben: *Diese schöne Aufnahme zeigt die erste der Gölsdorf-1'C2'-Lokomotiven, Nr. 210.01, im Lieferungszustand.*

Unten: *Am Ende ihrer Tage diente dieses Exemplar der Vorläuferreihe „Nr. 10.13"; später „15.13" mit der Achsfolge 1'C1' noch als Vorheizanlage der ÖBB. Heute ist sie ein Exponat des Technischen Museums Wien.*

Remembrance Klasse 2'C2't

Großbritannien
London, Brighton & South Coast Railway (LBSCR), 1914

Zugkraft: 107,7 kN (24180 lb)
Achslast: 20,0 t (44000 lb)
Zylinder, ⌀ x Hub:
(2) 559 x 711 mm (22 x 28 in)
Treibrad, ⌀: 2057 mm (81 in)
Verdampfungsheizfläche:
168,7 m² (1816 sq ft)
Überhitzerheizfläche:
35,6 m² (383 sq ft)
Kesseldruck: 12 kp/cm² (170 psi)
Rostfläche: 2,48 m² (26.7 sq ft)
Brennstoff (Kohle): 3,6 t (8000 lb)
Wasser: 12,3 m³ (2700 Imp gal)
Reibungsgewicht: 57,2 t (126000 lb)
Gesamtdienstgewicht: 100,8 t (222000 lb)
Gesamtlänge: 15361 mm (50 ft 4³-4 in)

Unter den berühmten Zügen der Welt findet man nur wenige, die auf der ganzen Fahrt von Tenderlokomotiven befördert wurden. Einer davon war der unvergeßliche „Southern Belle" (die südliche Schönheit), ein Schnellzug, der ausschließlich aus Pullmanwagen bestand und die 82 Kilometer vom Victoria-Bahnhof nach Brighton ohne Halt fuhr. Besonders verbunden mit diesem Zug ist eine Reihe von sieben 2'C2'- oder „Baltic"-Tenderlokomotiven, die stärksten Lokomotiven, die die London, Brighton & South Coast Railway je besaß.

Zuvor bespannte man die Schnellzüge zwischen London und der Südküste mit verschiedenen Baureihen der Achsanordnung 2'B, 2'B1', 2'B1't, verstärkt durch zwei 2'C1'-Tenderloks. Die neuen 2'C2'-Tendermaschinen der Reihe „L" kann man als eine vergrößerte Ausführung der 2'C1't-Loks ansehen. Ihr Konstrukteur Oberst L. B. Billinton hatte den Auftrag, Maschinen zu entwerfen, die imstande sein sollten, Züge wie den „Belle" und ähnliche Schnellzüge wie den „City Limited" in der von einer Stunde auf 45-50 Minuten verkürzten Fahrzeit zu befördern. Tatsächlich verkürzte sich die Fahrzeit des „Southern Belle" dann doch nicht, auch nicht bei dem elektrisch betriebenen Nachfolger „Brighton Belle", der 1933 die Dampfloks ersetzte, denn durch das Hinzufügen von Pullmanwagen für die dritte Klasse zur vorher ausschließlich die erste Klasse führenden Garnitur erhöhte sich das Zuggewicht beträchtlich.

In den meisten Punkten folgte die Konstruktion den üblichen Gepflogenheiten, nur die Steuerungsanordnung war ungewöhnlich. Man verwendete eine außenliegende Walschaertsteuerung, die innenlie-

Unten: *Die 2'C2'-Tenderlokomotive Nr. B333 „Remembrance", die spätere Nr. 2333, im Londoner Victoria-Bahnhof im Jahre 1930. Sie war die „Kriegs-Gedächtnislokomotive" der Southern Railway und trug viele Jahre lang entsprechende Schrifttafeln an den Wassertanks.*

Reihe F 2'C1'

Schweden
Schwedische Staatsbahn (SJ), 1914

Achslast: 16 t (35250 lb)
Zylinder, ⌀ x Hub
– **Hochdruck:** (2) 420 x 660 mm (16.5 x 26 in)
– **Niederdruck:** (2) 630 x 660 mm (24.8 x 26 in)
Treibrad ⌀: 1880 mm (74 in)
Verdampfungsheizfläche:
189 m² (2034 sq ft)
Überhitzerheizfläche: 68 m² (732 sq ft)
Kesseldruck: 13 kp/cm² (185 psi)
Rostfläche: 3,6 m² (28.75 sq ft)
Brennstoff (Kohle): 6,5 t (14320 lb)
Wasser: 25 m³ (5500 Imp gal)
Reibungswicht: 48 t (105725 lb)
Gesamtdienstgewicht: 146 t (321585 lb)
Gesamtlänge: 21265 mm (69 ft 9.2 in)

Schweden ist keines der Länder, bei denen man sofort an den Lokomotivbau denkt, aber es war und ist heute noch ein Lokomotiven produzierendes Land. Nicht nur das, sondern das Land hat auch seinen eigenen Stil beim Bau von Lokomotiven entwickelt, der gelegentlich sogar exportiert wurde. Die Einfachheit der Dampflokomotive ermöglichte es auch kleineren Ländern (und Bahngesellschaften) eigene Entwürfe kostengünstig zu realisieren. Häufiger bauten die Schweden aber nach den Entwürfen und auf Bestellungen anderer Länder. Beispielsweise baute Nydquist und Holm in Trollhättan in den 20er Jahren eine große Serie von E-gekuppelten Güterzugloks für Sowjetrußland. Nach der Fertigstellung erhielt das Werk die Nachricht, daß ein russisches Schiff die Loks am firmeneigenen Kai abholen werde. Man verlud sie ordnungsgemäß, dann lud der Kapitän zur Bezahlung der Bestellung Goldbarren im entsprechenden Wert an Land.

Nydquist und Holm entwarfen und bauten aber auch die besten schwedischen Schnellzuglokomotiven, die 2'C1'-Lokomotiven der Reihe „F", die die Schwedische Staatsbahn 1914 erhielt. Wie man sieht waren sie recht eigenwillige aber auch schöne Maschinen. Das führende Drehgestell hatte Außenrahmen, wahrscheinlich aus Platzgründen. Es erleichterte aber auch die Verwendung – vermutlich zum ersten Mal überhaupt – von Rollen-

Oben: *Eine schwedische Pazifik der Reihe „F". Alle Maschinen dieser Reihe wurden nach Elektrifizierung der schwedischen Hauptstrecken nach Dänemark verkauft. Die abgebildete Lokomotive „F 1200", der Prototyp der Reihe, kam nach Ende ihres Einsatzes in Dänemark als Museumsstück nach Schweden zurück.*

Oben: *Die Lokomotive Nr. 329 „Stephenson" der „Remembrance"-Klasse sehen wir hier im erdbraunen Anstrich der LBSCR. Diese berühmten Tendermaschinen beförderten auch den legendären „Southern Belle"-Pullman-Luxuszug, der mehrmals täglich zwischen dem Londoner Victoria-Bahnhof und Brighton verkehrte, bis 1933 die elektrischen „Brighton Belle"-Züge die Dampftraktion ablösten.*

gende Kolbenschieber über Umlenkhebel antrieb, obwohl die Zylinder selbst außen lagen. Man wollte aber die gleichen Zylinder wie bei den 2'C1'-Tenderloks verwenden, konnte innen aber keine Steuerung anordnen, weil die Maschinen einen Wasserkastenrahmen hatten. Die seitlichen Wassertanks hatten zu Unannehmlichkeiten geführt, sogar zu einer Entgleisung, die man auf umherschwappendes Wasser in halbvollen Tanks und den hohen Schwerpunkt zurückführte. Zu diesem Zwischenfall kam es schon bald nach der Inbetriebnahme der Prototypmaschine Nr. 321 „Charles C. Macrae" im April 1914. Zur Lösung des Problems baute man die Wassertanks so um, daß nur die unteren 380 mm tatsächlich Wasser enthielten, der Rest der Tanks war eine Attrappe, wie man dies seinerzeit auch bei Dampfschiffsschloten gerne machte, um das Aussehen zu verbessern. Nun lag der Schwerpunkt tiefer und die Lokomotiven konnten regelmäßig mit 120 km/h gefahren werden, ohne daß es weitere Vorkommnisse gab.

Eine zweite Lokomotive, Nr. 328, wurde kurz vor dem Kriegsausbruch im Herbst 1914 fertig, fünf weitere Maschinen (Nr. 329-333) kamen dann erst 1921-1922. Zwei von ihnen erhielten auch Namen – Nr. 329 wurde zu „Stephenson", mit der Nr. 333 wollte man an die Bahnbediensteten erinnern, die dem Krieg zum Opfer gefallen waren und nannte sie „Remembrance" (Gedenken). Die späteren Mitglieder der Reihe erhielten von vornherein nicht die Speisewasservorwärmer und dampfbetriebenen Speisepumpen, die, für Großbritannien sehr ungewöhnlich, die ersten Loks nach der Ablieferung für einige Zeit besessen hatten.

Nach der Elektrifizierung 1933 baute die nun den Betrieb führende Southern Railway diese Tenderloks in 2'C-Lokomotiven der Reihe „N15X" um. In dieser Form hatten sie noch ein langes und achtbares Arbeitsleben in weniger aufreibenden Diensten auf längeren Strecken des größeren Bahnnetzes ihrer nunmehrigen Verwaltung und erlebten auch noch die Zeit der British Railways nach 1948. Daß man sie so lange im Dienst behielt spricht mehr als alle Worte für die ausgezeichneten Qualitäten dieser gut aussehenden Maschinen. Letzte Überlebende der Klasse war die BR Nr. 32331, die frühere SR Nr. 2331 und LBSCR Nr. 331, die im Juli 1957 ausschied.

lagern (eine schwedische Spezialität) an stark belasteten Lokomotivachsen.

Die „F"s besaßen ein Verbundtriebwerk in einer aus Deutschland stammenden Anordnung, mit der man versuchte, die Vorteile der Verbundwirkung ohne deren Komplikationen zu erreichen. Alle vier Zylinder trieben die mittlere Kuppelachse und waren darum mit einer Neigung von 6¼° zur Horizontalen ziemlich stark geneigt. Die Niederdruckzylinder lagen außen, die Hochdruckzylinder zwischen den Rahmenwangen. Jedes Zylinderpaar hatte eine einzige außenliegende Walschaertsteuerung, die Steuerspindel bewegte mehrere hintereinander liegende Ventilkammern, die den Dampfeintritt und -austritt in die Hochdruckzylinder und den Dampfeintritt und -austritt in die Niederdruckzylinder regulierten. Das sich dadurch ergebende Labyrinth der Dampfwege in den Zylindergußstücken war sehr kompliziert, aber wenigstens bedurfte es keiner beweglichen Teile.

Man verwendete ein „Windschneiden"-Führerhaus, obwohl die Höchstgeschwindigkeit nur 100 km/h betrug, bedingt durch die damals verwendeten leichten Gleise, die auch die geringe Achslast von 16 t zur Folge hatten. Der ungewöhnliche „Wannentender" trug seinen Teil zum charakteristischen Aussehen bei. Die Reihe „F" beförderte alle wichtigen Schnellzüge auf den Hauptstrecken von Stockholm nach Göteborg und Malmö.

Links: *Diese Aufnahme von 1927 zeigt eine schwedische Pazifik der Reihe „F" vor einem Personenzug in der Nähe von Nyboda. Die schon aufgestellte Oberleitung verkündet das nahe Ende der Dampftraktion vor schwedischen Schnellzügen.*

Das Fehlen von Kohlevorkommen in Verbindung mit reichlich zur Energieeerzeugung vorhandener Wasserkraft veranlaßte die Schwedische Staatsbahn früh zur Umstellung auf elektrischen Betrieb. 1936 konnte man daher diese großen Maschinen als überflüssig abstellen. Ein Käufer fand sich jenseits von Sund und Kattegat und es dauerte nicht lange bis aus den schwedischen „F 1200-1211" die Reihe „E" der Dänischen Staatsbahn mit den Nummern 964-974 wurde. Die neuen Eigentümer waren mit diesen Maschinen aus erster Hand so zufrieden, daß sie während und nach dem 2. Weltkrieg bei der dänischen Firma Frichs noch einmal 25 Lokomotiven nach den Originalzeichnungen bauen ließen.

König Christian von Dänemark war sein Leben lang ein Freund der Eisenbahn, so wünschte er sich, daß seine letzte Fahrt zur Beisetzung hinter einer „F"-Pazifik stattfinden sollte. Sogar zwei dieser Pazifiks erwiesen ihm dann die letzte Ehre. Mehrere dieser Maschinen blieben erhalten, so die Nr. 974 (ex SJ 1211), Nr. 978, Nr. 991 und Nr. 999 (von 1950). Die Lok Nr. 991 hält die DSB für Sonderfahrten vor. Der Prototyp der Reihe ging wieder als „F 1200" nach Schweden als Museumsstück zurück.

Reihe K4 2'C1' USA
Pennsylvania Railroad (PRR), 1914

Zugkraft: 198,0 kN (44460 lb)
Achslast: 32,7 t (72000 lb)
Zylinder, ⌀ x Hub: (2) 686 x 711 mm (27 x 28 in)
Treibrad ⌀: 2032 mm (80 in)
Verdampfungsheizfläche: 375 m² (4040 sq ft)
Überhitzerheizfläche: 88 m² (943 sq ft)
Kesseldruck: 14,4 kp/cm² (205 psi)
Rostfläche: 6,5 m² (70 sq ft)
Brennstoff (Kohle): 16 t (36000 lb)
Wasser: 46 m³ (10000 Imp gal)
Reibungsgewicht: 96 t (210000 lb)
Gesamtdienstgewicht: 242 t (533000 lb)
Gesamtlänge: 25.451 mm (83 ft 6 in)

Die Pennsylvania Railroad bezeichnete sich selbst als „Standard Railroad of the World". Dies bedeutet nicht, daß sie sich als typisch oder gar nur als durchschnittlich ansah. Nein, sie betrachtete sich als Vorbild, dessen Qualitäten von anderen Bahnverwaltungen zwar angestrebt, aber wohl kaum erreicht werden konnten. Ebenso sollte das Bahnemblem, ein Schlußstein, symbolisieren, daß das Wohlergehen der amerikanischen Wirtschaft von dieser Bahn ebenso abhing, wie der Zusammenhalt eines Gewölbes vom Schlußstein.

Die berühmten K4-Pazifiks, zuerst erbaut 1914, trugen bis nach dem 2. Weltkrieg die Hauptlast des Personenverkehrs. Man könnte dieser Konstruktion gleichermaßen den Titel der „Standard-Schnellzuglokomotive der Welt" verleihen. Von diesem Typ wurden über einen Zeitraum von 14 Jahren insgesamt 425 Stück gebaut. Sie folgten auf eine Anzahl anderer Lokomotiven der gleichen Achsfolge. Die Pennsylvania Railroad war im Allgemeinen sehr zurückhaltend bei der Anwendung neuer Ideen des Lokomotivbaus. Die Pazifik-Ära wurde mit einem einzigen Prototyp eingeleitet, der im Jahre 1907 bei der American Locomotive Company (AlCo) bestellt und später als Reihe K28 bezeichnet wurde. 1910 war man der Meinung, man habe mit ihr genug Erfahrungen gesammelt, um eigene 2'C1'-Lokomotiven bauen zu können. Innerhalb kurzer Zeit verließen 239 Pazifiks der Reihe K2 die Werkstätten. Erst ab 1912, also recht spät, erhielten diese Lokomotiven auch einen Überhitzer.

1913 beschaffte die Bahn 30 2'C1'-Loks der Reihe K3 von Baldwin in Philadelphia. Interessant war deren Ausrüstung mit der ersten brauchbaren Ausführung einer mechanischen Rostbeschickung, dem „Crawford-Stoker", benannt nach D. F. Crawford, Lokomotiv-Superintendent der westlichen Linien der PRR. Von 1905 bis 1914 nahm man fast 300 dieser Stoker in Betrieb, davon aber erst 64 auf Pazifiks. Spätere Bauarten benutzten eine Förderschraube, der Crawford-Stroker besaß dagegen Schaufelblätter, die von Dampfzylindern hin- und herbewegt wurden. Sie waren so angeordnet, daß sie wie Paddel die Kohle in eine Richtung beförderten. Die Kohle erreichte die Feuerbüchse in Rosthöhe, nicht wie bei späteren Stokern auf einer erhöhten Plattform, um mit Dampfstrahldüsen verteilt zu werden.

Im Jahre 1911 hatte AlCo einen weiterne Prototyp geliefert, der größer als die K28 war und später als K29 eingeordnet wurde. Die Be-

Oben: *Die „K4" der Pennsylvania Railroad mit der Nummer 3749 wurde in den Juniata-Bahnwerkstätten in Altoona gebaut.*

Mitte: *Der „Broadway Limited" in Chicago im Jahre 1938 wird von der „K4" 3768 gezogen. Ihre Stromlinienverkleidung stammt von dem Designer Raymond Loewy.*

zeichnung K1 trug ein eigener Entwurf der PRR, der aber nicht ausgeführt wurde.

Die erste K4-Pazifik erschien 1914. Sie war erheblich größer als die K2, hatte 36% mehr Zugkraft und eine um 26% vergrößerte Rostfläche, bei einer um 9% erhöhten Achslast. Viele der Konstruktionsmerkmale der K4 entstammen der E6-Atlantik (2'B1'), dem bisherigen technischen Höhepunkt der Schnellzuglokentwicklung dieser Eisenbahngesellschaft.

Die Pennsylvania Railroad war eine der wenigen nordamerikanischen Bahnen, die auf dem Gebiet des Lokomotivbaus die Autarkie anstrebten. Man baute möglichst in eigenen Werkstätten Lokomotiven nach eigenen Entwürfen. Eine wichtige Hilfe bei ihrer Entwicklung war die Lokomotivprüfanlage in Altoona, bekannt bei Fachleuten in aller Welt. Altoona war damals der einzige Rollprüfstand in Nordamerika, bei dem man unter genau kontrollierten Bedingungen das Verhalten einer Lokomotive bis zur Höchstgeschwindigkeit untersuchen konnte.

Auch der K4-Prototyp wurde in Altoona recht bald auf die Probe gestellt. Es wurden aber nur wenige Verbeserungen nötig. Nicht wieder angewendet wurden allerdings die ölbetriebene Beleuchtung und der Bahnräumer aus Holz. Wichtigste Neuerung während der Bauzeit war die Kraftumsteuerung, die im Jahre 1923 eingeführt wurde. Die damals schon mehr als 200 vorhandenen Lokomotiven erhielten diese ebenfalls im Laufe der Zeit. 1937 sollte dann die Kraftumsteuerung für alle Lokomotiven in den USA mit mehr als 72,7 t (160000 lb) Reibungsgewicht zur Vorschrift werden. Mit demselben Gesetz wurde auch die mechanische Rostbeschickung für große Lokomotiven zur Pflicht. Viele, aber nicht alle Maschinen der Reihe K4 erhielten sie in den 30er Jahren, da die Leistung handgefeuerter Lokomotiven davon abhängt, wieviel Kohlen der Heizer schaufeln kann. Eine Leistungssteigerung war also nur durch eine mechanische Feuerung möglich. Die letzten 5 K4-Pazifiks besaßen in einem Stück gefertigte Stahlgußrahmen.

Oben: *PRR „K4" 5354, gebaut 1924, ergänzt ihre Wasservorräte bei einem Unterwegshalt.*

Eine andere Erleichterung für das Lokpersonal war die Übertragung der Signalbilder über Gleisstromkreise auf eine Führerstandsanzeige.

Anzeichen für die Zurückhaltung der PRR gegenüber neuen Entwicklungen bieten auch die Daten des Kessels. So betrug das Verhältnis von Verdampfungs- zu Überhitzerheizfläche auch bei späten Lieferungen der K4 nur 4,3, während andere Bahnen Nordamerikas damals Werte von 2,2 bis 2,5 erzielten, also stärker überhitzten. Auch der Kesseldruck war ziemlich niedrig, nur ein Dreiviertel des Wertes anderer Lokomotiven. Dies soll nicht heißen, daß dies falsch gewesen wäre, denn niedriger Kesseldruck und geringerer Überhitzungsgrad wirkten sich positiv auf die Reparaturanfälligkeit der Maschinen aus, sie waren weniger kompliziert. Da die PRR die Kohle sehr billig direkt von den Bergwerken bezog, glich dies die etwas geringere Effektivität völlig aus.

Wie bei der Pennsylvania Railroad üblich, erhielten auch die K4-Pazifiks Betriebsnummern wahllos zugeteilt, sie lagen zwischen 8 und 8378. Lediglich die letzten Serien der Jahre 1924-28 wurden fortlaufend von 5350 bis 5499 numeriert. Außer Nr. 5400-5474, 1927 von Baldwin gebaut, entstanden alle Lokomotiven dieser Reihe in der Juniata-Werkstätte in Altoona, Pennsylvania.

Es existierten auch einige K4-Loks mit Sonderausrüstungen. So besaßen die Loks 3874 und 5399 eine Ventilsteuerung, Wasserkammern in der Feuerbüchse und ein verbessertes Blasrohr. Dies ergab eine Steigerung der Zylinderleistung von 3000 auf 4000 PS. Eine Anzahl, Reihe K4sa, hatte weniger weitreichende Verbesserungen erhalten. Statt der Ventilsteuerung erhielten sie von 305 mm auf 381 mm vergrößerte Kolbenschieber. Nr. 3768 wurde eine Zeitlang mit voller Stromlinienverkleidung eingesetzt, andere erhielten Teilverkleidungen und wurden farblich an verschiedene Stromlinienzüge angepaßt. Viele unterschiedliche Tenderbauarten wurden verwendet, vor den größten davon mit 25 t Kohle und 107 m³ Wasser, sah eine K4-Pazifik recht klein geraten aus.

Bis zum Erscheinen der Duplex-Lokomotiven nach dem 2. Weltkrieg bespannten die K4-Pazifiks alle Schnellzüge der Pennsylvania RR außerhalb der elektrifizierten Strecken. Im Winter 1934 fuhr der „Detroit Arrow" auf der Strecke von Plymouth bis Fort Wayne, Indiana (102 km) mit einer Reisegeschwindigkeit von 121 km/h. Damit war er kurze Zeit der schnellste planmäßige Dampfzug der Welt.

Vor allem auf den langen Strecken der westlichen Linien der PRR mußten die Expresszüge oft mit zwei Lokomotiven bespannt werden. Durch die wirtschaftliche Arbeitsweise der K4 wurde dies aber trotzdem als ökonomisch angesehen. Bei der Überquerung des Alleghany-Gebirges kuppelte man oft drei – angeblich so manches Mal auch vier – Pazifiks vor, um beispielsweise den schweren „Broadway Limited" durch die Horseshoe-Kurve mit einer Steigung von 1,72% zu ziehen.

Heute sind dies nur noch Erinnerungen, nur eine K4 erinnert in einem kleinen Park innterhalb dieses halbkreisförmigen Streckenabschnitts als Denkmal an die harte Arbeit dieser großartigen Schnellzuglokomotiven. Eine weitere, besser zugängliche Maschine dieser Reihe wird im Eisenbahnmuseum von Strasburg aufbewahrt.

Unten: *Die Zeichnung zeigt eine der zuletzt erbauten 2'C1'-Lokomotiven, Reihe K4, der Pennsylvania Railroad. Von 1914 bis 1928 wurden 425 Stück gebaut, die meisten davon in Altoona.*

Reihe C53 2'C1' Niederländisch-Indien (Indonesien)

Staats Spoorwegen (SS), 1917

Achslast: 12,5 t (28000 lb)
Zylinder, ∅ x Hub / Hochdruck: (2) 340 x 580 mm (13,4 x 22,8 in) – **Niederdruck:** (2) 520 x 580 mm (20,5 x 22,8 in)
Treibrad ∅: 1600 mm (63 in)
Verdampfungsheizfläche: 123 m² (1324 sq ft)
Überhitzerheizfläche: 43 m² (463 sq ft)
Kesseldruck: 14 kp/cm² (200 psi)
Rostfläche: 2,7 m² (29 sq ft)
Reibungsgewicht: 37,5 t (83000 lb)
Dienstgewicht (ohne Tender): 66,5 t (147000 lb)
Gesamtlänge: 20889 mm (68 ft 6,5 in)
Die Daten des Tenders sind nicht bekannt.

Java, die dicht besiedelte Hauptinsel Indonesiens, wurde vor dem 2. Weltkrieg von der niederländischen Verwaltung mit einem ausgezeichneten Eisenbahnnetz ausgestattet. Es gab sechsfach gekuppelte Güterzugloks, Lichtsignale und sogar einen elektrischen Vorortbetrieb um Batavia, heute Djakarta. Vor allem aber fuhren hier die schnellsten Schmalspurzüge der Welt – und das mit Dampf. Dies mag etwas seltsam anmuten in diesem Land, in dem man sich die Lebensfreude nicht gerade durch Gedanken an Zeit und Eile verdirbt. Aber es gab dafür einen wichtigen Grund. Zu Zeiten der Kolonialverwaltung wurde ein Eisenbahnbetrieb bei Nacht als unsicher erachtet, nicht wegen der Gefahr von Sabotage, sondern weil die Gefahren des Dschungels den vorsichtigen Niederländern bei Dunkelheit zu groß erschienen.

Da Java in der Nähe des Äquators liegt, ist die Zeit des Tageslichts das ganze Jahr über annähernd gleich. Dadurch war die Gestaltung des Fahrplans recht einfach. Aber es bedeutete auch, daß die Züge die Strecke von 820 km zwischen Batavia und Surabaya, den wichtigsten Strecken der Insel, recht flott zurücklegen mußten, um die Fahrt vor Sonnenuntergang zu beenden. Viele Jahre hindurch war eine Unterwegsübernachtung erforderlich, für viele eine erfreuliche Unterbrechung der Fahrt. Aber letztendlich wollte man dies, auch durch den Kauf neuer Lokomotiven, unnötig machen.

Diese großartigen Pazifiks ermöglichten die Reduzierung der Fahrzeit von 29 Stunden auf 12 Stunden 20 Minuten. Die Reisegeschwindigkeit von 66,4 km/h schloß 12 Unterwegshalte ein. Die Durchschnittsgeschwindigkeit zwischen zwei Stationen betrug bis zu 75,8 km/h; als Höchstgeschwindigkeit erreichten diese Züge 120 km/h.

Im Gegensatz dazu hat die heutige Bahnverwaltung Bedenken, mit ihren Dieselloks diese Geschwindigkeiten zu fahren. Dafür fährt man auch bei Dunkelheit, um die Reise in 15 beschaulichen Stunden zurückzulegen.

Von diesen Vierzylinder-Verbund-Lokomotiven auf 1067-mm-Spur (3 ft 6 in) wurden von Werkspoor in den Niederlanden von 1917 bis 1921 insgesamt 20 Stück mit den Nummern 1001-1020 gebaut. Während der japanischen Besetzung im 2. Weltkrieg erhielten sie die Reihenbezeichnung C53 mit den Nummern C53 01-5320. Drei Exemplare hielten sich bis in die 70er Jahre im Betrieb. Eine davon ist für ein Museum reserviert.

Oben: *Fabrikfoto der 2'C1'-Lokomotive 1015 für Niederländisch-Indien, die spätere C53 15.*

Rechts: *Die 2'C1'-Lok C53 17 der Indonesischen Staatsbahn in ihrer letzten Betriebszeit in Surabaya.*

Reihe 231 D 2'C1' Frankreich

Staatsbahn (Etat), 1914

Achslast: 18,5 t (40500 lb)
Zylinder, ∅ x Hub/Hochdruck: (2) 420 x 650 mm (16½ x 25½ in) – **Niederdruck:** (2) 640 x 650 mm (25¼ x 25½ in)
Treibrad ∅: 1950 mm (76½ in)
Verdampfungsheizfläche: 196 m² (2110 sq ft)
Überhitzerheizfläche: 80 m² (861 sq ft)
Kesseldruck: 17 kp/cm² (242 psi)
Rostfläche: 4,27 m² (46 sq ft)
Brennstoff (Kohle): 6 t (13500 lb)
Wasser: 20 m³ (4400 Imp gal)
Reibungsgewicht: 55 t (121500 lb)
Gesamtdienstgewicht: 136 t (300000 lb)
Gesamtlänge: 22974 mm (75 ft 4½ in)

Die französische Westbahn war für längere Zeit der Inbegriff eines schlecht geführten, ineffizienten Betriebs. Auch die Übernahme durch den Staat im Jahre 1908 änderte nicht viel daran. Allerdings verstand es die neue Verwaltung wenigstens, vom Jahre 1914 an, einen Bestand von Pazifik-Schnellzugloks aufzubauen, die sich in der Kontruktion an solche der Paris-Orleans-Bahn anlehnten. Der hauptsächliche Unterschied lag in der Verwendung einer runden Feuerbüchsdecke anstelle der Belpaire-Feuerbüchse. Dadurch ergaben sich auch bei dem stark eingeschränkten Lichtraumprofil dieser Bahn genügend große Frontfenster im Führerstand.

Während des 1. Weltkriegs lieferte sogar North British in Glasgow einige dieser Lokomotiven. Nach dem Krieg übernahm die Regierung die Konstruktion als Norm und bestellte 400 Stück bei französischen Firmen. 280 davon gingen an die „Etat", weitere 100 gingen an die „Alsace-Lorraine", die wieder in französische Verwaltung gekommen war. Der Rest ging an die Ost-, Nord- und Paris-Orleans-Bahnen.

1928 begann man unter dem Direktor Raoul Dautry das recht desolate System der „Etat" zu sanieren. Eine vernünftige Maßnahme war der Umbau der 269 nun vorhandenen Pazifik-Lokomotiven nach den Prinzipien von Chapelon, um ihre Wirtschaftlichkeit zu verbessern.

Rechts: *Eine Lok der ehem. Westbahn bei der SNCF als 231-D-722 der Region 3.*

Der Überhitzungsgrad wurde erhöht, die Dampfwege vergrößert und Doppel-Blasrohre eingebaut. Nur 30 Lokomotiven (Reihe 231 G) erhielten außerdem Ventilsteuerungen an allen vier Zylindern. 134 Loks (Reihe 231 F) bekamen auf der Hochdruckseite Ventilsteuerung und auf der Niederdruckseite Doppelkolbenschieber nach Willoteaux. 85 Loks (Reihe 231 H) wurden in bescheidenerem Maße durch Verbesserungen an der Steuerung aufgewertet.

Die Resultate der Umbauten waren ausgezeichnet. Diese Lokomotiven waren vor Expresszügen ebenso zuhause wie zur Kriegszeit vor schweren Zügen aus 22 Wagen mit 2500 Fahrgästen, die auf ebenen Strecken immerhin noch 100 km/h erreichten.

Einen lebhaften Eindruck davon, was es bedeutete, eine dieser Maschinen zu fahren und zu feuern, erhält man in Jean Renoirs Film „La Bête Humaine" aus den 30er Jahren. Zolas Geschichte von Leidenschaft und Blut in bis dahin selten gesehenem Ausmaß kann kaum vom eigentlichen Star ablenken, einer 231 D-Pazifik der „Etat".

Lok 231-D-596 ist für das Eisenbahnmuseum in Mulhouse bestimmt. Auch 231-G-558 blieb erhalten.

Reihe A1 2'C1' Groß-Britannien
Great Northern Railway (GNR), 1922

Zugkraft: 130,9 kN (29385 lb)
Achslast: 20,5 t (45000 lb)
Zylinder ⌀ x Hub:
(3) 508 x 660 mm (20 x 26 in)
Treibrad ⌀: 2032 mm (80 in)
Verdampfungsheizfläche:
272 m² (2930 sq ft)
Überhitzerheizfläche: 49 m² (525 sq ft)
Brennstoff (Kohle):
8 t (1800 lb)
Wasser: 22,7 m³ (5000 Imp gal)
Reibungsgewicht:
61 t (134000 lb)
Gesamtdienstgewicht:
151 t (332000 lb)
Gesamtlänge: 21463 mm (70 ft 5 in)

Der April 1922 war ein Meilenstein in der Geschichte der britischen Eisenbahnen, denn in diesem Monat ging die erste Lokomotive einer neuen Reihe von Pazifiks in Betrieb. Nur wenige Lokomotiven erreichten die Leistungen dieser Lokomotiven und ihrer Weiterentwicklungen. 79 davon wurden von 1921 bis 1934 erbaut und bekamen die ihrer Vorrangstellung angemessenen Bezeichnung „A1".

Diese 2'C1'-Lokomotiven der Great Northern Railway waren das Werk von Nigel Gresley (später Sir Nigel Gresley), der 1911 Lokomotiv-Superintendent der GNR wurde. Gresley war das, was man heute als System-Ingenieur bezeichnen würde, das heißt, er beherrschte eher den Entwurf neuer Gesamtkonzepte als die Detailkonstruktion.

Das Konzept dieser neuen Pazifiks sah vor, daß eine Lokomotive so groß sein mußte, daß sie alle gestellten Aufgaben mit Leichtigkeit erfüllen konnte. Dies sei auf lange Sicht wirtschaftlicher, auch wenn die Anschaffung zu Beginn teurer sei. So kosteten die ersten 10 A1-Loks durchschnittlich 8560 £ im Vergleich zu 6840 £ für die ersten 10 „Castle"-2'C-Lokomotiven der Great Western Railway.

Grundgedanke des Entwurfs war, daß die Einfachheit einer Dampflokomotive ihr großer Vorteil ist. Auch erkannte Gresley wie wichtig es ist, die Kraftwirkungen der hin- und hergehenden Massen möglichst gut auszugleichen. Die kleinste Zahl von Zylindern, bei der dies möglich ist, sind drei Zylinder. Dies bedeutet zwar die Anordnung eines Zylinders zwischen den Rahmenplatten, aber Gresley verwendete eine Steuerung, bei der auch der Schieber des Innenzylinders von außen angetrieben wurde.

Gresley war auch künstlerisch begabt, so gestaltete er seine Lokomotiven mit einem ansprechenden Äußeren. Seine Pazifiks erhielten meist Namen berühmter Rennpferde. Sie haben sich mit Recht einen Platz auf der Liste der berühmtesten Lokomotiven erobert.

Im Gegensatz zur gelungenen Gesamtkonzeption hatten die Pazifiks viele kleine Mängel. Ein schlecht beweglicher „Alles-oder-nichts"-Regler trug in Verbindung mit dem Fehlen von Ausgleichshebeln zwischen der Nachlaufachse und den Treibachsen zum häufigen Schleudern beim Anfahren bei. An Stellen, an denen diese Maschinen regelmäßig mit schweren Zügen anfuhren, mußten die Schienen oft nach wenigen Wochen gewechselt werden, weil die schleudernden Räder sich eingebrannt hatten. Die Lager der inneren Treibstangen liefen regelmäßig heiß, dabei gab es damit bei anderen Bahnen kaum Probleme. Es gab auch so unverzeihliche Konstruktionsfehler wie z. B. Schmierleitungen, zu deren Reparatur der Kessel abgehoben werden mußte. Ein weiteres Problem war die schlechte Sicht aus dem Führerstand durch den Dampf, der entlang dem Kessel strömte.

Ein Grund für die Entstehung dieser Probleme war sicherlich, daß Gresley im Jahre 1923 Chef-Ingenieur der London & North Eastern Railway (LNR) wurde, die durch den Zusammenschluß der Great Northern, Great Eastern, North Eastern, Great Central, North British und etlicher kleiner Bahngesellschaften entstanden war. Er zog nach London um und entfernte sich damit auch geistig von der Lokomotiventwicklung in Doncaster. Verschiedene Verbesserungen der Steuerungen dieser Pazifiks wurden bisher immer Gresley gutgehalten. Erst vor kurzem wurde bekannt, daß diese Veränderungen durch andere, sogar gegen seinen Willen, durchgesetzt wurden.

Anlaß dazu waren Probefahrten der eleganten, aber kleineren 2'C-Lokomotive „Pendennis Castle" der rivalisierenden Great Western Railway auf der LNER im Jahre 1925. Sie erfüllte leicht die Aufgaben der großen Pazifiks, verbrauchte dabei aber 10% weniger Kohle. Den LNER-Leuten war es ein Rätsel, warum die Castle-Reihe so gut war, sie vermuteten den Grund aber in der Geometrie der Walschaerts-Steuerung. Man probierte etwas an den Pazifiks herum, aber ohne Ergebnis. Um nicht das Gesicht zu verlieren, indem man einfach die Konkurrenz um Zeichnungen bat, entschloß man sich zu einer Nacht-und-Nebel-Aktion. Gelegenheit dazu ergab die Anwesenheit einer anderen „Castle" in Darlington bei der Hundertjahrfeier der Stockton & Carlington Railway 1925. Die gesamte Steuerung wurde insgeheim vermessen und Bert Spencer, Gresleys technischer Assistent in Kings Cross, entwickelte daraus eine neue Steue-

Oben: *Museumslokomotive „Flying Scotsman" der Reihe A3 der früheren London & North Eastern Railway verläßt York in Richtung Süden mit einem Sonderzug von Eisenbahnfreunden.*

Unten: *Der „Flying Scotsman" vor dem Umbau von Reihe A1 in Reihe A3, aber schon mit einem Korridortender für lange Durchläufe ausgerüstet.*

Oben: *Der „Flying Scotsman" in voller Fahrt. Der Farbwechsel der Rauchwolke von weiß auf schwarz zeigt, daß gerade Kohle aufgelegt wird.*

rung, die an Lok 2555 „Centenary" ausprobiert wurde. Die Resultate waren erstaunlich; nicht nur die 10% Kohleersparnis der „Castle" wurden erzielt, sondern sogar das Doppelte davon.

Nach anfänglichem Zweifel machte Gresley eine Fahrt auf der „Centenary" mit, zeigte sich dann überzeugt und ordnete den Umbau aller Pazifiks beim nächsten Werkstattaufenthalt an. Man sparte nun auf der Fahrt von Kings Cross nach Newcastle 1½ Tonnen Kohle ein, genau genommen ermöglichte erst diese Ersparnis den störungslosen Durchlauf auf diese Entfernung. Etwa zur gleichen Zeit wurden neue Kessel mit einem erhöhten Kesseldruck von 15,75 kp/cm² eingeführt, teilweise in Kombination mit einem verkleinerten Zylinderdurchmesser. Durch diese Änderungen stieg das Lokgewicht um 6 Tonnen, die Achslast erhöhte sich um 2 Tonnen. Umgebaute Lokomotiven wurden als Reihe „A3" oder auch als Super-Pazifiks bezeichnet.

Der längste planmäßige Lokomotivdurchlauf der Welt wurde mit diesen Lokomotiven gefahren. Ab 1928 bis zum Kriegsbeginn fuhren sie durchgehende Schnellzüge über die 632 km lange Strecke von London nach Edingburgh ohne Zwischenhalt. Besondere Korridortender wurden mit ausgewählten Loks gekuppelt, um einen Personalwechsel während der Fahrt zu ermöglichen. Dazu erhielten die Tenderrückseiten die normalen Übergangsvorrichtungen der LNER-D-Zugwagen.

1935 führte Nr. 2750 „Papyrus" eine Hochgeschwindigkeitsfahrt von London nach Newcastle als Vorbereitung für den neuen „Silver Jubilee"-Express durch, der die Strecke in 240 Minuten fahren sollte. Sie legte die Strecke in der erstaunlichen Zeit von 230 Minuten mit einem Durchschnitt von 112,5 km/h zurück. Auf der Rückreise erreichte sie sogar eine Höchstgeschwindigkeit von 174 km/h. Dies dürfte auch heute noch den Weltrekord für eine nicht stromlinienverkleidete Lokomotive darstellen.

Mit der Inbetriebnahme dieses Zuges kam die stromlinienverkleidete Version der Gresley-Pazifiks in Dienst. Durch sie wurden die unverkleideten Maschinen von Platz 1 in der Zugförderung auf der Ostküstenstrecke verdrängt. Sie hatten aber keine Mühe die Fahrzeiten zu halten, wenn sie für eine Stromlinienlok einspringen mußten. Der 2. Weltkrieg brachte der Strecke entlang der Ostküste 24-Wagen-Personenzüge, die von den A3 und den wenigen verbliebenen A1 ebenso befördert wurden wie Güterzüge. Die schlechtere Werkstättenunterhaltung dieser Zeit brachte allerdings auch die kleinen Konstruktionsmängel mehr zum Vorschein.

Nach dem Krieg und dem Tode Gresleys versuchte man diese Mängel zu beseitigen. Einige Erfolge wurden erzielt, aber weitere wurden verhindert, weil die Hauptwerkstätte sich wenig um Anregungen aus den Betriebswerken kümmerte. Das Aussehen der A3 veränderte sich etwas, als man das Abdampfproblem nach 25 Jahren Bastelei durch den Anbau von Windleitblechen nach deutschem Vorbild löste. Aber auch in den 60er Jahren erkannte man ohne Schwierigkeiten ihre Abkunft von der A1, die 40 Jahre früher in Dienst gegangen war. Der A1-Prototyp war zu dieser Zeit praktisch in eine neue Lokomotive umgebaut worden, eine weitere Maschine wurde 1959 ausgemustert. Ansonsten blieb die Reihe bis 1962 vollständig und verrichtete weiterhin hochwertige Dienste, dann wurden sie recht schnell abgestellt. Schon im Dezember 1965 machte die letzte Gresley-Pazifik der British Railways, die Nr. 60041 „Salmon Trout" ihre letzte Fahrt.

Im Jahre 1934 trugen die Lokomotiven, nach Alter geordnet, die Nummern 4470-81, 2543-99, 2743-97, 2500-08. Nach der zweiten Nachkriegs-Umnummerung waren sie nun Nr. 102-112, 44-100, 35-43. Die Lok 4470 gehörte damals nicht mehr zu dieser Reihe. 1948 addierten die British Railways die Zahl 60000 zur Nummer und nannte sie nun 60035-60112.

Glücklicherweise kaufte ein Eisenbahnfreund namens Alan Pegler eine der berühmtesten Lokomotiven der Reihe (und vielleicht auch der Welt), die „Flying Scotsman". Nach abenteuerlichen Reisen, die sie bis an die Westküste der USA führten, befindet sie sich heute im Steamtown Museum Carnforth und wird regelmäßig vor Sonderzügen auf Strecken der British Railways eingesetzt.

Super-Pazifik 2'C1' Frankreich
Nordbahn, 1923

Achslast: 19 t (41 500 lb)
Zylinder, Ø x Hub/Hochdruck: (2) 440 x 660 mm (17.6 x 26 in) – **Niederdruck:** (2) 620 x 660 mm (24.4 x 26 in)
Treibrad Ø: 1900 mm (74.9 in)
Verdampfungsheizfläche: 249 m² (2680 sq ft)
Überhitzerheizfläche: 57 m² (616 sq ft)
Kesseldruck: 16 kp/cm² (227 psi)
Rostfläche: 3,5 m² (37,5 sq ft)
Brennstoff (Kohle): 7 t (15500 lb)
Wasser: 31,5 m³ (, 0 Imp gal)
Reibungsgewicht: 56 t (122500 lb)
Gesamtdienstgewicht: 160 t (353000 lb)
Gesamtlänge: 21350 mm (70 ft 1 in)

Oben: *Eine Nordbahn „Super-Pazifik" vor der Abfahrt im Pariser Gare du Nord. Diese Lokomotiven zogen lange Jahre die Fährboot-züge wie den „Golden Arrow" zwischen Paris und den Kanalhäfen.*

Wir haben die plötzliche Umwandlung der Pazifiks der Paris-Orleans-Bahn durch André Chapelon von alltäglichen Lokomotiven in die bemerkenswertesten 2'C1'-Lokomotiven aller Zeiten schon besprochen. Eine andere französische Gesellschaft, die Nord, benutzte fast die selben Methoden und kam auch beinahe so weit, aber in mehreren Stufen. Sie begannen mit zwei seltsam aussehenden 2'C2'-Lokomotiven im Jahre 1911, die zeigten, wie man es besser machen sollte.

Bis auf 2 Exemplare waren alle Nord-Pazifiks de Glehn-Verbundloks. Eine Serie von 40 Maschinen wurde 1912-13 geliefert Die damals durchaus gewöhnliche Bauart entstand in Anlehnung an Maschinen der Reichseisenbahnen in Elsaß-Lothringen aus dem Jahre 1908. Der 1. Weltkrieg verhinderte eine rasche Weiterentwicklung.

Im Jahr 1923 lieferte Blanc-Misseron in Lille die ersten 40 „Super-Pazifiks". Verbesserungen in der Dampfführung und eine leicht erhöhte Dampferzeugungsfähigkeit der Kessel machte sie zu bemerkenswerten Lokomotiven, die beiderseits des Kanals für ihre Leistungen vor Zügen wie dem „Golden Arrow" und dem Calais-Mittelmeer-Express gerühmt werden. Dafür spricht auch, daß Hornby, eine britische Spielzeugfirma, die Super-Pazifik und blaue Wagon-Lits-wagen als Vorbild für ihre er-

Reihe P 10 1'D1' Deutschland
Preußische Staatseisenbahn / Deutsche Reichsbahn Gesellschaft

Zugkraft: 179,9 kN (40400 lb)
Achslast: 19,5 t (43000 lb)
Zylinder, Ø x Hub: (3) 520 x 660 mm (20.5 x 26.8 in)
Treibrad Ø: 1750 mm (68.9 in)
Verdampfungsheizfläche: 218,2 m²(2348 sq ft)
Überhitzerheizfläche: 82 m² (883 sq ft)
Kesseldruck: 14 kp/cm²(200 psi)
Rostfläche: 4,07 m² (43.8 sq ft)
Brennstoff (Kohle): 7,0 t (15430 lb)
Wasser: 31,5 m³ (6940 Imp gal)
Reibungsgewicht: 77 t (167000 lb)
Dienstgewicht (ohne Tender): 110,5 t (243500 lb)
Gesamtlänge: 22980 mm (75 ft 5 in)

Oben: *Die erste Lok der Baureihe 39. Diese kraftvolle Lokomotive war eine von mehreren preußischen Bauarten, die die neue Deutsche Reichsbahn Gesellschaft übernahm.*

Nach dem 1. Weltkrieg mußte Deutschland viele Lokomotiven preußischer Bauart, vor allem 2'C-Personenzuglokomotiven der Reihe P8, als Reparation an die Kriegsgegner abgeben. Teil eines Bauprogramms, das diese Verluste ersetzen sollte, war die Neukonstruktion einer schweren Personenzuglokomotive, vor allem für Strecken im Mittelgebirge, auf denen die Leistung der P8 nicht mehr ausreichte. Nachkriegsschwierigkeiten behinderten die Arbeit an dieser neuen Reihe „P10" und so dauerte es bis zum Jahre 1922 bis Borsig das erste Exemplar dieser neuen Type an die inzwischen entstandene Deutsche Reichsbahn Gesellschaft (DRG) liefern konnte.

Obwohl vieles bei diesem Entwurf an die bisherige preußische Lokomotivpraxis erinnert, wird vor allem der Einfluß der „G12" deutlich. Diese dreizylindrige 1'E-Lokomotive wurde vom Jahr 1917 an geliefert, um dem Mangel an leistungsfähigen Güterzugloks im Kriege zu begegnen. Aus Zeitgründen übernahm man damals in den Grundzügen eine Lokomotive, die Henschel für die Ottomanische Eisenbahn gebaut hatte. Dies führte zu wichtigen Neuerungen im preußischen Lokomotivbau, vor allem zum Barrenrahmen und der Belpaire-Feuerbüchse mit einem trapezförmigen Rost über den Treibrädern.

Diese Neuerungen wurden auch bei der P10 beibehalten, die zur Erzielung eines gleichförmigen Drehmoments ebenfalls mit drei Zylindern ausgeführt wurde. Schwierigkeiten machten die größeren Treibräder bei der Unterbringung der Feuerbüchse. Der Rost mußte dreiteilig gebaut werden. Der vordere gerade Teil lag zwischen den hinteren Treibrädern, der zweite Teil verbreitete sich trapezförmig bis zum dritten, wieder geraden Teil des Rostes. Im Vergleich mit herkömmlichen Ausführungen ergab diese nach vorn verlagerte Feuerbüchse eine bessere Gewichtsverteilung der Lokomotive. Die Unterhaltung der mehrfach gebogenen Wände der Belpaire-Feuerbüchse war allerdings problematisch. Dies führte wohl auch dazu, daß diese Bauart in Deutschland nicht mehr angewandt wurde.

Die von der Außensteuerung abgeleitete Bewegung der Innensteuerung wurde zugunsten drei separater Steuerungen aufgegeben, aber als Neuerung wurde die Innensteuerung über eine Umlenkwelle von einer zweiten Gegenkurbel auf der linken Seite betätigt. Eine weitere Neuheit waren die großen Windleitbleche, die von nun an bei allen großen deutschen Lokomotiven verwendet wurden, bis in den 40er Jahren die kleineren Witte-Bleche aufkamen.

Die DRG bezeichnete die P10 als Reihe 39 und beschaffte von 1922 bis 1927 insgesamt 360 Stück. Sie bewährten sich in ganz Deutschland, wenn auch der Einsatz durch die hohe Achslast eingeschränkt war. Mit einer Höchstgeschwindigkeit von 110 km/h waren sie imstande alle vorhandenen Schnellzugdienste zu fahren, bis in den 30er Jahren deren Fahrgeschwindigkeit angehoben wurde. Obwohl als Personenzuglokomotive bezeichnet, benutzte man sie vor fast allen Zuggattungen vom Luxuszug bis zum Güterzug bis zur Ausmusterung der letzten 39 im Jahre 1967.

Nach dem 2. Weltkrieg verblieben die meisten dieser Lokomotiven bei DB und DR. Obwohl die DB erfolgreiche Versuche zur Behebung von Mängeln unternahm, unterblieb ein Umbau der Reihe durch den beginnenden Traktionswechsel. Die mitteldeutsche DR rekonstruierte 85 ihrer 39er mit neuen Kesseln in den Jahren 1958 bis 1962. Die neuen Kessel mit Versten Produkte wählte, die Anspruch auf gewisse Vorbildtreue erhoben.

Die Super-Pazifiks hatten keine Mühe die 296 km von Calais bis Paris mit 550 t-Zügen – manchmal mehr – in 184 Minuten zurückzulegen. Und dies mit mehreren leichten, aber langen Steigungen bis 0,4% und bei einer offiziellen Höchstgeschwindigkeit von 120 km/h. Eine ansprechende braune Lackierung sorgte dafür, daß die Lokomotiven auch so gut aussahen, wie sie liefen.

Weitere Super-Pazifiks wurden 1925 (10) und 1931 (40) gebaut. Sie wichen in Einzelheiten voneinander ab, alle 90 wurden aber als untereinander austauschbar angesehen. Eine schmale Feuerbüchse mit einer Länge von 3580 mm schien den französischen „Chauffeurs" keine Probleme zu bereiten und der Kessel lieferte genügend Dampf für die beiden Hochdruckzylinder. Einige der frühen Maschinen hatten ausgeglichene Flachschieber im Niederdruckteil anstelle der Kolbenschieber. Zwei Lokomotiven besaßen Ventilsteuerung, zwei weitere wurden in Zweizylinderlokomotiven mit einfacher Dampfdehnung und Cossart-Steuerung umgebaut.

Lok Nr. 31280 wurde zeitweise stromlinienverkleidet eingesetzt und befindet sich heute im Museum von Mulhouse. Alle anderen wurden bis 1962 ausgemustert und verschrottet.

brennungskammer, runder Feuerbüchsdecke und Mischvorwärmer machten auch eine Verlängerung des Lokomotivrahmens nötig. Die mittlere Achslast verringerte sich auf 18,5 t. Nach dieser Anpassung an die Einheitslokomotiven wurden sie in die Baureihe 22 umgenummert. Die altersschwachen Fahrwerke führten zur relativ frühen Ausmusterung dieser Reihe. Viele der neuen Kessel fanden aber bei der Rekonstruktion der Baureihe 03 noch Verwendung.

Die P10 war der Höhepunkt preußischer Lokomotiventwicklung, aber sie bildet auch den Übergang zu den Einheitslokomotiven der DRG. Die 39184 wird im Werksmuseum der Firma Linke-Hofmann-Busch in Salzgitter erhalten.

Reihe E1/D1 2B' Großbritannien
South East & Chatham Railway (SECR), 1919

Oben: *2'B-Lokomotive Nr. 31687, Reihe E1 der British Railways, eine Lok der früheren Southern Railway, verläßt Folkstone Junction mit einem Eilzug nach London.*

Zugkraft: 79,9 kN (17950 lb)
Achslast: 17,5 t (38000 lb)
Zylinder, ⌀ x Hub: (2) 483 x 660 mm (19 x 26 in)
Treibrad ⌀: 1981 mm (78 in)
Verdampfungsheizfläche: 119 m² (1726 sq ft)
Überhitzerheizfläche: 21 m² (228 sq ft)
Kesseldruck: 12,7 kp/cm² (180 psi)
Rostfläche: 2,2 m² (24 sq ft)
Brennstoff (Kohle): 4,5 t (10000 lb)
Wasser: 15,7 m³ (3450 Imp gal)
Reibungsgewicht: 34 t (75000 lb)
Gesamtdienstgewicht: 93 t (204000 lb)
Gesamtlänge: 16834 mm (55 ft 2¾ in)

Auf einer Reise von London nach Paris konnte man kaum größere Gegensätze erleben als die Super-Pazifiks der französischen Nordbahn und die kleinen 2'B-Lokomotiven der South-East & Chatham Railway, mit denen in den frühen 20er Jahren die Fahrt in London begann. Ein Grund dafür lag in der Größe der Wagen. Ein Pullman-Luxuswagen eines SECR-Zuges konnte 16 Fahrgäste bei einem Wagengewicht von 32 t befördern. Dieselben Personen fuhren auf der anderen Seite des Kanals in Schlafwagen erster Klasse von 40 t und mehr, bei durchschnittlich 12 Plätzen pro Waggon. Derselbe Unterschied galt auch für die niedrigeren Klassen. So konnte aus einem 300 t-Schiffszug auf der englischen Kanalseite ohne weiteres ein 500 t-Zug in Frankreich werden.

Trotz der leichteren Züge hatte die SECR nach dem 1. Weltkrieg ein Problem. DIe Fährschiffzüge fuhren nicht mehr vom Charing Cross-Bahnhof ab, sondern vom Victoria-Bahnhof. Die dort abgehende Strecke der ehemaligen London, Chatham & Cover Railway hatte starke Gewichtsbeschränkungen, die verhinderten, daß hier die stärkste 2'B-Lokomotive, Reihe L der SECR, eingesetzt werden konnte. Neue Lokomotiven oder neue Brücken kamen damals nicht in Frage. So entschloß sich Lokomotiv-Superintendent Richard Maunsall zu einer Verbesserung von schon etwas betagten, aber schönen 2'B-Lokomotiven seines Vorgängers Harry Wainwright, die man als „Chapelon-Behandlung" bezeichnen könnte.

Das Ergebnis dieses Umbaus war eine nicht mehr ausgesprochen schöne, aber doch noch ansehnliche Lokomotive. Die erste so behandelte Lokomotive war die Nr. 179 der Reihe E. Sie erhielt eine neue Feuerbüchse mit einem um 13% vergrößerten Rost, die Kesselmitte wurde dabei um 178 mm angehoben, um der Feuerbüchse auch eine größere Tiefe zu geben. Kolbenschieber mit einem größeren Hub und eine vergrößerte Überhitzerheizfläche trugen ihren Teil dazu bei, daß aus einer guten eine hervorragende Maschine wurde. Nach dem Erfolg dieses Umbaus wurden 31 weitere 2'B-Lokomotiven der Reihen E und D bei Beyer Peacock und in den eigenen Bahnwerkstätten rekonstruiert. Sie erhielten daraufhin die Reihenbezeichnungen E1 und D1.

Obwohl 2'C-Lokomotiven der Southern Railway diese Loks bald vor den Schiffszügen ersetzten, bewährten sie sich bei anderen Einsätzen sehr gut. Vor den allsommerlichen Ferienzügen und bei anderen Sondereinsätzen konnte man sie bis zum Jahre 1958 erleben. Ihren Abschied von hochwertigen Diensten nahmen sie 1938, als sich der London-Paris-Schlafwagenzug, der neu eingeführt wurde, mit einigen schweren Stahlwagen, die mehr als 45 t wogen, als zu schwer für eine „Lord Nelson"-Lokomotive erwies. Statt dessen wurde dieser beste Zug der Southern Railway nun von zweien dieser 2'B-Lokomotiven gezogen – ein wahrlich imposanter Anblick.

Castle-Reihe 2'C

Großbritannien
Great Western Railway (GWR), 1923

Zugkraft: 140,85 kN (31625 lb)
Achslast: 20,25 t (44500 lb)
Zylinder, ⌀ x Hub: (4) 406 x 660 mm (16 x 26 in)
Treibrad ⌀: 2045 mm (80½ in)
Verdampfungsheizfläche: 190 m² (2049 sq ft)
Überhitzerheizfläche: 24,4 m² (263 sq ft)
Kesseldruck: 15,8 kp/cm² (225 psi)
Rostfläche: 2,81 m² (30.3 sq ft)
Brennstoff (Kohle): 6 t (13500 lb)
Wasser: 18 m³ (4000 Imp gal)
Reibungsgewicht: 60 t (133500 lb)
Gesamtdienstgewicht: 129 t (283500 lb)
Gesamtlänge: 19863 mm (65 ft 2 in)

Oben: *Die Great Western Railway ehrte ihren Erbauer mit dieser „Castle" in der Farbgebung von 1935.*

Als Chefkonstrukteur Churchward von der GWR seine erste Lokomotive der „Saint"-Reihe bauen ließ, die auf bewährten amerikanischen Konstruktionen basierte, beschaffte er auch aus Frankreich Vierzylinder-Verbundlokomotiven, System de Glehn, mit dem Namen „La France". Dieses elegante französische Erzeugnis wurde eingehend erprobt und mit der Zwei-Zylinder-Ausführung verglichen. Man kam zur Auffassung, daß die Verbundbauweise nicht genug Vorteile brachte, um diese komplizierte Bauart zu rechtfertigen, aber die lauftechnischen Vorteile dieser Bauform, sollten weiter untersucht werden. Deshalb baute man 1906 eine Vier-Zylinder-Atlantik (2'B1') mit einfacher Dampfdehnung und dem gleichen Kesseltyp „No.1", wie ihn die „Saint" hatte. Dies war die Lokomotive Nr. 40 (später 4000) „North Star".

Der hauptsächliche Vorteil eines Vier-Zylinder-Antriebs ist, daß es möglich ist, die Triebwerkskräfte völlig auszugleichen. Bei einer Zwei-Zylinder-Lokomotive ist dies nur unvollständig möglich. Außerdem verteilen sich die Triebkräfte auf die doppelte Anzahl von Stangen und Lagern, so daß die einzelnen Teile nur mit der Hälfte der Kräfte belastet werden. Nachteilig sind natürlich die höheren Kosten für die Herstellung durch die größere Zahl der Teile und die gekröpften Achsen und vor allem die schlechte Zugänglichkeit der neuen Triebwerke bei Wartung und Reparaturen.

Dies wurde bei Churchward noch dadurch verstärkt, daß er jeweils zwei Zylinder einer Seite mit nur einer Walschaertsteuerung ausrüstete und diese seltsamerweise den Blicken entziehen wollte, indem er auch den Steuerungsantrieb nach innen verlegte. Dadurch wurde der Mechanismus innerhalb der Rahmenwangen überaus kompliziert. Die „North Star" selbst hatte eine eigenartige Form einer „Scheren"-Steuerung, bei der die Steuerung einer Seite vom Kreuzkopf der jeweils anderen Seite angetrieben wurde. Dies ergab zwar etwas einfacherere Verhältnisse innerhalb des Rahmens, dafür kam es zu Patentstreitigkeiten mit R. M. Deeley von der Midland Railway.

Zwei weitere Verbundloks aus Frankreich wurden beschafft, bis es gelang die Verbundfrage endgültig zu entscheiden. Immerhin baute man in dieser Zeit weitere 10 „Star"-Lokomotiven. 1908 folgte eine weitere Serie von 10 Stück, benannt nach Rittern („Knights"). 1909 erschienen 10 Maschinen mit den Namen von Königen („Kings"), die nicht mit der „King"-Baureihe von 1927 zu verwechseln sind. 1910 und 1911 wurden weitere 10 nach Königinnen („Queens") benannte Lokomotiven in Dienst gestellt. Das Jahr 1913 brachte 5 Prinzen („Princes"), 1914 gab es 15 neue Prinzessinnen („Princesses"). Zu guter Letzt baute man 1922-23 121 Lokomotiven, die Namen von Abteien („Abbeys") erhielten. Trotz der verschiedenartigen Namensgebung werden alle diese Lokomotiven der „Star"-Klasse zugerechnet.

In der Zwischenzeit hatte sich Churchward zur Ruhe gesetzt und sein Nachfolger Charles Collett ordnete den Entwurf einer vergrößerten „Star"-Lokomotive an, um die zwischenzeitlich von 18½ auf 20 t erhöhte zulässige Achslast auszunutzen. Man hoffte, den kürzlich eingeführten Kesseltyp Nr. 7 der 1'D-Lokomotiven „47xx" für gemischten Dienst, verwenden zu können. Da sich ein entsprechender Entwurf als zu schwer erwies, entwickelte man einen neuen Kessel, Typ Nr. 8. Der

Unten: *Lok Nr. 5094 „Tretower Castle" in voller Fahrt vor einem Schnellzug von Bristol nach Paddington. Diese prächtigen Lokomotiven waren die Grundlage des Schnellzugdienstes der GWR.*

Rest der neuen, „Castle" genannten Lokomotiven stammte von der alten „Star"-Reihe ab, lediglich der Zylinderdurchmesser war um 25,4 mm (1 in) vergrößert worden. Liebhaber der GWR-Lokomotiven beeindruckte das vergrößerte, aber immer noch dürftig bemessene Führerhaus mit seinen Seitenfenstern.

Die erste „Castle", Nr. 4073 „Caerphilly Castle", erschien im August 1923 und wurde gleich nach der letzten „Star", Nr. 4072 „Tresco Abbey", eingereiht. Die zweite Lok, Nr. 4074 „Caldicot Castle", untersuchte man eingehend auf ihren Kohlenverbrauch. Danach präsentierte Collett in einem Vortrag auf der Welt-Energie-Konferenz das Ergebnis, nämlich einen durchschnittlichen Verbrauch von 1,28 kg Kohle pro PS-h Zughakenleistung. Dies nahmen die anderen Lokomotivkonstrukteure mit großer Skepsis auf, die schon glücklich waren, wenn sie Werte von 1,8 kg pro PS-h erreichten. Offensichtlich war die GWR der Konkurrenz weit voraus. Ein wesentlicher Faktor war die Bemessung der Steuerung, die hier sehr niedrige Füllungsgrade ermöglichte. Dadurch konnte ohne die Kompliziertheit des Verbundantriebs die Expansionsarbeit des Dampfes in ähnlicher Weise ausgenutzt werden.

Die zehnte „Castle" war im Jahre 1924 gerade fertig geworden, als König George V und Königin Mary die Fabrik in Swindon besuchten. So erhielt Nr. 4082 den Namen „Windsor Castle", den man sicher für diesen Zweck zurückgehalten hatte. „Seine Majestät" persönlich fuhr die Lokomotive für ein kurzes Stück. Eine Messingtafel an der Führerhausseite erinnerte künftig an diese Begebenheit. Nr. 4082 behielt diese Tafel viele Jahre lang. Unglücklicherweise war sie beim Tode des Königs im Jahr 1952 gerade in Reparatur. Man befestigte die Beschriftung an Lok 7013 „Bristol Castle", die für den Beerdigungszug die Rolle der königlichen Lokomotive. Es war wohl eine recht naive Annahme der Verwaltung, daß man dies geheim halten könne, aber dieses Verwechslungsspiel war leicht zu durchschauen, denn Unterschiede der beiden Maschinen waren leicht festzustellen. Der Aufruhr, den Anhänger der GWR daraufhin in der britischen Presse veranstalteten, war der noch jungen, aber vielen verhaßten Britischen Staatsbahn sehr unangenehm.

Bei dieser Reihe hielt man sich bei der Namensgebung meist an den Namen der Klasse. Glücklicherweise hatte die stürmische Vergangenheit des Gebietes der Great Western für einen ausreichenden Vorrat an Burgennamen gesorgt. Trotzdem gab es Ausnahmen, wie 15 umgebaute „Star"-Loks (eigentlich zwei „Sterne", ein „Ritter", zwei „Königinnen" und zehn „Abteien"), außerdem nannte man eine Anzahl nach angesehenen Grafen, nachdem die hochwohlgeborenen Herrschaften sich darüber beschwert hatten, daß ziemlich kleine und altertümliche Lokomotiven ihre Namen trugen. Im 2. Weltkrieg erhielten 12 Stück Namen berühmter Flugzeuge und weitere Loks erinnerten an Isambard Kingdom Brunel, Sir Daniel Gooch, G. J. Churchward und andere Persönlichkeiten.

Zur Zeit ihrer Einführung war die „Castle"-Reihe die stärkste Lokomotive des Landes, obwohl sie nicht die größte war. Zweifel an ihrer Leistungsfähigkeit wurden bei Versuchsfahrten 1925-26 beseitigt, bei denen die „Castle" die schwierigsten Leistungen auf der LNER und LMS mit Leichtigkeit vollbrachte, während deren Lokomotiven auf der GWR dazu nicht imstande waren. Zu den Aufgaben der „Castle" gehörte der „Cheltenham Flyer", der in einer Zeit von 65 Minuten die 124 km von Swindon zum Paddington-Bahnhof in London fuhr, für einige Zeit der schnellste Zug der Welt. Am 6. Juni 1932 legte die „Tregenna Castle" diese Strecke in 56¾ Minuten zurück, entsprechend einer Durchschnittsgeschwindigkeit von 131,5 km/h, auch dies blieb für einige Zeit ein Weltrekord.

Oben: *Museumslokomotive Nr. 7029 „Clun Castle" wird vom Eisenbahnmuseum Birmingham vor Sonderzügen auf britischen Hauptstrecken eingesetzt.*

Die „Castle"-Reihe war imstande, schwerste Züge zu befördern. Der berühmte „Cornish Riviera Limited" hatte bis zu 15 Wagen von 21 m Länge auf der beileibe nicht einfachen Strecke von Paddington nach Plymouth, bei einer Durchschnittsgeschwindigkeit von 88 km/h auf den 363,3 km. Viele Jahre hindurch war dies die längste ohne Halt gefahrene Strecke des Landes. Es wurden zwar im Verlauf der Fahrt dreimal Wagen für Unterwegsbahnhöfe abgekuppelt, eine britische Spezialität, aber dafür weist das letzte Stück Steigungen bis 2,7% auf.

Die 171te und letzte „Castle", Nr. 7037 „Swindon" erschien erst 1950, zu einer Zeit, als die ersten der Reihe schon ausgemustert waren. In der Zahl 171 sind die 15 „Star"-Umbauten enthalten, außerdem eine Lok, Nr. 111 „Viscount Churchill", die einmal der Außenseiter der GWR-Lokomotiven war. Sie entstand aus Churchwards 2'C1'-Lok „The Great Bear". Diese älteren „Castles" verschwanden auch als erste. In den Jahren 1957 bis 1960, also einige Zeit nachdem die GWR 1948 Teil der Britischen Eisenbahnen geworden war, modernisierte man eine Anzahl der Lokomotiven. Sie erhielten größere Überhitzer und Doppelblasrohre. Die Ergebnisse waren hervorragend, aber die beginnende Verdieselung verhinderte, daß sich dies noch genügend auswirken konnte.

Die große Ausmusterungswelle begann 1962, die letzte „Castle" machte ihre Abschiedsfahrt vom Plandienst im Juli 1965. Aber dies war nicht das Ende ihrer Geschichte. Es spricht für das große Ansehen dieser Reihe, daß sieben Lokomotiven erhalten blieben. Das Museum für Wissenschaft und Technik hatte nur Platz für eine Lokomotive, die das Beste im modernen britischen Dampflokbau veranschaulichen sollte. Man wählte Nr. 4073 „Caerphilly Castle", die erste der Reihe. Sie ist auch die einzige moderne Lokomotive, die bisher auf einer britischen Briefmarke abgebildet wurde.

Drei der erhaltenen „Castles" sind zur Zeit betriebsfähig, Nr. 7029 „Clun Castle" im Eisenbahnmuseum Birmingham, Nr. 5051 „Drysllwyn Castle" im Dampfzentrum Didcot der Great Western Society und letztendlich an einem so abgelegenen Ort in Australien, daß man die Adresse am besten mit 20°45' südl. Länge und 116°10' östl. Breite angibt, die Lok Nr. 4079 „Pendennis Castle".

Reihe 424 2'D Ungarn
Ungarische Staatsbahn (MAV), 1924

Zugkraft: 174,94 kN (39280 lb)
Achslast: 14,5 t (32000 lb)
Zylinder, Ø x Hub:
(2) 600 x 660 mm (23,6 x 26 in)
Treibrad Ø: 1606 mm (63¼ in)
Verdampfungsheizfläche:
207 m² (2230 sq ft)
Überhitzerheizfläche: 58 m² (624 sq ft)
Kesseldruck: 14 kp/cm² (200 psi)
Rostfläche: 4,45m² (48 sq ft)
Brennstoff (Kohle):
9 t (20000 lb)
Wasser: 21 m³ (4620 Imp gal)
Reibungsgewicht: 58,5 t (129000 lb)
Gesamtdienstgewicht: 143 t (315000 lb)
Gesamtlänge: 13 334 mm (68 ft 10¾ in)

Es spricht Bände für die Vorzüge dieser hervorragenden Lokomotive, daß sie über einen Zeitraum von 32 Jahren gebaut wurde und inzwischen seit 59 Jahren in Dienst steht. Wie so oft, beruht auch ihr Erfolg hauptsächlich auf der einfachen und robusten Bauweise in der Stephensonschen Tradition. Das Ungewöhnlichste an ihnen ist die Achsanordnung mit dem führenden Drehgestell und einem hohen Anteil des Reibungsgewichts am Gesamtgewicht. Die Achsfolge 2'D, in Nordamerika auch „Mastodon" genannt, scheint eigentlich für schwere Schnellzüge geradezu prädestiniert zu sein, aber sie wurde sehr selten angewendet. Im Falle der Reihe 424 ermöglichten die großzügigen Abmessungen der ungarischen Fahrzeugbegrenzungslinie die Anordnung einer breiten Feuerbüchse über dem letzten Kuppelradsatz. Dieser erhielt ein Seitenspiel von 25 mm, um den Kurvenlauf zu erleichtern.

Die 424er waren „Mädchen für alles", sie fuhren Expreßzüge, Vorortzüge und auch Güterzüge mit gleicher Leichtigkeit. Im Vorortverkehr verwendete man sie auch als Wendezuglok. Dabei konnte der Lokführer die Lokomotive über eine Druckluftsteuerung bedienen.

Die Konstruktion basiert auf einem nicht gebauten Entwurf für eine 1'D-Lokomotive aus dem Jahr 1915. Der Brotankessel dieses Vorgängers wurde durch die gewöhnliche Bauart ersetzt. Die erste Serie von 27 Lokomotiven lieferten die Budapester Staatswerkstätten. Im Laufe des 2. Weltkriegs baute man weitere 218 Stück. Die letzten 120 Loks stammen aus den Jahren 1955-56. Sie erhielten fortlaufend die Nummern 424001 bis 424365, aber nicht alle dieser Maschinen fuhren gleichzeitig in Ungarn. Einige blieben 1945 in Jugoslawien, andere fuhren einige Zeit in der Sowjetunion, bis sie an die MAV zurückgegeben wurden. Der Entwurf wurde auch in der Slowakei im 2. Weltkrieg und in Nordkorea nachgebaut. Auch heute noch ist eine größere Zahl bei der MAV im Bestand.

Rechts: *2'D-Lokomotive Nr. 424075 der Ungarischen Staatsbahn vor einem Personenzug.*

Reihe 241 A 2'D1' Frankreich
Ostbahn (Est), 1925

Achslast: 19 t (42000 lb)
Zylinder, Ø x Hub
- **Hochdruck:** (2) 450 x 720 mm (17¾ x 28½ in)
– **Niederdruck:** (2) 660 x 720 mm (26 x 28½ in)
Treibrad Ø: 1950 mm (76¾ in)
Verdampfungsheizfläche:
216,9 m² (2335 sq ft)
Überhitzerheizfläche: 92,5 m² (996 sq ft)
Kesseldruck: 16 kp/cm² (228 psi)
Rostfläche: 4,4 m² (47,7 sq ft)
Reibungsgewicht:
75 t (165000 lb)
Gesamtlänge: 26 275 mm (86 ft 2½ in)
Die Daten des Tenders sind nicht bekannt.

Das deGlehn-Verbundsystem ließ sich nicht nur auf die schon vorgestellten 2'C1'-Lokomotiven anwenden. Die erste 2'D1'-Schnellzuglokomotive mit deGlehn-Anordnung war die 41 001 der französischen Ostbahn, einer Bahn, die Paris mit Städten wie Chalons-sur-Marne, Nancy, Belfort und Strasbourg verbindet. Die Lokomotive entstand in den Bahnwerkstätten in Epernay. Nach 4 Jahren Erprobung beschaffte die „Est" 41 weitere, verbesserte Lokomotiven für den erstklassigen Schnellzugdienst. Bald danach erhielt auch die Staatsbahn (Etat) 49 dieser schönen Maschinen, die nach der Verstaatlichung aller französischen Bahnen im Jahre 1938 zu ihren Schwestern in der neuen Region 1 der SNCF kamen.

1933 führte man auf der Nordbahn umfangreiche Erprobungen verschiedener Lokomotiven durch. Zu den Aufgaben gehörte auch die Beförderung des „Golden Arrow"-Expreßzuges zwischen Paris und Calais, dessen Gewicht mit zusätzlichen Wagen auf 650 t erhöht wurde. Die Ostbahn und die PLM stellten 2'D1'-Lokomotiven zur Verfügung, während die Paris-Orleans-Midi eine ihrer berühmten 2'C1'-Umbauten schickte. Die Ostbahnmaschinen erlitten Rahmen-

Unten: *Zwei Ansichten der 241A der französischen Ostbahn. Links sieht man die 241-A-68 der SNCF-Region 1, also der ehem. Ostbahn. Die rechte Aufnahme zeigt Lok 241-008 in der ursprünglichen Ausführung.*

schäden und zeigten einen höheren Kohleverbrauch als die P-O-Loks. Resultat dieser Vesuchsfahrten für die Ostbahn war der Ankauf einiger P-O-2'C1'-Umbaulokomotiven und der Umbau der eigenen 2'D1'-Maschinen nach Chapelons Richtlinien. Bei einem Mehrgewicht von 6 t erreichten die verbesserten Lokomotiven eine Zylinderleistung von 3700 PS, eine Steigerung um 40%. Dabei verringerte sich der Kohleverbrauch um etwa 15%. Interessantes Konstruktionsmerkmal war ein sechsstrahliges Blasrohr mit einstellbarer Blaswirkung. Dies war eine weitere Kontrollmöglichkeit für die Leistung der Lokomotive neben den zwei Reglern, zwei Umsteuerungen und dem Anfahrventil.

Der Prototyp dieser Reihe 241-A-1, die frühere 41 001, wurde mustergültig restauriert und kann im Eisenbahnmuseum von Mulhouse besichtigt werden.

Reihe 4300 2'D1'

USA
Southern Pacific Railroad (SP), 1923

Zugkraft: 254,3 kN (51 100 lb)
Achslast: 28 t (61 500 lb)
Zylinder, Ø x Hub: (2) 711 x 762 mm (28 x 30 in)
Treibrad Ø: 1867 mm (73½ in)
Verdampfungsheizfläche: 423 m² (4552 sq ft)
Überhitzerheizfläche: 108 m² (1162 sq ft)
Kesseldruck: 14,8 kp/cm² (210 psi)
Rostfläche: 7 m² (75 sq ft)
Brennstoff (Öl): 18 m³ (4000 Imp gal)
Wasser: 60 m³ (13300 Imp gal)
Reibungsgewicht: 112 t (246 000 lb)
Gesamtdienstgewicht: 277,5 t (611 000 lb)
Gesamtlänge: 29794 mm (97 ft 9 in)

Oben: *Die 2'D1'-Lokomotive Nr. 4330 der Southern Pacific. Die Zahl 51 auf der Anzeigetafel neben dem Schlot ist die Zugnummer.*

Die 2'D1'-Lokomotiven nannte man nach ihrem hauptsächlichen Einsatzgebiet auf Gebirgsstrecken auch „Mountain-Type". An ihnen kann man gut den Unterschied von Zugkraft und Leistung erkennen. Lokomotiven mit einer hohen Zugkraft bezeichnet man oft als leistungsfähig, dies ist aber irreführend. Die 2'D1' wurde aus der 2'C1' entwickelt. Die zusätzliche Treibachse sorgt für eine höhere Zugkraft, die Leistungsfähigkeit hängt aber von der Dampfmenge ab, die der Kessel erzeugen kann. Und diese war auch weiterhin durch den beschränkten Platz für die Feuerbüchse über der Nachlaufachse begrenzt. Erst die spätere Anwendung von zwei Nachlaufachsen ergab hier eine Besserung.

Um Steigungen zu erklimmen ist eine hohe Zugkraft unbedingt notwendig, eine große Leistung aber nur wünschenswert. Beides war der Southern Pacific wichtig, deren Züge bei Sacramento den Gebirgszug der Sierras überwinden müssen, ein Anstieg von beinahe Seehöhe auf eine Paßhöhe von 2099 m bei einer Streckenlänge von 128 km.

So ließ die SP 1923 eine Serie von 2'D1'-Lokomotiven von AlCo bauen. Sie entsprachen der damals in den USA üblichen Bauweise, bemerkenswert war der Vanderbilt-Tender mit seinem zylindrischen Wassertank. Ein zustäzlicher Hilfsantrieb an der Nachlaufachse (booster) ermöglichte es, beim Anfahren die Zugkraft um etwa 44kN zu steigern, solange der Dampf dafür ausreichte.

Eigenheiten der SP auch bei diesen Lokomotiven waren die Ölfeuerung und die Halterung für die Stirnlampe auf der unteren Hälfte der Rauchkammertür. Die Reihe von 77 Maschinen war sehr erfolgreich, alle späteren Serien erbauten die SP-Werkstätten in Sacramento. Einige der frühen Lokomotiven besaßen kleinere vierachsige Tender anstelle der normalen sechsachsigen Bauart. Leider blieb keine dieser Lokomotiven erhalten.

Baureihe 01 2'C1'

Deutschland
Deutsche Reichsbahn Gesellschaft (DRG), 1926

Zugkraft: 158,6 kN (35610 lb)
Achslast: 20,1 t (44300 lb)
Zylinder, ∅ x Hub:
(2) 600 x 660 mm (23,6 x 26,0 in)
Treibrad ∅: 2000 mm (78,7 in)
Verdampfungsheizfläche:
247,3 m^2 (2661 sq ft)
Überhitzerheizfläche: 85,0 m^2 (915 sq ft)
Kesseldruck: 16 kp/cm^2 (228 psi)
Rostfläche: 4,41 m^2 (47,5 sq ft)
Brennstoff (Kohle): 10,0 t (22000 lb)
Wasser: 34 m^3 (7500 Imp gal)
Reibungsgewicht: 59,2 t (130500 lb)
Dienstgewicht (ohne Tender): 109 t (240000 lb)
Gesamtlänge: 23940 mm (78 ft 6 in)
Die Daten beziehen sich auf die Lokomotiven ab Nr. 01077

Oben: *Eine 01 der DB mit der Dampffahne vor dem Schornstein, die den Neubaukessel kennzeichnet.*

Unten: *Die 01204 der DR befindet sich trotz moderner Computer-Check-Nr. (Endziffer) noch weitgehend im Originalzustand.*

Nach Gründung der Deutschen Reichsbahn Gesellschaft (DRG) bemühte man sich um den Bau vereinheitlichter Lokomotiven, um den mannigfaltigen Lokomotivpark aus der Länderbahnzeit zu bereinigen. 1922 beschloß der Engere Ausschuß für Lokomotiven die Einrichtung eines Vereinheitlichungsbüros bei Borsig unter der Leitung von August Meister. Lokbaudezernent der DRG wurde zu dieser Zeit Dr. R. P. Wagner, der von der Preußischen Staatsbahn kam. Unter seinem Einfluß entstand ein Programm von 12 Einheitstypen, stark beeinflußt vom preußischen Lokomotivbau. Abweichend von der dortigen Praxis berücksichtigte man dabei auch den Verbrauch schlechterer Kohlesorten und den Einsatz auf schwierigen Strecken in Mittel- und Süddeutschland. Die Einheitslokomotiven erhielten dafür eine größere Rostfläche als ihre preußischen Vorgänger. Bei den Lokomotiven mit einer Nachlaufachse ließ man unter der Feuerbüchse genügend Raum für einen freien Zutritt der Verbrennungsluft und die leichte Reinigung des Aschkastens, wie dies Maffei schon seit einiger Zeit bei süddeutschen Lokomotiven praktiziert hatte.

Man hatte damals begonnen, die Hauptstrecken für eine Erhöhung der Achslast von 18 auf 20 t zu verstärken. Die ersten der neuen Schnellzuglokomotiven mit der Achsfolge 2'C1' wurden daher für eine Achslast von 20 t ausgelegt. Das Betriebsprogramm sah die Beförderung eines Zuges von 800 t mit 100 km/h in der Ebene und von 500 t mit 50 km/h auf einer Steigung von 10‰ vor. Als Höchstgeschwindigkeit wurden 120 km/h bestimmt.

Die 139 Pazifiks, die die DRG von süddeutschen Bahnen übernahm, waren bis auf 10 Stück, Vierzylinder-Verbundlokomotiven. Von dem Garbe-Schüler Wagner beeinflußt, sah das Einheitsprogramm eigentlich nur Zweizylinder-Heißdampflokomotiven vor. Der Druck der süddeutschen „Verbundvertreter" erreichte wenigstens den Bau einiger Verbundlokomotiven zu Vergleichszwecken.

Die Erfahrung der süddeutschen Ingenieure wurde aber nicht in Anspruch genommen, so daß die Verbundkonstruktion nicht sonderlich glückte. Die mangelhafte Ausbildung der Dampfwege minderte ihre Chancen bei dem anstehenden Vergleich der Systeme, zur Freude Wagners, der damit die angebliche Überlegenheit der Zweizylindermaschinen beweisen konnte.

Je 10 Lokomotiven wurden mit zwei Zylindern als Reihe 01 und mit Vierzylinder-Verbundtriebwerk als Reihe 02 durch die Firmen Borsig und AEG geliefert und an die Betriebswerke Erfurt P, Hamm und Hof zur Erprobung gegeben. Im großen Ganzen waren ihre Leistungen gleich, so daß die DRG, wie beabsichtigt, die einfachere 01 für den Serienbau bevorzugte. Spätere Erfahrungen mit Verbundlokomotiven in Frankreich (Chapelon) und auch mit den Mitteldrucklokomotiven der DRG, Reihe 04 und 24 haben gezeigt, daß Wagner mit seiner Ablehnung der Verbundbauart unrecht hatte.

Obwohl die 01 also im Grunde

eine einfache Lokomotive war, stattete man sie mit allen damals üblichen Hilfseinrichtungen aus. Vor dem Schlot lag der charakteristische Wärmetauscher der Speisewasservorwärmung. Die Verwendung einer runden Feuerbüchsdecke war eine Abkehr von der jüngsten preußischen Bauweise (Reihe P10). Zu einer Zeit, als viele Lokomotivingenieure die Feuerbüchsen durch Verbrennungskammern verlängerten, sah Wagner eine fast gerade Feuerbüchsvorderwand vor. Er hielt den erhöhten Erhaltungsaufwand einer Verbrennungskammer für nicht gerechtfertigt, auch der zylindrische Kessel war in dieser Länge ungewöhnlich.

Die äußere Erscheinung der Lokomotiven war von Preußen beeinflußt, aber die vielen sichtbaren Leitungen und Zusatzeinrichtungen erinnerten etwas an nordamerikanische Bauarten. Auf dem Kessel saßen von vorne gesehen, ein Speisedom, ein Sanddom und der Reglerdom. Wie die meisten deutschen Lokomotiven der letzten Jahre hatten auch die Einheitsloks einen Barrenrahmen. Durch ihren großen Abstand von der letzten Kuppelachse trug die Nachlaufachse eine höhere Achslast als die Treibachsen.

Der langsame Fortschritt bei der Erneuerung der Hauptstrecken für die Achslast von 20 t behinderte den Einsatz der neuen Pazifiks. Trotzdem wurden bis 1938 231 Stück gebaut, hinzu kamen noch 10 weitere durch den Umbau der Reihe 02 in die Normalausführung.

Nach ersten Erfahrungen änderte man den Zylinderdurchmesser von ursprünglich 650 mm bei späteren Serien, ab 01 077, auf 600 mm. Die Kesselrohre wurden von 5800 mm auf 6800 mm verlängert, die Rauchkammer entsprechend gekürzt. Stahlfeuerbüchsen ersetzten die Kupferausführung, zur Erhöhung der Höchstgeschwindigkeit von 120 auf 130 km/h wurden die Bremseinrichtungen verstärkt und die vorderen Laufräder von 850 auf 1000 mm vergrößert.

Zwischenzeitlich, im Jahre 1930, erschien eine leichtere Pazifik, die Reihe 03 mit einer Achslast von 18 t, da die schwere 01 nicht überall eingesetzt werden konnte. 1937 erhöhte die DRG die allgemeine Geschwindigkeitsgrenze von 100 km/h auf 120 km/h. Erst jetzt konnten 01 und 03 ihre Schnelligkeit zeigen. Wie auch immer, schon in diesem Jahr gab es 58 Züge täglich, die eine Reisegeschwindigkeit von 97 km/h und mehr erreichten, die meisten davon mit Einheitslokomotiven.

Versuchsweise baute Krupp 1932 zwei Vierzylinder-Verbund-Pazifiks der Reihe 04. Sie entsprachen leistungsmäßig der Reihe 03, der Kessel dieser sogenannten Mitteldruckloks produzierte aber Dampf mit einem Druck von 25 kp/cm². Der hohe Druck und die dadurch bedingte hohe Dampftemperatur brachten viele Probleme mit sich, die nicht alle zufriedenstellend gelöst werden konnten. Trotz des inzwischen auf 20 kp/cm² herabgesetzten Kesseldrucks explodierte 1939 der Kessel der einen, auf 02102 umgenummerten Lokomotive wegen Ermüdung des Materials. Darauf wurde auch die andere Maschine, nun 02101, ebenfalls abgestellt und ausgemustert. Weitergehende Versuche verhinderte der Kriegsbeginn.

Beim Bau weiterer Schnellzuglokomotiven ab 1939 berücksichtigte man die Erfahrungen mit den 2'C2'-Versuchslokomotiven der Baureihe 05. Um die Höchstgeschwindigkeit auf 140 km/h anzuheben, ging man zur Erhöhung der Laufruhe auf ein Dreizylinder-Triebwerk über und verkleidete die Maschinen stromlinienförmig. Von 1939 bis 1941 entstanden 55 Lokomotiven der Reihe 01^{10} und 60 der leichteren 03^{10}. Der Rest der bestellten 250 bzw. 140 Maschinen wurde zugunsten kriegswichtigerer Güterzuglokomotiven storniert. Abgesehen von den zwei DB-Neubaulokomotiven der Baureihe 10, waren dies die letzten neugebauten Schnellzugdampflokomotiven Deutschlands.

Bei der Teilung Deutschlands verblieben der westlichen DB 171 und der mitteldeutschen DR 70 Lokomotiven der Reihe 01. Davon wurden später bei der DB 55 und bei der DR 35 Maschinen mit neuen Kesseln ausgerüstet. Die DB tauschte die großen „Wagner"-Windleitbleche gegen die kleineren, aber genauso effektiven „Witte"-Leitbleche. Einige büßten auch die vordere schräge Umlaufverkleidung ein. Die nicht rekonstruierten Lokomotiven der DR behielten bis zu ihrem Ende ihr ursprüngliches Aussehen.

Die DB musterte ihre letzten Exemplare der Reihe 01 im Jahre 1973 aus. Die DR-Lokomotiven nahmen von 1977 an einige Male Abschied, um später doch wieder zu fahren, wenn auch ihre Zahl beständig abnahm. Auch 1981/82 kamen sie noch vereinzelt zum Einsatz. Darüber hinaus blieben einige dieser bewährten Pazifiks für Sonderfahrten in Ost und West erhalten.

Oben: *Die Baureihe 03, hier 03180 der DR, ist eine leichtere Version der 01. Die gezeigte Lok besitzt schon einen DR-Neubaukessel mit Mischvorwärmer, der von einer Reko-lok der Reihe 22 stammt.*

Unten: *Die Zeichnung zeigt eine 01 in DB-Ausführung mit Witte-Windleitblechen und zurück verlegten Pumpen, gekuppelt mit dem kurzen Tender der Bauart 2'2T30.*

King Arthur Klasse 2' C

Großbritannien
Southern Railway (SR), 1925

Zugkraft: 112,8 kN (25320 lb)
Achslast: 20,4 t (45000 lb)
Zylinder, ⌀ x Hub:
(2) 521 x 711 mm (20½ x 28 in)
Treibrad ⌀: 2007 mm (79 in)
Verdampfungsheizfläche:
174,5 m² (1878 sq ft)
Überhitzerheizfläche: 31,3 m² (337 sq ft)
Kesseldruck: 14,1 kp/cm² (200 psi)
Rostfläche: 2,8 m² (30 sq ft)
Brennstoff (Kohle):
5 t (11000 lb)
Wasser: 22,7 m³ (5000 Imp gal)
Reibungsgewicht: 61 t (134500 lb)
Gesamtdienstgewicht: 141 t (310500 lb)
Gesamtlänge: 20244 mm (66 ft 5 in)

Diese Ritter der Drehscheibe erhielten ihre Namen nach den Legenden um König Arthurs Tafelrunde. Die wohlklingenden Namen verdeckten ihre Mittelmäßigkeit, wie dies sicher auch bei König Arthurs Rittern der Fall war. Trotzdem leisteten die Träger dieser Namen – wohl in beiden Fällen – durchaus wertvolle Dienste.

1923 wurde Richard Maunsell zum Chefkonstrukteur der neuen Southern Railway bestellt, die aus dem Zusammenschluß der London & South Western, London Brighton & South Coast und South East &

Oben: *Lok Nr. 30804 „Sir Cador of Cornwall" der British Railways, eine King Arthur der früheren Southern Railway, verläßt Bromley, Kent, mit einem London-Ramsgate Zug.*

Lord Nelson Klasse 2'C

Großbritannien
Southern Railway (SR), 1926

Zugkraft: 149,2 kN (33500 lb)
Achslast: 20,9 t (46000 lb)
Zylinder, ⌀ x Hub: (4)
419 x 610 mm (16½ x 24 in)
Treibrad ⌀: 2007 mm (79 in)
Verdampfungsheizfläche:
185 m² (1989 sq ft)
Überhitzerheizfläche: 35 m² (376 sq ft)
Kesseldruck: 15,5 kp/cm² (220 psi)
Rostfläche: 3,1 m² (33 sq ft)
Brennstoff (Kohle): 5 t (11000 lb)
Wasser: 22,7 m³ (5000 lb)
Reibungsgewicht: 63 t (139000 lb)
Gesamtdienstgewicht: 142,5 t (314000 lb)
Gesamtlänge: 21279 mm (69 ft 9¾ in)

Als 1926 die Southern Railway Nr. 850 „Lord Nelson" erschien, wurde sie als kräftigste Lokomotive des Landes bezeichnet. Grundlage für diese Behauptung war die für die Bemessung der Leistungsfähigkeit nicht maßgebliche Zugkraft. Sicher ist nur, daß die Werbeabteilung der SR eine der tüchtigsten war. „Lord Nelson" war der Prototyp einer Reihe von 16 noblen Lokomotiven mit den Nummern 850 bis 865, die nach berühmten Seemännern vergangener Tage benannt wurden. Sieben der Maschinen erschienen 1928, acht weitere 1929. Wenn nun ein moderner Eroberer zu fernen Zielen, wie Moskau, Istanbul, Bombay, Monte Carlo oder gar Le Touquet aufbrach, konnte ihn „Sir Francis Drake" oder auch „Sir Walter Raleigh" auf den Weg bringen.

Die „Lord Nelson"-Klasse entstand aus dem Bedürfnis nach einer stärkeren Maschine als der „King Arthur"-Type, die auch schwere Fernzüge fahren und Verspätungen leichter einholen konnte. Die Bahnbauabteilung überzeugte man davon, daß der bessere Massenausgleich einer Mehrzylinderlokomotive die Erhöhung der Achslast möglich machte. Resultat der Entwicklungsarbeit war eine großartige, aber recht komplizierte 2'C-Lokomotive mit Vierzylinder-Triebwerk und einer Belpaire-Feuerbüchse mit großer Rostfläche.

Bemerkenswert war, daß die Treibkurbeln um 135° anstatt der üblichen 90° versetzt waren, um ein gleichförmigeres Drehmoment zu erhalten. Ein eigenartiger Effekt war die deshalb verdoppelte Anzahl von acht Auspuffschlägen pro Radumdrehung. Im Betrieb stellte sich heraus, daß sich durch die fehlenden Schüttelbewegungen die Kohle im Tender nicht mehr während der Fahrt von selbst nach vorn bewegte, wie dies sonst üblich war. So mußten die Heizer der „Lord Nelsons" am Ende eines anstrengenden Dienstes auch noch die Kohlen von Hand hervorholen.

Dabei war der Dienst des Heizers auf diesen Lokomotiven schon anstrengend genug, denn im Gegensatz zum gleichmäßig geneigten Rost der „King Arthur"-Klasse hatte der Rost hier hinten einen waagerechten Teil. Dort mußte die Kohle sorgfältig verteilt werden, in den schrägen Vorderteil der Feuerbüchse mußte sie dafür mit viel Schwung geschaufelt werden, da auch hier die Kohle nicht wie sonst von selbst nach vorne rutschte. Dabei war der Rost mit 3200 mm länger als bei „King Arthur" mit 2743 mm.

Wenn man also erreichen wollte, daß die Lokomotive gut Dampf machte, mußte sehr sorgfältig gefeuert werden. War das der Fall, liefen die „Lord Nelson" vorzüglich; wenn nicht, dann konnte es schon einmal zur größten Schande einer

Chatham-Bahnen entstand. Der Zustand des von ihm bisher betreuten SECR-Lokomotivparks war recht gut, bei den anderen hatte er verständliche Zweifel.

Die LSWR fuhr die Schnellzüge in den Westen des Landes mit ihren Spitzenmaschinen, 20 2'C-Lokomotiven der Reihe N15. Ihr Grundkonzept war eine einfache Bauweise mit zwei großen Außenzylindern (559 x 711 mm), Außensteuerung und einem geraden Kessel mit einer runden Feuerbüchsdecke. Da die LSWR keine Wassertröge besaß, aus denen während der Fahrt der Wasservorrat ergänzt werden konnte, kuppelte man sie mit großen Drehgestelltendern. Sie liefen recht passabel, aber nach SECR-Vorstellungen nicht besonders gut. Daher sah Maunsell einige Verbesserungen für diese Bautype vor.

Die Zylinder der neu zu bauenden Lokomotiven erhielten Schieber und Steuerungen nach Art der umgebauten 2'B-Lokomotiven der Reihe E1 der SECR. Eine direktere Dampfführung und größere Überhitzer sowie ein verbesserter Achskasten, der eine bessere Verbrennung ermöglichte, waren weitere Verbesserungen. Ein junger Mann, John Elliot, aus der Werbeabteilung schlug die Namen vor. Die erste im Februar 1925 von den LSWR-Werkstätten in Eastleign gelieferte Lokomotive Nr. 453 hieß „King Arthur", im März gefolgt von „Queen Guinevere", „Sir Lancelot" und acht anderen Maschinen mit Ritternamen. Die 20 älteren Lokomotiven wurden ebenfalls umgebaut. Sie erhielten verwandte Namen wie „Excalibur", „Camelot" und „Morgan le Fay".

Gleichzeitig orderte die SR weitere 30 Stück bei der North British Locomotive Co (NBL) in Glasgow. Im folgenden Jahr baute Eastleigh noch einmal 14 Loks für die Zentralregion der SR, die frühere LBSCR. Sie hatten kleinere dreiachsige Tender mit 16 m³ Wasser. Dies waren nun 74 „King Arthur"-Maschinen, die alle wichtigen Schnellzugleistungen der Southern Railway übernahmen, bis 1927 die erste „Lord Nelson"-Lokomotive erschien.

Die Strecke, auf der „King Arthur" und seine Ritter am häufigsten den Kampf – gegen den Fahrplan – aufnahmen, war die Berg- und Talbahn von Salisbury nach Exeter. Hier schaffte es „Sir Balin", Nr. 768, an einem Tag des Jahres 1934 bei einer planmäßigen Fahrzeit von 96 Minuten, trotz einer Zuglast von 65 t über den normalen 420 t, noch 6 Minuten Verspätung aufzuholen. Dabei erreichte der Zug bei Axminster eine Geschwindigkeit von 139 km/h. Sogar Geschwindigkeiten von 145 km/h stellten Beobachter bei anderen Gelegenheiten fest.

Vielleicht die bemerkenswerteste Fahrt machte eine dieser Lokomotiven, Nr. 777 „Sir Lamiel", im Jahr 1936. Die 134 km von Salisbury bis Waterloo legte sie mit einer Zuglast von 345 t in 72¾ Minuten bei einer Reisegeschwindigkeit von 111 km/h zurück und holte dabei noch 17½ Minuten Verspätung ein.

Daher war es nur angemessen, daß die „King Arthur"-Lokomotive, die das Nationale Eisenbahnmuseum erhielt, eben diese Nr. 777 war. Diese Reihe wurde schon zu einer Zeit außer Dienst gestellt, als die Erhaltung von Dampflokomotiven noch nicht zur Besessenheit geworden war, deshalb wurde keine von privater Seite aufgehoben. Das Sprichwort „Glücklich ist ein Land ohne Geschichte", traf auf diese Reihe zu. Abgesehen von einem Herumprobieren mit verschiedenen Tendertypen, blieben sie bis zu ihrem Ende praktisch unverändert.

Unten: *Lok Nr. 772 „Sir Percivale" in der hellgrünen Southern Railway-Farbgebung, die 1938 das olivgrün aus den 20er Jahren ablöste.*

Oben: *Museumslokomotive Nr. 850 „Lord Nelson", wieder in den Farben der Southern Railway, bei einer Sonderfahrt im Jahre 1980.*

Lokmannschaft kommen. Der Zug blieb auf der Strecke mit Dampfmangel liegen. Da es nur 16 dieser Maschinen gab, dauerte es sehr lange, bis sich die meisten Heizer überhaupt an sie gewöhnt hatten.

In den späten 30er Jahren löste man das Probelm der Kohleverteilung durch die verstärkte Saugwirkung eines Lemaitre-Vielfachblasrohres. Doppelblasrohre hatten vorher mit zwei Lokomotiven zu keinem Erfolg geführt. Die Kohlenbehälter der Tender wurden ebenfalls verändert, damit die Kohle auch bei einer „Lord Nelson" nicht mehr im hinteren Teil liegen blieb. Abgesehen davon hatten die Konstrukteure ihr Handwerk verstanden, sogar das komplizierte Innentriebwerk war weniger anfällig als erwartet.

Am 10. April 1927 fuhr man versuchsweise einen auf 16 Wagen erweiterten „Atlantic Coast Express", der Kurswagen für 6 Zielorte in Devon und Cornwall enthielt. Man wählte einen Sonntag, denn der überlange Zug blockierte im geschäftigen Waterloo-Bahnhof etliche Gleiszufahrten. Trotz allem konnte die normale Fahrzeit von 197 Minuten für die 275 km lange Strecke bis Exeter gehalten werden. Eingeschlossen waren dabei Halte in Salisbury und Sidmouth Junction, sowie Behinderungen durch Wochenendbauarbeiten. Letztendlich führte aber die geringe Zahl der „Lord Nelsons" dazu, daß man diese Züge nicht regelmäßig fahren konnte.

Die Lokomotive „Lord Nelson" überlebte die Ausmusterung und wurde in die Sammlung des nationalen Eisenbahnmuseums aufgenommen. Sie läuft heute wieder zur Freude der Dampflokfreunde vor Sonderzügen. Aber auch jetzt kommt es noch vor, daß sie ihre unversöhnliche Art an Heizern ausläßt, die glauben, sie wären ihr Meister.

Reihe XC 2'C1' Indien
Indian Railways Standard (IRS), 1927

Zugkraft: 136,4 kN (30625 lb)
Achslast: 19,75 t (43500 lb)
Zylinder, Ø x Hub: (2)
584 x 711 mm (23 x 28 in)
Treibrad Ø: 1880 mm (74 in)
Verdampfungsheizfläche:
226 m² (2429 sq ft)
Überhitzerheizfläche: 59 m² (636 sq ft)
Kesseldruck: 12,7 kp/cm² (180 psi)
Rostfläche: 4,75 m² (51 sq ft)
Brennstoff (Kohle): 14,3 t (31500 lb)
Wasser: 27,25 m³ (6000 Imp gal)
Reibungsgewicht: 59,5 t (130000 lb)
Gesamtdienstgewicht: 178 t (392000 lb)
Gesamtlänge: 23203 mm (67 ft 1 ½ in)

Die Geschichte der indischen 2'C1'-Lokomotiven ist nicht sonderlich glücklich gewesen. Nach dem 1. Weltkrieg bestand die Absicht, in Zukunft billigere, aber schlechtere indische Kohle zu verwenden. Dafür wurde eine Reihe von Lokomotiven mit breiten Feuerbüchsen entwickelt. Für den Personenzugdienst entstanden eine leichte, eine mittlere und eine schwere 2'C1'-Lokomotive. Diese Reihen XA, XB und XC hatten Achslasten von 13,17 und 19,5 t. Sie folgten der bisherigen britischen Praxis; die meisten wurden von der Vulcan Foundry in Newton-le-Willows, Lancashire gebaut.

Nach den erstklassigen Erfahrungen mit den schon besprochenen „BESA"-2'C-Lokomotiven erwartete man auch die Neuankömmlinge voller Hoffnung. Aber leider konnten sie überhaupt nicht befriedigen. Sie machten schlecht Dampf und liefen so unruhig, daß es schon gefährlich war. Die Steuerungsdiagramme sahen auf dem Papier gut aus; keiner wußte, warum sie dann so schlecht liefen. Darüber hinaus neigten sie auch noch zu Rissen von Kessel und Triebwerk.

Keines dieser Probleme war grundlegend, so geschah nichts bis eine „XB" 1937 bei Bihta entgleiste, ein Unfall, der viele Opfer forderte. Endlich untersuchten französische und britische Ingenieure die Lokomotivkonstruktion und regten einige kleine Änderungen an, die schon lange möglich gewesen wären, wenn sie nicht die träge Bürokratie verhindert hätte. So hatte man in den elf vergangenen Jahren schon 284 dieser Lokomotiven in Dienst genommen!

Bei der Aufteilung Britisch-Indiens im Jahre 1947 erhielt Pakistan etwa 60 IRS-Pazifiks. Indien verblieben 76 XAs, 81 XBs und 50 XCs. 1957 wurden alle indischen Lokomotiven einheitlich numeriert, die Pazifiks erhielten die Nummern 22001-76 (XA), 22101-81 (XB) und 22201-50 (XC).

In untergeordneten Diensten überlebten einige von ihnen noch lange. Die letzte wurde erst 1981 außer Dienst gestellt.

Rechts: *XB-Lokomotive Nr. 22104 gehört zur mittleren Ausführung der IRS-Pazifiks.*

Reihe S 2'C1' Australien
Victorian Government Railways (VGR), 1928

Zugkraft: 183 kN (41100 lb)
Achslast: 24 t (53000 lb)
Zylinder, Ø x Hub: (3)
521 x 711 mm (20½ x 28 in)
Treibrad Ø: 1854 mm (73 in)
Verdampfungsheizfläche:
290 m² (3121 sq ft)
Überhitzerheizfläche: 59 m² (631 sq ft)
Kesseldruck: 14 kp/cm² (200 psi)
Rostfläche: 4,7 m² (50 sq ft)
Brennstoff (Kohle): 8,5 t (18500 lb)
Wasser: 59 m³ (13000 Imp gal)
Reibungsgewicht: 72 t (158000 lb)
Gesamtdienstgewicht: 226 t (497500 lb)
Gesamtlänge: 26060 mm (85 ft 6 in)

Oben: *Eine noch unverkleidete Lokomotive der Reihe S, Nr. S300, der Victorian Government Railways.*

Die Victorian Government Railways erbauten 1928 diese großen 2'C1'-Lokomotiven für ihre wichtigsten Züge zwischen Melbourne und der Grenze zu New South Wales in Albury, auf der Strecke nach Sidney. Für dieses beschränkte Einsatzgebiet reichten vier Lokomotiven aus, da die hohe Achslast eine Verwendung auf anderen Strecken ausschloß. Sie gehören zu den wenigen australischen Lokomotiven mit Dreizylinder-Triebwerk. Die Schieber der Außenzylinder hatten Walschaertsteuerung, der Innenzylinder einen Steuerungsantrieb nach Gresley-Holcroft, wie er auch bei der London & North Western Railway verwendet wurde. Ja, mit ihrer runden Feuerbüchsdecke und den Führerhausdoppelfenstern erinnerten diese australischen Maschinen tatsächlich an die LNER-Pazifiks. Nicht sichtbar war allerdings ein völlig unbritischer Stahlguß-Barrenrahmen.

1937 erhielten die Lokomotiven eine blaue Stromlinienverkleidung, die zu den neuen Stahlwagen des „Spirit of Progress"-Expreßzuges paßte. Neue große sechsachsige Tender ermöglichten ihnen, die meist ebene, 307 km lange Strecke von Melbourne nach Albury in 220 Minuten zurückzulegen. Die Reisegeschwindigkeit von 83 km/h mag mäßig erscheinen, aber auch die heutigen Diesellokomotiven sind nur 8 Minuten schneller.

Später erhielten die Lokomotiven Namen berühmter Männer aus der Geschichte Victorias. So hieß die

S300 nun „Matthew Flinders", S301 „Sir Thomas Mitchell", S302 „Edward Henty" und S303" „C.J. Latrobe". Sie gehörten zu den ersten Opfern der Verdieselung. Vor dem „Spirit of Progress" wurden sie schon 1952 abgelöst. Bis 1954 waren sie alle ausgemustert.

Oben: *Die verkleidete Pazifik S302 „Edward Henty" mit dem klimatisierten Schnellzug „Spirit of Progress" von Melbourne nach Albury.*

Reihe Hv2 2'C

Finnland
Staatsbahn (VR), 1922

Oben: *Die finnische 2'C-Lokomotive Nr. 758 der Reihe Hv. Diese Maschine in Oulu besitzt einen großen Funkenfängerschlot.*

Zugkraft: 90,7 kN (20373 lb)
Achslast: 13 t (29000 lb)
Zylinder, Ø x Hub: (2) 510 x 600 mm (20¼ x 23½ in)
Treibrad Ø: 1750 mm (68¾ in)
Verdampfungsheizfläche: 110 m² (1185 sq ft)
Überhitzerheizfläche: 31 m² (333 sq ft)
Kesseldruck: 12 kp/cm² (171 psi)
Rostfläche: 2 m² (20,2 sq ft)
Brennstoff (Kohle, Holz): 5 t (11000 lb)
Wasser: 14,3 m³ (3150 Imp gal)
Reibungsgewicht: 38,5 t (85000 lb)
Gesamtdienstgewicht: 87 t (192000 lb)
Gesamtlänge: 15814 mm (51 ft 10½ in)

Finnlands Dampflokomotiven waren sehr hoch gebaut, sehr ansehnlich, sehr charakteristisch und sehr dünn gesät, denn das große Land ist nicht sehr dicht besiedelt. Viele wurden mit dem überall vorhandenen Birkenholz gefeuert und trugen deswegen große Funkenfänger, die ebenso an den „Wilden Westen" erinnerten, wie die Kuhfänger, die hier eher Elch- oder Rentierfänger waren.

Diese 2'C-Lokomotiven der Reihen Hv2 und Hv3 wurden in den 20er und 30er Jahren gebaut. Bis zum Erscheinen der ersten Pazifiks 1937 waren sie die vorrangigen Schnellzuglokomotiven der Finnischen Staatsbahn, wie ihre Klassenbezeichnung angibt. Der zweite Buchstabe „v" kennzeichnet die Achslast in einem Bereich von 11 bis 14 t. Dies ist nicht die unterste Achslastgruppe der VR. Einige Strecken dieses 1524 mm-Breitspurnetzes verlangten noch leichtfüßigere Lokomotiven.

Ein interessantes Konstruktionsdetail waren die Druckausgleichventile, erkennbar an einer Ausbuchtung der Zylinderseite, die für ein leichtes Rollen ohne Dampf sorgten. Obwohl nach dem 1. Weltkrieg entworfen, hatten sie noch durchgehende Kolbenstangen. Vor dem Führerhaus saß eine luftbetätigte Glocke. Die Stephensonsche Einfachheit der Konstruktion hatte eine elektrische Beleuchtung der Lokomotive nicht verhindert. Der Unterschied zwischen Hv2 und Hv3 war nur ein größerer Drehgestelltender der Hv3 anstelle der üblichen dreiachsigen Bauart.

Die ersten im Land gebauten Hv2-Lokomotiven kamen 1922 von Lokomo, Tampere, nachdem Schwartzkopff in Deutschland 1919 schon 15 Stück geliefert hatte. Lok Nr. 680, gebaut von Lokomo 1940, wird vom Technischen Museum in Helsinki erhalten.

Unten: *Hv3 Nr. 782 mit einem Personenzug. Ihr Funkenfänger wurde durch ein einfaches Drahtgitter auf dem Schlot ersetzt.*

Royal Scot Klasse 2'C

Großbritannien
London Midland & Scottish (LMS), 1927

Zugkraft: 147,6 kN (33150 lb)
Achslast: 21 t (46000 lb)
Zylinder, ⌀ x Hub: (3) 457 x 660 mm (18 x 26 in)
Treibrad ⌀: 2057 mm (81 in)
Verdampfungsheizfläche: 172 m² (1851 sq ft)
Überhitzerheizfläche: 34,1 m² (367 sq ft)
Kesseldruck: 17,6 kp/cm² (250 psi)
Rostfläche: 2,9 m² (31,25 sq ft)
Brennstoff (Kohle): 9 t (20000 lb)
Wasser: 18 m³ (4000 lb)
Reibungsgewicht: 62 t (137000 lb)
Gesamtdienstgewicht: 142 t (312000 lb)
Gesamtlänge: 19787 mm (64 ft 11 in)

Oben: *Museumslokomotive Nr. 6115 „Scots Guardsman" nähert sich Chinley mit einem Sonderzug im November 1978.*

Die „Royal Scots" waren eine weitere bemerkenswerte Reihe, die es schaffte, mehr als 30 Jahre in hochwertigen Diensten zu verbleiben. Allerdings wird diese Leistung durch einen Umbau nach der Hälfte ihrer Dienstzeit etwas geschmälert, denn dabei wurden die Lokomotiven fast völlig erneuert. In der Mitte der 20er Jahre hatte die noch neue LMS keine einzige Lokomotive, die allein imstande war, den besten Zug der Bahn zu befördern. Diesen 10-Uhr-Expreßzug von London nach Glasgow namens „Royal Scot" bespannten vom Euston Bahnhof bis Carnforth je eine 2'C und 2'B-Lokomotive der früheren LNWR. In Carnforth übernahmen ihn dann zwei Midland-2'B-Maschinen.

Eine ausgeliehene Great Western „Castle" zeigte im Oktober 1926 eindringlich, daß es auch anders ging. Angeblich erkundigte sich die LMS sogleich nach der Liefermöglichkeit von 25 „Castles" für den Sommerfahrplan 1927. Statt dessen erging aber eine Bestellung über 50 große 2'C-Lokomotiven an die North British Locomotive Co (NBL) in Glasgow erst im Februar 1927. Obwohl dadurch die erste Lokomotive für den Sommerverkehr zu spät erschien, waren schon im November alle abgeliefert.

Ihre drei Zylinder hatten separate Walschaertsteuerungen. Der zylindrische Kessel mit der Belpaire-Feuerbüchse wurde so groß gebaut, wie es die Fahrzeugbegrenzung gerade noch zuließ. Sie hatten zwar keine besonderen Neuerungen, aber die Maschinen gehörten zum Besten, was der damalige Lokomotivbau hervorbrachte. Sie erfüllten alle vorgesehenen Aufgaben, ohne Anstände – sehr zur Bewunderung von Eisenbahnern und Eisenbahnfreunden.

25 der Lokomotiven erhielten Regimentsnamen, die anderen 25 die Namen früherer Lokomotiven. Im Laufe der Zeit wurden auch sie auf Namen britischer Regimenter umgetauft.

Kleinere Probleme mußten korrigiert werden, so wurden die Kolbenschieber durch Abnutzung so undicht, daß der Dampfverbrauch um die Hälfte ansteigen konnte. Ein Unfall in Leighton Buzzard im Jahr 1931 wurde darauf zurückgeführt, daß Abdampf die Sicht des Lokführers auf die Signale behindert hatte. Rasch wurden alle mit Windleitblechen nach Art der Southern Railway ausgestattet. Im Jahre zuvor hatten die Bahnwerkstätten in Derby der früheren Midland Railway weitere 20 Lokomotiven der „Royal Scot"-Klasse gebaut. Diesmal stammten nicht alle Namen aus der Armee, nämlich „The Royal Air Force", „The Girl Guide" und „The Boy Scout".

Diese Zeit ist für Experimente zur Verbesserung des thermischen Wirkungsgrades der Dampflokomotive bekannt. Man versuchte ähnlich hohe Drücke und Dampftemperaturen anzuwenden, wie sie schon bei stationären Anlagen und Schiffsantrieben üblich waren. Die LMS bestellte bei der NBL eine Lokomotive ähnlich der „Royal Scot", aber mit einem Schmidt-Hochdruckkessel, der Dampf von 325°C bei einem Druck von 126 kp/cm² erzeugte. Damit wurde weiterer Dampf mit einem Druck von 63 kp/cm² in einem separaten Kreislauf erzeugt. Dieser Dampf trieb drei Zylinder in Verbundanordnung, einen Hochdruck- und zwei Niederdruckzylinder, die in der üblichen Weise angeordnet waren. Zusätzlich erhielten die Niederdruckzylinder auch noch Dampf von 17,5 kp/cm² Druck aus einem weiteren Teil der komplizierten Dampferzeugungsanlage. Diese Lokomotive erhielt den Namen „Fury" (Furie) und sie machte ihrem Namen, leider, alle Ehre. Dampf bei 325°C kann sehr unangenehm werden. Als im Februar 1930 in Carstairs ein Feuerrohr brach, starb ein Mann, ein anderer wurde schwer verletzt. Nach diesem Unglück wurde die unbefriedigende Versuchslokomotive abgestellt.

1933 schickte die LMS eine Lokomotive derr „Royal Scot"-Klasse und einen kompletten Wagenzug zur Weltausstellung von Chicago. Zu diesem Zweck tauschte man den

Namen dieser Lokomotive gegen die Schilder der „Royal Scot" aus. Der Ausstellungszug befuhr danach noch einen großen Teil des nordamerikanischen Kontinents auf einer 17700 km langen Reise, die ihn unter anderem nach Montreal, Denver, San Francisco und Vancouver führte.

Unterdessen erschien ein neuer Chef der Lokomotivabteilung bei der LMS. William Stanier kam von der Great Western Railway, die zu dieser Zeit den höchsten Stand der britischen Lokomotiventwicklung verkörperte. Von Staniers Neuerungen betrafen vier direkt die „Royal Scot"-Klasse. Erstens verringerte er die Zahl der häufigen Heißläufer durch neue Achslager nach GWR-Ausführung von jährlich 80 auf 7. Zweitens rüstete er alle Lokomotiven der Reihe mit neuen größeren Tendern aus, wie sie auch andere neue Lokomotiven der LMS erhielten. Drittens benutzte er Teile der „Fury" für den Bau einer Lokomotive namens „British Legion". Sie unterschied sich von den bisherigen durch einen neuen konischen Kesseltyp, der Vorbote weitergehender Umbauten war. Viertens lösten die neuen Stanier 2'C1'-Lokomotiven die „Royal Scots" bei den hochwertigen Leistungen ab.

Den „Royal Scots" begann man langsam die harte Arbeit anzumerken, die sie bisher geleistet hatten. Normalerweise hätte man jetzt Reparaturen durchführen müssen, die fast so teuer wie ein Neubau waren. Man entschied sich für einen Umbau mit den neuen konischen Kesseln, um sie an die anderen Stanier-Maschinen anzugleichen. Der Umbau schloß neue Zylinder, bei vielen auch neue Rahmen und sogar neue Radsterne ein. Nur die Tender, Führerhäuser und die Namensschilder blieben bei ihnen die alten.

Die erste Umbaulokomotive, Nr. 6103 „Royal Scots Fusilier" erschien 1942 in einem schwarzen Anstrich ohne Zierlinien. Die letzte kam erst 1955 aus der Werkstatt. Eine Änderung, die technisch unbedeutend, aber für die Öffentlichkeit auffallend war, bestand in dem Wechsel von einer hochtönenden Midland-Pfeife zu einer tiefen Pfeife der Caledonian Railway.

Der Umbau war ein großartiger Erfolg. Die neuen Maschinen ertrugen anstandslos hohe Geschwindigkeiten, schwere Zuglasten und die wartungsmäßige Vernachlässigung der Kriegs- und Nachkriegsjahre. Nach dem Krieg ernteten sie nur Ruhm. 1948, kurz nach der Verstaatlichung führte die neue „British Railways" Lokomotivversuche durch, bei denen sich die „Royal Scots" besonders hervortaten.

Obwohl von der maschinentechnischen Seite gut vorbereitet, gibt der umfangreiche Versuchsbericht viele Hinweise auf fehlende Kooperation von seiten des Betriebs und der Verwaltung. So beruhten vergleichende Kohleverbrauchswerte auf einer Fahrt von Carlisle nach Euston mit dem „Royal Scot"-Expreß, der dabei 27mal vor Signalen und in Bahnhöfen halten mußte. Ähnliches geschah auf vielen Versuchsfahrten durch die Gedankenlosigkeit der Betriebsaufsicht, die zuließ, daß ein langsamer Zug vorneweg fuhr.

Wenigstens stellte sich heraus, daß die „Royal Scot"-2'C-Lokomotiven imstande waren, jeden britischen Expreßzug zu fahren und dies auch noch wirtschaftlicher als die größeren und teureren 2'C1'-Lokomotiven, deren Nennleistung höher war. Viele Beobachter waren davon überrascht, aber es mag auch zeigen, daß diese Versuche nie ernst genommen wurden. Der einzig gültige Schluß aus ihnen war, daß eine 2'C1'-Lokomotive nicht leistungsfähiger als eine 2'C sein konnte, solange sie von Hand gefeuert wurde.

Die 70 „Royal Scots" verschwanden recht bald zu Beginn der Verdieselung. Als erste wurde die BR Nr. 46139 (ex LMS 6139) „The Welch Regiment" im Oktober 1962 abgestellt. Die letzte, BR Nr. 46115 „Scots Guardsman" fuhr bis Januar 1966 und wurde dann an einen Mr. Bill verkauft. Heute kann man sie im Dampfzentrum von Dinting, bei Manchester, und manchmal auch auf der Strecke bewundern. Im Mai 1980 nahm sie an der „Rocket 150 Cavalcade" in Rainhill teil. Nr. 6100 „Royal Scot" blieb uns ebenfalls und kann in Alan Blooms Dampfzentrum in Bressingham besichtigt werden.

Oben: *Nr. 6129 „The Scottish Horse" in der Nachkriegsfarbgebung der LMS.*

Unten: *Nr. 46103 „Royal Scots Fusilier" der British Railways vor dem „Thames-Clyde-Express". Hinter der Lokomotive läuft ein Pferdetransportwagen.*

Reihe A 2'D2'

USA
Northern Pacific Railroad (NP), 1926

Zugkraft: 274,4 kN (61 600 lb)
Achslast: 29,5 t (65000 lb)
Zylinder, ∅ x Hub: (2) 711 x 762 mm (28 x 30 in)
Treibrad ∅: 1854 mm (73 in)
Verdampfungsheizfläche: 433 m² (4660 sq ft)
Überhitzerheizfläche: 185 m² (1992 sq ft)
Kesseldruck: 15,8 kp/cm² (225 psi)
Rostfläche: 10,7 m² (115 sq ft)
Brennstoff (Kohle): 22 t (48000 lb)
Wasser: 58 m³ (12500 Imp gal)
Reibungsgewicht: 118 t (260000 lb)
Gesamtdienstgewicht: 335,5 t (739000 lb)
Gesamtlänge: 32125 mm (105 ft 4⅜ in)

Endlich kommen wir zu den „Königen unter den Lokomotiven", der größten Achsanordnung, die die Schnellzuglokomotiven in Einrahmenbauart erreichten. 96 Jahre dauerte die Entwicklung von der Achsfolge A1 zur 2'D2', die im Jahre 1927 bei mehreren Bahnen fast gleichzeitig auftauchte. Die 2'D2'-Lokomotiven der Northern Pacific Railroad schlugen die anderen mit ihrem Erscheinungstermin um eine Nasenlänge, nach ihnen wurde der Typ „Northern" genannt. Die Canadian National Railway versuchte 1927 für ihre 2'D2'-Loks den Namen „Confederation" durchzusetzen, genauso erfolglos wie die Delaware, Lackawanna & Western mit ihrer Bezeichnung „Pocono". Andere Gründungsmitglieder im Verein der 2'D2'-Besitzer, der auf mehr als 40 Mitglieder anwachsen sollte, waren die Atchison, Topeka & Santa Fe und die Südaustralische Bahn.

Grund für die Entstehung dieser Achsanordnung war das Mißverhältnis zwischen der möglichen Zugkraft und der Leistungsfähigkeit des Kessels der 2'D1'-Loks durch die in der Größe beschränkte Rostfläche über der Nachlaufachse. Hinzu kam bei der Northern Pacific die Verwendung von in ihrem Verkehrsgebiet abgebauter „Rosebud"-Braunkohle mit einem besonders hohen Ascheanteil. Der Wunsch nach einer besonders großen Feuerbüchse führte daher zwangsläufig zur Einführung einer zweiten Nachlaufachse.

Wenn wir hier von einer großen Feuerbüchse sprechen, meinen wir nicht einfach „groß", sondern „riesig". Die Northern Pacific-Lokomotiven hatten eine kaum vorstellbare Rostfläche von 4,1 mal 2,6 m, größer als ein heutiges Kinderzimmer und auch größer als die jeder anderen 2'D2'-Lokomotive. Die Northern Pacific war mit ihren neuen Maschinen so zufrieden, daß sie bis zum Ende der Dampflokzeit bei dieser Bauart blieben, mit leichten Verbesserungen und etwas vergrößert. Spätere Lieferungen erhielten zur Unterscheidung von den Prototypen die Reihenbezeichnungen „A-2" bis „A-5", die letzten stammen aus dem Kriegsjahr 1943.

Die erste Serie umfaßte 12 Lokomotiven und kam von der American Locomotive Co in Schenectady. Abgesehen von der riesigen Feuerbüchse entsprachen sie der damals üblichen robusten US-Bauart, die sich in fast einem Jahrhundert Lokomotivbau entwickelt hatte. Ein Booster im Nachlaufgestell steigerte beim Anfahren die Zugkraft um weitere 51 kN.

Die nächste 2'D2', die auf der NP fuhr, stammte ebenfalls von ALCo, wurde aber 1930 auf Bestellung der Timken Rollenlager Gesellschaft gebaut, um verschiedenen Bahnen die Vorteile einer vollständig mit Rollenlagern ausgerüsteten Maschine vorführen zu können. Diese „Four Aces" (Nr. 1111) vollbrachte diese Aufgabe auch zur Freude der Timken-Manager. Die NP war besonders beeindruckt, sie kaufte nach Ende der Verkaufskampagne diese Lok und ließ auch alle weiteren Lokomotiven mit Timken-Lagern ausrüsten. Die NP nummerte die Nr. 1111 in Nr. 2626 um und führte sie als Reihe „A-1".

Den Rest der „Northerns" lieferte Baldwin in Philadelphia. Die 10 Exemplare der Reihe „A-2" von 1934 (Nr. 2650-59) hatten Scheiben-Triebräder und „Badewannen"-Tender, die 8 „A-3"-Loks von 1938 (Nr. 2660-67) waren fast identisch. Die beiden letzten Lieferungen von 8 bzw. 10 Stück ähnelten sich auch untereinander. Es waren die „A-4" von 1941 (Nr. 2670-77) und die „A-5" von 1943 (Nr. 2680-89). Diese beiden Ausführungen waren noch größer als ihre Vorgänger und erhielten mächtige siebenachsige

Unten: *Nr. 2670 gehört zur Reihe „A-4", 1941 von Baldwin geliefert.*

Oben: *2'D2'-Lokomotive Nr. 2680 der Reihe „A-5" der Northern Pacific Railroad. 1943 erbaut bei Baldwin mit einem siebenachsigen „Centipede-Tender".*

Tender der Bauart „Centipede" (Hundertfüsser) der Union Pacific RR. Die folgende Übersicht gibt die wichtigsten veränderten Abmessungen wieder:
Zugkraft: 310,9 kN (69800 lb)
Achslast: 33,5 t (74000 lb)
Treibrad ∅: 1956 mm (77 in)
Kesseldruck: 18,3 kp/cm² (260 psi)
Brennstoff (Kohle): 24,5 t (54000 lb)
Wasser: 95 m³ (21000 Imp gal)
Reibungsgewicht: 134 t (295000 lb)
Gesamtdienstgewicht: 432 t (952000 lb)
Gesamtlänge: 34391 mm (112 ft 10 in)
Die anderen Angaben blieben weitgehend gleich.

Die Northern Pacific Railroad hatte einen guten Start ins Eisenbahngeschäft, als sie 1864 von Präsident Lincoln die Konzession für den Bau der ersten Transkontinentalstrecke erhielt, die die Gebiete im Nordwesten erschließen sollte. Der Bau war schwierig, die Pazifikküste wurde erst 1883 erreicht. Die Bahn verbindet die Schwesterstädte St. Paul und Minneapolis mit Seattle und Portland. Als die 2'D2'-Lokomotiven erschienen, war sie als „Hauptstraße des Nordwestens" längst ein wichtiger Bestandteil der dortigen Wirtschaft.

Der beste Zug dieser Strecke war der „North Coast Limited". Die Chicago Burlington & Quincy RR übergab den Zug in St. Paul an die NP, die neuen Northerns beförderten ihn auf der 1600 km langen Strecke bis Livingston, Montana ohne Lokwechsel! Dieser Langlauf-Weltrekord einer kohlegefeuerten Lokomotive wurde ohne Zweifel nur durch die Verwendung guter Steinkohle in den riesigen Feuerbüchsen möglich, deren Aschekapazität für die aschereiche Rosebud-Braunkohle ausgelegt war.

Rechts: *Die eindrucksvolle Vorderfront der „Northern" Nr. 2650. Typisch nordamerikanisch die Anordnung von Stirnlampe, Glocke und Markierungslampen.*

Reihe Ps-4 2'C1' USA
Southern Railway (SR), 1926

Zugkraft: 211,6 kN (47500 lb)
Achslast: 27,7 t (61000 lb)
Zylinder, Ø x Hub: (2)
686 x 711 mm (27 x 28 in)
Treibrad Ø: 1854 mm (73 in)
Verdampfungsheizfläche:
343 m² (3689 sq ft)
Überhitzerheizfläche: 92,3 m²
(993 sq ft)
Kesseldruck: 14,1 kp/cm²
(200 psi)
Rostfläche: 6,55 m² (70,5 sq ft)
Brennstoff (Kohle): 14,5 t
(32000 lb)
Wasser: 53 m³ (11600 Imp gal)
Reibungsgewicht: 82,6 t
(182000 lb)
Gesamtdienstgewicht: 255,1 t
(562000 lb)
Gesamtlänge: 28038 mm
(91 ft 11⅞ in)

Hunderte von Pazifik-Bauarten liefen in Nordamerika; um sie zu präsentieren fiel unsere erste Wahl auf die erste eigentliche Pazifik, gebaut für die Chesapeake & Ohio. Als zweite zeigten wir die „K4" der Pennsylvania RR, die 2'C1'-Lokomotive, die am häufigsten gebaut wurde. Als dritte möchten wir diejenige vorstellen, die ohne Zweifel die schönste amerikanische Pazifik ist.

Die Geschichte dieser Pazifiks der Southern Railway begann im 1. Weltkrieg, als der Staat für die Dauer des Krieges die Verwaltung der Eisenbahnen übernahm. Damals entstanden unter dieser „United States Railroad Administration" (USRA) die sogenannten USRA-Einheitslokomotiven, in jeweils einer leichten und einer schweren Ausführung. Für die Zeit des Krieges waren diese Entwürfe beim Bau neuer Lokomotiven Vorschrift, um rationelle Produktionsweisen verwenden zu können. Auch nach dem Krieg bestellten viele Bahnen diese robusten Typen weiter. Eine dieser Lokomotiven war die „Schwere Pazifik". Auf diesem Entwurf basiert die erste

King Klasse 2'C Großbritannien
Great Western Railway (GWR), 1927

Zugkraft: 179,5 kN (40300 lb)
Achslast: 23 t (50500 lb)
Zylinder, Ø x Hub: (4)
413 x 711 mm (16¼ x 28 in)
Treibrad Ø: 1981 mm (78 in)
Verdampfungsheizfläche:
204 m² (2201 sq ft)
Überhitzerheizfläche: 29 m²
(313 sq ft)
Kesseldruck: 17,6 kp/cm²
(250 psi)
Rostfläche: 3,19 m² (43,3 sq ft)
Brennstoff (Kohle): 6 t
(13500 lb)
Wasser: 18 m³ (4000 Imp gal)
Reibungsgewicht: 69 t
(151000 lb)
Gesamtdienstgewicht: 138 t
(304000 lb)
Gesamtlänge: 20777 mm
(68 ft 2 in)

1926 verspürte die Great Western die Notwendigkeit einer stärkeren Schnellzuglokomotive. Einige Zugleistungen überforderten die noch jungen „Castles". Zur gleichen Zeit ging ein zwanzigjähriges Programm zur Verstärkung der Brücken der Vollendung entgegen. Ein sogenanntes Brückenbelastungskomitee legte einen Bericht vor, in dem für Lokomotiven mit einem geringen „Hammerschlag", das heißt mit gut ausgeglichenen Triebwerksmassen, ein erhöhter Achsdruck zugelassen wurde. All dies führte zum Bau neuer Vierzylinder-2'C-Lokomotiven mit einer mittleren Achslast von 22,5 t. So wie die „Castle" eine vergrößerte „Star" war, wurde dies eine vergrößerte „Castle".

Deren charakteristische Bauform wurde beibehalten. Der domlose konische Kessel mit Belpaire-Feuerbüchse und die Innenzylinder, die auf die erste Treibachse wirkten, waren weiterhin vorhanden. Die Walschaert-Innensteuerungen bewegten über Umlenkwellen und -hebel auch die äußeren Schieber. Platzprobleme führten zu einem außergewöhnlichen Drehgestell der Lokomotive. Der vordere Laufradsatz hat äußere Lager, der zweite aber gewöhnliche Innenlagerung. Dieses bemerkenswerte Detail wurde zu einem Kennzeichen der „King" getauften Lokomotivtype.

Mit kleinen Tricks erreichte man eine Zugkraft über der als Schallgrenze angesehenen Grenze von 40000 lb (178,1 kN). Die Zylinder, vorgesehen für einen Durchmesser von 406 mm wurden auf 413 mm aufgebohrt und der Treibraddurchmesser von den bisher geheiligten 2045 mm auf 1981 mm verkleinert. Der höhere Kesseldruck trug seinen Teil zum Überschreiten dieser Grenze bei und die Werbeabteilung der GWR konnte sich wieder einmal mit der „stärksten" britischen Schnellzuglokomotive brüsten. Schließlich ist die Zugkraft kein Maß für die Leistungsfähigkeit bei höheren Geschwindigkeiten, aber der Kessel der „King"-Klasse war auch dann sehr verdampfungswillig, der Rost hatte ja eine Länge von fast 3,3 m.

Aber auch die erhöhte Zugkraft allein war schon ein Vorteil auf den Steigungsstrecken im südlichen Devon, vor allem auf dem langen Anstieg bei Hemmerdon, östlich Plymouth, mit 2,4% Steigung. Eine „King" zog hier 360 t, 45 t mehr als eine „Castle".

Der Prototyp der Reihe, Nr. 6000 „King George V", der im Juni 1927 aus dem Werk rollte, wurde nach wenigen Wochen nach den USA verschifft, um an der Parade zur Hundertjahrfeier der Baltimore & Ohio Railroad in Baltimore im August teilzunehmen. Die GWR-Lokomotive führte die Lokomotivparade bei den täglichen Vorführungen an und erregte mit dem für Amerikaner ungewohnten Aussehen beträchtliches Aufsehen. Waren die nordamerikanischen Lokomotiven auch viel größer, so trug keine andere Lokomotive in Baltimore einen grünen Anstrich mit Verzierungen in schwarz und orange, mit polierten Messingteilen, Namensschild und Schornsteinkrempe aus Kupfer.

Nach der Ausstellung setzte man die „King" auf der 438 km langen Strecke von Baltimore nach Philadelphia ein. Ihr Zug bestand aus 7 Wagen mit 544 t Gewicht (in England wogen 16 Wagen genausoviel). Sie erreichte damit eine Geschwindigkeit von 119 km/h in der

Serie von 36 „Ps-4“-Lokomotiven, gebaut von der American Locomotive Co im Jahre 1923.

1925 besuchte der Präsident der Southern Railway, Fairfax Harrison, die Bahn gleichen Namens in England und war von der grünen Farbgebung ihrer Lokomotiven sehr beeindruckt. Er beschloß, daß seine nächsten Pazifik-Lokomotiven ebenso gut aussehen sollten, wenn nicht gar besser. Er wählte eine Lackierung ähnlich der englischen, mit einem helleren Grün und goldenen Zierlinien – der kleine Aufpreis dafür machte sich schnell durch eine große Publicity bezahlt. Bunte Lokomotiven waren zu dieser Zeit in Nordamerika schon etwas Außergewöhnliches. Bald darauf erhielten auch seine älteren Pazifiks diese grün-goldene Farbgebung.

Die 1926er Serie von 23 Lokomotiven besaß den großen sechsachsigen Tender, wie er in der Zeichnung dargestellt ist, anstelle des vierachsigen USRA-Tenders der Vorgänger. Der neu verwendete Speisewasservorwärmer des Typs Elesco fiel durch den quer im Oberteil der Rauchkammer angebrachten Wärmetauscher auf. Einige Lokomotiven jeder Serie erhielten Walschaertsteuerung, andere eine Bakersteuerung. 1928 lieferte Baldwin eine letzte Reihe von 5 Lokomotiven mit Walschaertsteuerung und vierachsigen Tendern großer Kapazität. Alle Pazifiks waren mit mechanischen Rostbeschickungsanlagen (Stoker) ausgestattet.

Die Southern teilte die Maschinen festen Personalen zu, die die Lokomotiven auch zusätzlich schmücken durften, wie dies schon 70 Jahre vorher üblich war. Über den Stirnlampen wurden Adlerfiguren angebracht, flankiert von Messing-Kerzenleuchtern. Zylinderdeckel wurden mit Sternen, Schornsteine mit Messingringen verziert. Etliche Lokomotiven erhielten Namen, einige sogar die der regulären Lokführer. Das mag vielen sehr nach Spielerei klingen, aber all dies hatte zum Resultat, daß man kaum besser gepflegte Lokomotiven finden konnte.

Von den 64 gebauten Lokomotiven erhielt 44, Nr. 1366-1409, die eigentliche Southern Railway, 12 Stück, Nr. 6471-6482, bekam die Tochtergesellschaft Cincinnati, New Orleans & Texas Pacific und 8 fuhren für die Alabama Great Southern als Nr. 6684-6691. Alle waren allerdings auf den Tenderseiten mit „Southern“ beschriftet. Die Maschinen der CNO & TP hatten eine Vorrichtung, bekannt als Wimble-Rauchableiter, eine Röhre, die Abdampf und Rauch vom Schornstein in die Nähe des Sanddoms leitete und erst dort ins Freie entließ. Diese Bahn besaß viele holzverkleidete Tunnel und der starke Druck eines direkten Auspuffstrahls hätte Unheil angerichtet.

Die „Ps-4“-Reihe war die letzte Dampfschnellzuglokomotivbauart, die die Southern in Betrieb nahm. Sie fuhren im hochwertigen Schnellzugdienst, bis sie in den 40er und 50er Jahren von Dieselloks abgelöst wurden. Lok Nr. 1401 blieb erhalten und wurde dem Smithsonian Museum in Washington, DC übergeben. Dort wurde ein Ausstellungsgebäude um die Lokomotive herum errichtet. Leider verhindert das heute ihren erneuten Einsatz vor Dampfloksonderzügen, einer Spezialität der heutigen Southern, für die diese deshalb andere Lokomotiven im „Ps-4“-Grün herrichtete.

Links: *Eine der hervorragenden „Ps-4“-Pazifiks der Southern Railway in Aktion. Diese Lok, Nr. 1401, befindet sich heute im Smithsonian Museum.*

Unten: *Eine „Ps-4“ in ihrer ganzen Schönheit zeigt die untere Abbildung.*

Ebene. Vor der Rückkehr dekorierte man „King George V“ mit Erinnerungsmedaillen und einer großen Glocke, die heute noch vorhanden ist.

Das Jahr 1927 sah 5 weitere „King“-Lokomotiven, 14 Stück wurden 1928 gebaut und die letzten 10 kamen 1930. Nach ersten Erfahrungen, leider auch mit einer Entgleisung der führenden Achse in Midgham bei Newbury, modifizierte man die Abfederung um die Laufeigenschaften zu verbessern. Danach erfüllte die „King“-Klasse die Erwartungen und ermöglichte die Verkürzung der Fahrzeit des „Cornish Riviera Limited“ um 7 Minuten.

Bei der Steigerung der Leistungsfähigkeit der Lokomotive hatte man das schwächste Glied der Kette nicht bedacht, den Menschen. Und zwar den Heizer, der eine „King“ feuern mußte. Die Verdampfungsleistung des Kessels war so hoch, daß er gut 30% mehr Kohle vertragen hätte, als die ungefähr 1,4 t, die ein Mann pro Stunde schaufeln konnte. Trotzdem unternahm man keinen Versuch mit einer mechanischen Rostbeschickung.

Links: *Lok Nr. 6010 „King Charles I“ der Great Western Railway bei der Durchfahrt in Corsham, auf der von Brunel angelegten alten Hauptstrecke von Bath nach Bristol.*

Dafür vergrößerte man die Überhitzerfläche um 56% und verbesserte die Blasrohranordnung. Bei Versuchsfahrten mit 2 Heizern beförderte die Lokomotive einen enormen 25-Wagen-Zug zwischen Reading und Stoke-Gifford bei Bristol mit mehr als 93 km/h. Weitere Verbesserungen, wie Doppelblasrohre wurden angebracht. Eine der ersten damit ausgerüsteten Lokomotiven, Nr. 6015 „King Richard III“, erzielte am 29. September 1955 die höchste bekannte Geschwindigkeit dieser Klasse von 175 km/h bei Patney mit dem „Cornish Riviera Limited“ in Richtung London.

Bis 1958 erhielten alle „Kings“ die Doppelblasrohre, recht spät, denn ihre Zeit lief ab. Als erste Lokomotive verschwand Nr. 6006 „King George I“ Anfang 1962. Schon ein Jahr später waren alle aus dem Dienst geschieden.

Reihe J3a 2'C2'

USA
New York Central Railroad (NYC), 1926

Zugkraft: 186,4 kN (41860 lb)
Achslast: 30,6 t (67500 lb)
Zylinder, Ø x Hub: (2)
572 x 737 mm (22½ x 29 in)
Treibrad Ø: 2007 mm (79 in)
Verdampfungsheizfläche:
389 m² (4187 sq ft)
Überhitzerheizfläche: 162,1 m²
(1745 sq ft)
Kesseldruck: 18,6 kp/cm²
(265 psi)
Rostfläche: 7,6 m² (82 sq ft)
Brennstoff (Kohle): 41,8 t
(92000 lb)
Wasser: 68,1 m³ (15000 Imp gal)
Reibungsgewicht: 91,5 t
(201000 lb)
Gesamtdienstgewicht: 354 t
(780000 lb)
Gesamtlänge: 32342 mm
(106 ft 1 in)

Manche Achsanordnung ist fest mit einer bestimmten Bahn verbunden, so wie auch die Achsfolge 2'C2' mit der New York Central. 1926 beschaffte die NYC ihre letzten Pazifiks der Reihe „K5b" und das Konstruktionsbüro, unter der Leitung von Paul W. Kiefer, begann mit der Planung einer künftigen leistungsfähigeren Type. Man forderte eine höhere Zugkraft, größere Zylinderleistungen bei erhöhten Geschwindigkeiten, eine bessere Gewichtsverteilung und einen verbesserten Massenausgleich, damit der Oberbau weniger beansprucht würde, als bei den Pazifiks. Offensichtlich benötigte man dafür eine größere Feuerbüchse. Der logische Schritt war die Verwendung eines zweiachsigen Drehgestells unter dem Führerhaus, wie dies die Lima Locomotive Works schon seit einiger Zeit für ihre „Super Power"-Lokomotiven propagierten.

Für die vorgesehene Zugkraft reichten drei Treibachsen noch aus, als Achsfolge ergab sich 2'C2'. Trotz des Einflusses der Lima-Konstruktionen auf diesen Entwurf erhielt die American Locomotive Co in Schenectady die erste Bestellung, allerdings baute auch Lima einige Jahre später 10 Stück dieser Reihe. Andere Bahnen übernahmen für ihre 2'C2'-Maschinen den Namen „Hudson", den die NYC erfand.

Die erste Lokomotive mit der Nr. 5200, Reihe J1a, wurde den Eignern am 14. Februar übergeben, kurz bevor auch andere Bahnen „Hudsons" erhielten, die bei ALCo schon im Bau waren. Im Vergleich mit der „K5b"-Pazifik war die Rostfläche von 6,3 m² auf 7,6 m² vergrößert worden, der Kesseldurchmesser stieg von 2134 mm auf 2226 mm, Zylinder und Treibradabmessungen blieben unverändert. Die Zugkraft erhöhte sich durch den von 14,1 kp/cm² auf 15,8 kp/cm² gesteigerten Kesseldruck. Trotz des zusätzlichen Lokgewichts von 22 t verringerte sich durch die zweite Nachlaufachse die Belastung der Treibachsen von 83,9 t auf 82,6 t. Ein besserer Ausgleich der hin- und hergehenden Massen verringerte auch die Stoßbelastung der Gleise.

Die Maschine war eine eindrucksvolle Erscheinung, das Nachlaufgestell ließ sie ausgeglichener aussehen als eine Pazifik mit dem einzelnen Radsatz unter einer großen Feuerbüchse. Die Luft- und Speisepumpen befanden sich auf der vorderen Pufferbohle hinter charakteristischen, abgerundeten Verkleidungsblechen mit schrägen Stützen. Die Kesselarmaturen vor dem Führerhaus verbarg eine ungewöhnliche gebogene Verkleidung.

Nr. 5200 zeigte schon bald ihr Können, weitere Bestellungen folgten, die meisten für die NYC selbst, 80 Stück auch für drei Tochtergesellschaften, die abweichend beschriftet und numeriert wurden. Die Boston & Albany erhielt davon 30 Loks, deren Treibraddurchmesser 76 mm kleiner war, ein ziemlich unbedeutender Unterschied. Die B & A-Maschinen hatten weitere kleine Abweichungen untereinander, so daß man sie in die Reihen „J2a", „J2b" und „J2c" einordnete. Die eigentlichen NYC-Hudsons wurden von Nr. 5200 fortlaufend numeriert, kleine Abweichungen durch die Reihenbezeichnungen „J1a" bis „J1e" gekennzeichnet. Ein markanter Unterschied war der Ersatz der Walschaertsteuerung durch die Bakersteuerung, die keine verschleißbehafteten Gleitstücke besitzt. Auch die Ventileinstellungen wurden mit der Zeit abgeändert.

Vom ersten Tag an erwiesen sich die Hudsons als die richtigen Lokomotiven für schwere Züge und hohe Geschwindigkeiten. Ihre maximale Zughakenleistung lag 38% höher als die der Pazifiks. Sie beförderten 18 Wagen mit 1270 t Gewicht mit einer mittleren Geschwindigkeit von 88 km/h auf den meist ebenen Strecken. Eine Maschine fuhr mit einem 21-Wagen-Schnellzug von 1500 t die 1027 km von Windsor, Ontario nach Harmon, auf einem Teilstück von 114 km erreichte sie 100,5 km/h.

Die letzten der „J1" und „J2"-Reihen wurden 1932 gebaut, für einige Jahre die letzten Neubauten. Unterdessen gingen die Pla-

Oben: *2'C2'-Lokomotive Nr. 5280, Reihe „J1", mit dem Empire State Express bei Dunkirk, New York im Februar 1950.*

Unten: *Die Normalausführung der Hudson, Klasse „J3". Die NYC bediente den Schnellzugverkehr 20 Jahre lang mit 275 dieser Lokomotiven.*

nungen für eine noch stärkere Ausführung weiter. 1937 bestellte die NYC 50 Hudsons der verstärkten Reihe „J3". Die Ingenieure hatten bei dem Entwurf der ersten Hudson, genauso wie ihre deutschen Kollegen zur gleichen Zeit, Vorbehalte gegenüber Verbrennungskammern gezeigt. 1937 war man weiter, die „J3" erhielt eine Verbrennungskammer von 1092 mm Länge. Weiter wurde der Kessel konisch gebaut, um bei der Feuerbüchse einen größeren Außendruchmesser zu erreichen. Der Kesseldruck stieg auf 19,3 kp/cm² (später auf 18,6 kp/cm² reduziert). Die Zylindermaße änderten sich von 635 x 711 mm auf 572 x 737 mm. Am auffälligsten war aber die Verwendung von Scheiben-Treibrädern. Die Hälfte der Lokomotiven erhielt Boxpok-Räder mit ovalen Öffnungen, die anderen Scullin-Räder mit runden Öffnungen.

Die letzten 10 Maschinen der Lieferung wurden nach einem Entwurf von Henry Dreyfus stromlinienförmig verkleidet, die erste Verkleidung, die die Form der Lokomotive nachzeichnete, statt sie zu verdecken. Schon früher hatte eine „J1" eine Verkleidung nach einem Entwurf der „Case school of science" in Cleveland erhalten, sie war aber weniger attraktiv als die Dreyfus-Version und wurde entsprechend umgebaut. 2 weitere „J3"-Loks bekamen später die Dreyfus-Verkleidung für Sonderdienste. Viele bezeichneten diese Maschinen als die schönsten aller Lokomotiven, vor allem, wenn sie einem Zug in passendem Anstrich vorgespannt waren.

Die „J3" war der „J1" überlegen, bei 105 km/h entwickelte sie 20% mehr Leistung. Die Züge von 1130 t Gewicht über die 236 km lange Distanz von Albany bis Syracuse fuhren mit einer planmäßigen Reisegeschwindigkeit von 95 km/h. Vor einem Personenzug von 1640 t Gewicht erreichten sie noch eine Geschwindigkeit von 96 km/h.

Das Aushängeschild der NYC-Züge war der „20th Century Limited", der „Zug des 20sten Jahrhunderts". Bis zum Bau der ersten Hudsons benötigte er von New York bis Chicago eine Zeit von 20 Stunden. Bei Einführung der „J1e"-Reihe konnte diese um 2 Stunden verringert werden, ab 1936 betrug die

Oben: *Die erste Hudson, Nr. 5200, der Reihe „J1" zieht einen Versuchszug mit 18 Wagen im Jahre 1927 durch Albany.*

Fahrzeit dann nur noch 16½ Stunden. Mit der Inbetriebnahme der „J3"-Hudsons und der Einsparung von Betriebsaufenthalten gelang eine Kürzung der Fahrt auf 16 Stunden, entsprechend einer Reisegeschwindigkeit von 96,3 km/h mit einem 900 t-Zug, bei sieben Unterwegshalten von zusammen 26 Minuten Dauer. Mit einem Zug von 940 t Gewicht durchfuhr eine „J3" die 214 km von Toledo bis Elkhart in 112½ Minuten und die anschließenden 151 km von Elkhart nach Englewood in 79½ Minuten, das sind Durchschnittsgeschwindigkeiten von 114 km/h. Über 50 km Strecke erreichte der Zug einen Durchschnitt von 137 km/h bei einer Spitzengeschwindigkeit von 151 km/h. Die Hudson-Maschinen wurden von Harmon aus in Richtung Toledo (1114 km) und Chicago (1487 km) eingesetzt. Die riesigen Tender hatten Raum für die kaum faßbare Menge von 41 t Kohle, aber nur 68,1 m³ Wasser, denn die Wasservorräte wurden während der Fahrt aus Gleiströgen aufgefüllt.

Mit der Zeit reihte die NYC auch die Lokomotiven der Tochtergesellschaften ein. Nach Entfernung der Stromlinienverkleidungen nach dem Krieg, besaß sie 275 annähernd gleiche Hudsons mit den Nummern von 5200 bis 5474. Dies war der größte Lokomotivpark mit

Oben: *Die berühmte Hudson mit der Stromlinienverkleidung des Designers Henry Dreyfus.*

dieser Achsfolge, den es gab. Schließlich waren dies 63% aller Hudsons der USA.

Obwohl auch sie nicht von Problemen verschont blieben, waren sie im Allgemeinen sehr zuverlässig. Die Reihe „J3" fuhr zwischen den Untersuchungen etwa 300000 km bis 320000 km, bei einer jährlichen Laufleistung von etwa 177000 km.

Nach dem 2. Weltkrieg verdrängten sie die 2'D2'-Niagara-Lokomotiven von den schwersten Diensten. Da es aber nur 25 Niagaras gab, blieben ihnen noch die meisten der 150 Züge, die täglich Reisegeschwindigkeiten von mehr als 96 km/h fuhren. Trotz einer schnell fortschreitenden Verdieselung blieben sie bis 1953/56 im Dienst, abgesehen von einem Unfallverlust.

Schools Klasse 2'B

Großbritannien
Southern Railway (SR), 1933

Zugkraft: 111,9 kN (25133 lb)
Achslast: 21,3 t (47000 lb)
Zylinder, Ø x Hub: (3) 419 x 660 mm (16½ x 26 in)
Treibrad Ø: 2007 mm (79 in)
Verdampfungsheizfläche: 164 m² (1766 sq ft)
Überhitzerheizfläche: 26,3 m³ (283 sq ft)
Kesseldruck: 15,5 kp/cm² (220 psi)
Rostfläche: 2,63 m² (28,3 sq ft)
Brennstoff (Kohle): 5 t (11000 lb)
Wasser: 18 m³ (4000 Imp gal)
Reibungsgewicht: 42,6 t (94000 lb)
Gesamtdienstgewicht: 111,5 t (245500 lb)
Gesamtlänge: 17926 mm (58 ft 9¾ in)

Britische Lokomotivingenieure verdienen Respekt für ihre Beherrschung der mannigfaltigen Vorgänge beim Bau einer Dampflokomotive. Man sollte so manches Mal mit seinem Lob aber vorsichtig sein, wenn es um ihre theoretischen Kenntnisse geht. So mancher Konstrukteur rechnete nicht gern, sondern legte Abmessungen nach seinem Gutdünken, über den berühmten Ingenieursdaumen, fest. Meist gab es dann unangenehme Überraschungen. Die „Schools"-Klasse zeigt, daß es ab und zu auch angenehmes Erstaunen gab, wenn sich eine Lokomotive besser als erwartet zeigte. Die „Schools"-Lokomotiven waren als kleine Lokomotiven für untergeordnete Dienste geplant, es verblüffte daher die Erbauer sehr, daß sie in vielen Punkten der größeren „King Arthur"-Klasse ebenbürtig waren, ganz abgesehen von der viel größeren, aber ziemlich enttäuschenden „Lord Nelson"-Klasse.

Grundlage dieser Konstruktion war ein verkürzter „King Arthur"-Kessel. Man kürzte aber nur die Kesselrohre, die Rostfläche und damit der heißeste Teil des Kessels, in dem der meiste Dampf erzeugt wird, blieb fast unverändert; die Verdampfungsleistung nahm kaum ab. Der größere Achsstand der Treibachsen ermöglichte die Verlängerung des Aschkastens. Die meisten 2'B-Lokomotiven zeigten den berüchtigten „Boxer-Effekt", sie schlingerten um eine senkrechte Achse, verursacht durch den bei Zweizylinderlokomotiven nur teilweise möglichen Massenausgleich.

Darum wählte man für die neue Maschine drei Zylinder, die alle die erste Achse antrieben. Jeder Zylinder hatte eine eigene Walschaertsteuerung, aber wie wir schon bei der „American Standard" 2'B-Lok gesehen haben, sind bei dieser Achsfolge die innenliegenden Antriebsteile viel besser zugänglich als bei einer 2'C1' oder einer 2'C-Lokomotive.

Von Anfang an waren diese Lokomotiven sehr erfolgreich, nur wenige Änderungen wurden mit der Zeit durchgeführt. Einige Maschinen rüstete man später mit Vielfach-Blasrohren und größeren Schornsteinen aus, ansonsten war die größte Veränderung an dieser Reihe die Addition der Zahl 30000 zur Loknummer bei der Verstaatlichung 1948.

Reihe 500 2'D2'

Australien
South Australian Government Railways (SAR), 1928

Zugkraft: 227,1 kN (51000 lb)
Achslast: 22,5 t (49500 lb)
Zylinder, Ø x Hub: (2) 660 x 711 mm (26 x 28 in)
Treibrad Ø: 1600 mm (63 in)
Verdampfungsheizfläche: 339 m² (3648 sq ft)
Überhitzerheizfläche: 77,5 m² (835 sq ft)
Kesseldruck: 14,1 kp/cm² (200 psi)
Rostfläche: 6,2 m² (66,5 sq ft)
Brennstoff (Kohle): 11,1 t (24500 lb)
Wasser: 32 m³ (7000 Imp gal)
Reibungsgewicht: 89,2 t (196500 lb)
Gesamtdienstgewicht: 226,1 t (498000 lb)
Gesamtlänge: 25641 mm (83 ft 1½ in)

Süd-Australien ist kein leichtes Einsatzgebiet für Lokomotiven. So müssen die Züge der South Australian Railways nach Melbourne gleich nach Verlassen der Hauptstadt Adelaide eine Steigung von 2,2% über die Mount Lofty Gebirgskette überwinden. Trotzdem war vor sechzig Jahren der Lokomotivpark recht leistungsschwach. In den frühen 20er Jahren stammte die stärkste vorhandene Personenzuglokomotive, die 2'B-Lok der Reihe „S", aus dem Jahr 1894! Sie hatte eine Zugkraft von 56,5 kN und eine Rostfläche von 1,6 m².

Die Regierung war über diesen Zustand ihres 1600 mm-Breitspurnetzes nicht sonderlich glücklich und berief einen erfahrenen Eisenbahnfachmann aus den USA auf den Posten des Eisenbahnbevollmächtigten. Es war ein gewisser Mr. W. A. Webb von der Missouri-Kansas-Texas Railroad, der berühmten „Katy". Seine Pläne für die Neugestaltung der SAR umfaßten auch einige wirklich große neue Lokomotiven. Die bemerkenswer-

Für die Namensgebung wählte man berühmte Privatschulen im Verkehrsgebiet der SR, obwohl diese oft auch den Namen der dortigen Bahnhöfe entsprachen. So mancher Reisende verwechselte das Namensschild an der Lokomotivseite mit dem Zielort des Zuges. Erste Lokomotive dieser Klasse von 10, die in diesem Jahr in den Eastleigh-Werkstätten gebaut wurden, war Nr. 900 „Eton" im März 1930. 1932 baute man 5 weitere, 1933 erschienen 10 Stück, einige davon auch nach Schulen außerhalb des SR-Gebiets benannt; den Anfang machte Nr. 919 „Harrow". 1934 kamen 7, 1935 noch einmal 8 Lokomotiven in Betrieb, die den Bestand auf 40 Stück brachten.

Eine der Forderungen bei der Konstruktion war die Einhaltung des Lichtraumprofils der besonders klein gebauten Tunnel auf der Strecke von Tonbridge nach Hastings. Die darum oben schräg eingezogenen Seitenwände von Führerhaus und Tender trugen ihren Teil zum gefälligen Aussehen der „Schools" bei.

Ihre beste Zugleistung war der „Bournemouth Limited", der die 186 km bis Bournemouth in 120 Minuten ohne Halt zurücklegte. Cecil J. Allen notierte sich besondere Leistungen, beispielsweise einen 510 t-Zug mit Nr. 932 „Blundells" vom Waterloo-Bahnhof nach Southampton mit einer Reisegeschwindigkeit von 98 km/h, oder einen Zug von 305 t Gewicht mit Nr. 931 „King's Wimbledon", der von Waterloo bis zu einem Signalhalt vor Salisbury einen Durchschnitt von 106,5 km/h erreichte, bei einer Höchstgeschwindigkeit von 145 km/h. Dies sind Leistungen, die auch einer Pazifik keine Schande machen würden.

Die „Schools"-Klasse wurde in den Jahren 1961 und 1962 außer Dienst gestellt, drei Exemplare blieben erhalten. Nr. 925 „Cheltenham" gehört dem Nationalen Eisenbahn Museum und ist derzeit betriebsfähig. Nr. 928 „Stowe" ist bei der Bluebell Railway und Nr. 926 „Repton" ging in die USA an das Steamtown Museum in Bellows Falls, Vermont.

Oben: *Nr. 30934 „St. Lawrence" der „Schools"-Klasse mit einem Truppensonderzug Richtung London in Folkestone Warren, Kent.*

Unten: *Nr. 919 „Harrow" der „Schools"-Klasse in der Vorkriegsfarbgebung der Southern Railway. Eine großartige Lokomotive, deren Leistungsfähigkeit sogar ihre Konstrukteure überraschte.*

Links: *Zwei Bilder von einer Abschieds-Sonderfahrt der 2'D2'-Lokomotive Nr. 500 von Adelaide bis Victor Harbour im März 1962.*

tere der beiden Neukonstruktionen für den Personenzugdienst war eine Serie von 10 2'D1'-Lokomotiven, Reihe „500", mit mehr als der vierfachen Zugkraft der bisherigen Schnellzugloks. Obwohl typisch amerikanisch im Aussehen, baute sie die englische Rüstungsfirma Armstrong-Whitworth in Newcastle-upon-Tyne im Jahre 1926.

Anscheinend noch nicht stark genug, erhielten sie 1928 ein zweiachsiges Nachlaufgestell mit einem Booster, der die Zugkraft um weitere 35,6 kN steigerte. Damit hatte Australien die erste 2'D2'-Lokomotive außerhalb Nordamerikas. Die Gewichtsverteilung wurde dadurch verbessert, die einzelne Laufachse hatte vorher mehr als 22 t Gewicht zu tragen. Eine andere, spätere Zutat waren Umlaufverkleidungen mit dem „Overland"-Schriftzug. Der „Overland"-Express zwischen Adelaide und Melbourne bewältigte die Mount Lofty-Steigung bei einem Zuggewicht von 550 t bei zugeschaltetem Booster mit 24 km/h Geschwindigkeit.

Dabei hörte sich die Maschine sicher gut an, aber das war wohl auch bei den 2'B-Vorgängern in Dreifachtraktion vor einem 350 t-Zug der Fall gewesen.

Die Reihe „500" und die anderen Webb-Bauarten wurden nicht nachgebaut, vor allem weil die hohe Achslast ihren Einsatz auf einige Hauptstrecken beschränkte. 1951 erschienen in Süd-Australien die ersten Diesellokomotiven und 1955 schied die erste „500" aus dem Dienst. Bis 1962 verschwanden alle, außer Nr. 504, die von der „Australian Railway Historical Society" im Museum von Mile End bei Melbourne aufbewahrt wird.

Reihe KF 2'D2'

China
Chinesisches Eisenbahnministerium, 1935

Zugkraft: 160,8 kN (36100 lb)
Achslast: 17,25 t (38000 lb)
Zylinder, ⌀ x Hub: (2) 540 x 750 mm (21¼ x 29½ in)
Treibrad ⌀: 1750 mm (69 in)
Verdampfungsheizfläche: 278 m² (2988 sq ft)
Überhitzerheizfläche: 100 m² (1076 sq ft)
Kesseldruck: 15,5 kp/cm² (220 psi)
Rostfläche: 6,4 m² (68,5 sq ft)
Brennstoff (Kohle): 12 t (26500 lb)
Wasser: 30 m³ (6600 Imp gal)
Reibungsgewicht: 68,1 t (150000 lb)
Gesamtdienstgewicht: 196,1 t (432000 lb)
Gesamtlänge: 28410 mm (93 ft 2½ in)

24 dieser prächtigen Lokomotiven baute in den Jahren 1935-36 die Vulcan Foundry in Newton-le-Willows für die chinesischen Eisenbahnen. Bezahlt wurden sie aus Reparationsmitteln für Schäden an britischem Eigentum in China während des Boxeraufstands 1910. Obwohl von einem Briten, Kenneth Cantlie, entworfen und in Großbritannien gebaut, folgte die Konstruktion amerikanischen Baugrundsätzen, abgesehen von dem für amerikanische Verhältnisse sehr niedrigen Achsdruck von 16,5 t.

Die typisch amerikanisch aussehende Lokomotive mit zwei Außenzylindern war einfach gebaut, aber mit den damals modernsten Hilfseinrichtungen ausgerüstet. So erhielten sie, bestimmt für ein damals technisch noch recht rückständiges Land, eine elektrische Beleuchtung, während die Personale auf den neuesten britischen Schnellzuglokomotiven sich noch mit Öllampen plagten. Britische Heizer mußten schaufeln, ihre chinesischen Kollegen konnten die Hilfe eines Stokers in Anspruch nehmen. Zur Ausrüstung gehörten auch heißdampfgespeiste Hilfseinrichtungen und eine Füllungskontrollanzeige, die dem Lokführer beim Einstellen der Steuerung half.

Einige Lokomotiven besaßen einen Booster-Antrieb an zwei gekuppelten Achsen eines der dreiachsigen Tenderdrehgestelle, der die Zugkraft um 34,2 kN steigern konnte. Bemerkenswert war die Walschaert-

Oben: *Eine chinesische „KF" 2'D2'-Lokomotive vor der Abfahrt in Nanjing.*

Unten: *Diese 2'D2'-Lokomotive der späteren Reihe „KF" baute die Vulcan Foundry für China im Jahr 1936.*

Reihe K 2'D2'

Neuseeland
New Zealand Government Railways (NZGR), 1932

Zugkraft: 145,8 kN (32740 lb)
Achslast: 13,8 t (30500 lb)
Zylinder, ⌀ x Hub: (2) 508 x 660 mm (20 x 26 in)
Treibrad ⌀: 1372 mm (54 in)
Verdampfungsheizfläche: 179 ² (1931 sq ft)
Überhitzerheizfläche: 45 m² (482 sq ft)
Kesseldruck: 14,1 kp/cm² (200 psi)
Rostfläche: 4,4 m² (47,7 sq ft)
Brennstoff (Kohle): 8 t (17500 lb)
Wasser: 22,7 m³ (5000 Imp gal)
Reibungsgewicht: 55,4 t (122000 lb)
Gesamtdienstgewicht: 139 t (306000 lb)
Gesamtlänge: 21233 mm (69 ft 8 in)

Man ist sicher überrascht, wenn man hört, daß das so abgelegene Neuseeland eines der besten Eisenbahnsysteme der Welt besitzt. Darüber hinaus baute dieses kleine Land der Schafzucht mit einer Bevölkerung von nur 1,6 Millionen seine eigenen Dampflokomotiven, und zwar auf beiden Hauptinseln. Unter den vielen guten Lokomotiven nahmen die 2'D2'-Lokomotiven der Reihe „K" eine herausragende Position ein.

Abgesehen von dem Führerhaus, das ausgewachsenen Neuseeländern Platz bieten mußte, waren dies für die schmale Spur (1067 mm) auf Neuseeland verkleinerte Ausgaben typischer nordamerikanischer Northern-Lokomotiven. Dabei versuchten die Konstrukteure, alles an Leistungsfähigkeit herauszuholen, was eine größte Höhe von 3480 mm und eine Achslast von 14 t zuließ.

Zwischen 1932 und 1950 wurden insgesamt 71 Lokomotiven der Reihe „K" in den Hauptwerkstätten der NZGR gebaut. Die Unterbauarten „K", „Ka" und „Kb" zählten 30, 35 bzw. 6 Loks mit den Nummern von 900 bis 970. Die erste Gruppe besaß Rollenlager an den Lauf- und Tenderachsen, die anderen stattete man mit Rollenlagern an allen Achsen aus. Die Reihe „Kb" erbauten die Hillside-Werkstätten in Dunedin auf der Südinsel, alle anderen die Werkstätte in Hutt, bei Wellington auf der Nordinsel.

Für den Dienst über die neuseeländischen Alpen erhielten die „Kb"-Lokomotiven einen Booster mit 35,6 kN Zugkraft. Anfänglich trugen die Reihen „Ka" und „Kb" eine kastenförmige Verkleidung der Vorderfront, die an heutige Diesellokomotiven erinnert. Dieses häßliche Beiwerk wurde glücklicherweise gleich nach dem 2. Weltkrieg entfernt. Die zwei Loks, Nr. 958 und 959 der Reihe „Ka" hatten Bakersteuerungen anstelle der Walschaertsteuerungen.

Die Bakersteuerung, in den USA patentiert, war der Walschaertsteuerung sehr ähnlich, eine findige Anordnung von Hebeln und Gelenken ersetzte die verschleißbehaftete Schwinge und das Gleitstück. Außerhalb der USA wurde sie kaum angewendet, sogar in ihrem Heimatland konnte sie die Walschaertsteuerung nicht verdrängen. In diesem Buch finden sich etliche Anwendungsbeispiele dieser Bauart; sie zeigte ihre Vorteile vor allem bei dem langen Schieberhub vieler Schnellzuglokomotiven.

Ende der 40er Jahre bauten die NZGR die Reihen „K" und „Ka" der Nordinsel auf Ölfeuerung um, die „Kb"-Lokomotiven der Südinsel wurden weiterhin mit Kohle geheizt. Abgesehen von diesem Umbau war die einzige Änderung der Ersatz der Speisewasservorwärmer der „Ka" und „Kb" durch Abdampfinjektoren.

Viele Jahre hindurch bewährten sich diese wundervollen Lokomotiven vor Schnellzügen mit Ge-

Rechts: *Ein Personenzug mit einer Lok der NZGR-Reihe „K" überquert eine Behelfsbrücke aus Stahl- und Holzträgern.*

steuerung. Die Bewegung der Gegenkurbel ergab nur den halben Schieberhub, erst ein Übersetzungshebel ergab die richtige Hublänge. Die Kolbenschieber hatten einen, mit 320 mm ziemlich großen Durchmesser. Die Lokomotiven erhielten die Nummern 600 bis 623. Die Maschinen mit Booster erhielt die Kanton-Hankau-Bahn, die anderen wurden zwischen dieser Bahn und der Shanghai-Nanking-Bahn aufgeteilt.

Oft kam es zu Mißerfolgen, wenn eine Lokomotivfirma versuchte, größere Lokomotiven, als im eigenen Land üblich, zu bauen. Diese 2'D2'-Lokomotiven für China bildeten die Ausnahme von dieser Regel; sie bewährten sich ausgezeichnet. Während der Kriegsjahre unternahm man alles, um diese Maschinen vor den japanischen Eroberern zu bewahren und war auch ziemlich erfolgreich. 17 der 24 Lokomotiven sollen den 2. Weltkrieg überstanden haben, der in China mehr als 10 Jahre dauerte und schwere Verwüstungen hinterließ. Nach der Machtübernahme der Kommunisten erhielt die Reihe die Bezeichnung „KF" in lateinischen, nicht in chinesischen Schriftzeichen und wurde von Nr. 1 fortlaufend einnumeriert. Die Buchstaben „KF" sollen „Konföderation" (Bündnis) bedeuten, die Bezeichnungen anderer Lokomotiven aus dieser Zeit vor der Vereinheitlichung stützen diese Vermutung. Die Numerierung gibt einen Hinweis auf das Ansehen, das sie genossen.

Oben: *Die „KF" Nr. 7 erwartet 1981 in Shanghai ihre Rückkehr nach England; sie ging an das nationale Eisenbahn-Museum.*

Die Verdieselung der Chinesischen Eisenbahnen geht nur langsam voran, dabei hatten aber die Fernpersonenzüge Vorrang. Die 2'D2'-Lokomotiven wurden in diesen Diensten also schon früh abgelöst. Zuletzt sahen sie westliche Besucher im Jahr 1966. Allerdings sollen einige auch noch 1974 im Raum von Shanghai gefahren sein.

1978 versprach der chinesische Eisenbahnminister bei einem Besuch in Großbritannien dem Nationalen Eisenbahn-Museum in York eine dieser Lokomotiven als Musterexemplar britischer Exporttätigkeit. Im Jahr 1981 wurde dann „KF" Nr. 7 in Shanghai eingeschifft, um in ihr Herstellungsland zurückzukehren.

schwindigkeiten bis 110 km/h, recht schnell für die schmale Spur. Auf den Rampenstrecken der Raurima-Spirale erreichten sie auf 2% Steigung mit unkompensierten Kurven mit 300 t Zuggewicht eine Geschwindigkeit von 32 km/h.

Im Verhältnis zur Bevölkerungszahl haben die Neuseeländer eine noch größere Liebe zur Dampflok als die Briten, wie die Erhaltung von 5 Lokomotiven allein dieser Reihe zeigt. Nr. 900 ist bei der Pacific Steel Co in Otahuhu, Nr. 935 befindet sich in Seaview bei Wellington, Nr. 942 und 945 in Paekikari, alle auf der Nordinsel. Die „Kb" Nr. 968 besitzt das Ferrymead Museum für Wissenschaft und Industrie bei Cristchurch auf der Südinsel.

Reihe P2 1'D1' Großbritannien
London & North Eastern Railway (LNER), 1934

Zugkraft: 193,6 kN (19715 lb)
Achslast: 20,3 t (44800 lb)
Zylinder, Ø x Hub: (3)
533 x 660 mm (21 x 26 in)
Treibrad Ø: 1880 mm (74 in)
Verdampfungsheizfläche:
252 m² (2714 sq ft)
Überhitzerheizfläche: 72 m²
(777 sq ft)
Kesseldruck: 15,5 kp/cm²
(220 psi)
Rostfläche: 4,6 m² (50 sq ft)
Brennstoff (Kohle): 8,2 t
(18000 lb)
Wasser: 23 m³ (5000 Imp gal)
Reibungsgewicht: 80,4 t
(177000 lb)
Gesamtdienstgewicht: 168 t
(370000 lb)
Gesamtlänge: 22692 mm
(74 ft 5⅝ in)

Wenn man an die LNER-Hauptstrecke an der Ostküste von London nach Schottland denkt, vergißt man leicht die 209 km lange Strecke, die von Edinburgh weiter nach Aberdeen führt. Dieser letzte Abschnitt mit einer maßgeblichen Steigung von 1,34% ist schwerer als die südlichere Strecke mit ihren 1,05% Steigung.

Die Pazifiks der Reihen „A1" und „A3" waren dort vor Zügen wie dem „Aberdonian"-Schlafwagen-Expresszug überfordert. Man beschloß den Bau einer Schnellzuglokomotive mit einem um 20% höheren Reibungsgewicht, das vier Treibachsen erforderte.

Der Prototyp dieser einzigen vierfach gekuppelten Schnellzuglokomotivreihe wurde 1934 gebaut. Die stattliche 1'D1'-Lokomotive Nr. 2001 trug den Namen „Cock o'the North". Die Zugkraft dieser Maschine überstieg die jeder anderen britischen Schnellzuglok.

Bemerkenswerte Merkmale dieser Dreizylinderlokomotive waren

Reihe V 2'B Irland
Great Northern Railway (GNR [I]), 1932

Achslast: 21,3 t (47000 lb)
Zylinder, Ø x Hub
– **Hochdruck**: (1) 438 x 660 mm
(17¼ x 26 in)
– **Niederdruck**: (2) 483 x 660 mm
(19 x 26 in)
Treibrad Ø: 2007 mm (79 in)
Verdampfungsheizfläche:
116 m² (1251 sq ft)
Überhitzerheizfläche: 25,6 m²
(276 sq ft)
Kesseldruck: 17,6 kp/cm²
(250 psi)
Rostfläche: 2,3 m² (25 sq ft)
Brennstoff (Kohle): 6 t
(13200 lb)
Wasser: 16 m³ (3500 Imp gal)
Reibungsgewicht: 41,8 t
(92000 lb)
Gesamtdienstgewicht: 105,3 t
(232000 lb)
Gesamtlänge: 16853 mm
(55 ft 3½ in)

Vom Jahre 1876 an betrieb die Great Northern Railway of Ireland die Hauptstrecke von Dublin nach Belfast. Lange Zeit hindurch begrenzte die Tragfähigkeit des großen Stahlviadukts über den Boyne River nördlich Dublin die Größe der Lokomotiven. 1931 wurde die Brücke verstärkt, der Weg zu wahrhaft kraftvollen Schnellzuglokomotiven war frei.

Unter den ersten waren die auffallenden Verbundlokomotiven der Reihe „V", gebaut von Beyer, Peacock & Co in Manchester. Die Tender entstanden in den Dundalk-Bahnwerkstätten. Sie waren Dreizylinder-Verbundlokomotiven, Bauart Smith und ähnelten einer Ausführung der Midland Railway in England.

die abgeschrägte Vorderfront, die den Abdampf über das Führerhaus leiten sollte und die Ventilsteuerung, angetrieben durch eine rotierende Steuerwelle. Die Blasrohranordnung mit Doppelschlot wurde für einen guten Saugzug bei minimalem Gegendruck ausgelegt.

Eine zweite 1'D1'-Lokomotive, Nr. 2002 „Earl Marischal" erhielt die normale LNER-Steuerungsanordnung mit äußerer Walschaertsteuerung und Gresley-Holcroft-Antrieb der Innensteuerung. Diese Bauart wurde bei den weiteren 4 Lokomotiven dieser Reihe beibehalten, die 1936 erbaut wurden und äußerlich mehr den Stromlinien-Pazifiks der Reihe „A4" von 1935 glichen.

Auch die erhöhte Zugkraft dieser Mikado-Lokomotiven konnte Doppeltraktionen vor schweren Zügen nicht völlig verhindern. Unzureichend bemessene Lagerflächen und fehlende Rückstellkräfte für das Vorlaufgestell verursachten eine starke Abnutzung in den vielen Kurven der Strecke Edinburgh–Aberdeen und führten zu hohen Unterhaltskosten. Darum baute man 1943-44 diese 1'D1'Lokomotiven in Pazifiks der Reihe „A2/2" um. Die damals fehlende Kontinuität im LNER-Lokomotivbau verhinderte eine Vereinheitlichung dieser Umbauten. Damit erfüllte sich die eigentliche Absicht dieses Umbaus nicht, aber eine Reihe gut aussehender Maschinen verwandelte sich in das Häßlichste, das diese Bahn je hervorbrachte, die sonst für ihren wohlgestalteten Lokomotivpark bekannt war.

Links: *Die stattliche „P-2" Mikado Nr. 2005 „Wolf of Badenoch" mit einem Zug von Aberdeen nach Edinburgh.*

Der einzelne Hochdruckzylinder lag innen, die beiden Niederdruckzylinder außen. Der innen verbleibende Raum wurde von drei separaten Stephensonsteuerungen völlig ausgefüllt. Ursprünglich besaßen die Niederdruckzylinder Flachschieber, wurden aber bald mit Kolbenschiebern umgebaut.

Die neuen Lokomotiven beschleunigten die Züge von Dublin nach Belfast auf eine Fahrzeit von 148 Minuten für die Strecke von 181 km mit 5 Unterwegshalten und der Zollabfertigung an der Grenze. Die 87 km von Dublin nach Dundalk legten die Züge in 54 Minuten zurück, mit 96,7 km/h Reisegeschwindigkeit die schnellste Zugleistung Irlands, aber nur für kurze Zeit. Die Wirtschaftskrise und ein unheilvoller Streik führten 1933 zu drastischen Einsparungen. Die Fahrzeiten wurden gestreckt und bei den Lokomotiven der Reihe „V" auch der Kesseldruck herabgesetzt.

Die einfachen, aber geschmackvollen Linien der 5 Verbundloks wurden durch den schönen blauen Anstrich noch besser zur Geltung gebracht. Neben ihren Nummern 83 bis 87 trugen sie Namen von Greifvögeln: „Eagle" (Adler), „Falcon" (Falke), „Merlin" (Zwergfalke), „Peregrine" (Wanderfalke) und „Kestrel" (Turmfalke). Die Lok „Merlin" blieb erhalten und wird durch die „Railway Preservation Society of Ireland" wieder in einen betriebsfähigen Zustand versetzt.

5 ähnliche Lokomotiven, Reihe „VS", mit einfacher Dampfdehnung, drei Zylindertriebwerken und Walschaertsteuerung wurden 1948 gebaut. Sie erhielten die Nummern 206 bis 210 und Namen irischer Flüsse: „Liffey", „Boyne", „Lagarn", „Foyle" und „Erne".

Die letzte „V" wurde 1961 aus dem Dienst genommen, die letzte „VS" 1965 abgestellt. Beide Reihen überlebten damit die GNR, die 1958 aufgeteilt wurde.

Links: *Die 2'B-Lokomotiven der Great Northern of Ireland, Reihe „VS" baute 1948 Beyer Peacock & Co. Von der Ursprungsausführung unterschieden sie sich durch einfache Dampfdehnung und Walschaertsteuerung.*

Unten: *Die Zeichnung zeigt die ursprüngliche Reihe „V", 1932 von Beyer Peacock & Co gebaut.*

Turbomotive 2'C1'

Großbritannien
London, Midland & Scottish Railway (LMS), 1935

Zugkraft: 178,1 kN (40000 lb)
Achslast: 24,5 t (54000 lb)
Zylinder: Keine
Treibrad ⌀: 1981 mm (78 in)
Verdampfungsheizfläche: 215 m^2 (2314 sq ft)
Überhitzerheizfläche: 61 m^2 (653 sq ft)
Kesseldruck: 17,6 kp/cm^2 (250 psi)
Rostfläche: 4,2 m^2 (45 sq ft)
Brennstoff (Kohle): 9,1 t (20000 lb)
Wasser: 18 m^3 (4000 Imp gal)
Reibungsgewicht: 71,7 t (158000 lb)
Gesamtdienstgewicht: 166,6 t (367000 lb)
Gesamtlänge: 22663 mm (74 ft 4¼ in)

Turbinen hatten sich schon viele Jahre beim Antrieb von Schiffen und Stromgeneratoren bewährt, daher versuchte so mancher Ingenieur auch ihre Anwendung beim Antrieb von Lokomotiven. 1932 sah der neuernannte Konstruktionschef der London, Midland & Scottish Railway, William Stanier, eine schwedische Dampfturbinen-Güterzuglokomotive im Betrieb und entschloß sich zu einem eigenen Versuch. Man hatte auf der LMS schon mit Turbinenlokomotiven experimentiert, aber dies waren komplizierte Kondenslokomotiven nach einem anderen Konzept gewesen. Die schwedische Bauart vermied die Schwierigkeiten der Wasserrückgewinnung. Ihre einfache Bauweise beeindruckte Stanier ganz besonders. Schieber und Steuerungen entfielen und das Fehlen der hin- und hergehenden Massen garantierte einen ruhigen Lauf. Drei Pazifik-Prototyplokomotiven befanden sich damals in Crewe, eine davon wurde als Versuchskaninchen für das vielversprechende Experiment ausersehen, das 1935 zur Ausführung kam.

Eine Metropolitan-Vickers Mehrstufen-Turbine von rund 2000 PS Leistung wurde an der linken Seite montiert, etwa an der Stelle, die normalerweise der Zylinder einnahm. Über ein dreistufiges, in einem Ölbad gekapselten Getriebe trieb sie die erste der drei gekuppelten Treibachsen. Das Übersetzungsverhältnis betrug 34:1, so daß bei einer Geschwindigkeit von 113 km/h die Turbine mit etwa 10000 Umdrehungen/Minute lief. Um den Wirkungsgrad der Turbine nicht zu verschlechtern, konnte man zur Leistungsregelung nicht wie bei einer Kolbenlokomotive den Dampf in einem Regler drosseln. Statt dessen schaltete man die sechs Dampfdüsen einzeln zu oder ab, eine außerordentlich einfache Anordnung.

Bei Versuchsfahrten erwies sich die Turbinen 2'C1'-Lokomotive den konventionellen Pazifiks überlegen. Eine kleine Turbine auf der rechten Seite diente der langsamen Rückwärtsfahrt. Sie wurde durch eine Klauenkupplung mit einer vierten Getriebestufe in Eingriff gebracht; eine leider nicht betriebssichere Anordnung, wie sich später herausstellte.

Anders als die meisten Konstruktionen, die die „Frechheit hatten", die Stephensonsche Bauweise verbessern zu wollen, bewährte sich die sogenannte „Turbomotive" sehr gut, sie erreichte immerhin eine Laufleistung von 480000 km. Ihr normaler Dienst bestand aus der Beförderung des „Liverpool Flyer" am Morgen nach London und nachmittags zurück nach Liverpool, viele Jahre lang der schnellste Zug der LMS. Natürlich stellten sich wie bei jeder Versuchslokomotive auch Probleme ein, aber die Ergebnisse waren vielversprechend. Dann kamen aber der Krieg und die Verstaatlichung.

Die neuen Verantwortlichen hatten keine Verbindung zum ursprünglichen Versuchsbetrieb; nach einem Schaden an der Hauptturbine im Jahre 1947 wurde die Lokomotive in Crewe abgestellt. 1951 baute man sie in eine konventionelle Pazifik namens „Princess Anne" um, bald nach der Indienststellung wurde sie aber ein Opfer des katastrophalen Zusammenstoßes dreier Züge bei Harrow.

Damit endete endgültig einer der gelungensten Versuche, eine turbinengetriebene Dampfschnellzuglokomotive zu bauen. Ähnliches könnte man sicher auch von den Zeolly-Turbinenloks in Deutschland oder der gewaltigen Baldwin-6000 PS-Maschine der Pennsylvania RR berichten.

Unten: *Die LMS „Turbomotive" Nr. 6202 in ihrem normalen Zugumlauf von Euston-Bahnhof nach Liverpool.*

Anden-Klasse 1'D
Peru
Peruanische Zentralbahn (FCC), 1935

Zugkraft: 163 kN (36600 lb)
Achslast: 16,6 t (36500 lb)
Zylinder, Ø x Hub: (2) 508 x 711 mm (20 x 28 in)
Treibrad Ø: 1321 mm (52 in)
Verdampfungsheizfläche: 160 m² (1717 sq ft)
Überhitzerheizfläche: 32 m² (341 sq ft)
Kesseldruck: 14,1 kp/cm² (200 psi)
Rostfläche: 2,6 m² (28 sq ft)
Brennstoff (Öl): 6,7 m³ (1465 Imp gal)
Wasser: 12 m³ (2650 Imp gal)
Reibungsgewicht: 66,3 t (146000 lb)
Gesamtdienstgewicht: 113,5 t (250000 lb)
Gesamtlänge: 18879 mm (61 ft 11 ¼ in)

„Die Höchste und die Schwierigste", diesen Titel gab Brian Fawcett der Peruanischen Zentralbahn, in deren Diensten er einen großen Teil seines Lebens verbrachte. Diese Bahn steigt von Lima auf einer Strecke von nur 158 km von Meereshöhe auf eine Paßhöhe von 4783 m beim Galera Tunnel auf ihrem Weg zu den Kupferminen in den Bergen. Viele Jahre hindurch hatte der zwangsläufig langsame Personenzugdienst der Bahn keine Konkurrenz durch Fluglinien, denn keine der Fluggesellschaften der Pazifikküste besaß Maschinen, die so hoch steigen konnten wie die Eisenbahn.

Der Hauptanstieg mit Steigungen von 4,5 und 4% erfolgt erst auf den letzten 118 km. Die Strecke zum Paß mit ihren sechs Doppelspitzkehren ist eine großartige Ingenieurleistung. Die Fahrgäste müssen in der großen Höhe mit Sauerstoff versorgt werden, dafür steigert der niedrigere Luftdruck den Wirkungsgrad einer Dampflokomotive. Trotzdem war die Aufgabe, Züge über diese „Stufeneisenbahn" zu bringen, unglaublich schwierig. Erst nach vielen Jahren voller Schwierigkeiten kam man mit der vorliegenden Kombination aus nordamerikanischer Bauweise und britischer Qualitätsarbeit von Beyer, Peacock & Co zu befriedigenden Ergebnissen.

Die vielen, kurz aufeinander folgenden Neigungswechsel in den steilen Spitzkehren bedingten einen kurzen Kessel, damit die Rohre und die Feuerbüchse immer mit Wasser bedeckt blieben. Die Ölfeuerung ermöglichte die Verwendung einer schmalen Feuerbüchse. Wegen den lang anhaltenden Steigungen wählte man die Achsfolge 1'D, um ein möglichst hohes Reibungsgewicht zu erzielen. Auf der Bergstrecke gab es genügend Wasserstellen, dadurch konnten die Wasservorräte und damit totes Lokgewicht, auf ein Minimum beschränkt werden. Die Besandungseinrich-

Reihe 5P5F 2-C
Großbritannien
London, Midland & Scottish Railway (LMS), 1934

Zugkraft: 113,4 kN (25455 lb)
Achslast: 18,5 t (40700 lb)
Zylinder, Ø x Hub: (2) 470 x 711 mm (18½ x 28 in)
Treibrad Ø: 1829 mm (72 in)
Verdampfungsheizfläche: 180 m² (1938 sq ft)
Überhitzerheizfläche: 28,5 m² (307 sq ft)
Kesseldruck: 15,8 kp/cm² (225 psi)
Rostfläche: 2,7 m² (28,65 sq ft)
Brennstoff (Kohle): 9,2 t (20200 lb)
Wasser: 18 m³ (4000 Imp gal)
Reibungsgewicht: 54 t (119000 lb)
Gesamtdienstgewicht: 129,4 t (285000 lb)
Gesamtlänge: 20618 mm (67 ft 7¾ in)

Die „Black Fives"! Ohne Zweifel der beste Kauf, den je eine britische Bahn getätigt hat, was ihre Leistungen im Schnellzugdienst betrifft. Diese legendären Lokomotiven bildeten nicht nur die zahlreichste, sondern auch die vielseitigste Reihe, die es je in Großbritannien gab. Man könnte sie in gewisser Weise mit den preußischen P8-Lokomotiven vergleichen. Obwohl als bescheiden dimensionierte Lokomotive für den gemischten Dienst geplant, bewiesen sie bei vielen Gelegenheiten, daß es im Gebiet der LMS keinen Schnellzug gab, den sie nicht pünktlich ans Ziel bringen konnten.

Aus den ersten Monaten ihres Einsatzes im Jahre 1934 berichtet Cecil J. Allen von einer Leistung der Prototyplokomotive Nr. 5020 vor dem Spitzenzug der LMS, dem „Royal Scot": Die „Black Five" mußte in letzter Minute für eine „Princess" 2'C1' oder für eine „Royal Scot" 2'C-Lokomotive einspringen, deren Vielgestaltigkeit sie für Schäden anfälliger machte. Die kleinere Maschine konnte trotz der maximalen Last von 15 Wagen und einem Zuggewicht von 495 t die Fahrzeit nach Crewe gut einhalten. Eine ausgezeichnete Schiebereinstellung und ein erprobter Kesseltyp standen hinter den überraschenden Eigenschaften dieser ausgezeichneten Lokomotiven.

In späteren Jahren war es sehr beruhigend zu wissen, daß die „Black Fives" entlang der Fahrstrecke des „Royal Scot" in den Betriebswerken Camden, Willesden, Rugby, Crewe, Warrington, Wigan, Preston, Carnforth, Carlisle, Carstairs und Glasgow stationiert wa-

tungen waren bei dieser Andenbahn lebenswichtig, denn starke Steigungen haben meist auch noch feuchte, glatte Schienen. Die bisher benutzten Schwerkraft- und Dampfdruckbesandungen hatten zu wünschen übrig gelassen; die „Anden"-Klasse erhielt eine Druckluftbesandung. Die Sandmenge war auch wichtig, spätere Bauserien der Reihe besaßen einen großen Sandbehälter um den Dampfdom herum, dies hielt den Sand auf einfache Weise trocken.

Von Rechts wegen mußte eine Gegendruckbremse eingebaut werden, sie wurde aber selten benutzt, denn die Kolben- und Schieberdichtringe nutzten sich dabei stark ab. Der Sicherheit diente eine Luftbremse mit zwei Luftleitungen. Bei ihr mußte die Bremse nicht regelmäßig gelöst werden, um die Luftbehälter wieder zu füllen. Dies hätten auf den langen Gefällestrecken zum katastrophalen Durchgehen eines Zuges führen können.

Um die Lokomotive Stunde für Stunde „voll" fahren zu können, wurde sie sehr robust ausgeführt. Daß die Konstruktion gelungen war, beweist die Tatsache, daß die Bahn sie insgesamt achtmal nachbestellte. Es waren schließlich 29 Lokomotiven mit den Nummern 200 bis 228. Benachbarte Bahnen besaßen auch einige Loks dieses Typs. Die Peruanische Südbahn, eine Schwestergesellschaft der FCC, hatte 20 Stück mit etwas größeren Treibrädern, auch die Cerro de Pasco-Bahn nannte 5 Stück ihr eigen. Die zuletzt genannten waren die letzten normalen Dampflokomotiven, die die Firma Beyer, Peacock & Co baute.

Leider regiert heute nicht mehr die Dampflok auf dieser Gebirgsbahn, aber ihre Fahrzeit von 6 Stunden blieb unverändert. Eine Reisegeschwindigkeit von 35 km/h mag gering erscheinen, aber die Leistungen, die hier vollbracht wurden, rechtfertigen die Aufnahme des täglichen Personenzugs auf dieser Andenstrecke in die Liste der „wichtigsten Züge der Welt". Die dargestellte Lok Nr. 206 wird in Lima erhalten.

Unten: *Diese hübschen grünen „Anden"-Lokomotiven der „Ferrocarril Central" von Peru hatten wohl einen der anstrengendsten Dienste der Welt.*

ren. Wenn den Primadonnen der Bahn das Temperament überschäumte und sie unpäßlich wurden, waren genügend zuverlässige Arbeitspferde in der Nähe zum Einspringen bereit.

Man muß aber zugeben, daß die LMS-Vierzylinder-Pazifiks bei höheren Geschwindigkeiten ruhiger liefen. Bei einer Geschwindigkeit von 145 km/h mit einer „Duchess" in der Dunkelheit (keine Stirnlampen!) talwärts zu rasen war schon ziemlich aufregend, aber auf einer „Black Five" kann man dies nur ein „Totales Erlebnis" nennen.

Ein weiterer Vorteil der größeren Lokomotiven war das größere Aschkastenvolumen, zwar vollbrachte die erwähnte Nr. 5020 von Euston bis Crewe dieselbe Leistung wie eine Pazifik, aber die 2'C-Lokomotive konnte wohl kaum bis Glasgow weiterfahren, ohne daß die Verbrennungsrückstände das Feuer erstickt hätten. Natürlich hatten die Pazifiks die Reserven für höhere Leistungen, doch dazu hätte man einen Supermann oder mindestens zwei normale Männer zum Heizen gebraucht, was normalerweise nicht der Fall war.

Auf den Hochlandstrecken, nördlich Perth, war die „Black Five" der schwerste zugelassene Lokomotivtyp. Hier beförderten sie die meisten Züge, angefangen beim 550 t schweren „Royal Highlander". Zwei Lokomotiven bezwangen dann mit weit geöffnetem Regler die 32 km lange Steigung von meist 1,66% von Inverness bis zum Scheitelpunkt bei Slochd in 400 m Höhe. Sie machten sicher Dampf, der Heizer mußte sich aber schwer anstrengen, damit auch auf diesen langen Steigungen die starken Auspuffschläge immer gleich laut zu hören waren.

William Stanier kam 1932 von der konkurrierenden GWR zur LMS. Unter seiner Leitung entstand 1933 der Entwurf für eine zweizylindrige 2'C-Lokomotive für den gemischten Dienst, die die schon etwas veralteten 2'C'-Maschinen der LMS-Vorgänger ablösen sollte. Das Gesamtkonzept stammte direkt von der „Hall"-Klasse seines alten Arbeitgebers ab, aber nur der konische Kessel und die Achslagerbauart wurden direkt von der GWR übernommen. Viele der anderen Konstruktionselemente beruhten auf bewährten Ausführungen aus dem Gebiet der LMS, beispielsweise Zylinder, Walschaertsteuerung und Führerhaus nach Art der Lancashire & Yorkshire, Midland-Kesselarmaturen und die tiefe Caledonian-Dampfpfeife. Der Einfluß der alten London & North Western zeigte sich in der Art der Stationierung und Unterhaltung der LMS-„Black Five"-Reihe, die es innerhalb von 18 Jahren auf 842 Exemplare brachte. Die LMS-Werkstätten in Crewe bauten davon 231, Derby 54 und Horwich 130 Stück. Durch ein Regierungsprogramm für notleidende Gebiete in der Vorkriegszeit erhielten auch zwei auswärtige Firmen Aufträge. Die Vulcan Foundry in Newton-le-Willows produzierte 100 und Armstrong-Whitworth & Co in Newcastle-upon-Tyne erstellte insgesamt 327 „Black Fives". Die Lokomotiven trugen die Nummern von 4758 bis 5499, die Nummern unter 5000 erhielten die später gebauten zugeteilt. Die British Railways bestellten noch einmal 100 Maschinen, die neuen BR-Nummern lauteten nun 44658 bis 45499.

Wenige Verbesserungen wurden mit der Zeit nötig, lediglich die Überhitzerheizfläche wurde bei späteren Serien vergrößert. Bei den letzten Lieferungen experimentierte man mit verschiedenen Neuerungen, wie Rollenlagern, Schüttelrosten, Doppelblasrohren und Caprotti-Ventilsteuerungen. Ja, eine Lokomotive erhielt sogar eine außenliegende Stephensonsteuerung. Die einzige Änderung, die allgemein eingeführt wurde, war der Einbau auswechselbarer Mangan-Hartstahl-Achslagerführungen, die den Verschleiß stark herabsetzten.

Die in Preston stationierten „Black Fives" waren die letzten Dampflokomotiven im planmäßigen Schnellzugdienst der British Railways. Im Januar 1967, nur 20 Monate vor dem Ende, erreichte die Lok Nr. 44917 die höchste verbürgte Geschwindigkeit dieser Reihe. Nördlich Gobowen, zwischen Chester und Shrewsbury, fuhr sie mit 155 km/h. 15 dieser Lokomotiven blieben der Nachwelt erhalten, 4 davon kann man von Zeit zu Zeit im Einsatz erleben, entweder einzeln oder auch in Doppeltraktion.

Links: *Eine Stanier „Black Five" 2'C-Lokomotive verläßt eine Unterwegsstation im schottischen Hochland mit ihrem Personenzug. Nördlich Perth versahen diese vielseitigen Lokomotiven fast alle Dienste.*

Reihe A 2'B1'

USA
Chicago, Milwaukee, St. Paul & Pacific Railroad (CMStP&P), 1935 (siehe Falttafel S. 142)

Zugkraft: 136,7 kN (30685 lb)
Achslast: 32,9 t (72500 lb)
Zylinder, ⌀ x Hub: (2)
483 x 711 mm (19 x 28 in)
Treibrad ⌀: 2134 mm (84 in)
Verdampfungsheizfläche:
301,5 m² (3245 sq ft)
Überhitzerheizfläche: 96 m²
(1029 sq ft)
Kesseldruck: 21,1 kp/cm²
(300 psi)
Rostfläche: 6,4 m² (69 sq ft)
Brennstoff (Öl): 15 m³
(3300 Imp gal)
Wasser: 49,2 m³ (10800 Imp gal)
Reibungsgewicht: 65,6 t
(144500 lb)
Gesamtdienstgewicht: 243,8 t
(537000 lb)
Gesamtlänge: 27026 mm
(88 ft 8 in)

Reihe F7 2'C2'

USA
Chicago, Milwaukee, St. Paul & Pacific Railroad (CMStP&P), 1937

Zugkraft: 224,0 kN (50295 lb)
Achslast: 32,8 t (72250 lb)
Zylinder, ⌀ x Hub: (2)
597 x 762 mm (23,5 x 30 in)
Treibrad ⌀: 2134 mm (84 in)
Verdampfungsheizfläche:
387 m² (4166 sq ft)
Überhitzerheizfläche: 157 m²
(1695 sq ft)
Kesseldruck: 21,1 kp/cm²
(300 psi)
Rostfläche: 9,0 m² (96,5 sq ft)
Brennstoff (Kohle): 22,7 t
(50000 lb)
Wasser: 75,7 m³ (16650 Imp gal)
Reibungsgewicht: 98,1 t
(216000 lb)
Gesamtdienstgewicht: 359,1 t
(791000 lb)
Gesamtlänge: 30480 mm
(100 ft 0 in)

„Schnellfüßig war Hiawatha", so schrieb Longfellow ... Die starke Konkurrenz im Tagesreiseverkehr zwischen Chicago und den „Twin cities" (Zwillingsstädten) St. Paul und Minneapolis war der Auslöser für die Schaffung der „Hiawatha"-Lokomotiven und -züge, den schnellsten die je mit Dampfkraft betrieben wurden. Drei Bahngesellschaften waren an diesem Verkehr beteiligt. Erstens, die Chicago & North Western Railway, die auf ihrer 657 km langen Strecke ihre „400"-Expreßzüge einsetzte, die diese Strecke in 400 Minuten durchmaßen. Die „400"er bestanden aus herkömmlichem Fahrzeugmaterial, allerdings attraktiv aufpoliert und besonders unterhalten. Die zweite Bahn, die Chicago, Burlington & Quincy leistete Pionierarbeit mit der Einführung ihrer Diesel-Schnelltriebzüge aus rostfreiem Stahl, die trotz ihres Namens „Zephyr" (sanfter Wind) recht geräuschvoll waren, wenn sie die 30 km längere CB&Q-Strecke entlang fuhren.

Zu guter Letzt, und für uns am interessantesten, kommt die Chicago, Milwaukee, St. Paul & Pacific Railroad, deren Direktion beschloß, sich mit besonderen Hochgeschwindigkeitszügen am Kampf um die Gunst des Publikums zu beteiligen. Sie sollten die 663 km lange Strecke in 6½ Stunden zurücklegen. Zum erstenmal in der Ge-

Oben: *Die „F7" 2'C2'-Lok Nr. bietet am Ende ihrer Tage einen trostlosen Anblick, nachdem sie ihren Schwestern als Ersatzteilspender diente.*

Mitte: *Treibachsen und Kesselverkleidung sind verschwunden, die „F7" erwartet der Hochofen.*

schichte der Dampflokomotive bestellte eine Bahn Maschinen, die für eine planmäßige Geschwindigkeit von 100 mph (160 km/h) und mehr bestimmt waren!

Die American Locomotive Company in Schenectady, New York nahm die Herausforderung an ihre Konstrukteure an und lieferte zwei hervorragende ölgefeuerte, bunt lackierte Atlantik-Lokomotiven. Diese 2'B1'-Maschinen erhielten von der Milwaukee Road die Bezeichnung: Reihe „A", Nr. 1 und 2. Sie verdienten sich diese Auszeichnung im Betrieb sehr schnell, in der Geschwindigkeit war ihnen kaum eine andere Lokomotive ebenbürtig.

Sie entwickelten mehr als 3000 PS Zylinderleistung und konnten in der Ebene 177 km/h erreichen. Es spricht für sich, daß sie statt der geplanten 6-Wagen-Züge mit einer 6½-Stunden-Fahrzeit bald den Dienst mit 9 Wagen in 6¼ Stunden versahen. Dies schloß 5 Unterwegshalte und 15 dauernde Langsamfahrstellen unter 80 km/h ein!

Die Konstruktion war mehr ungewohnt als unkonventionell, beispielsweise besaß der Tender ein dreiachsiges und ein zweiachsiges Drehgestell und die Treibstangen wirkten auf die erste Treibachse, nicht auf die zweite wie bei früheren Atlantiks. Man unternahm besondere Anstrengungen, um die Triebwerksteile möglichst leicht zu halten, so wurde der Kesseldruck so hoch gewählt, um die Kolben klein zu halten. Besondere Sorgfalt wurde auf den besten Massenausgleich verwandt, der bei einer Zweizylinderlokomotive möglich ist. 1936 wurde Lokomotive Nr. 3 der Reihe „A" geliefert, 1937 die Nr. 4.

Weitere Hochgeschwindigkeitslokomotiven bestellte die Milwaukee 1938, dieses Mal aber sechs 2'C2'-Lokomotiven, deren normale Bauart auch die Einordnung in das übliche Schema als Reihe „F7" mit den Nummern 100-105 zeigt. Die Atlantiks leisteten Hervorragendes vor den Stromlinienzügen, aber sie waren nicht imstande, das übliche schwere Wagenmaterial zu befördern. Daher griff man zur größeren Hudson-Achsfolge, in der man große Zugkraft und die Fähigkeit zu hohen Geschwindigkeiten kombinieren konnte. Als Zugeständnis an die Geschwindigkeit wählte man einen großen Triebraddurchmesser, einem vielseitigen Einsatz kam die Rückkehr zur Kohlefeuerung zugute, wie sie bei dieser Bahn üblich war. Dies bedingte aber den Bau einer neuartigen Bekohlungsanlage im Bahnhof New Lisbon, die es ermöglichte, die „F7"-Lokomotive während des planmäßigen Halts des „Hiawatha" von 2 Minuten zu bekohlen. Auch die „F7"-Hudsons waren sehr erfolgreich, mit leicht erreichten 193 km/h und mehr waren sie noch schneller als die „A"-Atlantiks.

Probefahrten zeigten, daß derartige Geschwindigkeiten mit einem 12-Wagen-Zug von 550 t Gewicht gefahren werden konnten, eine schier unglaubliche Leistung. Man berichtet auch von Höchstgeschwindigkeiten von mehr als 200 km/h, aber leider gibt es davon keine offiziellen Messungen, denn dies hätte womöglich die Weltrekordleistungen der deutschen „05" und der britischen „Mallard" noch überboten. Einen Weltrekord stellten sie allerdings 1940 auf, die schnellste Durchschnittsgeschwindigkeit von der Anfahrt bis zum Halt, die eine Dampflokomotive je planmäßig fuhr. Die 126 km von Sparta bis Portage fuhr der „Morning Hiawatha", eine von nunmehr zwei Tagesverbindungen, mit einer Reisegeschwindigkeit von 130,7 km/h. Ebenfalls 1940 führte man den „Mid-West Hiawatha" von Chicago nach Omaha und Sioux Falls ein, für den man die „A"-Atlantiks einsetzte, von denen allerdings weiterhin eine Maschine als Reserve für den Ausfall einer „F7" vor den „Twin Cities-Zügen" bereit stand.

Allmählich begann die Verdieselung, zum ersten Mal zog eine Diesellok einen „Hiawatha"-Zug im Jahre 1941. Die Dampftraktion verschwand vor dem „Twin Cities Hiawatha" aber schließlich erst 1946. Die Atlantiks hielten vor den Mid-West-Zügen 2 Jahre länger aus. Einige Maschinen wanderten für kurze Zeit in mindere Dienste ab, aber schon 1951 wurde die letzte Stromlinienlokomotive abgestellt. Es ist außerordentlich bedauerlich, daß keine dieser Rekorde brechenden Lokomotiven erhalten blieb, vor allem jetzt, wo ihr die alte Milwaukee Road von Chicago zum Pazifik ins Land des Vergessens folgt.

Immerhin können Modelle und Erinnerungen das Andenken an diese großartigen Lokomotiven wachhalten, wenn sie auch die meisten von uns nicht mehr erleben konnten.

Oben: *Ihre Tage sind schon gezählt, aber noch entströmen dem Schlot der „F7" der Milwaukee Road dicke Qualmwolken und legen sich über den Zug.*

Unten: *Eine Fabrikaufnahme einer 2'C2'-Lokomotive der Reihe „F7", die die Chicago, Milwaukee, St. Paul & Pacific Railroad 1938 für ihre „Hiawatha"-Expreßzüge beschaffte.*

Reihe F-2a 2'B2'

Kanada
Canadian Pacific Railway (CPR), 1936

Zugkraft: 118,0 kN (26500 lb)
Achslast: 27,7 t (61 000 lb)
Zylinder, ⌀ x Hub: (2) 438 x 711 mm (17 1/4 x 28 in)
Treibrad ⌀: 2032 mm (80 in)
Verdampfungsheizfläche: 263 m^2 (2833 sq ft)
Überhitzerheizfläche: 102 m^2 (1100 sq ft)
Kesseldruck: 21,1 kp/cm^2 (300 psi)
Rostfläche: 5,2 m^2 (55,6 sq ft)
Brennstoff (Kohle): 12 t (27000 lb)
Wasser: 31,8 m^3 (7000 Imp gals)
Reibungsgewicht: 54,9 t (121 000 lb)
Gesamtdienstgewicht: 209,3 t (461 000 lb)
Gesamtlänge: 24762 mm (81 ft 2 7/8 in)

1936 stellte die Canadian Pacific Railway vier neue Züge vor, die sie als „High Speed Local Service", also als „Nahschnellverkehr" bezeichnete. Jede Zugkomposition bestand aus Paketpostwagen, einem kombinierten Büfett-/Packwagen und zwei Sitzwagen. Nach nordamerikanischen Maßstäben waren dies sehr leichte Garnituren mit 200 t Zuggewicht. Die meisten amerikanischen Bahnen hätten irgendwo einige noch brauchbare ältere Lokomotiven für solche Züge aufgetrieben, aber nicht so die CPR. Sie bestellte 5 neue 2'B2'-Lokomotiven, als „Jubilee"-Type bezeichnet, von den Montreal Locomotive Works. Man nannte sie zwar Stromlinienloks, aber um der Wahrheit die Ehre zu geben, waren es normale Maschinen, bei denen man nur einige Kanten recht hübsch abgerundet hatte. Sie erhielten die Bahn-Nummern von 3000 bis 3004.

Die neuen Leistungen, die sie übernahmen, waren der „Chinook" im Westen von Calgary bis Edmonton (310 km in 315 Minuten bei 22 Halten) und der grenzüberschreitende „Royal York" von Toronto nach Detroit (366 km in 335 Minuten mit 19 Halten), sowie zwei weitere Züge zwischen Montreal und Quebec. Für einen Dienst dieser Art hätte eine britische Bahnverwaltung wohl eine 2'B-Lokomotive von 100 t Gewicht mit einer Rostfläche von vielleicht 2,3 m^2 gewählt, diese „leichten" 2'B2'-Loks waren doppelt so groß.

Auch wenn in diesem Fall die Liebe zur Größe auf dieser Seite des Atlantiks vielleicht etwas übertrieben wurde, waren doch die „Jubilees" prachtvolle Lokomotiven. Man stattete sie mit allen damals üblichen Raffinessen wie Stokern, Speisewasservorwärmern und Rollenlagern aus. Eine in Kanada sehr wichtige Einrichtung war das rundum geschlossene Allwetter-Führerhaus, das dem Personal auch bei den häufig vorkommenden Wintertemperaturen von −40°C noch Schutz bot.

Eine weitere Serie ähnlicher, aber etwas kleinerer 2'B2'-Loks, Nr. 2901-2929 baute man 1938 als Reihe „F-1a". Man konnte sie leicht an dem Antrieb auf die zweite Kuppelachse von der „F-2a" unterscheiden, bei der die erste Achse angetrieben war.

Die Lokomotiven Nr. 2928 und 2929 dieser Reihe erhielten nach der Ausmusterung das Nationale Eisenbahnmuseum in Delson, Quebec und das Steamtown Museum in Bellows Falls, Vermont in den USA.

Unten: *2'B2'-Lok Nr. 3003, Reihe „F-2a", verläßt Montreal mit einem „Nahschnellverkehrszug".*

Reihe A4 2'C1'

Großbritannien
London & North Eastern Railway (LNER), 1935 (siehe Falttafel S. 138)

Zugkraft: 157,9 t (35455 lb)
Achslast: 22,5 t (49500 lb)
Zylinder, ⌀ x Hub: (3) 470 x 660 mm (18½ x 26 in)
Treibrad ⌀: 2032 mm (80 in)
Verdampfungsheizfläche: 239,3 m^2 (2576 sq ft)
Überhitzerheizfläche: 70 m^2 (749 sq ft)
Kesseldruck: 17,6 kp/cm^2 (250 psi)
Rostfläche: 3,8 m^2 (41 sq ft)
Brennstoff (Kohle): 8,2 t (18000 lb)
Wasser: 22,7 m^3 (5000 Imp gal)
Reibungsgewicht: 67,2 t (148000 lb)
Gesamtdienstgewicht: 168 t (370000 lb)
Gesamtlänge: 21647 mm (71 ft 0 in)

Oben: *Die „A4"-Museumslokomotive Nr. 4498 „Sir Nigel Gresley" zieht einen Sonderzug für Dampflokfreunde.*

Rechts: *Eine „A4"-Pazifik vor dem „Flying Scotsman" donnert kurz hinter dem Kings Cross-Bahnhof aus dem Gaswerktunnel hervor.*

Wenn die britischen Dampflokfreunde über die ihrer Meinung nach beste Schnellzuglokomotive abzustimmen hätten, so würden sie ohne Zweifel die hier vorgestellte wählen. Man kann auch kaum an dieser Weltrekordlokomotive vorbeigehen. Die Stromlinien-Pazifiks der Reihe „A4" stammen direkt von den „Flying Scotsman"-Maschinen der Reihe „A1" ab. Die LNER-Führung hatte die Inbetriebnahme des „Fliegenden Hamburgers" in Deutschland mit Interesse verfolgt. Dieser zweiteilige dieselgetriebene Schnelltriebwagen fuhr auf der 285 km langen Strecke zwischen Berlin und Hamburg mit einer Reisegeschwindigkeit von 124 km/h. Die Hersteller dieses Zuges wurden beauftragt, ein Konzept für einen solchen Triebwageneinsatz auf den 429 km zwischen London und Newcastle auszuarbeiten. Durch viele vorhandene Geschwindigkeitsbeschränkungen hätte er aber eine Fahrzeit von 4¼ Stunden benötigt, das heißt, er hätte nur eine Durchschnittsgeschwindigkeit von 102 km/h erreicht. Für nur zwei Wagen war der verlangte Preis auch überraschend hoch. Am 5. März 1935 zeigte dann eine „A3"-Pazifik, die Nr. 2750 „Papyrus", daß eine Dampflok imstande war, eine 4-Stunden-Planzeit zu fahren, sie benötigte nur 230 Minuten mit einem 6-Wagen-Zug.

Auf diese Art entstand die Idee eines Zuges aus einer Stromlinienlokomotive und einer passenden Wagengarnitur, der „The Silver Jubilee" heißen sollte. Der Bahnvorstand genehmigte den Plan am 28. März, die erste von vier stromlinienförmigen Maschinen, Nr. 2509 „Silver Link" wurde schon am 5. September 1935 zum ersten Mal angeheizt. Der neue Zug, strotzend vor Neuerungen, wurde der Presse am 27. September 1935 vorgestellt. Herzlose Zeitgenossen könnten auf die Idee kommen, dies mit der Entstehungszeit des heutigen „High Speed Train" der British Railways zu vergleichen, der gegenüber dem vorhandenen Material einen ähnlichen Fortschritt bedeutete, wie damals der „The Silver Jubilee". Damals dauerte es aber nur sechs **Monate**, nicht sechs **Jahre** wie in der jüngsten Zeit.

Schon auf der Pressefahrt wurde bei Sandy mit einer Höchstgeschwindigkeit von 181 km/h ein neuer britischer Geschwindigkeitsrekord aufgestellt. Die Lokomotive lief ausgezeichnet und über 40 km wurden mit mehr als 160 km/h zurückgelegt. Die Besatzung der Lokomotive war sich dabei überhaupt nicht bewußt, welche Ängste sie bei den Fahrgästen in den schlingernden Gliederwagen hervorrief. Trotz allem wurde drei Tage später der Expreßzug „The Silver Jubilee" der Öffentlichkeit übergeben, der sofort einen bemerkenswerten Erfolg erzielte. Trotz eines Fahrpreiszuschlags war der Zug, der um 17 Uhr 30 London verließ, Abend für Abend ausverkauft. Der erste Zwischenhalt war erst in Darlington, nach 198 Minuten Fahrzeit und 374 km Weg, die Ankunft in Newcastle war um 21 Uhr 30.

Die neuen Lokomotiven wiesen nicht so viele Neuerungen wie die Wagen auf, aber dafür waren die Verbesserungen wichtiger. Die Dampfwege waren vergrößert und begradigt worden, um dem Dampf auf dem Weg vom Regler bis zum Blasrohr möglichst wenig Widerstand zu bieten, die Folge war ein sehr leichter Lauf. Eine größere Feuerbüchse mit Verbrennungskammer verbesserte die Dampferzeugung. Eine besondere Note erhielten die „A4"-Loks durch ihre wohlklingenden Dreitonpfeifen.

Diese Maschinen der Reihe „A4" waren so gut, daß von 1936 bis 1938 noch 31 weitere gebaut wurden, nicht nur für weitere Stromlinienzüge („Coronation" und „West Riding Limited"), sondern auch für allgemeine Dienste. Einige rüstete man mit doppelten Blasrohren und Schloten aus; eine davon, die Lok Nr. 4468 „Mallard", brach am 4. Juli 1938 den deutschen Geschwindigkeitsweltrekord der 05002, als sie eine Geschwindigkeit von 200 km/h hielt und kurz auch 202,7 km/h (126 mph) erreichte, allerdings auf einer Gefällestrecke von 0,5% Neigung nördlich

Rechts: *Die „A4"-Lokomotive „Empire of India" der London & North Eastern Railway ist eine der Maschinen, die 1937 für den „Coronation"-Expreß gebaut wurden.*

Oben: *Die „A4" Nr. 2510 „Quicksilver" im Bauzustand von 1935. Die Umlaufverkleidung wurde später entfernt.*

Peterborough und nicht in der Ebene, wie die deutsche Lok.

Ähnlich eindrucksvoll war eine Fahrt im Jahr 1940, als Nr. 4901 „Capercaillie" eine ebene Strecke von 40 km nördlich York vor einem 22-Wagen-Zug von 730 t Gewicht mit einer Durchschnittsgeschwindigkeit von 122 km/h zurücklegte.

Zu Beginn unterschied man zwischen den ursprünglichen „silbernen" Lokomotiven, den grünen Maschinen mit Vogelnamen für allgemeine Dienste und den blauen „Coronation"-Loks mit Namen aus dem britischen Empire. Ebenfalls blau lackiert waren die „Golden Fleece" und die „Golden Shuttle" für den „West Riding Limited". 1938 wurde der blaue Anstrich der Lokomotiven zur Normalausführung, er sah auch wirklich gut aus, nicht nur vor den Stromlinienzügen, sondern auch vor den älteren Wagen aus naturfarbenem Teakholz.

Eine der „A4"-Pazifiks, Nr. 4469 „Sir Ralph Wedgwood" erhielt bei einem Luftangriff auf York einen Volltreffer und mußte verschrottet werden. Die anderen Maschinen wurden nach dem Krieg auf die Nummern 1 bis 34 umnumeriert, um 1948 die BR-Nummern 60001 bis 60034 zu erhalten.

Obwohl sie nicht die neuesten LNER-Schnellzuglokomotiven waren, wurden ihnen hochwertige Leistungen wie der von London nach Edinburgh ohne Halt verkehrende „Elizabethan" nicht von anderen Dampflokomotiven streitig gemacht, erst Anfang der 60er Jahre löste sie die Dieseltraktion ab. Das Problem ihrer Unzuverlässigkeit – häufig liefen die Treibstangenlager des inneren Triebwerks heiß – war entschieden angegangen und großteils gelöst worden.

Nach der Abstellung der letzten „A4" im Jahr 1966 blieben 6 Maschinen erhalten. Privatleute besitzen Nr. 4498 „Sir Nigel Gresley", Nr. 60009 „Union of South Africa" und Nr. 19 „Bittern" (Rohrdommel), Rekordlokomotive Nr. 4468 „Mallard" (Wildente) steht im Nationalen Eisenbahn Museum in York, die Nr. 60010 „Dominion of Canada" befindet sich im Kanadischen Eisenbahn Museum in Delson, Quebec und Nr. 60008 „Dwight D. Eisenhower" ging dem Namen entsprechend in die USA, an das Green Bay Eisenbahn Museum in Wisconsin.

Nr. 4498 und 60009 werden regelmäßig vor Sonderzügen eingesetzt, und geben damit einer neuen Generation einen kleinen Eindruck davon, welche großartigen Maschinen dies waren.

Unten: *Die „A4" „Kingfisher" erhielt die BR-Nummer 60024. Die vornehmlich für allgemeine Dienste gebauten Lokomotiven bekamen Vogelnamen.*

Nr. 10000 2'C2'

Großbritannien
London & North Eastern Railway (LNER), 1930

Achslast: 21,3 t (47000 lb)
Zylinder, ∅ x Hub
–Hochdruck: (2) 254 x 660 mm (10 x 26 in)
– Niederdruck: (2) 508 x 660 mm (20 x 26 in)
Treibrad: ∅ 2032 mm (80 in)
Verdampfungsheizfläche: 184,5 m² (1986 sq ft)
Überhitzerheizfläche: 13 m² (140 sq ft)
Kesseldruck: 31,6 kp/cm² (450 psi)
Rostfläche: 3,25 m² (35 sq ft)
Brennstoff (Kohle): 9,1 t (20000 lb)
Wasser: 22,7 m³ (5000 Imp gal)
Reibungsgewicht: 63,6 t (140000 lb)
Gesamtdienstgewicht: 168,9 t (372000 lb)
Gesamtlänge: 22682 mm (74 ft 5 in)

Die Geschichte der LNER-Lokomotive Nr. 10000, der „Heimlichen" Lokomotive, ist die Geschichte eines vielversprechenden Experiments, das scheiterte. Alles begann unter großer Geheimhaltung – daher der Spitzname – und wurde auch sehr sorgfältig ausgeführt, aber wie bei so vielen anderen Versuchen, den Wirkungsgrad der Dampflokomotive zu verbessern, siegte schließlich doch das einfache Antriebsprinzip, das schon Stephensons „Northumbrian" aufwies.

Es ist ein Grundgesetz der Physik, daß der Wirkungsgrad einer Wärmemaschine direkt von dem Verhältnis zwischen oberer und unterer Temperatur des Arbeitsmediums – hier also Dampf – während eines Arbeitstakts abhängt. Die obere Temperatur des Dampfes hängt vom Kesseldruck und vom Grad der Überhitzung ab, wenn man also den Druck wesentlich erhöht, erhöht sich auch der Wirkungsgrad der Dampfmaschine.

Leider ist der herkömmliche Lokomotivkessel nicht für hohe Drücke geeignet, unter anderem wegen der vielen geraden Flächen. Auf Schiffen und in Kraftwerken erzeugt man höhere Dampfdrücke in verschiedenartigen Kesseln, die nur aus Zylindern und Röhren bestehen. Der LNER-Konstrukteur Nigel Gresley beriet sich mit der Firma Yarrow in Glasgow, ob man nicht etwas in dieser Form auch auf einer Lokomotive anwenden könnte.

Es entstand der Entwurf einer Vierzylinder-Verbundlokomotive mit einem Wasserrohrkessel aus fünf verbundenen Röhren. Oben lag eine lange Dampfröhre, verbunden mit zwei Paaren beiderseits tiefer liegender Wasserröhren durch 694 dünne Wasserrohre. Die beiden äußeren Niederdruckzylinder und ein großer Teil der Steuerung entsprachen der „A1"-Pazifik. Die zwei Hochdruckzylinder lagen innerhalb des Rahmens nahe zusammen, ihre Schieber wurden durch schwingende Wellen von der äußeren Walschaertsteuerung angetrieben. Diese Wellen waren so gebaut, daß es möglich war, die Füllung der Hochdruckzylinder unabhängig einzustellen. Die Lokomotive wurde in der Bahnwerkstatt Darlington 1930 gebaut.

Nach Überwindung der Kinderkrankheiten setzte man Lok Nr. 10000 einige Jahre lang vom Betriebswerk Gateshead ein. Leider glichen die hohen Unterhaltskosten und Wärmeverluste an undichten oder schlecht isolierten Stellen die Kohleersparnis wieder aus, Einsparungen brachte diese Versuchsmaschine nicht. So war es kein Wunder, daß die „Heimliche" im Jahre 1937 nach Art der „A4"-Stromlinienloks in eine normale Lokomotive umgebaut wurde. Als alleiniger Inhaber der Reihenbezeichnung „W1" war sie weiterhin die einzige Schnellzuglokomotive der Achsfolge 2'C2' in Großbritannien.

Unten: *Die „Heimliche" 2'C2'-Hochdrucklokomotive Nr. 10000 der London & North Eastern Railway bei einer Versuchsfahrt mit dem Leistungsmeßwagen der Bahn.*

Die A4 Pazifiks (siehe Seite 136)

Rechts: *Die „A4"-Lokomotive „Dominion of Canada", im Anlieferungszustand des Jahres 1937, war für den „Coronation"-Expreßzug bestimmt. Beachten Sie die Pfeife von der Canadian Pacific Railway vor dem Schornstein. 1938 brachte man dort auch eine kanadische Glocke an, nachdem sie aber einmal wegen einem Defekt eine ganze Fahrt lang läutete, setzte man sie außer Funktion.*

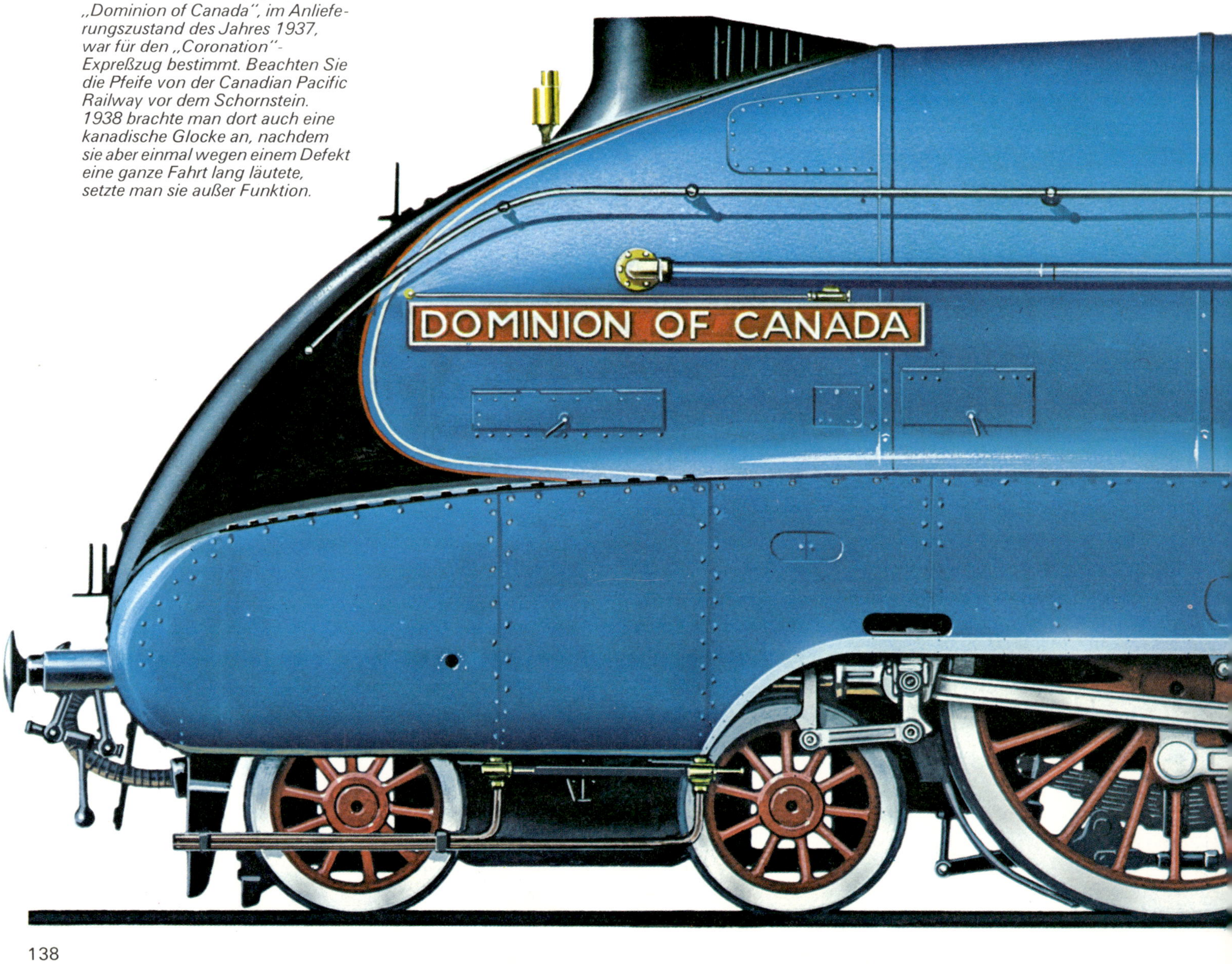

60019

3
LNER
CORONATION
1719

N E R

Der Milwaukee Hiawatha

(siehe Seite 134)

Unten: *Eine der ursprünglichen 2'B1'-Lokomotiven, Reihe „A", der Chicago, Milwaukee, St. Paul & Pacific Railroad. Diese großartigen ölgefeuerten Atlantiks baute die American Locomotive Company in Schenectady, New York im Jahre 1935, um dazu passende stromlinienförmige Hochgeschwindigkeitszüge zwischen Chicago und den Zwillingsstädten St. Paul und Minneapolis zu bespannen. Die Konturen von Tender und Wagen waren aufeinander abgestimmt. Die ersten Wagen von 1935 hatten glatte Seitenwände, die dargestellte Wagengarnitur mit horizontalen Verstärkungsrippen erschien vier Jahre später, als auch auf anderen Strecken „Hiawatha"-Züge in Betrieb genommen wurden. All dieses ist heute nur noch Erinnerung.*

Diese Zeichnung veranschaulicht die verschiedenen Ausführungen der 2'C1'-Lokomotiven der Reihe „A4", die Sir Nigel Gresley für die London & North Eastern Railway 1935 entwarf. Ganz links sehen wir die ursprüngliche silbergraue Farbgebung für den „Silver Jubilee"-Zug, der ab 1935 zwischen London und Newcastle verkehrte. Daneben ein Beispiel für die Serie mit Vogelnamen, die 1936 für allgemeine Dienste beschafft wurde und deshalb im normalen LNER-Grün gehalten wurde. Rechts ist der Anstrich der British Railways in einem mittleren Grünton dargestellt. Die darunterliegende Darstellung zeigt einen Teil der Wagengarnitur des „Coronation"-Expreßzuges aus dem Jahr 1937. Der Zug von London nach Edinburgh bestand in der Regel aus vier zweiteiligen Doppelwagen mit Jakobsdrehgestellen in folgender Aufteilung: eine Einheit mit dritter Klasse, Packabteil und Küche, einmal erste Klasse, einmal dritte Klasse mit Küche und einmal dritte Klasse mit Packabteil. Am Zugschluß lief immer ein vierachsiger „Biberschwanz"-Schlußwagen.

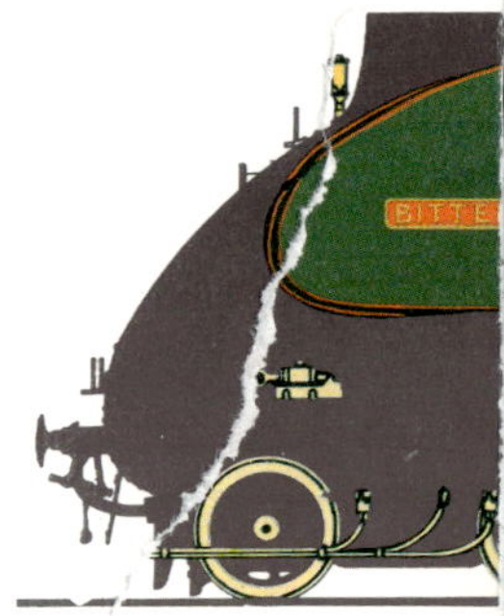

THE MILWAUKI

THE MILWAUKI
WHITTEMORE

EE ROAD
3
A

R
GOLDEN EAGLE
4482
L N

LNER
CORONATION
3
1716

E ROAD
THE MILWAUKEE RO
E ROAD
THE

HIAWATHA

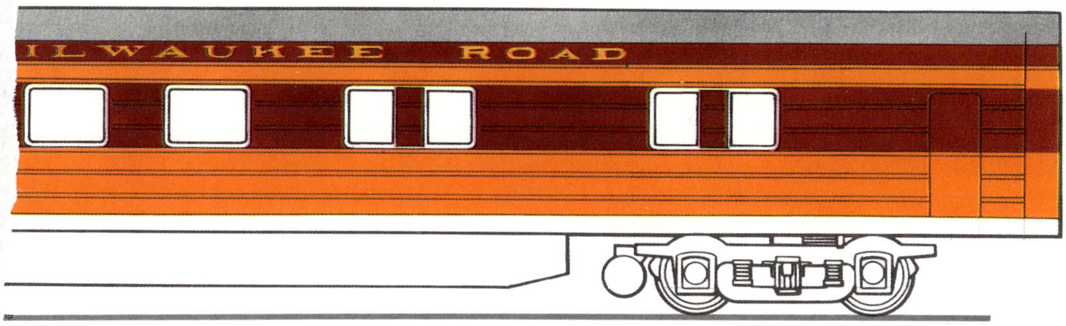

Oben: *Der „Hiawatha"-Expreß im Jahr 1940. Diese Züge waren die schnellsten fahrplanmäßigen Dampfzüge, die je liefen. Die Zeichnung zeigt die damals neu eingeführte 2'C2'-Lokomotive der Reihe „F7" vor einer typischen Garnitur. Hinter der Lokomotive läuft ein Barwagen mit Packabteil, dann folgt ein Tagessitzwagen, von dem jeder Zug einige besaß, es kommen noch ein Speisewagen, ein Pullman-Salonwagen und zum Schluß der Pullman-Salon-Aussichtswagen.*

Reihe 05 2'C2' Deutschland
Deutsche Reichsbahn Gesellschaft (DRG), 1935

Zugkraft: 146 kN (32776 lb)
Achslast: 19,5 t (43000 lb)
Zylinder, Ø x Hub: (3) 450 x 660 mm (17¾ x 26 in)
Treibrad Ø: 2300 mm (90½ in)
Verdampfungsheizfläche: 256 m² (2756 sq ft)
Überhitzerheizfläche: 90 m² (969 sq ft)
Kesseldruck: 20 kp/cm² (284 psi)
Rostfläche: 4,7 m² (51 sq ft)
Brennstoff (Kohle): 10 t (22000 lb)
Wasser: 37 m³ (8140 Imp gal)
Reibungsgewicht: 57,6 t (127000 lb)
Gesamtlänge: 26265 mm (86 ft 2 in)

Im Jahre 1931 betrug die allgemeine Höchstgeschwindigkeit bei der Deutschen Reichsbahn nur 100 km/h. In diesem Jahr begann der Bau des „Fliegenden Hamburgers", der 160 km/h erreichen sollte. Mit einem Mal rückte Deutschland bei den Zuggeschwindigkeiten an eine führende Position. Die Doppeltriebwagen boten aber nur eine beschränkte Platzzahl, dies führte zu dem Gedanken, eine Lokomotive zu bauen, die einen Zug normaler Bauweise mit der gleichen Geschwindigkeit befördern konnte. Man rechnete sich aus, daß ein lokbespannter Zug mit 50% mehr Sitzplätzen für etwa den halben Preis des Triebwagens gebaut werden könnte.

1932 begann daher die DRG mit der Planung einer entsprechenden Lokomotive für die es bisher keine

Oben: *Die erste deutsche Schnellfahrlokomotive, 05001, geliefert im März 1935, ist baugleich mit der Weltrekordlokomotive 05002, die mehr als 200 km/h erreichte.*

Dovregubben 1'D2' Norwegen
Norwegische Staatsbahn (NSB), 1935

Achslast: 15,4 t (34000 lb)
Zylinder, Ø x Hub
– **Hochdruck:** (2) 440 x 650 mm (17½ x 25½ in)
– **Niederdruck:** (2) 650 x 700 mm (25½ x 27½ in)
Treibrad Ø: 1530 mm (60¼ in)
Verdampfungsheizfläche: 254,7 m² (2742 sq ft)
Überhitzerheizfläche: 101,5 m² (1092 sq ft)
Kesseldruck: 17 kp/cm² (242 psi)
Rostfläche: 5 m² (54 sq ft)
Brennstoff (Kohle): 8 t (17620 lb)
Wasser: 27 m³ (5940 Imp gal)
Reibungsgewicht: 62,5 t (137665 lb)
Gesamtdienstgewicht: 151,5 t (333700 lb)
Gesamtlänge: 22000 mm (72 ft 2 in)

Die Achsfolge 1'D2' war außerhalb der USA sehr selten, aber Norwegen baute seine wichtigste Schnellzuglokomotivbauart in dieser Anordnung und dieses kleine Land baute sie auch noch selbst. Norwegen hat zwar eine Länge von 1850 km, aber nur eine durchschnittliche Breite von 177 km und ist recht dünn besiedelt. An einer Bahnlinie in den Norden baute man schon viele Jahre, bis jetzt endet sie in Bodø, 1282 km von Oslo entfernt. Der südliche Teil, die 553 km von Oslo bis Trondheim heißt Dovre-Bahn, für sie waren diese „Dovregubben" (Dovre-Riesen) bestimmt.

1935/36 baute die Firma Thune

Rechts: *Eine „Dovregubben"-Lokomotive der Norwegischen Staatsbahn im Lieferzustand.*

Vorbilder gab. Man hatte zwar in Deutschland schon mehrmals „Schnellfahrlokomotiven" gebaut, aber keine von ihnen hatte die angestrebte planmäßige Geschwindigkeit auch nur bei Versuchsfahrten erreicht. Die Lok sollte mit einer Zuglast von 250 t etwa 150-160 km/h fahren können. Windkanalversuche an der Göttinger Universität und Versuche mit den Pazifiks 03154 und 03193 ergaben die Vorteile einer Stromlinienverkleidung und deren günstigste Gestaltung, bei 150 km/h brachte die Verkleidung Leistungseinsparungen von etwa 20%.

Von 22 vorgelegten Entwürfen wählte man einen von der Firma Borsig in Berlin für eine dreizylindrige Lokomotive der Achsfolge 2'C2'. Das Konstruktionsbüro unter Adolf Wolff berücksichtigte soweit es möglich war die Verwendung von Bauteilen des DRG-Einheitsprogramms. Die gewünschten Leistungen konnte aber nur ein Kessel erbringen, der größer als der der 01 war, die Achslast sollte nach Möglichkeit niedriger liegen. Die Achsanordnung 2'C2' wählte man, weil man sich von den beiden Laufdrehgestellen eine größere Laufruhe versprach. Wegen der hohen Geschwindigkeit wählte man einen Dreizylinderantrieb auf Treibräder von 2300 mm Durchmesser, die Schieber und Dampfwege wurden großzügig bemessen. Der Kesseldruck von 20 kp/cm² war bei Lokomotiven herkömmlicher Bauweise noch nie verwendet worden.

Mit besonderer Sorgfalt widmete man sich der Durchbildung der Bremsen, außer dem führenden Drehgestell erhielten alle Achsen Doppelbremsklötze. Der bisher größte deutsche Tender wog mit vollen Vorräten alleine schon 86 t. Die Stromlinienverkleidung schloß die Lokomotive fast bis zur Schieneoberkante ein, das Triebwerk war durch Rolläden zugänglich.

Insgesamt wurden drei 2'C2'-Lokomotiven beschafft. Die ersten beiden, 05001 und 05002, in üblicher Weise mit Kohle gefeuert, die dritte 05003, erschien im Jahre 1937 mit Kohlenstaubfeuerung und vorneliegendem Führerhaus. 05001 lieferte Borsig im März 1935, 05002 im Mai; mit ihrem glänzenden roten Anstrich machten sie großen Eindruck. Mehr als ein Jahr lang erprobte sie das Lokversuchsamt Grunewald, dabei erreichte 05002 am 11. Mai 1936 mit einem Probezug von 197 t Last von Hamburg nach Berlin auf ebener Strecke die Weltrekordgeschwindigkeit von 200,4 km/h, die indizierte Leistung der Lok lag bei 3400 PS. Zwar brach 1938 die britische „Mallard" diesen Weltrekord, von vielen wurde dies aber nicht anerkannt, denn sie erreichte ihre Geschwindigkeit von 202,7 km/h in einem Gefälle von 0,5% und bergab geht es halt etwas schneller als in der Ebene.

Im Mai bzw. im Oktober begannen die beiden Lokomotiven ihren Plandienst vor den Zügen FD 23/24 Hamburg–Berlin. Die Planzeit für die 285 km lange Strecke betrug in Richtung Berlin Lehrter Bf 144 Minuten, zurück 145 Minuten, entsprechend Reisegeschwindigkeiten von 118,75 bzw. 117,9 km/h bei einer planmäßigen Höchstgeschwindigkeit von 150 km/h. Damit waren die 05er damals die schnellsten Dampflokomotiven Europas. Durch ihre gute Beschleunigungsfähigkeit im oberen Geschwindigkeitsbereich konnten sie auch Verspätungen gut einholen.

Bei Kriegsbeginn endete der Schnellverkehr, die Loks wurden eine Zeitlang vor gewöhnlichen Zügen verwendet, bis man sie abstellte. Glücklicherweise 1948 nicht als Splittergattung ausgemustert, wurden sie 1950 bei Krauss-Maffei in München für die neue DB aufgearbeitet, allerdings ohne Stromschale. Den Kesseldruck setzte die DB auf 16 kp/cm² herab, um das Kesselmaterial zu schonen, das sich als nicht alterungsbeständig erwiesen hatte. Die Versuchslokomotive 05003, die nach dem Umbau 1945 nie planmäßig eingesetzt wurde, arbeitete man gleichermaßen auf. In dieser Form liefen sie anstandslos im 140 km/h-FD-Dienst des Bw Hamm. Nach der Ausmusterung 1958 verschrottete die DB die 05002; 00305001 erhielt teilweise wieder eine Stromschale und wurde dem Deutschen Verkehrsmuseum in Nürnberg übergeben.

Unten: *Die Lokomotive 05003, ursprünglich als Kohlenstaublokomotive geliefert, nach ihrem Umbau in die Regelbauart.*

in Oslo drei 1'D2'-Lokomotiven mit den Bahnnummern 463 bis 465, die letzte besaß einen Booster, der später entfernt wurde. Während der deutschen Besetzung lieferte Krupp 1940 die Loks Nr. 470 und 471, 1941 die Nr. 472 und 473. Alle hatten ein Vierzylinder-Verbundtriebwerk, die Niederdruckzylinder lagen innen. Jede Seite besaß eine gemeinsame Walschaertsteuerung.

Ungewöhnlich war die Verwendung von zwei separaten Reglern, einer im Dampfdom, der zweite saß im Überhitzer. Die Feuerbüchsen hatten Wasserkammern, das vordere Laufgestell war mit der ersten Treibachse in einem Zara-Drehgestell vereinigt. In Europa ungewohnt war auch der zylindrische Wassertank des rahmenlosen Tenders. Die in Norwegen gebauten Maschinen erhielten Doppelblasrohre, die Krupp-Lokomotiven hatten einfache Blasrohre und etwas kleinere Zylinder. Eine dieser Krupp-Loks blieb im Norwegischen Eisenbahnmuseum Hamar erhalten.

Rechts: *Eine „Dovregubben"-Maschine befördert 1935 einen Schnellzug von Oslo nach Trondheim.*

Reihe I-5 2'C2'

USA
New York, New Haven & Hartford (NH), 1937

Zugkraft: 196,0 kN (44000 lb)
Achslast: 29,5 t (65000 lb)
Zylinder, Ø x Hub: (2) 559 x 762 mm (22 x 30 in)
Treibrad Ø: 2032 mm (80 in)
Verdampfungsheizfläche: 354 m² (3815 sq ft)
Überhitzerheizfläche: 97 m² (1042 sq ft)
Kesseldruck: 20 kp/cm² (285 psi)
Rostfläche: 7,2 m² (77 sq ft)
Brennstoff (Kohle): 14,5 t (32000 lb)
Wasser: 68,1 m³ (15000 Imp gal)
Reibungsgewicht: 87,6 t (193000 lb)
Gesamtdienstgewicht: 316,9 t (698000 lb)
Gesamtlänge: 29585 mm (97 ft 0¾ in)

Diese gutaussehenden Maschinen waren die ersten stromlinienverkleideten 2'C2'-Lokomotiven der USA. Sie sind ein gutes Beispiel dafür, daß der Wunsch nach einer stromlinienförmigen Verkleidung meist erst nach der guten Zugänglichkeit aller Teile rangierte und daß man auch dabei die bewährte Stephensonsche Bauart bevorzugte.

Die New Haven Railroad betrieb die Hauptstrecke von New York nach Boston, die bis New Haven elektrifiziert war. Die restlichen 256 km bis Boston blieben der Dampflok überlassen. Züge wie der „The Colonial" oder der Pullmann-Salonwagen-Expreß „The Merchants Limited" überstiegen das Leistungsvermögen der „I-4"-Pazifiks, so daß man 1936 nach gründlichem Überlegen zehn 2'C2'-Lokomotiven bei Baldwin in Philadelphia bestellte. Sie erhielten die Bahnnummern 1400 bis 1409.

Reihe 16E 2'C1'

Süd-Afrika
South African Railways (SAR), 1935

Zugkraft: 180,8 kN (40596 lb)
Achslast: 21,3 t (47000 lb)
Zylinder, Ø x Hub: (2) 610 x 711 mm (24 x 28 in)
Treibrad Ø: 1829 mm (72 in)
Verdampfungsheizfläche: 271 m² (2914 sq ft)
Überhitzerheizfläche: 55 m² (592 sq ft)
Kesseldruck: 14,75 kp/cm² (210 psi)
Rostfläche: 5,9 m² (63 sq ft)
Brennstoff (Kohle): 14,1 t (31000 lb)
Wasser: 27,3 m³ (6000 Imp gal)
Reibungsgewicht: 60,8 t (134000 lb)
Gesamtdienstgewicht: 170,3 t (375000 lb)
Gesamtlänge: 21850 mm (71 ft 8¼ in)

Schnellzuglokomotiven waren in Afrika nur selten zu finden. Ein Treibraddurchmesser von 1524 mm war schon ungewöhnlich groß, größere gab es höchstens in den Mittelmeerstaaten. Die meisten afrikanischen Bahnen fahren auf schmaler Spur, aber das ist kein Grund für geringe Geschwindigkeiten, einen guten Gleiszustand vorausgesetzt. Südafrika wurde sich in den 30er Jahren dessen bewußt und bemühte sich, Fahrten wie die 1530 km lange Reise von Kapstadt nach Johannesburg zu beschleunigen, die bisher 30 Stunden in Anspruch nahm – eine Reisegeschwindigkeit von 51 km/h. Bei Henschel & Sohn in Kassel bestellte die SAR 5 Schnellzuglokomotiven, Reihe 16E, Loknummern 854-859.

Gegenüber den vorhandenen „16DA"-Lokomotiven, die bisher Züge wie den „Blue Train" zogen, vergrößerte man den Treibraddurchmesser um 20%. Dadurch lag die Kesselmitte mit 2820 mm sehr hoch, denn das ist das 2,6fache der Spurweite von 1067 mm. Die große Höhe verbot den üblichen Reglerdom, der Dampf wurde einem Dampfsammelrohr im Kesselscheitel entnommen. Es funktionierte gut und die flachen Kesselaufbauten sahen eindrucksvoll aus. Die Steuerungsbauart war sehr interessant, sie entsprach im Prinzip mehr der in Autos üblichen Ausführung. Eine Nockenwelle bewegte Steuerungsventile an beiden Enden der Dampfzylinder, sie arbeiten bekanntlich, im Gegensatz zu Automotoren, in beiden Richtungen. Zusätzlich muß eine Lokomotive ja die Richtung wechseln können, und um die Expansionskraft des Dampfes zu nutzen, verändert man bei der Dampflokomotive auch noch die Zylinderfüllung. All dies mußte über die Ventilnocken gesteuert werden, die Nockenwellen wurden dadurch ziemlich lang. Konische Nocken erlaubten es durch Verschieben der Welle, die Ventile für längere oder kürzere Zeit zu öffnen, um den Füllungsgrad zu ändern. Wenn der Lokführer die Nockenwelle ein ganzes Stück weiter verschob, bewegten andere Nocken die Zylinderventile in umgekehrter Reihenfolge, die Lok fuhr rückwärts. Mit dieser „RC"-Ventilsteuerung liefen die Lokomotiven außerordentlich leicht, die fachmännische Pflege der SAR sorgte dafür, daß dies auch so blieb und nicht der bei Ventilsteuerungen übliche Verschleiß die Fahreigenschaften verschlechterte.

Oben: *Die 2'C1'-Lokomotive „Millie", Nr. 858 der Reihe „16E" der South African Railways vor dem „Sunset Limited" in Kimberley.*

Bei verschiedenen Gelegenheiten, heute kann man es ja verraten, konnten die „16E"-Pazifiks zeigen, zu welch hohen Geschwindigkeiten sie imstande waren, allerdings unter Mißachtung der strikten Geschwindigkeitsbeschränkungen der SAR-Vorschriften. Leider war es ihnen im planmäßigen Einsatz nicht

Links: *In den späten dreißiger Jahren führten viele amerikanischen Bahnen Stromlinienzüge ein. Hier sehen wir den „Black Diamond" der Lehigh Valley RR.*

Oben: *Die 2'C2'-Lokomotiven der Reihe „I-5" der NYNH & H RR wurden für die Schnellzüge von New Haven nach Boston gebaut.*

Diese Reihe „I-5" mit Scheibentriebrädern, Rollenlagern und Walschaertsteuerung ging 1937 in Betrieb und erfüllte alle Erwartungen ihrer Erbauer, die Unterhaltskosten lagen 65% niedriger als die der Pazifiks. Dabei beförderten sie 16-Wagen-Züge von 1100 t Gewicht, während die „I-4"-Loks kaum 12 Wagen schafften. Die 0,7%-Steigung von Boston nach Sharon Heights erklommen sie mit einem 12-Wagen-Zug von 840 t noch mit 97 km/h. Ihre sicher vorhandene Fähigkeit zu hohen Geschwindigkeiten konnten sie nicht ausspielen, denn die Streckenhöchstgeschwindigkeit lag bei 113 km/h. Deswegen und auch wegen der vielen zusätzlichen Langsamfahrstellen schafften die Züge die Fahrt nie in weniger als 171 Minuten, eine Risegeschwindigkeit von 89 km/h. Vierzig Jahre „Fortschritt" und der Traktionswechsel von Dampf zu Diesel haben es geschafft, diese Fahrzeit der „I-5" auf heute „nur" 170 Minuten zu reduzieren.

möglich, diese Fähigkeiten zu zeigen, denn die South African Railways betreiben von ihrer Gründung an, auch den Flugverkehr in Südafrika. Um eilige Leute ins Flugzeug zu locken, war man nun an einer Beschleunigung des Schienenverkehrs nicht mehr sonderlich interessiert, es blieb bei den alten langen Fahrzeiten. Es blieb damit auch bei den fünf Exemplaren der Reihe „16E".

Vier von ihnen schieden in den 60er und 70er Jahren aus dem Betrieb. Eine, die Nr. 858 „Millie" blieb glücklicherweise erhalten, um Sonderzüge für Dampflokfreunde zu befördern, eine Spezialität der SAR. Oft dauern solche Fahrten 10 Tage oder so, die Fahrgäste schlafen dabei in den über Nacht abgestellten Wagen. Eine Fahrt hinter dieser schönen Maschine, poliert wie ein Juwel, bei einer Geschwindigkeit von 110 km/h, ist immer ein Höhepunkt dieser Reisen.

Rechts: *Ein Paar wunderbar gepflegter SAR „16E"-Pazifiks befördert einen Dampfsonderzug.*

Reihe 231-132 BT 2'C1' + 1'C2'

Algerien
Paris-Lyons-Mediterranée (PLM), 1937

Zugkraft: 293,8 kN (65960 lb)
Achslast: 18,4 t (40500 lb)
Zylinder, Ø x Hub: (4)
490 x 660 mm (19¼ x 26 in)
Treibrad Ø: 1800 mm (71 in)
Verdampfungsheizfläche:
260 m² (2791 sq ft)
Überhitzerheizfläche: 91 m²
(980 sq ft)
Kesseldruck: 20 kp/cm² (284 psi)
Rostfläche: 5,4 m² (58 sq ft)
Brennstoff (Kohle): 11 t
(24230 lb)
Wasser: 30 m³ (6600 Imp gal)
Reibungsgewicht: 111 t
(244493 lb)
Gesamtdienstgewicht: 216 t
(475777 lb)
Gesamtlänge: 29432 m
(96 ft 6⅞ in)

Hätte jemals der Wunsch bestanden, eine Kolbendampflokomotive für Fahrleistungen zu bauen, wie sie die neuen britischen HST 125-Garnituren mit diesel-elektrischem Antrieb erbringen, dann wäre diese in Frankreich nach britischem Konzept gebaute Maschine sicher ein guter Ausgangspunkt gewesen.

Im Jahre 1907 besuchte ein Ingenieur namens H. W. Garratt die Lokomotivbaufirma Beyer, Peacock in Manchester. Garratt arbeitete damals als Inspektor für britische Waren für die Regierung von New South Wales in Australien, aber der Grund für seinen Besuch war eine Gelenklokomotivbauart, die er zum Patent angemeldet hatte und zu der ihn gelenkig gebaute Eisenbahngeschütze inspiriert hatten. Ergebnis dieser Gespräche waren nach einiger Zeit zwei kleine B'B'-Verbundlokomotiven mit zwei Gelenktriebwerken, die in das weit entfernte Tasmanien geliefert wurden.

Diese Garratt-Bauart bestand aus zwei herkömmlichen Lokomotivtriebwerken beliebiger Achsfolge, die Rücken an Rücken als Drehgestelle für einen Brückenträger mit dem Dampfkessel und dem Führerhaus dienten. Die Wassertanks und der Brennstoffvorrat befanden sich auf den Fahrgestellen.

Im Vergleich mit anderen Gelenklokomotivbauarten, wie der „Mallet" finden sich einige Gründe, die zum Erfolg der „Beyer-Garratts" beitrugen. Die symmetrische Bauweise verlieh ihr gleichermaßen gute Laufeigenschaften in beiden Richtungen, wie auch ein elegantes Aussehen. Beim schnellen Durchfahren enger Kurven nimmt der Kesselteil eine Sehnenstellung ein und wirkt damit einer eventuellen Kippgefahr durch die Zentrifugalkraft entgegen. Im Gegensatz dazu ragt bei einer „Mallet" in Kurven der Kessel tangential nach außen.

Ein weiterer Vorteil dieser Type ist, daß sich direkt unter dem Feuerrost keine gegen Asche und Kohlengrus empfindlichen Triebwerksteile befinden, nur sehr viel Raum für einen großen Aschkasten und eine gute Verbrennungsluftzufuhr. Noch wichtiger war, daß kein Triebwerk die Größenentwicklung des Kessels hemmte. Obwohl eine Garratt den Eindruck einer langgestreckten Lokomotive macht, sind die Kessel meist kurz und dick, denn diese haben grundsätzlich eine bessere Verdampfungsleistung als ein gleich schwerer, aber schlanker langgebauter Kessel.

Obwohl viele dieser Lokomotiven für die Güterbeförderung oder gemischte Dienste gebaut wurden, machte man selten von ihren ausgezeichneten Schnellaufeigenschaften im Personenzugdienst Gebrauch. Erst 1927 beschaffte die brasilianische Sao Paulo-Eisenbahn eine Reihe von 1'C1' + 1'C1'-Lokomotiven – später auf 2'C1' + 1'C2' umgebaut – mit Treibrädern von 1676 mm Durchmesser für die Breitspur von 1600 mm. Sie liefen auch bei einer Geschwindigkeit von 113 km/h noch sehr ruhig. 1931 erhielt die spanische Zentral Aragon-Eisenbahn von der Firma Euskalduna in Bilbao, unter Lizenz von Beyer, Peacock, sechs 2'C1' + 1'C2'-Maschinen mit einem Treibraddurchmesser von 1753 mm, die sich ebenfalls gut bewährten.

Unten: *Die großartige 231-132 BT Beyer-Garratt-Lokomotive, die in Frankreich für die Algerischen Bahnen gebaut wurde.*

Reihe 142 1'D2'

Rumänien
Rumänische Staatsbahn (CFR), 1935

Zugkraft: 196,2 kN (44050 lb)
Achslast: 18,5 t (40750 lb)
Zylinder, Ø x Hub: (2)
650 x 720 mm (25,6 x 28,4 in)
Treibrad Ø: 1940 mm (76½ in)
Verdampfungsheizfläche:
280 m² (3014 sq ft)
Überhitzerheizfläche: 72 m²
(775 sq ft)
Kesseldruck: 15 kp/cm² (213 psi)
Rostfläche: 4,72 m² (51 sq ft)
Brennstoff: Siehe Text
Wasser: 29,5 m³ (6490 Imp gal)
Reibungsgewicht: 74 t
(162996 lb)
Gesamtdienstgewicht: 184 t
(405286 lb)
Gesamtlänge: 22784 mm
(74 ft 9 in)

Ein anderes Beispiel für ein kleines Land, das seine eigenen Schnellzuglokomotiven und noch dazu 1'D2'-Maschinen baute, ist Rumänien. Die Firmen Malaxa und Resita lieferten davon 58 bzw. 27 Exemplare zwischen 1936 und 1949, die bis in die 60er Jahre in Betrieb waren. Genaugenommen waren es Lizenz-Nachbauten der größten österreichischen Dampflokomotivtype „214". Ihr Ursprungsland baute nur 13 Stück und diese Unglückszahl machte sich bei ihnen bemerkbar. Zuerst kam die deutsche Machtübernahme, die aus der stolzen österreichischen Bundesbahn einen Bestandteil der Deutschen Reichsbahn werden ließ, die die österreichische „214" in die DRG-Reihe „12" umzeichnete, mit 13 Maschinen nur eine Splittergattung im großen DRG-Lokomotivpark. Nach dem Krieg litten sie unter der russischen Besetzung, zuletzt kam die Elektrifizierung ihrer Einsatzstrecke Wien–Salzburg, die sie auf die Südbahn verdrängte.

Zur gleichen Zeit ging es ihren rumänischen Schwestern der Reihe „142" viel besser, man kann sagen, sie wuchsen und mehrten sich. Wie bei so vielen großen Lokomotiven dieser Zeit lag ihr Ursprung in dem Wunsch, die ungeliebten Doppelbespannungen vor den wichtigsten Schnellzügen unnötig zu machen, die nur der Öffentlichkeit zeigten, daß diese Bahnverwaltung keine Maschine besaß, die einen solchen Zug allein bewältigen konnte. Auch auf der österreichischen Westbahn waren die Zuglasten über das Vermögen der 1'C2'-Loks der Reihe „210" gewachsen. Ein Prototyp der neuen „214" wurde 1931 gebaut, zusammen mit einer gleichartigen Dreizylinderlokomotive, Reihe „114". Eine Walschaertsteuerungskulisse trieb die Nocken der Ventilsteuerung, eine Maschine erhielt Caprottisteuerung. Die rumänischen Nachbauten besaßen auch die Walschaert-Ventilsteuerung, bis auf eine Serie von 1939 mit Caprottisteuerung, die aber später an die Normalbauart angeglichen wurde.

Oben: *Die österreichische Baureihe 214, mit der Achsfolge 1'D2' übernahm Rumänien als Standard-Schnellzuglokomotive.*

1932 bestellte die Paris-Lyon-Mediterranée-Bahn eine Probelokomotive Garratt-Bauart von Franco-Belge in Raisnes in Frankreich für ihre algerischen Strecken. Diese ebenfalls als 2'C1' + 1'C2' gebaute Lokomotive zeigte sich hohen Geschwindigkeiten ebenso gewachsen wie sie die Steigungen der Bergstrecken bewältigte. Ihr Erfolg ließ die PLM 10 weitere Maschinen bestellen. Zwischenzeitlich wurden die PLM-Strecken mit der Staatsbahn CFAE zur neuen algerischen Eisenbahn CFA vereinigt, die neue Verwaltung erweiterte die Bestellung auf 29 Stück.

In den Grundzügen entsprach sie genau dem Konzept Garratts, sie wies aber viele Besonderheiten auf, die wichtigste war wohl die Cossart-Steuerung. Diese ungewöhnliche Bauart mit nockenbetätigten Ventilen ermöglicht kleinste Füllungsgrade bis herab zu 5-7% Füllung. Bei den üblichen Stephenson- oder Walschaertsteuerungen ist es technisch nicht möglich, die Expansionskraft des Dampfes derart stark auszunutzen. Bei ihnen liegen die Füllungsgrade bei mindestens 15-17%. Sehr interessant war bei den CFA-Lokomotiven auch die Bedienung der Steuerungen durch elektrische Servoantriebe.

Zur Ausrüstung gehörten auch doppelte Bedienungselemente im Führerhaus für beide Fahrtrichtungen, ein Speisewasservorwärmer und ein Turbogebläse zur Lüftung des Führerstands. Vorhanden waren weiterhin Nässvorrichtungen für Rauchkammer und Aschkasten, ein Rußbläser zur Rohrreinigung während der Fahrt und ein schreibender Geschwindigkeitsmesser. Die verstellbaren Doppelblasrohre und damit die beiden Schlote lagen ungewohnterweise nebeneinander. Ein Kohlenschieber half dem Heizer bei abnehmenden Vorräten. Die beiden Vorratsbehälter paßte man in der Form an den Kessel an und rundete die Enden ab. Damit erreichten die Konstrukteure ein ästhetisch gelungenes Erscheinungsbild dieser mächtigen Lokomotive.

Bei Versuchsfahrten auf der französischen Nordbahn zwischen Calais und Paris lief die Lok ruhig und entwickelte bis zu 3000 PS Zylinderleistung. Ihr Einsatz auf der 464 km langen Hauptstrecke Algiers-Constantine mit Steigungen bis 2,6% erlaubte die Reduzierung der Fahrzeit von 12½ auf 8½ Stunden. Auf der 422 km langen Strecke von Algiers nach Oran bedeutete die neue Fahrzeit von 7 Stunden die Einsparung von 2 Stunden.

Bis zum Kriegsbeginn leisteten diese Schnellzug-Garratt-Loks zuverlässig ihren Dienst, aber die nachlässige Wartung der nächsten Jahre führte zu vielen Störungen, vor allem bei dem elektrischen Steuerungsantrieb. Bald nach dem 2. Weltkrieg ergab sich die Möglichkeit der Verdieselung, schon 1951 waren alle 30 Garratts abgestellt.

Vielleicht der interessanteste Gesichtspunkt bei dieser Bauart ist, daß sie im Gegensatz zu „normalen" Einrahmenlokomotiven nicht bis zur Grenze des Möglichen vergrößert wurden. Größere Treibräder in Verbindung mit einem vergrößerten Kessel hoher Leistung hätten wahrscheinlich zu ungekannten Höchstleistungen geführt. Eine hypothetische Dampflokomotive für das Betriebsprogramm des HST 125-Zuges mit Treibrädern von etwa 2300 mm und mit einem Kesseldurchmesser von ebenfalls etwa 2300 mm wäre sogar innerhalb der knappen britischen Fahrzeugbegrenzung von 2740 mm Breite und 3300 mm Höhe denkbar.

Eine Rostfläche von 7,5 m² ergäbe eine Dauerleistung von 5000 PS. Der große Raum unter der Feuerbüchse läßt genug Platz für einen ausreichend bemessenen Aschkasten. Das DaPorta-Verbrennungssystem, das bei den 2'D2'-Lokomotiven der Reihe 25 der South African Railways beschrieben wird, wäre ebenfalls anwendbar. Ein Turbogenerator könnte genügend elektrische Energie für die Klimaanlagen von HST-Wagen liefern. Aber leider bleibt dieser Maschine die Beförderung des „Traumland-Express" unserer Phantasie vorbehalten.

Ungewöhnlich war die rumänische Art der Lokomotivfeuerung mit einer kombinierten Kohle- und Ölfeuerung. Die Kohle diente der dauernden gleichmäßigen Feuerung, zur kurzfristigen Steigerung der Kesselleistung spritzte man zusätzlich Öl ein. Viele Jahre lang versahen diese eindrucksvollen Lokomotiven ihren Teil des rumänischen Schnellzugverkehrs. Außerordentlich für dieses kleine Land ist auch die eigene Erzeugung von Diesel- und Elektrolokomotiven, die mäßigen Produktionsraten ließen den Traktionswechsel langsam aber sicher fortschreiten. Bis zum Anfang der 70er Jahre zog man alle „142er" aus dem Einsatz. Lok Nr. 142008 wird im Bukarester Betriebswerk Grivita aufgehoben, die Lok 142072 stellt das Lokomotivmuseum Resita zur Schau.

Rechts: *Eine CFR „142" befördert einen bescheidenen Güterzug durch die idyllische Landschaft Rumäniens.*

Duchess Klasse 2'C1'

Großbritannien
London, Midlan & Scottish Railway (LMS), 1939

Zugkraft: 178,1 kN (40000 lb)
Achslast: 23,8 t (52500 lb)
Zylinder, ∅ x Hub: (4)
419 x 711 mm (16½ x 28 in)
Treibrad ∅: 2057 mm (81 in)
Verdampfungsheizfläche:
260,8 m² (2807 sq ft)
Überhitzerheizfläche: 79,5 m²
(856 sq ft)
Kesseldruck: 17,6 kp/cm²
(250 psi)
Rostfläche: 4,6 m² (50 sq ft)
Brennstoff (Kohle): 10,2 t
(22400 lb)
Wasser: 18,2 m³ (4000 Imp gal)
Reibungsgewicht: 67 t
(147500 lb)
Gesamtdienstgewicht: 164,3 t
(362000 lb)
Gesamtlänge: 22510 mm
(73 ft 10¼ in)

Oben: *Die frühere LMS-Pazifik, BR-Nr. 46236 „City of Bradford" durcheilt die Lune-Schlucht bei Tebay, Lancashire mit dem „Royal Scot" von London in den Norden des Landes.*

Die leistungsfähigste Lokomotive, die je in Großbritannien lief! Dies zeigte sich im Februar 1939, als die Lokomotive Nr. 6234 „Duchess of Abercorn" einen 20-Wagen-Versuchszug von 605 t Gewicht von Crewe nach Glasgow und zurück fuhr. In einer Steigung von 1,01% bei Beattock zeichnete man bei einer Geschwindigkeit von 101 km/h eine indizierte Leistung von 3330 PS auf, die von keiner anderen britischen Dampflokomotive übertroffen wurde. Diese technische Großtat war aber ohne praktischen Nutzen, nicht daß die Lokomotive dafür besonders hergerichtet gewesen wäre, sondern weil diese Leistung über den Möglichkeiten eines Heizers lag. Zwei Heizer mußten sich abwechseln, um eine Höchstleistung zu erreichen, die auch die Dieselnachfolger vor Erscheinen des „High Speed Train" nicht streitig machen konnten.

Es ist schade, daß man nie einen Stoker oder eine Ölfeuerung bei den „Duchess"-Pazifiks ausprobierte, nicht um die rein akademischen Höchstleistungswerte noch zu steigern, sondern um den Schnellzugbetrieb schon Jahre früher so zu beschleunigen, wie dies erst die Verdieselung vollbrachte.

Übrigens waren die „Duchess"-Lokomotiven nicht nur zugkräftig, sondern auch schnell. Sie hielten sogar für kurze Zeit den britischen Geschwindigkeitsrekord auf Schienen, obwohl die Bahn keinen Grund hatte, auf die Rekordfahrt stolz zu sein. Die Lok brauchte so lange, um die Rekordmarke von 183 km/h zu erreichen, daß der Lokführer erst kurz vor dem Bahnhof von Crewe den Regler schloß. Die Weichenstraße der Bahnhofseinfahrt mit einer Geschwindigkeitsbeschränkung von 32 km/h durchfuhr der Zug deshalb mit 96 km/h! Am Gleis entstand nur leichter Schaden, im Speisewagen war der Scherbenhaufen um so größer, aber der Zug und die Reporter in ihm überlebten dieses Abenteuer. Der Tag war zwar gerettet, aber mit etwas weniger Verachtung gegenüber der Theorie hätte man leicht den richtigen Bremszeitpunkt berechnen können und hätte die Sicherheit des Zuges nicht so leichtfertig gefährdet.

Völlig unberührt von diesem Vorfall fuhr der unerschütterliche Lokführer namens J. T. Clarke mit derselben Lokomotive auch auf dem Rückweg nach London so schnell er konnte. Die Fahrt dauerte nur 119 Minuten, das ist eine Reisegeschwindigkeit von 128 km/h. Einige Male erreichte der Zug 145 km/h, bei Castlethorpe eine Zeitlang sogar die magische Grenze von 100 Meilen pro Stunde (161 km/h).

Genug ist gesagt, um darzustellen, daß die „Duchess"-Klasse einer der Höhepunkte des britischen Lokomotivbaus war. Sie waren nicht gerade einfach konstruiert, aber die Anwendung bewährter Prinzipien machte sie zu einem Erfolg. Entworfen wurden sie von William Stanier, der 1932 von der Great Western Railway zur LMS kam, ein würdiger Vertreter der Grundsätze Churchwards und mit 52 Jahren nicht mehr gerade jung. Gegenüber seinen Vorgängern bei der LMS hatte er einen großen Vorteil, den direkten Kontakt zu Lord Stamp, dem Direktor der Bahn, der ihn persönlich beim Essen im Athenaeum Club angeworben hatte. Früheren Konstruktionsleitern hatte die Betriebsabteilung sogar Kleinigkeiten wie Achslager vorgeschrieben, um sie hinterher für ein Versagen verantwortlich zu machen.

Stanier konnte also ohne fremde Einmischung an den Entwurf exzellenter Einheitslokomotiven gehen, die die LMS aus ihrer etwas rückständigen Position im Lokomotivsektor hervorholte. Seine erste 2'C1'-Lokomotive war 1933 die „Princess Royal". Ihre Zylinderan-

Unten: *Die Zeichnung zeigt die Lokomotive Nr. 46251 „City of Nottingham" in dem letzten Anstrich der British Railways, die ein nachempfundenes LMS-Rot mit ihren Insignien kombinierte. Der Tender entspricht der ursprünglichen Stromlinienbauart.*

Oben: *Mit der vorletzten, schon stark abgeänderten „Duchess"-Lokomotive Nr. 46256 ehrte man ihren Konstrukteur „Sir William A. Stanier".*

Unten: *Noch zu Zeiten der LMS durchfährt die Stromlinienlokomotive Nr. 6225 „Duchess of Gloucester" den Bahnhof von Rugby.*

ordnung ähnelte der Great Western „King"-Klasse, aber die Außenzylinder erhielten eigene Walschaertsteuerungen. Der konische Kessel machte erst nach einigen Abänderungen richtig Dampf, neue „Princess Royal"-Lokomotiven erhielten diese Änderungen sofort, die inzwischen gebauten nachträglich. Aus dieser Serie stammt auch die schon beschriebene „Turbomotive".

Die Einführung eines Stromlinienzuges vom Euston-Bahnhof nach Glasgow im Jahre 1937 gab Gelegenheit, alles aus dem Bau der 12 „Princess Royal"-Pazifiks gelernte für den Entwurf wesentlich größerer Maschinen zu verwenden. Der Zug war der „Coronation Scot", die erste der fünf neuen Lokomotiven taufte man „Coronation".

Diesmal verließ man die GWR-Zylinderanordnung. Die Zylinderachsen hatten eine Neigung von 1,5 Grad, die Außenzylinder lagen nicht mehr neben dem hinteren Drehgestellradsatz, sondern mehr zur Drehgestellmitte hin. Die Außensteuerungen betätigten auch die innenliegenden Schieber über Schwinghebel, man hatte dies schon bei Lok Nr. 6205 „Princess Victoria" erprobt. Die Durchmesser der Zylinder und der Treibräder wurden gegenüber den Vorgängern vergrößert. Eine interessante Einrichtung war der dampfbetätigte Kohlenschieber, der die verbliebene Kohle nach vorne in die Reichweite des Heizers schob, wenn die Vorräte zur Neige gingen.

Die Rostfläche vergrößerte Stanier um 11%, die Überhitzerheizfläche hatte man zwar schon bei späteren Exemplaren der „Princess Royal"-Klasse erweitert, jetzt war sie 133% größer als bei der ersten Lok dieser Reihe. Viele störte die wurstförmige Stromschale der Lokomotiven, aber der neue Anstrich in Blau und Silber fand überall Zustimmung. Die anderen 4 Loks der Reihe benannte man nach Mitgliedern der königlichen Familie – „Queen Elizabeth", „Queen Mary", „Princess Alice" und „Princess Alexandra".

Die 6½-Stunden-Fahrzeit des „Coronation Scott" von London nach Glasgow mit einer Garnitur von 270 t Gewicht beanspruchte die Maschinen nicht sonderlich, aber sie erwiesen sich als sehr geeignet für die normalen Schnellzugdienste mit schwereren Zügen auf der Hauptstrecke an der Westküste. Folglich bestellte man zehn weitere Lokomotiven, von denen nur die ersten fünf eine Stromlinienverkleidung erhielten. Alle zehn erhielten die Namen von Herzoginnen, man bezeichnete nun die ganze Reihe als „Duchess"-Klasse. Lok Nr. 6230 „Duchess of Buccleuch" war die erste, die zeigte, wie schön eine „Duchess" ohne Verkleidung war.

Vor Kriegsbeginn bestellte die LMS noch einmal 20 Lokomotiven. Sie wurden aber nur nach und nach bis 1943 geliefert. Nach der Abnahme von 18 Maschinen entschied man sich für einen Weiterbau ohne Stromschale, 1945 ordnete man dann die Entfernung aller Verkleidungen an. Erst 1949, als die 38ste und letzte „Duchess" – Nr. 6257 „City of Salford" – schon ein ganzes Jahr in Betrieb war, wurde dieser Auftrag erfüllt.

Ein Maßstab für den Erfolg der Konstruktion ist die geringe Zahl der Änderungen von ihrer Indienststellung bis zur Ausmusterung 1964. An den Lokomotiven Nr. 6256 und 6257 nahm man zwar einige Umbauten vor, aber dies waren mehr Experimente und weniger die Abstellung von Mängeln.

Im Gegensatz dazu stehen die unzähligen Farbgebungen dieser Reihe, von blau-goldenen Stromlinienloks über das normale LMS-braunrot, Rot-goldene Stromschalen, einfaches Schwarz der Kriegszeit, Schwarz mit Zierlinien der Nachkriegszeit, einen Farbversuch in Grau, BR-Dunkelblau, BR-Mittelblau, BR-Grün bis hin zum letzten Anstrich in LMS-braunrot mit BR-Insignien boten die Maschinen ein wirklich buntes Bild.

Drei blieben uns erhalten – Nr. 6229 „Duchess of Hamilton" befindet sich in den Händen des Nationalen Eisenbahnmuseums und wird für Sondereinsätze betriebsfähig hergerichtet; Nr. 6233 „Duchess of Sutherland" gehört zu Alan Blooms Loksammlung in Bressingham bei Diss und Nr. 6235 „City of Birmingham" steht im Wissenschaftsmuseum von Birmingham.

Reihe GS-4 2'D2' USA
Southern Pacific Railroad (SP), 1941

Zugkraft (Lok + Booster): 288,6 + 58,8 kN (64800 + 13200 lb)
Achslast: 31,3 t (68925 lb)
Zylinder, ⌀ x Hub: (2) 648 x 813 mm (25½ x 32 in)
Verdampfungsheizfläche: 454 m² (4887 sq ft)
Überhitzerheizfläche: 194 m² (2086 sq ft)
Kesseldruck: 21,1 kp/cm² (300 psi)
Rostfläche: 8,4 m² (90,4 sq ft)
Brennstoff (Öl): 23,75 m³ (5225 Imp gal)
Wasser: 88,2 m³ (19400 Imp gal)
Reibungsgewicht: 125,3 t (276000 lb)
Gesamtdienstgewicht: 395,3 t (870600 lb)
Loklänge (ohne Tender): 19006 mm (62 ft 4¼ in)

Oben: *„GS-4" Nr. 4456, eines der robusten Zugpferde der Southern Pacific, in San Francisco, California im Mai 1952*

Der „Daylight"-Expreßzug der Southern Pacific Railroad ist die dritte in diesem Buch behandelte Zugkomposition aus einer Stromlinienlokomotive und dazu passenden Wagen. Die „Hiawatha"-Züge der Milwaukee Road und der LNER-„Coronation" wurden schon bei anderen Lokomotiven erwähnt. Jeder dieser drei Züge setzte in seinem Bereich neue Maßstäbe für Geschwindigkeit, Komfort und Ausstattung und jeder von ihnen diente erfolgreich der Werbung neuer Bahnkunden.

Die 756 km lange Strecke von Los Angeles nach San Francisco war mit Abstand die schwerste und längste Strecke der drei, beispielsweise betrug die Steigung von Santa Margharita bei San Luis Obispo 2,2%. Der „leichte" 12-Wagen-„Daylight" wog mit 568 t fast doppelt soviel wie der „Coronation", der allerdings ein um 15% niedrigeres Sitzplatzgewicht hatte.

Wegen der vielen Kurven und Steigungen lag die Reisegeschwindigkeit des „Daylight" mit 78 km/h wesentlich niedriger, aber jeder der drei Züge brachte gegenüber den bisherigen Zugleistungen eine ähnliche Verringerung der Fahrzeiten. Die Steigungen des „Daylight" und die höhere Geschwindigkeit des „Hiawatha" erforderten ähnliche Leistungen, aber der „Daylight" erforderte auf jeden Fall eine größere Leistung als der britische Zug, wie schon ein Größenvergleich der beiden Lokomotiven zeigt.

Mit ihrem vierfach gekuppelten Triebwerk erbrachten die „GS"-Lokomotiven eine um 124% höhere Zugkraft als die „A4"-Pazifiks der LNER, die Rostfläche war 119% größer. Die SP besaß schon vorher 14 Northerns, Reihe „GS-1", die Baldwin in Philadelphia 1930 lieferte. Ähnlich den britischen Maschinen waren die SP-„Daylight"-Lokomotiven also eine Weiterentwicklung des Vorhandenen und keine Neuentwicklung wie die Reihe „A" der Milwaukee Road. Natürlich war das Äußere der Loks etwas Neues und diese Riesen aus den Lima Locomotive Works kann man in ihrem Anstrich in schwarz, rot, silber und gold kaum mit weniger als „großartig" bezeichnen.

Wie bei so vielen großen nordamerikanischen Lokomotiven dieser Zeit lag der Erfolg der „Daylight"-Type in der Anwendung bewährter Konstruktionsprinzipien des US-Lokomotivbaus. Eine ihrer erwähnenswerten Besonderheiten war die bei Dampflokomotiven äußerst seltene Verwendung einer elektropneumatischen (EP-)-Bremse, also einer Luftbremse mit elektrischen Steuerventilen. Bei modernen Traktionsmitteln, vor allem bei Vielfachsteuerung, wird sie heute oft angewendet. Bei einer normalen Luftbremse wird die Bremsung durch eine Druckabsenkung eingeleitet, die sich aber relativ langsam durch die Luftleitung bewegt. Es dauert etliche Sekunden bis auch der letzte Wagen zu bremsen beginnt. Dagegen bewirkt die elektrische Steuerung der EP-Bremse eine annähernd gleichzeitige Betätigung aller Bremseinrichtungen des Zuges. Bei hohen Geschwindigkeiten bedeuten diese wenigen Sekunden einen kürzeren Bremsweg, der davor bewahren kann, daß aus einem Zwischenfall ein Unglück wird.

Um den Verschleiß an den Schienen und den Radreifen in den vielen Kurven zu mindern, erhielt die führende Treibachse ein abgefedertes Seitenspiel, damit die Führungskräfte von beiden führenden Treibradsätzen gleichermaßen aufgenommen werden. Die vielen Steigungen bedeuteten ebensoviele Gefällestrecken; damit die Radreifen von Lok und Tender durch das häufige Bremsen nicht überhitzten und Schaden nahmen, konnten sie aus einer Reihe von Wasserdüsen gekühlt werden. Die Besandung arbeitete mit Luftdruck, der Sandbehälter unter der „Skyline"-Verkleidung am Kesselscheitel faßte eine ganze Tonne Sand. Mit Hilfe des Boosters konnte eine „GS"-Maschine die normale „Daylight"-Garnitur auf den 2,2%-Steigungen befördern; hatte der Zug zusätzliche Wagen, wurde eine Hilfsmaschine nötig.

Obwohl die „Daylight"-Loks nach dem weltweit gleich einfachen Schema mit zwei Außenzylindern und Außensteuerung gebaut waren, machten sie eine Vielzahl verschiedenster Hilfseinrichtungen doch recht kompliziert. So hatten sie drei Turbogeneratoren, einen Speisewasservorwärmer und zusätzlich Injektoren. Die Kompliziertheit der vielen Ausrüstungsteile war aber kein Problem, sie konnten im Störungsfall als komplette Einheit getauscht werden. Die Konkurrenz der verschiedenen Zulieferer garantierte eine gute Qualität der Bauteile, denn Pfusch verkaufte sich nicht. Trotzdem gab es auch Schwierigkeiten bei Neuerungen, eine elektromagnetische Vorrichtung – im Kessel! – die beim Schäumen des Kesselwassers automatisch die Abschlammventile öffnete, wurde nach einiger Zeit entfernt.

Wie fast alle Dampflokomotiven der SP wurden auch die „GS"-Loks mit Öl gefeuert. Genaugenommen war die Southern Pacific in den USA der Vorkämpfer der Ölfeue-

Unten: *Die erste Reihe von 2'D2'-Lokomotiven mit Stromlinienverkleidung der Southern Pacific, „GS-2", lieferten 1937 die Lima Locomotive Works, Ohio.*

rung, sie durchquert ja die Ölfördergebiete.

Dem wirtschaftlichen Betrieb diente eine „Lokomotiv-Steuerungs-Anzeige", die dem Lokomotivführer angab, welche Zylinderfüllung bei der jeweiligen Geschwindigkeit und Last am günstigsten war.

Stromlinienzüge, gezogen von weiteren Serien dieser großzügig ausgerüsteten Lokomotiven erschienen auf dem gesamten Streckennetz der SP, in so weit voneinander entfernten Orten wie Portland, Oregon, Ogden, Utah und New Orleans. Die Daten der verschiedenen Serien gibt die untenstehende Tabelle an.

Der Kriegsproduktionsausschuß wollte die Bestellung der „GS-6"-Lokomotiven nicht genehmigen, der Bau von Schnellzuglokomotiven war nicht kriegswichtig. Man überzeugte ihn aber davon, daß „GS" jetzt „General Service" (Allgemeiner Dienst) hieße und nicht mehr „Golden State" (Spitzname für Kalifornien) und er genehmigte den Bau von 16 „GS-6", davon erhielt die Western Pacific Railroad 6 Stück.

Die erste „GS", die aus dem Betrieb ausschied, war die „GS-6" Nr. 4462 im Jahre 1954. Im Oktober 1958 erbrachte dann die Lok Nr. 4460 die letzte Leistung einer SP-Dampflokomotive vor einem Sonderzug von Oakland nach Reno, Nevada; sie kann heute im Verkehrsmuseum von St. Louis besichtigt werden. „GS-4" überlebte ebenfalls, wieder aufgearbeitet zog sie 1976 zur Zweihundertjahrfeier der amerikanischen Unabhängigkeitserklärung den Ausstellungszug „Freedom Train" viele Tausend Meilen quer durch die USA, lackiert in den Nationalfarben Rot-Weiß-Blau. Später erhielt sie wieder ihren Original-„Daylight"-Anstrich und dient jetzt als Ausstellungsstück.

Bezeichnung	Baujahr	Loknummern	Besonderheiten
GS-2	1937	4410-4415	Treibraddurchmesser 1867 mm statt 2032 mm
GS-3	1937	4416-4429	
GS-4	1941-42	4430-4457	Mit dieser Reihe führte man allseits geschlossene Führerhäuser ein
GS-5	1942	4458-4459	wie GS-4, aber mit Rollenlagern
GS-6	1943	4460-4469	Ohne Stromlinienverkleidung, schwarzer Anstrich

Oben: *Den Southern Pacific „Daylight"-Expreß von Los Angeles nach Chicago zieht eine der speziell für diesen Zug gebauten „GS-4"-Lokomotiven.*

Mitte: *Lok Nr. 4466 der Reihe „GS-6" ohne Verkleidung hält mit dem „Klamath"-Expreß in Dunsmuir, California im Juni 1952.*

Royal Hudson Klasse 2'C2'

Kanada
Canadian Pacific Railway (CPR), 1937

Zugkraft: 201,9 kN (45300 lb)
Achslast: 29,5 t (65000 lb)
Zylinder, ∅ x Hub: (2)
559 x 762 mm (22 x 30 in)
Treibrad ∅: 1905 mm (75 in)
Verdampfungsheizfläche:
352 m² (3791 sq ft)
Überhitzerheizfläche: 143 m²
(1542 sq ft)
Kesseldruck: 19,3 kp/cm²
(275 psi)
Rostfläche: 7,5 m² (81 sq ft)
Brennstoff (Kohle): 21,3 t
(47000 lb)
Wasser: 54,6 m³ (12000 Imp gal)
Reibungsgewicht: 88,1 t
(194000 lb)
Gesamtdienstgewicht: 299,2 t
(659000 lb)
Gesamtlänge: 27686 mm
(90 ft 10 in)

Gleichzeitig königlich und nordamerikanisch zu sein ist eigentlich ein Widerspruch, aber vor vierzig Jahren war die Canadian Pacific Railway genauso britisch wie sie amerikanisch war. Die Bahngesellschaft war durch ein Gesetz des Britischen Parlaments gegründet worden und ihr östlichster Endpunkt war der Hafen von Southampton in England. Hier begannen König Georg VI und Königin Elizabeth 1939 an Bord des Canadian Pacific-Linienschiffs „Empress of Britain" eine Reise nach Kanada, ihrem größten Dominion. Dort beförderte den königlichen Zug auf dem größten Teil ihrer Reise die neue 2'C2'-Lokomotive Nr. 2850, für diesen Anlaß in königsblau und silber lackiert und mit einer Kesselverkleidung aus glänzendem rostfreien Stahlblech versehen. Der Tender trug das königliche Wappen, an der Umlaufverkleidung vor den Zylindern brachte man eine Krone an. Später erhielten alle 45 der zwischen 1937 und 1945 gebauten „Royal Hudsons" diese Krone zur Verzierung.

Der Entstehungsgrund für diese edlen Lokomotiven war der Wunsch, die Pazifiks der Reihe „G-3" zu verbessern, die bis 1931 die leistungsfähigsten Schnellzugmaschinen waren. Um die Verdampfungsleistung nennenswert zu steigern, ging man zur Achsfolge 2'C2' über. Sie ermöglichte die Verwendung eines neuen Kesseltyps mit einer 23% größeren Rostfläche. Die Zugkraft und das Reibungsgewicht der neuen „H-1"-Reihe mit den Nummern 2800 bis 2819 änderte sich gegenüber den Pazifiks dagegen kaum.

Die Kessel erhielten große Überhitzer und Verbrennungskammern – eine Verlängerung der Feuerbüchse in den zylindrischen Kesselraum. Die Anbringung des Dampfreglers auf der Heißdampfseite des Überhitzers ermöglichte die Verwendung von Heißdampf für die verschiedenen Hilfseinrichtungen. Die dampferzeugende Heizfläche vergrößerten Wasserröhren innerhalb der Feuerbüchse und bei einer derart großen Rostfläche war ein mechanischer Stoker unabdinglich.

Der erste Nutzeffekt der neuen Lokomotiven war die Verringerung der Lokwechsel bei der Durchquerung Kanadas von 14 auf 9. Der längste Abschnitt waren die 1320 km von Fort William, Ontario bis Winnipeg, Manitoba; versuchsweise ließ man auch eine Hudson die 2051 km von Fort William nach Calgary, Alberta durchlaufen.

Fünf aufregende Monate lang im Jahr 1931 war der nachmittägliche CPR-Zug von Toronto nach Montreal, der „Royal York", der schnellste planmäßige Zug der Welt, denn er legte die 200 km von Smith's Falls nach Montreal West in 108 Minuten mit einer Reisegeschwindigkeit von 110,9 km/h zurück. Man entriß damit der englischen Great Western Railway den Rekord, den bisher ihr „Cheltenham Flyer" mit 70 Minuten für 124 km, einer Reisegeschwindigkeit von 106,7 km/h, inne hatte. Beim nächsten Planwechsel kürzte die GWR ihre Fahrzeit um 3 Minuten und holte sich den Rekord wieder zurück.

Interessant war die nachträgliche Ausrüstung einer „H-1" mit einem Boosterantrieb im hinteren Laufdrehgestell. Das Problem einer Hudson war, daß nur 6 von 14 Rädern angetrieben waren; während der Fahrt hatte das keinen Einfluß, aber das Anfahren war durch das beschränkte Reibungsgewicht oft schwierig. Die zusätzlichen 53,5 kN Zugkraft des Boosters waren da sehr willkommen; bei einer Geschwindigkeit von 32 km/h schaltete er sich selbsttätig ab.

Unten: *Die CPR „Royal Hudson" Nr. 2860, die heute der British Columbia Railway gehört, fährt mit ihrem Ausflugszug gemächlich am Ufer des Howe Sound entlang.*

Die 30er Jahre waren die Zeit, in der Stromlinienverkleidungen in Mode kamen; als neue Schnellzugmaschinen bestellt werden sollten, entschloß sich H. B. Bowen, der Chef der CPR-Lokomotiventwicklung, zu einem Kompromiß. Er war der Meinung, daß man oft bei der Verkleidung der Lokomotiven zu weit gegangen war, die Wartung des Triebwerks und anderer Teile war oft so erschwert, daß die umständlichen Werkstattarbeiten die Einsparung beim Kohleverbrauch wieder wettmachten. Auf der andern Seite war die werbende Wirkung einer schön verkleideten Lokomotive nicht zu verachten.

Resultat seiner Überlegungen war 1937 eine Serie von 30 weiteren Hudsons, Nr. 2820-2849 der Type „H-1c" – die vorhergehenden hatte man in zwei Serien von je 10Stück als „H-1a" und „H-1b" geliefert. Die neuen Lokomotiven wiesen nicht nur eine weichere Linienführung auf, sondern auch eine prächtig gestaltete Farbgebung, wie sie unser Zeichner unten darstellte. Am Grundkonzept der Loks änderte man kaum etwas, verschiedene Einzelheiten verbesserte man aber entsprechend den Fortschritten des Lokomotivbaus. Den Kessel baute man ohne Dom, der Lokomotivrahmen bestand aus einem einzigen Stahlgußformstück, die Arbeit des Lokführers erleichterte eine Kraftumsteuerung. Fünf der Maschinen erhielten auch einen Booster. 1938 beschaffte die CPR weitere 10 2'C2'-Lokomotiven, Type „H-1d". Die letzten 5 mit den Nummern 2860 bis 2864, Type „H-1e", aus dem Jahr 1940 unterschieden sich von ihren Vorgängern durch ihre Ölfeuerung. Auch diese „H-1e"-Loks, sowie 5 der „H-1d"-Type hatten Boosterantriebe.

Die letzte Serie war für einen Einsatz im westlichsten Teil der Bahn, zwischen Vancouver und Revelstoke, British Columbia bestimmt, wo die Ölfeuerung schon seit Jahren die Regel war. Nach dem Krieg, als man begann, die großen kanadischen Ölfelder auszubeuten, baute man auch alle die „H-1"-Loks, die die langen Präriestrecken befuhren, auf Ölfeuerung um. Der Brauch der CPR die Lokomotiven über lange Zeit fest zu stationieren, gewährleistete die beste Ausnutzung der verschiedenen Abarten einer Lokomotivtype. So wurden die Lokomotiven mit Boosterantrieb immer dort verwendet, wo die erhöhte Zugkraft am wichtigsten war. Dadurch konnte der 1300 t schwere „Dominion"-Expreß mit 18 Wagen von einer in Toronto stationierten „H-1c" mit Booster allein über die Steigung von Neys Hill an der Nordseite des Oberen Sees befördert werden, ansonsten wäre eine zusätzliche Lokomotive nötig gewesen.

Wie bei anderen Bahnen, die über ausgezeichnete Dampflokomotiven verfügten, die man gut wartete und gekonnt fuhr, ließ man sich auch bei der Canadian Pacific Railway mit der Verdieselung Zeit. 1956 verschrottete man die erste Hudson, bis zur Mitte der 60er Jahre verschwanden alle aus dem Dienst, aber fünf von ihnen entkamen dem Schneidbrenner. Die Standard Hudson Nr. 2816 befindet sich derzeit in den USA in Steamtown, Bellows Falls, Vermont. Eine der „Royal Hudsons", Nr. 2839 wird von der Southern Railway in den USA regelmäßig vor Dampfsonderzüge gespannt. Nr. 2850 befindet sich im Kanadischen Eisenbahnmuseum in Delson, Quebec; Nr. 2858 stellt das Nationale Museum für Wissenschaft und Technik in Ottawa aus. Die berühmteste von allen ist aber die „H-1e" Nr. 2860, mit der planmäßige Dampffahrten auf der British Columbia Railway zwischen Vancouver und Squamish durchgeführt werden. Lok Nr. 2860 hat darüber hinaus auch schon den Osten Kanadas besucht und dampfte auch zu südlichen Zielen wie Los Angeles vor einem Ausstellungszug, der die Schönheiten British Columbias anpries.

Oben: *Aus einem Felsentunnel kommt uns die Museumslok Nr. 2860 der British Columbia Railway entgegen.*

Unten: *Die ansprechende rote Farbgebung der Museumslok Nr. 2860 entspricht dem früheren Anstrich der Canadian Pacific Railway.*

Reihe U-4 2'D2'

Kanada
Canadian National Railway (CN), 1936

Zugkraft: 233,6 kN (52457 lb)
Achslast: 27 t (59500 lb)
Zylinder, ⌀ x Hub: (2)
610 x 762 mm (24 x 30 in)
Treibrad ⌀: 1956 mm (77 in)
Verdampfungsheizfläche:
358,7 m² (3861 sq ft)
Überhitzerheizfläche: 142 m²
(1530 sq ft)
Kesseldruck: 19,5 kp/cm²
(275 psi)
Rostfläche: 6,8 m² (73,7 sq ft)
Brennstoff (Kohle): 18,2 t
(40000 lb)
Wasser: 53 m³ (11660 Imp gal)
Reibungsgewicht: 107,1 t
(236000 lb)
Gesamtdienstgewicht: 299,6 t
(660000 lb)
Gesamtlänge: 28990 mm
(95 ft 1 in)

Zu Zeiten der Dampflok lag die längste Bahn Amerikas nicht in den USA, sondern es waren die Canadian National Railways. Vor etwa 60 Jahren hatten die kanadischen Bahnen die gleichen schweren Probleme, die man heute in den USA hat. Die kanadische Regierung sah sich gezwungen, von bankrotten Bahngesellschaften ein Streckennetz von 38600 km Länge unter die eigene Verwaltung zu nehmen. Für diese Aufgabe engagierte man einen der bemerkenswertesten Eisenbahnfachmänner aller Zeiten, Sir Henry Thornton. Er hatte sein Handwerk bei der Pennsylvania Railroad und ihrer bekannten Tochtergesellschaft Long Island Railroad gelernt. 1914 berief man ihn zum Generaldirektor der britischen Great Eastern Railway.

Es war ein himmelweiter Unterschied zwischen den C1'-Tenderloks, die die Londoner Pendler von der Liverpool Street Station schnell nach Hause brachten und dem „Trans-Canada-Limited", der auf seiner 4776 km langen Reise einen Kontinent durchquerte, aber Thornton meisterte auch diese Umstellung. Sein Prinzip war, jede Aufgabe mit den ihr angemessenen Mitteln zu bewältigen. Es war daher nicht überraschend, daß die CN zu den ersten Bahnen gehörte, die die größte aller Schnellzugtypen bestellte, die 2'D2'.

Die Canadian Locomotive Company lieferte 1927 die Lok Nr. 6100 nur 7 Monate, nachdem die Northern Pacific die erste aller „Northerns" erhielt. Die erste kanadische Northern erhielt den Namen „Confederation", um das 60jährige Bestehen der kanadischen Konföderation zu würdigen. Zum Ende des Jahres besaßen die CN und ihre US-Tochtergesellschaft Grand Trunk Western schon 52 dieser großen Maschinen. Die CN wurde zum Besitzer des größten Parks von 2'D2'-Lokomotiven, bis sie in der Mitte der 50er Jahre die Sowjetunion überholte. Die CN-Lokomotiven, Reihe „U-2", trugen die Nummern 6100-6139, die GTW numerierte ihre „U-3" als 6300-6311.

Weitere, im großen Ganzen gleiche Serien folgten 1929 und 1936, die ihre Zahl auf 77 brachte. 1936-38 erschien dann die „U-4", die stromlinienförmige Version der 2'D2' für höhere Geschwindigkeiten. Die technischen Daten auf dieser Seite entsprechen dieser Reihe, sie hatte größere Treibräder und eine recht ansehnliche Verkleidung, die nicht so häßlich war wie sonst üblich. Sie bekamen die Nummern 6400-04 (CN) und 6405-11 (GTW). 1940 und 1944 baute man noch einmal normale 2'D2', der Bestand erreichte 203 Stück. Alle CN-Maschinen bauten die beiden Montrealer Lokomotivfabriken Montreal Locomotive Works und Canadian Locomotive Company, während die GTW-Loks aus Zollgründen von US-Firmen gebaut wurden.

Es ist keine Geringschätzung, wenn man sagt, daß die Ingenieure der CN sich nicht schnell für Neuerungen begeisterten, denn die Lokomotiven entsprachen dadurch bewährten nordamerikanischen Bauprinzipien. Kennzeichnend für die CN waren die zylindrischen Vanderbilt-Tender und bis 1936 auch der auffällige Speisewasservorwärmer vor dem Schornstein der Northerns. Selbstverständlich verwendete man solche Neuerungen wie Rollenlager und Gußstahlrahmen, sobald sie allgemein erhältlich wurden.

An einer Lokomotive, Nr. 6184, versuchte man eine Ventilsteuerung; als man später in Kanada Öl fand, stellte man viele der 2'D2'-Loks auf diese Feuerungsart um. Die Abstellungen begannen in kleinem Umfang im Jahr 1955 und verstärkten sich allmählich, bis 1960

Rechts: *Lok Nr. 6218 der Canadian National Railway gehört zur Reihe „U-2"*

Reihe U1-f 2'D1'

Kanada
Canadian National Railways (CN), 1944

Zugkraft: 233,8 kN (52500 lb)
Achslast: 27 t (59500 lb)
Zylinder, ⌀ x Hub: (2)
610 x 762 mm (24 x 30 in)
Treibrad ⌀: 1854 mm (73 in)
Verdampfungsheizfläche:
333 m² (3584 sq ft)
Überhitzerheizfläche: 146 m²
(1570 sq ft)
Kesseldruck: 18,3 kp/cm²
(260 psi)
Rostfläche: 6,5 m
(70.2 sq ft)
Brennstoff (Kohle): 18 t
(39650 lb)
Wasser: 51,1 m³ (11240 Imp gal)
Reibungsgewicht: 107,6 t
(237000 lb)
Gesamtdienstgewicht: 289,7 t
(638000 lb)
Gesamtlänge: 28426 mm
(93 ft 3 in)

Im Jahre 1923, bald nach der Entstehung der Canadian National Railways, führte man die ersten vierfach gekuppelten Lokomotiven im Personenzugdienst ein. Die erste Serie „U-1a" umfaßte 16 Loks, die die Canadian Locomotive Company baute. 1924 lieferte Canadian 21 „U-1b", 1925 kamen 5 „U-1c" von Baldwin für die Tochtergesellschaft Grand Trunk Western in den USA. 1929 und 1930 folgten 5 „U-1d" und 12 „U-1e" von Canadian und den Montreal Locomotive Works.

Man hatte also in 7 Jahren 59 Maschinen mit den Nummern 6000 bis 6058 in Dienst genommen, aber jetzt wurden sie von den 1927 eingeführten 2'D2'-Lokomotiven überschattet, die oben beschrieben werden. Die CN-Tochtergesellschaft Central Vermont in den USA besaß auch 4 2'D1'-Loks, die aber nicht in das CN-Schema eingeordnet waren. Allerdings folgte auch die CV dem CN. Reihenschema und bezeichnete ihre Mountains als CV-Reihe „U1". Tatsächlich hatten sie außer der Achsfolge nichts mit

Links: *Die 2'D1'-Lok Nr. 6060 der Canadian National Railways glänzt auch heute noch so, als ob sie gerade aus der Fabrik käme.*

die letzten 159 Northerns in einem Massensterben ausschieden.

Die Trauer, die kanadische Eisenbahner beim Abschied von ihren Northerns empfanden, drücken die folgenden Zeilen gut aus, die Anthony Clegg und Ray Corley in ihrem Buch „Canadian National Steam Power" zitierten. Sie standen auf einer zur Verschrottung bestimmten 2'D2'-Maschine:

„In days gone by this junk pile now
Was a grand sight to behold
On threads of steel it dashed along
Like a knight in armour bold . . ."

oder in deutsch:

„In vergangenen Tagen war auch dieser Haufen Schrott großartig anzusehen.
Auf Fäden aus Stahl stürmte er dahin wie ein stolz gepanzerter Ritter . . "

Eine Zeitlang setzte die Canadian National einige Northerns noch weiter vor Ausflugssonderzügen ein. Auch dies fand inzwischen ein Ende, aber 8 Loks überlebten. Zwei, darunter Stromlinienlok Nr. 6400 sind jedermann im Nationalen Museum für Wissenschaft und Technik in Ottawa zugänglich.

der kanadischen „U1" zu tun, denn sie stammten aus einer Serie, die die Florida East Coast Railroad aus Geldmangel nicht abnehmen konnte.

Die 6000er erfüllten ihre Aufgaben im harten Konkurrenzkampf des Schnellzugverkehrs zwischen Montreal und Toronto mit viel Elan; vor Zügen von etwa 700 t erreichten sie Geschwindigkeiten bis 131 km/h. Später bewährten sie sich auch in einem gemeinsamen Lokomotivpool von CN und Canadian Pacific.

1944 lieferten die Montreal Locomotive Works noch einmal 20 Mountains, Reihe „U-1f", die auch die Abbildungen zeigen. Dem neuesten Stand der Technik entsprachen die Gußstahlrahmen, Scheibentreibradsätze und andere Verbesserungen. Einige waren ölgefeuert, alle hatten Vanderbilt-Tender und Vorlaufdrehgestelle mit Außenrahmen. Am bedeutsamsten war aber der Fortfall der Speisewasservorwärmer mit ihren komplizierten Pumpen und Wärmetauschern. Sie ersetzten einfache Abdampfinjektoren. Normalerweise sind die Injektoren unter dem Führerhaus untergebracht, hier hing man sie gut sichtbar neben den Treibrädern auf, das große Abdampfrohr, das zu ihnen führte, ließ die Injektoren noch stärker ins Auge fallen.

Noch mehr als andere Injektoren, die mit Frischdampf betrieben werden, sind Abdampfinjektoren ein Griff in die Trickkiste der praktischen Anwendung von Naturgesetzen. Man kann sich eigentlich kaum vorstellen wie es gelingt, mit Abdampf von 0,7 kp/cm² Druck das Speisewasser in den Kessel zu drücken, dessen Druck etwa 30mal so hoch ist. Geschickt angeordnete konische Diffusoren verwandeln einen Dampfstrom von hoher Geschwindigkeit und niedrigem Druck in eine langsame Strömung hohen Drucks, die dann die Speiseventile passieren kann.

Mit wenigen Ausnahmen waren die CN-Dampflokomotiven schmucklose Gebrauchsgegenstände, aber bei den ausgezeichneten Maschinen der letzten Serie bemühte man sich darum, ihnen ein angenehmes Aussehen zu verleihen. Umlaufverkleidungen, eine Schornsteinkrempe, ein freundlicher Anstrich in grün und schwarz mit Messing-Loknummern und die gemeinsame Verkleidung von Dampfdom und Sandbehälter trugen zu den klaren Linien der „U-1f" bei. Das Gesamtbild war so gut, daß man den Designern sogar die spitze Rauchkammerfront mit dem eingebauten Scheinwerfer verzeihen kann.

Die Canadian National Railways gehören zu den lobenswerten Bahnverwaltungen, die zum Vergnügen eines großen Publikums Fahrten mit Dampflokomotiven anbieten, wie die Tatsache zeigt, daß 6 dieser Lokomotiven erhalten blieben. Die „U-1f" Nr. 6060 hat die Ehre, diese Dampfzüge zu ziehen. Andere Maschinen sind als Lokomotivdenkmäler aufgestellt, Nr. 6069 in Bayview Park, Sarnia und Nr. 6077 in Capreol, Ontario. Von den älteren Mountains gibt es noch Nr. 6015 im Museum in Delson, Quebec, Nr. 6039 der Grand Trunk Western ging an das Steamtown Museum, Bellows Falls, Vermont und Nr. 6043 befindet sich im Assinboine Park, Winnipeg.

Unten: *Unsere Zeichnung zeigt die „U-1f" der CN im Lieferzustand.*

V2 Klasse 1'C1' Großbritannien
London and North Eastern Railway (LNER), 1936

Zugkraft: 150,2 kN (33730 lb)
Achslast: 22,5 t (49500 lb)
Zylinder, ⌀ x Hub: (3)
470 x 660 mm (18½ x 26 in)
Treibrad ⌀: 1880 mm (74 in)
Verdampfungsheizfläche:
225,8 m² (2431 sq ft)
Überhitzerheizfläche: 63,2 m² (680 sq ft)
Kesseldruck: 15,5 kp/cm² (220 psi)
Rostfläche: 3,8 m² (41,25 sq ft)
Brennstoff (Kohle): 7,7 t (17000 lb)
Wasser: 19,1 m³ (4200 Imp gal)
Reibungsgewicht: 66,3 t (146000 lb)
Gesamtdienstgewicht: 146,6 t (323000 lb)
Gesamtlänge: 20244 mm (66 ft 5 in)

Diese bemerkenswerten Lokomotiven sind ein Beispiel für das in den 30er Jahren aufkommende Streben nach Universallokomotiven. Weil der Treibraddurchmesser ein Kompromiß zwischen den bisher üblichen Maßen bei Güter- und Personenzugloks sein mußte, erreichten sie bei höheren Geschwindigkeiten eine größere Drehzahl. Ermöglicht wurde dies durch das bessere Verständnis des Massenausgleichs und der Bemessung der Dampfwege, das man inzwischen hatte und durch die Verwendung von mehr als zwei Zylindern.

Im Juni 1936 erschien die erste von Sir Nigel Gresleys (er erhielt in diesem Jahr die Ritterwürde) berühmten „V2" 1'C1'-Lokomotiven aus den Doncaster Works. Es war die letzte bedeutende Baureihe des Meisterkonstrukteurs, er starb 1941.

Die Lokomotive hieß „Green Arrow" nach einem neuen System der Güterabfertigung – für Einzelpakkungen bis hin zur Wagenladung – das man gerade eingeführt hatte; der apfelgrüne Anstrich entsprach der Farbgebung der Personenzuglokomotiven. Vor Kriegsbeginn zählte die Reihe schon 86 Stück, weitere Lieferungen brachten dies auf 184 Exemplare. Nur einige von ihnen erhielten Namen, aber sie waren mit Grund im Gebiet der LNER bekannt als „die Loks, die den Krieg gewannen". In Reihenfolge der Indienststellung trugen sie die Nummern 4771-4899, 3641-95. Nach dem Krieg nummerte man sie vernünftigerweise in eine einzige Nummernfolge von 800-983 um, bei der BR wurden sie zu 60800-60983.

Wie bei etwa gleichen Rostflächen zu erwarten war, waren sie praktisch so stark wie die 2'C1'-Loks, wenn sie Schnellzüge zu ziehen hatten. Eine „V2" brachte es mit dem „Yorkshire Pullman" immerhin auf eine Geschwindigkeit von 149 km/h. Durchgehend gebremste Schnellgüterzüge mit Geschwindigkeiten von mehr als 96 km/h in der Ebene, wie der berühmte „Scotch Goods" mit 600 t Gewicht, waren ihre Spezialität. Gelegentlich mußten sie auch für eine der Stromlinienloks einspringen, auch hier hatten sie keine Mühe, die Fahrzeiten zu halten. Personenzüge der Kriegszeit mit bis zu 25 vollbesetzten Wagen lagen ebenfalls im Rahmen ihrer Fähigkeiten.

Auf der Negativseite stand die Tatsache, daß sie zwar Universalloks in dem Sinne waren, daß sie alle Zugarten bewältigten, aber es hieß nicht, daß sie überall fahren konnten. Die große Achslast von 22,5 t bedeutete, daß sie nur 40% der LNER-Strecken befahren konnten. Tatsächlich erschienen 1941 zwei Maschinen einer verkleinerten Ausführung, Reihe „V4", um diese Lücke zu füllen, aber Gresleys Nachfolger hatte andere Vorstellungen und unterband einen Weiterbau.

Zwei andere große Fragezeichen galten Details der Bauart, die

Rechts: *Museumslokomotive Nr. 4771 „Green Arrow", Reihe V2 der früheren LNER hält das Eisenbahnmuseum in Birmingham betriebsbereit.*

Unten: *Die apfelgrüne LNER „V2" oder „Green Arrow"-Klasse, im Lieferzustand von 1936.*

Reihe E4 2'C2' USA
Chicago & North Western Railway (C&NW), 1938

Zugkraft: 245 kN (55000 lb)
Achslast: 32,7 t (72000 lb)
Zylinder, ⌀ x Hub: (2)
635 x 737 mm (25 x 29 in)
Treibrad ⌀: 2134 mm (84 in)
Verdampfungsheizfläche:
368 m² (3958 sq ft)
Überhitzerheizfläche: 175 m² (1884 sq ft)
Kesseldruck: 21 kp/cm² (300 psi)
Rostfläche: 8,4 m² (90,7 sq ft)
Brennstoff (Öl): 22,7 m³ (5000 Imp gal)
Wasser: 75,7 m³ (16650 Imp gal)
Reibungsgewicht: 98,1 t (216000 lb)
Gesamtdienstgewicht: 359,3 t (791500 lb)
Gesamtlänge: 31033 mm (101 ft 9¾ in)

Diese ausgesprochen schönen Vertreter des modernen Dampflokbaus haben die zweifelhafte Ehre, die ersten derartigen Lokomotiven zu sein, die diesel-elektrische Lokomotiven um die Arbeit brachten, für die sie gebaut wurden. Die Chicago & North Western Railway hatte in vielen Dingen ihren eigenen Stil; nicht umsonst fuhren ihre Züge auf dem linken Gleis, während fast alle nordamerikanischen Bahnen rechts fahren. Als 1935 die Konkurrenten Milwaukee, Burlington und C&NW den Kampf um den Tagesreiseverkehr zwischen den „Twin Cities" und Chicago aufnahmen, war die letztgenannte Bahn die erste mit ihren berühmten „400"-Zügen, die so genannt wurden, weil sie die Strecke in etwa 400 Minuten zurücklegten. Die C&NW gewann diesen Vorsprung gegenüber den Mitkämpfern, weil sie normale, aber aufgemöbelte Wagen mit umge-

abgeleitete Gresleysteuerung des Mittelzylinders wurde schon bei anderen LNER-Lokomotiven erwähnt. Das andere Problem wurde ebenfalls schon angesprochen, nämlich die Laufeigenschaften der führenden Laufachse. Bis 1946 ging alles gut, bis sich gleich zwei Entgleisungen auf den im Krieg vernachlässigten Strecken ereigneten. Nach einer Untersuchung ersetzte man die ursprüngliche selbstzentrierende Pendelaufhängung der Laufachse durch eine Rückstelleinrichtung mit Querfederung und es kam zu keinem weiteren Zwischenfall.

Abgesehen davon waren die „V2"-Loks großartige Maschinen, die letzte von ihnen wurde erst 1966 abgestellt, als die Verdieselung sie verdrängte. Zum Glück wurde die erste, „Green Arrow", nicht verschrottet, sondern steht heute im Rahmen der Nationalen Lokomotivsammlung in betriebsfähigem Zustand zur Verfügung.

Links: *Vergangen, aber nicht vergessen. Die „E4"-Hudson Nr. 4001 der Chicago & North Western Railway in voller Aktion.*

bauten Loks einsetzte, statt die Lieferung neuer Fahrzeuge abzuwarten.

Bald mußte die C&NW aber den anderen folgen und auch neue Züge bestellen. Sie beschloß, dem Konzept der Milwaukee „Hiawathas" zu folgen, nicht dem Diesel-„Zephyr" der Burlington und bestellten bei der American Locomotive Company 9 Stromlinienloks der Achsfolge 2'C2'.

Die neuen Lokomotiven, als Reihe „E4" bezeichnet und mit den Nummern 4000-4008, wurden 1938 abgeliefert, aber zwischenzeitlich hatte die Bahnverwaltung beschlossen, daß man auf das falsche Pferd gesetzt hatte; man bestellte bei der Electromotive Division von General Motors einige der ersten Serien-Diesellokomotiven. Diese übernahmen die neuen stromlinienförmigen „400"-Züge und verdrängten die neuen 2'C2'-Lokomotiven in den Dienst vor den transkontinentalen Zügen auf der ursprünglichen „Overland Route" von Chicago nach Omaha.

Weil alle Dampflokomotiven auf den gleichen Prinzipien beruhen, waren die „E4"-Hudsons den „Hiawatha"-Hudsons ziemlich ähnlich, aber die vielen kleinen Unterschiede bedeuteten, daß sie doch zwei völlig verschiedene Konstruktionen waren. Wir haben hier zwei Reihen von sechs und neun Lokomotiven, bestimmt für denselben Zweck und bei derselben Fabrik zur gleichen Zeit gebaut, und doch hatten sie kaum gemeinsame Bauteile; so ging es eben im Dampflokbau, vor allem in den USA.

Von den vielen modernen Merkmalen der „E4" sind insbesonders die Bakersteuerung, die Ölfeuerung, die Ausstattung aller Lager mit Rollenlagern und vor allem der Barco-Niedrigwasseralarm erwähnenswert. Einen so großen Kessel wie einen Lokomotivkessel trocken zu heizen, hat sehr unangenehme Folgen; bei den meisten Lokomotiven gab es trotzdem keine automatische Sicherung dagegen, daß das Lokpersonal vergaß, die Wasserstandsgläser regelmäßig zu prüfen.

Freche Farbgebungen waren nicht die Art der C&NW und so ist es besonders schade, daß in den frühen 50er Jahren keine „E4" dem Schneidbrenner entging. Wir können darum nur in unserer Vorstellung noch einmal unsere Augen an ihrer grün-goldenen Eleganz weiden.

Reihe 56 2'C1'

Malaysia
Malaiische Eisenbahn (PKTM), 1938

Zugkraft: 106,6 kN (23940 lb)
Achslast: 13 t (28560 lb)
Zylinder, ∅ x Hub: (3) 330 x 610 mm (13 x 24 in)
Treibrad ∅: 1372 mm (54 in)
Verdampfungsheizfläche: 103 m² (1109 sq ft)
Überhitzerheizfläche: 20,25 m² (218 sq ft)
Kesseldruck: 17,6 kp/cm² (250 psi)
Rostfläche: 2,5 m² (27 sq ft)
Brennstoff (Kohle) 10 t (22000 lb)
Wasser: 15,9 m³ (3500 Imp gal)
Reibungsgewicht: 39 t (86000 lb)
Gesamtdienstgewicht: 102,6 t (226000 lb)
Gesamtlänge: 18628 mm (61 ft 1 3/8 in)

Diese Meterspur-Pazifiks gehören zum Elegantesten, was Großbritannien für die Kolonien entwickelte und sie fuhren auch auf einem der besten Bahnsysteme der britischen Kolonien. Vor der Verdieselung beförderte die Malaiische Eisenbahn den Großteil ihrer Personen- und Güterzüge mit dieser Baureihe von 66 gefälligen Pazifiklokomotiven. Die PKTM war lange Zeit „die Eisenbahn der Pazifiks", schon seit den Tagen, als man in Großbritannien noch die stärksten Schnellzuglokomotiven in der Achsfolge 2'B baute. Tatsächlich wurde die erste der malaiischen Pazifiks, Prototyp der schließlich 60 Loks umfassenden Reihe „H", schon 1907 bei Kitson in Leeds für die damalige „Federated Malay States Railways" (FMSR), etwa „Malaiische Bundesbahnen", gebaut. Andere lieferten die Firmen Nasmyth, Wilson in Manchester und Robert Stephenson in Darlington. Noch einmal 79 Pazifiks in 4 weiteren Baureihen folgten während der nächsten 30 Jahre.

1938 lieferte die North British Locomotive Co. in Glasgow einige Pazifiks, die den Höhepunkt der malaiischen Dampflokomotiven bilden sollten. Vor dem Krieg und der japanischen Besetzung erhielt die Bahn 28 Stück, gleich nach dem Kriegsende noch einmal 40. Sie waren außerordentlich gut gelungen, im Aussehen genauso wie in der technischen Gestaltung. Ein Merkmal war der gute Massenausgleich der Triebwerkteile durch ein Dreizylindertriebwerk, der ihren Einsatz auf sehr leichtem Schienenmaterial erlaubte. Sie besaßen eine Ventilsteuerung mit rotierendem Antrieb, eine vielversprechende Einrichtung, mit der aber viele Bahnen nicht zufrieden waren, weil die Einsparungen durch bessere Dampfführung und geringeren Verbrauch durch den höheren Preis und die zusätzlichen Unterhaltskosten wieder ausgeglichen wurden. Darum Respekt vor den FSMR (und später der PKTM) die dieses komplizierte System so gekonnt anwendeten, daß es sogar zur Norm dieser Bahn wurde. Keine andere Bahn der Welt schaffte dies – nur diese, betrieben von einer Belegschaft aus Briten, Chinesen, Indern und Malaien.

Ursprünglich war dies die Reihe „0" mit den Loknummern 60 bis 87. Nach dem Krieg änderte man es in Reihe „56" und unterschied die verschiedenen Serien in der Numerierung als 561.01-11, 562.01-06, 563.01-11, 564.01-40. Davon wurden 561.09 und 562.01 im Krieg stark beschädigt und verschrottet. Ihre Nummern vergab man nicht mehr.

In den späten 50er Jahren gab es eine Periode, in der man die Farbe und Zierlinienanordnung der Great Western Railway verwendete, aber davor und auch später hatten sie eine gepflegte schwarze Lackierung. In dieser Zeit erhielten auch alle Lokomotiven Namen, auf einer Seite in malaiischer Schrift, auf der anderen mit lateinischen Buchstaben.

1955 versuchte man die Zugläufe zu beschleunigen und erprobte

Reihe 800 2'C

Irland
Great Southern Railways (GSR), 1939

Zugkraft: 147 kN (33000 lb)
Achslast: 21,3 t (47000 lb)
Zylinder, ∅ x Hub: (3) 470 x 711 mm (18½ x 28 in)
Treibrad ∅: 2007 mm (79 in)
Verdampfungsheizfläche: 174 m² (1870 sq ft)
Kesseldruck: 15,8 kp/cm² (225 psi)
Rostfläche: 3,1 m² (33,5 sq ft)
Brennstoff (Kohle): 8,2 t (18000 lb)
Wasser: 22,7 m³ (5000 Imp gal)
Reibungsgewicht: 64 t (141000 lb)
Gesamtdienstgewicht: 137,3 t (302500 lb)
Gesamtlänge: 20550 mm (67 ft 6 in)

Die etwa 450 Breitspurlokomotiven (1600 mm-Spur) die Irland in der Zwischenkriegszeit besaß, waren teilweise von erstaunlichem Alter und von einer großen Vielfalt, gehörte doch diese Anzahl zu mehr als 80 Reihen. Noch 1932 liefen zwischen Waterford und Tramore die letzten Lokomotiven der Welt mit einzelner Treibachse. Alle Bahngesellschaften, die nicht die Grenzen der sechs nordirischen Grafschaften überschritten, wurden 1925 in der Great Southern Railway zusammengefaßt. Die wirtschaftliche Lage der GSR erlaubte nicht den Bau einer größeren Zahl der nötigen neuen Lokomotiven, ganz zu schweigen von Schnellzugloks.

Abgesehen von einer Reihe von 10 2'C-Maschinen von der früheren Great Southern & Western Company, stützte sich die GSR beim Personenverkehr auf 26 Lokomotiven einer Bauart der South Eastern & Chatham mit der Achsfolge 1'C, die nach dem 1. Weltkrieg im Arsenal von Woolwich aus vorhandenen Teilen gebaut und billig an die GSR abgegeben wurden. Man war sich bewußt, daß man eigentlich für die schweren Postzüge auf der schwierigen Strecke von Dublin nach Cork etwas besseres benötigte, aber es war sehr unwahrscheinlich, daß sich in dieser Frage etwas tat.

Wie man aber weiß, kann man sich in Irland darauf verlassen, daß gerade das Unmögliche geschieht. Es war aber dennoch eine große Überraschung, als drei große und auch schöne Dreizylinder-2'C-Loks modernster Konstruktion die Inchicore-Werkstatt der Great Southern Railway verließen. Sie besaßen konische Kessel, Belpaire-Feuerbüchsen, drei unabhängige Walschaertsteuerungen und glichen in Bauart, Größe und Erscheinungsbild den umgebauten „Royal Scots" der London, Midland & Scottish Railway – das heißt sie hätten ihnen geglichen, wenn es sie schon gegeben hätte. Ihre Bahn-Nummern waren 800 bis 802 und sie erhielten die Namen irischer Königinnen; „Maeve", „Macha" und „Tailte" auf Schildern in gälischer Schrift. Sie waren die einzigen Schnellzuglokomotiven, die im unabhängigen Irland gebaut wurden, alle späteren wurden importiert.

Dies zeigt sehr schön, daß auch kleine und landwirtschaftlich orientierte Staaten imstande waren, erstklassige Dampflokomotiven zu entwerfen und zu bauen, dagegen die Diesellokomotiven, die sie ersetzten, nur wirtschaftlich in großen Stückzahlen in den Industriestaaten zu produzieren sind.

Die Reihe „800" hatte nur im Sommer 1939 Zeit sich zu bewähren. Die Lok „Maeve" erreichte nach O. S. Nock bei einer Fahrt von Cork nach Dublin vor einem Zug, der durch Sonderwagen für ein Atlantikschiff 450 statt der üblichen 300 t wog, eine beachtenswerte Geschwindigkeit von 37 km/h auf der Steigung von

zwei Loks der Reihe „56" bei Geschwindigkeiten bis 112 km/h, für Meterspur eine beachtliche Leistung. Die Versuche verliefen sehr zufriedenstellend, aus der vorgeschlagenen Beschleunigung wurde dann aber doch nichts, es blieb bei der Höchstgeschwindigkeit von 45 mph (72,4 km/h). Was den Zügen an Geschwindigkeit fehlte, machten sie mit Komfort wieder wett. Der Luxus des „Golden Blowpipe"-Expreß konnte sich durchaus mit einem „Night Scotsman" oder dem „Blue Train" messen; für denjenigen Europäer, der zum ersten Mal hier reiste, eine willkommene Überraschung.

Im selben Zeitraum rüstete man alle Malaiischen Lokomotiven von Kohle- auf Ölfeuerung um, die breiten Feuerbüchsen boten dabei keine Schwierigkeiten und eine Reise durch das Land wurde dadurch viel sauberer für die Passagiere und auch die Umwelt.

1957 kamen die ersten Dieselloks, 1972 war dann nur noch die Hälfte der Reihe „56" im Dienst. Das Jahr 1981 erlebten nur die beiden Loks Nr. 564.33 „Jelebu" und Nr. 564.36 „Temerloh" im Lokdepot von Kuala Lumpur, dort befinden sich auch die Hauptwerkstätten der Bahn. Hauptsächlich verwendet man sie für gecharterte Sonderzüge, ab und zu auch mal als Reservelok bei Triebfahrzeugmangel.

Links: *Die heute noch betriebsfähige 2'C1'-Lokomotive Nr. 564.36 „Temerloh" der PKTM bei der Ausfahrt in Kuala Lumpur mit einem privaten Sonderzug zu den Batu-Höhlen im September 1979. Diese Lok ist eine der beiden, die das Dampfende in Malaysia überlebt haben. Die Bahnverwaltung arrangiert mit ihnen auch kurzfristig und recht preisgünstig Sonderzüge für Interessenten.*

Unten: *2'C1'-Lokomotive Nr. 71 „Kuala Lumpur" der Reihe „0" (später Reihe „56", Nr. 562.01) in der Farbgebung, die vor 1941 üblich war.*

1,66% bei Cork. Im weiteren Verlauf der Reise erzielte sie dann bei Newbridge eine Höchstgeschwindigkeit von 126 km/h.

Nach dem Krieg herrschte ein chronischer Brennstoffmangel, der den Maschinen in der kurzen Zeit bis zur Verdieselung kaum die Möglichkeit zu großen Leistungen gab. Als erste verschwand 1957 die Lok „Tailte", die beiden anderen hielten sich zwar noch bis 1964, ohne aber noch nennenswert eingesetzt zu werden. Die Lok Nr. 800 „Maeve" erhielt das Transportmuseum in Belfast zur Aufbewahrung.

Rechts: *Die 2'C-Lokomotive Nr. 800 „Maeve" der irischen Great Southern Railway (später Coras Iompair Eirann) blieb uns erhalten. Zur Zeit stellt sie das Irische Transportmuseum in Belfast aus.*

Reihe FEF-2 2'D2'

USA
Union Pacific Railroad (UP), 1939

Zugkraft: 284,1 kN (63800 lb)
Achslast: 30,4 t (67000 lb)
Zylinder, ⌀ x Hub: (2) 635 x 813 mm (25 x 32 in)
Treibrad ⌀: 2032 mm (80 in)
Verdampfungsheizfläche: 392,5 m² (4225 sq ft)
Überhitzerheizfläche: 130 m² (1400 sq ft)
Kesseldruck: 21,1 kp/cm² (300 psi)
Rostfläche: 9,3 m² (100 sq ft)
Brennstoff (Kohle): 22,7 t (50000 lb)
Wasser: 89 m³ (19568 Imp gal)
Reibungsgewicht: 121 t (266500 lb)
Gesamtdienstgewicht: 412,2 t (908000 lb)
Gesamtlänge: 34696 mm (113 ft 10 in)

Diese Baureihe entstand Ende der 30er Jahre, als die steigenden Zuggewichte langsam, aber sicher, die Kräfte der 2'D1'-Loks überstiegen, die bisher die Hauptlast des Personenverkehrs der UP trugen. Eines Tages, im Jahre 1937, besaß eine dieser Mountains der Reihe „7000" die Frechheit, ihre mangelhafte Fähigkeit zur Dampferzeugung bei einem Zug zu zeigen, an den der Privatwagen des UP-Generaldirektors William Jeffers angekuppelt war. Noch während die Reisegesellschaft inmitten der Prärie auf eine Hilfslok wartete, entspann sich per Telegramm ein Dialog zwischen dem Direktor und der American Locomotive Company (Alco) im fernen Schenectady, um hier eine Abhilfe zu schaffen.

Resultat dieser Besprechung war im Laufe der Zeit eine großartige Reihe von 45 Lokomotiven, davon erschienen 20 im Jahre 1938, ihre Nummern waren 800 bis 819. Weitere 15, Nr. 820 bis 834 mit größeren Treibrädern und Zylindern, sowie siebenachsigen „Centipede"-Tendern anstelle der bisherigen sechsachsigen Ausführung, kamen im folgenden Jahr; auf sie beziehen sich die technischen Daten dieser Seite. Die zweite Serie erhielt die Bezeichnung „FEF-2", die erste nachträglich „FEF-1". „FEF" leitete man aus der Whyte-Achsfolge der Loks „Four-Eight-Four" ab.

Eine letzte Lieferung von 10 Maschinen war mit den vorherigen bis auf die kriegsbedingte Verwendung von Ersatzstoffen identisch. Diese „FEF-3"-Reihe erschien 1944, sie waren die letzten Dampflokomotiven, die die UP je erhielt. All diese Lokomotiven der 800er-Reihe baute Alco.

Im großen ganzen folgten sie demselben simplen Konzept wie die Northumbrian 108 Jahre früher, auch sie besaß zwei Außenzylinder. Die größte aller Achsfolgen bei Personenzuglokomotiven, 2'D2', die „Northern"-Type, wurde gewählt und ursprüngliche Zweifel an der Eignung vierfach gekuppelter Triebwerke für hohe Geschwindigkeiten wurden bald ausgeräumt. Das Befahren enger Kurven erleichterte eine Alco patentierte Anordnung zur Seitenverschiebung der ersten Treibachse.

Die grundlegende Einfachheit vieler US-Lokomotiven wurde oft dadurch wieder vereitelt, daß ihre Konstrukteure anfällig für die Werbeversprechungen der Hersteller komplizierter Ausrüstungsteile waren. Die UP schaffte es, den meisten von ihnen zu widerstehen, mit dem Ergebnis einer erfreulich schönen und klaren Linienführung dieser Maschinen, auch ungestört durch eine Stromlinienverkleidung. Selbstverständlich benutzten sie so ausgezeichnete Erfindungen wie einen Stahlgußrahmen, der die bisherige vielteilige Rahmenbauart ersetzte. Ein anderes Beispiel war die Verwendung eines statischen Abdampfinjektors, der die Speisepumpe und den Vorwärmer ablöste. Ein kompliziertes Konstruktionsdetail, dem die UP widerstand, waren Wasserkammern in der Feuerbüchse; man war der Überzeugung, daß diese Einrichtung mehr Unterhaltskosten verursachte, als sie nutzte. Trotzdem geboten die Vernunft und auch Onkel Sams Gesetze die Anwendung einer Kraftumsteuerung und einer mechanischen Rostbeschickung; die elektrische Beleuchtung zahlte sich sicherlich dadurch aus, daß damit das Lokpersonal der Northerns sehen konnte, was sich vor dem Zug tat.

Vielleicht das bemerkenswerteste Detail dieser Lokomotiven war die Ausführung der Treibstangen. Rein ästhetisch gesehen, waren die der Kraftübertragung auch formmäßig angepaßten Stangen ein Gedicht, aber es steckte mehr dahinter. Wegen den angestrebten Geschwindigkeiten und den daraus resultierenden Beanspruchungen, ging man über den bisherigen

Unten: *Die Museumslok Nr. 8444, Reihe „FEf-3", zieht einen Sonderzug zur Freude vieler Hundert Eisenbahnfreunde.*

Oben: *Die letzte Dampflokomotive, die die Union Pacific Railroad bauen ließ, die „FEF-3" Nr. 844, später umnumeriert in 8444, um die niedrigen Nummern für Diesellokomotiven frei zu machen.*

Links: *Eine Union Pacific 2'D2'-Lok der Reihe „FEF-1" steht abfahrbereit im Bahnhof von Denver, Colorado. Diese Loks hatten die kleineren sechsachsigen Tender.*

Stand der Technik hinaus. Die Größe der Spannungen, denen die herumwirbelnden Stangen ausgesetzt waren, sind sehr schwer zuverlässig zu bestimmen.

Welch eine Freude war es für die Konstrukteure dieser Reihe, als ihr Werk auch den Beanspruchungen bei Geschwindigkeiten von mehr als 160 km/h standhielt. Im Gegensatz zu der bisherigen Übertragung der Triebkräfte auf die einzelnen Treibräder über die Treibzapfen wurden die Kräfte von Stange zu Stange über separate Gleitlager übertragen. Die zusätzlichen Gabelgelenke in den Kuppelstangen ersetzte man durch gegabelte Enden der mittleren Treibstange, die Funktionen der Kurbel- und der Gelenkzapfen vereinigte man in einem Teil.

Die Bauart der Lokomotiven bewährte sich großartig, es gibt viele Berichte über Geschwindigkeiten bis 176 km/h (110 mph). Nach dem Krieg beeinträchtigten Streiks die Kohleversorgung, und um den Personenverkehr zu sichern, baute man die „800"er Maschinen auf Ölfeuerung um; in den Kohlenbunker des Tenders baute man einen 27 m³ fassenden Ölbehälter. Abgesehen davon kam es nur zu kleinen Veränderungen in den vielen Jahren ihres schweren Dienstes; auch ein Zeichen für eine gute Konstruktion.

Normalerweise vertraute man den Northerns die Beförderung der vielen Schnellzüge an, die aus den üblichen schweren Stahlwagen bestanden, aber schon zur damaligen Zeit führte die UP auch Stromlinienzüge mit diesel-elektrischen Lokomotiven ein, die viel kürzere Fahrzeiten ermöglichten. In ihren ersten Jahren war die neue Traktionsart nicht sehr zuverlässig, so fanden sich die Northerns oft an der Spitze eines der besten Züge der UP anstelle einer mehrteiligen Diesellok. Sie hatten keine Schwierigkeit, die knappen Fahrpläne der Dieselmaschinen zu halten und machten sogar kleine Verspätungen, die beim Wassernehmen entstanden, wieder wett.

Der letzte planmäßige Personenzug, den eine „800" beförderte, war eine solche Ersatzleistung. Es war im Herbst 1958, als die letzte für die UP gebaute Dampflok, die Nr. 844, den „City of Los Angeles" auf den letzten 232 Kilometern von Grand Island bis Omaha beförderte, ja, die Dampflok fuhr sogar schneller als sonst die Diesselloks, obwohl das Lokpersonal in den letzten Jahren etwas aus der Übung in der Behandlung von Dampflokomotiven gekommen war. Ein Jahr später kam der Zeitpunkt, an dem alle zur Verschrottung abgestellt wurden; ein trauriger Augenblick für alle Bewunderer dieser herrlichen Lokomotiven.

Glücklicherweise blieb Nr. 844 (inzwischen als Nr. 8444, um die alte Nummer für eine Diesellok frei zu machen) erhalten und wurde wieder betriebsfähig aufgearbeitet. Eine publizitätsbewußte Union Pacific führt mit ihr regelmäßig Sonderfahrten für Eisenbahnfreunde durch. Lok Nr. 814 wird im Dodge Park in Council Bluffs bei Omaha ausgestellt. Von Nr. 833 und 838 nimmt man ebenfalls an, daß sie noch als Ersatzteilspender für die Lok 8444 existieren.

Unten: *Die Lok Nr. 826 aus der Reihe „FEF-2" sehen wir hier mit dem zweiten Teil des „The Gold Coast"-Zuges.*

Reihe 12 2'B1'

Belgien
Belgische Staatsbahn (SNCB), 1939

Zugkraft: 118,6 kN (26620 lb)
Achslast: 23,6 t (52000 lb)
Zylinder, ∅ x Hub: (2)
480 x 720 mm (18⅞ x 28⅜ in)
Treibrad ∅: 2100 mm (82¾ in)
Verdampfungsheizfläche:
161 m² (1733 sq ft)
Überhitzerheizfläche: 63 m²
(678 sq ft)
Kesseldruck: 18 kp/cm² (256 psi)
Rostfläche: 3,7 m² (39,8 sq ft)
Brennstoff (Kohle): 8 t
(17620 lb)
Wasser: 24 m³ (5280 Imp gal)
Reibungsgewicht: 45,8 t
(100880 lb)
Gesamtgewicht
(ohne Tender):
89,5 t (197140 lb)
Gesamtlänge: 21190 mm
(69 ft 6¼ in)

Die meisten mordernen Dampflokomotiven können ihre Abkunft mehr auf die „Northumbrian" als auf die „Planet" zurückführen, aber hier ist eine Ausnahme. Ja, diese Ausnahme war so gut gelungen, daß sie sogar einen Weltrekord aufstellte, nämlich für die höchste Reisegeschwindigkeit zwischen zwei Bahnhöfen. Waren die belgischen 2'B1'-Lokomotiven im Prinzip recht konventionell, so war doch die Anordnung der einzelnen Teile sehr ungewöhnlich, wenn nicht sogar eigenartig. Aber was kann man in einem Land erwarten, das so ungewöhnliche Leute wie Alfred Belpaire und Egide Walschaert hervorbrachte?

Es war vorgesehen, häufig verkehrende leichte, aber sehr schnelle

Oben und unten: *Zwei Ansichten der belgischen 2'B1'-Lokomotiven, Reihe „12", die 1938 für leichte Schnellzüge zwischen Brüssel und Ostende gebaut wurden.*

Reihe 520 2'D2'

Australien
South Australian Government Railways (SAR), 1943

Zugkraft: 145,2 kN (32600 lb)
Achslast: 15,9 t (35000 lb)
Zylinder, ∅ x Hub: (2)
521 x 711 mm (20½ x 28 in)
Treibrad ∅: 1676 mm (66 in)
Verdampfungsheizfläche:
228 m² (2454 sq ft)
Überhitzerheizfläche: 60,5 m²
(651 sq ft)
Kesseldruck: 15,1 kp/cm²
(215 psi)
Rostfläche: 4,2 m² (45 sq ft)
Brennstoff (Kohle): 10 t
(22000 lb)
Wasser: 41 m³ (9000 Imp gal)
Reibungsgewicht: 63,6 t
(140000 lb)
Gesamtdienstgewicht: 204,1 t
(449500 lb)
Gesamtlänge: 26622 mm
(87 ft 4½ in)

Züge mit nur drei Wagen zwischen Brüssel und Ostende einzusetzen. Sie sollten jeweils zu geraden Stunden abfahren und die 121 km lange Strecke in 46 Minuten fahren, bei einem Zwischenhalt in Brügge, eine Reisegeschwindigkeit von 121,3 km/h. Die Geschwindigkeitsgrenze dieser fast ebenen Strecke wurde eigens dafür auf 140 km/h heraufgesetzt. Man beschloß, daß zwei Treibachsen für die geforderte Zugkraft ausreichten, die Leistung zum Erreichen der hohen Geschwindigkeit erforderte aber eine große breite Feuerbüchse. Ein führendes Drehgestell war auf jeden Fall wünschenswert und um einen ruhigen Lauf zu erreichen, wählte man Innenzylinder, die durch den Barrenrahmen statt des üblichen Plattenrahmens gut zugänglich waren. All dies ergab der Welt letzte Atlantiklokomotive und auch die letzte Innenzylinder-Schnellzuglok der Welt. Die Tender stammten von anderen Loks und wurden stromlinienförmig verkleidet; die Lokomotiven baute die Firma Cockerill in Seraing.

Leider fuhren diese Leichtschnellzüge nur einige Monate, denn bald brach der 2. Weltkrieg aus. Eine der Atlantiks, Nr. 1203, überlebte und wird heute im SNCB-Depot in Louvain aufbewahrt. Die schnellste Fahrzeit des heutigen elektrischen Betriebs zwischen Brüssel und Ostende ist 11 Minuten länger bei einem zusätzlichen Halt – eine *Steigerung* der Reisezeit um 18% durch die Umstellung von Dampf auf Strom ist möglicherweise auch ein Rekord, der auf diese bemerkenswerten Lokomotiven zurückgeht.

Oben: *Die SNCB-Reihe 12, hier 12004, war eine der letzten Atlantiks der Welt.*

Australien wurde zweifellos zu einem Land der 2'D2'-Lokomotiven, als 1943 die schon vorhandenen 10 Loks der Reihe „500" durch 12 Maschinen der Reihe „520" ergänzt wurden. Aber hier endet auch schon die Ähnlichkeit der Typen, während die „500"er viele Treibräder für eine hohe Zugkraft hatten, sorgten diese bei den „520"ern dafür, daß sie mit einer niedrigen Achslast auch auf leichten Gleisen von nur 30 kg Metergewicht auf abgelegenen Nebenstrecken verkehren konnten. Und dies taten sie mit großem Erfolg.

Alle Maschinen erbauten zwischen 1943 und 1947 die Islington-Werkstätten der SAR. Die Form ihrer Stromlinienverkleidung stammte offensichtlich von den 2'BB2'-Loks der Reihe „T1" der amerikanischen Pennsylvania Railroad. Im Gegensatz zu diesen waren sie aber unter ihrer Verkleidung konventionell gebaut – und anders als diese erreichten sie eine Dienstzeit von 18 Jahren. 1948 wurden alle Loks dieser Reihe auf Ölfeuerung umgebaut.

Zwei Maschinen blieben von der Verschrottung verschont. Nr. 520 „Sir Malcolm Barclay-Harvey" wird ab und zu eingesetzt. Die andere, Nr. 523 „Esington Lewis" ist auf dem Gelände der „Australian Railway Historical Society" in Mile End bei Adelaide als Denkmal ausgestellt.

Links: *Unter einem gewaltigen Rauchpilz durcheilt eine 2'D2'-Lok der Reihe „520" die australischen Weiten mit einem Sonderzug für Eisenbahnfreunde.*

Rechts: *Eine der erhalten gebliebenen Lokomotiven ist Nr. 520 „Sir Malcolm Barclay-Harvey". Das Bild zeigt sie im Lieferzustand des Jahres 1943.*

Reihe C38 2'C1'
Australien
New South Wales Government Railways (NSGWR), 1943

Zugkraft: 161,2 kN (36200 lb)
Achslast: 23,2 t (51000 lb)
Zylinder, ⌀ x Hub: (2) 546 x 660 mm (21½ x 26 in)
Treibrad ⌀: 1753 mm (69 in)
Verdampfungsheizfläche: 243 m² (2614 sq ft)
Überhitzerheizfläche: 70,1 m² (755 sq ft)
Kesseldruck: 17,25 kp/cm² (245 psi)
Rostfläche: 4,4 m² (47 sq ft)
Brennstoff (Kohle): 14,3 t (31500 lb)
Wasser: 36,8 m³ (8100 Imp gal)
Reibungsgewicht: 68,3 t (150500 lb)
Gesamtdienstgewicht: 204,8 t (451000 lb)
Gesamtlänge: 23279 mm (76 ft 4½ in)

Die letzten und besten der australischen Dampfschnellzugloks waren die 30 „C38"-Pazifiks der New South Wales Government Railways, gebaut zwischen 1943 und 1949. Die Konstruktionsarbeiten begannen zwar schon vor dem Krieg, aber die meisten von ihnen konnten erst nach Kriegsende geliefert werden. Die ersten 5, gebaut von Clyde Engineering in Sydney waren stromlinienförmig verkleidet. Den Rest bauten die Eisenbahnwerkstätten von Cardiff und Eveleigh ohne Verkleidung. Die Konstrukteure hatten bedacht, daß die Einfachheit der größte Vorteil der Dampflokomotive ist und daß ihr größter Nachteil der große Arbeits- und Personalaufwand war, den sie für Betrieb und Unterhaltung benötigte. Folglich baute man sie möglichst einfach und wartungsarm mit zwei Außenzylindern und Außensteuerung und mit einem Stahlgußrahmen, an den auch die Zylinder, Luftbehälter und alle Stützen angegossen waren. Alle Achsen erhielten Rollenlager, der Feuerrost hatte Schüttel- und Kippvorrichtungen; es gab eine Kraftumsteuerung und Druckluftbesandung.

Oben: *Die „C38"-Pazifik Nr. 38.01 zieht den transkontinentalen Sonderzug „Western Endeavour" auf der Strecke von Sidney nach Perth. Hinter dem Tender laufen zusätzliche Wasserwagen.*

Rechts: *Die unverkleidete Pazifik Nr. 38.06 vor dem Tageszug von Sydney nach Brisbane in Hawkesbury.*

Reihe T1 2'BB2'
USA
Pennsylvania Railroad (PRR), 1942

Zugkraft: 288,2 kN (64700 lb)
Achslast: 31,3 t (69000 lb)
Zylinder, ⌀ x Hub: (4) 501 x 660 mm (19¾ x 26 in)
Treibrad ⌀: 2032 mm (80 in)
Verdampfungsheizfläche: 391 m² (4209 sq ft)
Überhitzerheizfläche: 132,9 m² (1430 sq ft)
Kesseldruck: 21,1 kp/cm² (300 psi)
Rostfläche: 8,5 m² (92 sq ft)
Brennstoff (Kohle): 38,6 t (85000 lb)
Wasser: 71,9 m³ (15820 Imp gal)
Reibungsgewicht: 124 t (273000 lb)
Gesamtdienstgewicht: 433,1 t (954000 lb)
Gesamtlänge: 37,440 mm (122 ft 10 in)

In den 30er Jahren nahm die Zahl der 2'D2'-Lokomotiven in den Vereinigten Staaten für Güterzug- und auch für Schnellzugdienste erheblich zu. Allerdings hatte man einige Schwierigkeiten mit den großen Kolbendrücken und den dadurch verursachten starken Beanspruchungen der Kurbelzapfen. Der Ausgleich der Massenkräfte der schweren Triebwerkteile stellte die Konstrukteure vor große Probleme. All dies konnte mit der Zeit behoben werden, aber R. P. Johnson, Chefkonstrukteur der Baldwin Locomotive Works schlug die Verwendung zweier unabhängiger Triebwerksgruppen in einem Rahmen vor, jede mit eigenen Zylindern. Dies ergab eine Achsfolge von 2'BB2', im Gegensatz zur 2'D2' waren die Kolbenkräfte niedriger, es war einfacher die Kolbenventile ausreichend groß zu bemessen, aber der feste Achsstand wuchs noch um die Länge, die der zweite Satz Dampfzylinder benötigte. Dieser größere feste Achsstand hielt die meisten Bahnen davon ab, es mit dieser Bauart zu probieren.

Die erste Bahn, die eine Duplexlokomotive baute, war die Baltimore and Ohio mit einer 2'BB2' mit einem experimentellen Wasserröhrenkessel. Aber die Pennsylvania war die erste Verwaltung, die diese Achsanordnung in Verbindung mit einem konventionellen Kessel beschaffte. 1937, als fast alle wichtigeren Personenzugdienste noch mit den „K4"-Pazifiks, einer Konstruktion von 1914, gefahren wurden, begannen die Ingenieure der Bahn mit dem Entwurf einer Lokomotive, die einen Zug von 1090 t Gewicht mit 160 km/h befördern sollte, mehr als jede vorhandene 2'D2'.

Johnson plädierte für die Duplex-Bauart und überzeugte die PRR-Fachleute, aber für die Größe der geplanten Maschine reichten acht Achsen nicht aus. Daher ging die PRR zu der außergewöhnlichen Achsfolge 3'BB3' über. Die Lokomotive entwarfen und bauten die Bahnwerkstätten in Altoona. Es wurde die größte Einrahmen-Personenzuglokomotive, die je gebaut wurde. Sie erhielt die Reihenbezeichnung „S1" und die Nummer 6100. Mit Treibrädern von 2134 mm Durchmesser, einer Rostfläche von 12,3 m² und einem Kessel, der 15% größer war, als der jeder 2'D2'-Lok, war sie hauptsächlich eine Maschine, die bei hohen Geschwindigkeiten eine große Leistung erbringen konnte. Mit einer Stromlinienverkleidung nach einem Entwurf von Raymond Loewy war ihr Aussehen genauso eindrucksvoll wie ihre Abmessungen.

Nr. 6100 erschien Anfang 1939, aber einen großen Teil der Jahre 1939 und 1940 verbrachte sie als Ausstellungsstück auf der New Yorker Weltausstellung und es wurde Dezember 1940, bis sie in den regulären Dienst kam. Vorgesehen für die Strecke von Harrisburg nach Chicago, ließ ihre große geführte Länge einen Einsatz auf den östlichen Strecken nicht zu; eine weitere Einsatzbeschränkung ergab sich durch ihr zu großes Gewicht mit einer Achslast von 33,5 t anstatt der beim Entwurf geforderten 30,6 t.

Daher setzte man sie nur auf dem Streckenabschnitt von Crestline bis Chicago ein, wo sie Züge von 1225 t mit einer durchschnittlichen Geschwindigkeit von 106 km/h beförderte. Mit kleineren Zuglasten erreichte sie sehr hohe Geschwindigkeiten. Obwohl sich die PRR und ihr offizieller Geschichtsschreiber darüber ausschwiegen, kann man wohl davon ausgehen, daß sie bei vielen Gelegenheiten die Grenze von 120 mph (193 km/h) überschritten. Allerdings gab es viele Probleme mit dem Schleudern der

Oben: *Die „T1" Nr. 5537 verläßt Fort Wayne, Indiana mit dem „Fast Mail"-Expreß von Chicago nach New York.*

Triebwerke, denn nur 46% des Lokgewichts ruhten auf den Treibachsen, im Vergleich dazu waren es bei der „K4"-Pazifik 65%.

Trotz der begrenzten und nicht immer befriedigenden Erfahrungen, die man mit der „S1" erzielt hatte, bestellte die PRR im Juli 1940 bei Baldwin zwei weitere Duplex-Lokomotiven. Die verlangte Leistung reduzierte man auf 880 t bei 160 km/h, so daß eine 2'BB2' mit 2032 mm Treibrädern und einer Rostfläche von 8,5 m² ausreichte. Die maximale Achslast betrug 31,4 t im Vergleich zu den 33,5 t der „S1". Die beiden Maschinen, bezeichnet als „T1", mit den Nummern 6110 und 6111 waren im Prinzip gleich, nur hatte die 6111

Die „C38"-Pazifiks waren erheblich stärker als die „C36"-Loks mit der Achsfolge 2'C, die sie ersetzten. Sie waren imstande, den Melbourne Expreß von 450 t Gewicht alleine über die Steigungen von 1,33% auf der Hauptstrecke nach Albury zu ziehen. Ihre große Achslast beschränkte ihren Einsatz auf die Hauptstrecken dieses Staates, aber auch dieses Wirkungsfeld war groß genug, denn hier konnten sie ihr Können vor den meisten Schnellzügen der NSWGR beweisen.

Die Ausmusterungen begannen in der Mitte der 60er Jahre, bis etwa 1970 hielt sich ein Teil von ihnen noch in einfachen Diensten. Etliche blieben erhalten und ein oder zwei werden ab und zu zur Freude vieler angeheizt. Die längste Fahrt, die eine Lok dieser Art je machte – und auch je machen wird – führte quer über den australischen Kontinent von Sydney nach Perth. Anlaß war 1970 die Fertigstellung der durchgehenden Normalspurverbindung über die 3961 km lange Strecke zwischen diesen beiden Städten.

einen Booster. Abgesehen von der Verwendung verschiedener genormter PRR-Bauteile ließ man Baldwin freie Hand beim Entwurf. Die PRR bestand auf der Anwendung der Franklin-Ventilsteuerung, weil sich mit ihr bei „K4"-Pazifiks eine nennenswerte Leistungssteigerung ergeben hatte. Rollenlager, Ausführung der Triebwerksteile nach Leichtbauprinzipien und Scheibentreibräder gehörten zur modernen Lokomotivtechnik, die Stromlinienverkleidung stammte wieder von Raymond Loewy, unterschied sich aber stark von der „S1". Geliefert wurden die beiden Lokomotiven dann im April und Mai 1942.

1944 untersuchte man die Nr. 6110 in der Versuchsanstalt von Altoona. Dabei erzeugte sie eine Zylinderleistung von 6550 PS bei 137 km/h mit einer Zylinderfüllung von 25%. Im Einsatz waren die Maschinen auf der 1147 km langen Strecke von Harrisburg nach Chicago, aber trotz dieser langen Distanz erreichten sie keine hohe Laufleistung, sondern verbrachten viel Zeit in Reparatur. Wieder war das Schleudern der Treibwerke problematisch, obwohl nun 54% des Lokgewichts auf den Treibachsen ruhten.

An dieser Stelle traf die Bahn eine schicksalhafte Entscheidung. Man ignorierte die bisherige Gepflogenheit der eingehenden Versuche mit Prototypen, mit dem Ziel der Entwicklung einer völlig zufriedenstellenden Serienmaschine und bestellte 50 fast gleiche Lokomotiven. Die Loks Nr. 5500-24 baute Altoona, Nr. 5525-49 kamen von Baldwin zwischen Ende 1945 und Anfang 1946.

Mit einem kürzeren festen Achsstand und einer kleineren Achslast als die „S1" ließ man die Reihe für die ganze Strecke von Harrisburg bis Chicago zu. Sie übernahmen den gesamten Personenverkehr auf dieser Strecke, einschließlich des „Chicago Arrow", der die 198 km/h von Fort Wayne nach Gary mit 117,5 km/h Reisegeschwindigkeit fuhr. Vier weitere Züge hatten ebenfalls Durchschnittsgeschwindigkeiten von mehr als 112,5 km/h (70 mph).

In ihrer besten Zeit waren sie schlicht großartig, oft überschritten sie mit 910 t-Zügen die Marke von 160 km/h, einmal konnte eine „T1" auf einer leicht abfallenden Strecke mit einem Zug von 1045 t Gewicht über eine Distanz von 111 km eine Durchschnittsgeschwindigkeit von 160 km/h halten. Sie liefen ruhig und wenn alles gut ging, waren sie beim Personal sehr beliebt, aber das Schleudern bildete immer noch eine große Gefahr, nicht nur beim Anfahren, sondern vor allem, wenn bei hohen Geschwindigkeiten plötzlich ein Triebwerk heftig zu schleudern begann.

Zu diesem Zeitpunkt war die Lokomotivabteilung der PRR auf einem Tiefpunkt angelangt, sowohl bei den Fahrzeugen, als auch bei der Arbeitsmoral und im Vergleich mit den einfachen „K4"-Pazifiks waren die „T1"-Maschinen überaus kompliziert, vor allem ihre Steuerungen. Die Unterhaltung der großen Maschinen stellte sich als sehr schwierig heraus und ihre Auftritte vor den großen Zügen der Pennsy wurden immer unregelmäßiger. Die verläßlichen „K4"-Loks mußten wieder einspringen.

Verschiedene Veränderungen sollten die Unterhaltung erleichtern, vor allem die Entfernung verschiedener Teile der Verkleidung: eine Lokomotive baute man sogar mit Kolbenschiebern um. Bei acht Maschinen reduzierte man den Zylinderdurchmesser, um die Schleuderneigung herabzusetzen, aber auch das half nichts. Mit der Zeit führte die sich verschlechternde finanzielle Situation der Bahn zur Bestellung von Diesellokomotiven für diese Dienste.

Man hatte eigentlich vorgehabt, die Reihe „T1" bis zur vollständigen Abschreibung ihres Anschaffungspreises einzusetzen, aber die nicht in den Griff zu bekommenden Schwierigkeiten beschleunigten die Verdieselung: schon Ende 1949 waren die meisten von ihnen aus dem Dienst ausgeschieden. Damit endete das größte Lokomotivfiasko des Jahrhunderts.

Unten: *Die 2'BB2'-Duplex-Lokomotive Nr. 5511 der Reihe „T1" der Pennsylvania Railroad baute die Bahnwerkstatt in Altoona.*

Challenger (2'C)C2' USA
Union Pacific Railroad (UP), 1942

Zugkraft: 433,8 kN (97400 lb)
Achslast: 30,9 t (68000 lb)
Zylinder, ⌀ x Hub: (4)
533 x 813 mm (21 x 32 in)
Treibrad ⌀: 1753 mm (69 in)
Verdampfungsheizfläche:
431,3 m² (4642 sq ft)
Überhitzerheizfläche: 161,7 m² (1741 sq ft)
Kesseldruck: 19,7 kp/cm² (280 psi)
Brennstoff (Kohle): 25,4 t (56000 lb)
Wasser: 94,6 m³ (20820 Imp gal)
Reibungsgewicht: 184,3 t (406000 lb)
Gesamtdienstgewicht: 486,2 t (1071000 lb)
Gesamtlänge: 37160 mm (121 ft 11 in)

In praktisch allen Punkten war diese Lokomotive die größte, stärkste, schwerste und zugkräftigste, die je vor regulären Schnellzügen verwendet wurde. Diese Superlative waren nur möglich durch die Verwendung der Gelenkbauart für das Triebwerk.

Gelenklokomotiven erschienen schon früh in der Geschichte der Eisenbahn, aber erst während der vollen Blüte der Schmalspurbahnen ab dem Ende des 19ten Jahrhunderts baute man sie in größerer Zahl. Viele Bauarten wurden versucht, aber die beliebteste war die von Anatole Mallet, einem beratenden Ingenieur in Frankreich. Mallet war ein früher Befürworter der Verbundbauweise, ab 1876 entstanden einige Zweizylinder-Verbundlokomotiven nach seinen Entwürfen. 1884 schlug er größere Lokomotiven vor, bei denen nur ein Teil der Treibachsen im Hauptrahmen gelagert war, ein vorderes Triebwerk war mit dem Hauptrahmen gelenkig verbunden und unterstützte den vorderen Teil des Kessels über eine Gleitfläche, denn es bewegte sich ja unter ihm hin und her. Zwei Hochdruckzylinder trieben die hinteren Treibachsen, zwei Niederdruckzylinder die vorderen Achsen. Der Hochdruckdampf wurde dadurch nur im fest gelagerten Triebwerk benötigt, die gelenkigen Dampfrohre nach vorne führten nur den niedrigeren Druck.

In Europa baute man nach diesem Konzept vornehmlich Schmalspurlokomotiven. Dagegen versuchte man mit der „Mallet" in Amerika von Anfang an eine möglichst hohe Zugkraft auf Normalspur zu erzielen, denn man war noch nicht in der Lage, eine sechsfach gekuppelte Einrahmenlokomotive zu bauen, die auch um die Kurven kam. So war die Gelenkbauart von Mallet sehr willkommen. Die erste amerikanische Mallet-Lokomotive der Baltimore and Ohio Railroad hatte die Achsfolge C'C. Sie war seinerzeit die größte Lokomotive der Welt, ein Titel, der seitdem immer von einem amerikanischen Mitglied der Malletfamilie gehalten wurde.

Weitere amerikanische Mallets folgten, zuerst vornehmlich für Nachschubdienste auf starken Steigungen, dann auch für den Streckendienst. Allerdings waren diese Maschinen mit ihren riesigen Niederdruckzylindern (bis 1200 mm Durchmesser) und den gekrümmten Dampfleitungen zwischen den Triebwerken für Geschwindigkeiten über 40-50 km/h völlig ungeeignet. Darüber kam es zu starken Schwingungen des Vorderrahmens, die Lokomotive und Gleis übermäßig beanspruchten.

1924 bestellte die Chesapeake and Ohio 20 (1'D)D1'-Mallets mit einfacher Dampfdehnung. Der Hauptgrund dafür war, daß das Lichtraumprofil der C&O die riesigen Niederdruckzylinder einer Verbundlok nicht zuließ, aber es hatte den Vorteil, daß die Dampfleitungen kleinere Querschnitte erhielten und die Lokomotiven mit den kleineren Kolbenmassen schneller fahren konnten. Intensive Entwicklungsarbeit erforderte die Konstruktion dichter Gelenkverbindungen für die Hochdruckdampfleitungen zu den vorderen Zylindern.

Von diesem Zeitpunkt an konzentrierte sich das Interesse auf diese Vierzylinder-Mallets mit einfacher Dampfdehnung. Viele Verbesserungen verschoben ihr Einsatzgebiet von Schubdiensten zu Streckendiensten mit durchgehenden Güterzügen bis letztlich auch einige Bahnen die Mallet-Bauart in den Personenzugverkehr einführten. Unter anderem verlängerte man den Hub der Kolbenschieber und verbesserte den Massenausgleich, aber am wichtigsten waren die Änderungen an der Verbindung von Haupt- und Vorderrahmen sowie die bessere Kontrolle der Seitenbe-

Unten: *Die (2'C)C2'-Challenger-Lok Nr. 3985 in Cheyenne vor ihrer Wiederinbetriebnahme 1981.*

wegung der führenden Achsen. Damit unterband man die heftigen Schwingungen, die die Geschwindigkeit früher so stark eingeschränkt hatten.

Die Union Pacific erhielt zwischen 1918 und 1924 70 Verbundloks der Achsfolge (1'D)D mit einem Treibraddurchmesser von 1500 mm. Es waren stark stampfende langsame Zugmaschinen; 1926 wollte man die Güterzüge beschleunigen und beschaffte eine bemerkenswerte Lokomotivreihe mit der Achsfolge 2'F1' und mit einem Treibraddurchmesser von 1702 mm, die ersten Lokomotiven dieser Achsfolge überhaupt. Sie gehörten zu den wenigen amerikanischen Dreizylinderlokomotiven, mit insgesamt 88 Maschinen bildeten sie die größte Reihe dieser Bauart. Sie bewährten sich sehr gut, aber wegen dem langen Achsstand und den schweren Triebwerksteilen beschränkte man ihre Höchstgeschwindigkeit auf 72 km/h. Die wachsende Konkurrenz anderer Bahnen machte eine schnellere sechsfach gekuppelte Maschine notwendig.

Die Erfahrungen mit den Verbund-Mallets hatten dazu geführt, daß diese auf einfache Dampfdehnung umgebaut wurden, damit war der Weg aufgezeigt, den die Bahn gehen mußte. Ein großer Schritt vorwärts war 1936 die Bestellung von 40 (2'C)C2'-Mallets mit einfacher Dampfdehnung und Treibrädern von 1753 mm Durchmesser. Sie erhielten die Nummern 3900-3939 und die Bezeichnung „Challenger" („Herausforderer"). Das führende Drehgestell ergab einen besseren Lauf als die bisherige Laufachse und das Drehgestell unter der Feuerbüchse erlaubte eine riesige Rostfläche. Die Maschinen wurden über das gesamte Netz der UP verteilt und vorwiegend vor schnellen Güterzügen verwendet, aber die letzten 6 Loks wurde speziell für den Personenzugdienst beschafft. Der sichtbarste Unterschied zu den früheren Lokomotiven und auch zu den dargestellten, war die Verwendung von viel kleineren sechsachsigen Tendern. Alle Loks feuerte man mit Kohle, die meist aus bahneigenen Bergwerken stammte.

1942 ergab der sprunghafte Verkehrsanstieg durch den Kriegsbeginn einen weiteren Bedarf an großen Maschinen; bis 1944 baute man 65 weitere „Challengers". Einige Veränderungen verbesserten die ursprüngliche Konstruktion, vor allem die Vergrößerung der Feuerbüchse von 10,0 m² auf 12,3 m² und die Anwendung von Gußstahlrahmen. Den Kesseldruck erhöhte man auf 17,9 kp/cm², die Zylinder wurden etwas verkleinert, so daß die Zugkraft unverändert blieb.

Äußerlich nicht sichtbar, aber ausgesprochen wichtig war eine Änderung der Verbindung von Vorder- und Hauptrahmen. Bei den älteren Maschinen erlaubten zwei Gelenke horizontale und vertikale Bewegungen, aber nun nutzte man Erfahrungen aus den „Big Boy"-(2'D)D2'-Lokomotiven und ließ das horizontale Gelenk fort. Das vertikale Gelenk verstärkte man, damit es auch etliche Tonnen Gewicht übertragen konnte. Wie bei einer Einrahmenlokomotive übernahmen nun die Tragfedern der einzelnen Achsen den Ausgleich von Höhenunterschieden im Gleis. Der Gewichtsausgleich der beiden Triebwerke verminderte die bisher problematische Schleuderneigung des vorderen Antriebs.

Oben: *Die „Challenger" Nr. 3964 faßt Kohle aus einem riesigen Kohlebunker der Union Pacific.*

Alle Maschinen baute man mit Kohlefeuerung, 1945 baute man 5 von ihnen auf Ölfeuerung um. Sie setzte man vor Personenzügen auf den Strecken in den Staaten Oregon und Washington ein. Der Lokomotivabdampf störte oft die Sicht des Lokpersonals, darum rüstete man sie mit großen Windleitblechen aus; sie erhielten auch für einige Zeit den üblichen Personenzuglokanstrich in zwei Grautönen, den die Zeichnung zeigt.

Eine beliebte Rennstrecke dieser Riesen war die Hauptbahn durch die Wüste zwischen Salt Lake City, Las Vegas und Los Angeles. Hier kamen sie regelmäßig auf Geschwindigkeiten bis 112 km/h vor ihren Personenzügen.

1952 unterbrach ein Streik die Kohlezufuhr, und in einem Sofortprogramm begann man den Umbau weiterer Loks auf Ölfeuerung, der Streik endete aber nach dem Umbau von 8 Maschinen. 10 der nun auf Öl umgebauten Loks hatten diese Feuerungsart schon einmal besessen, man hatte sie erst 1950 auf Kohle zurückgebaut. Die Verdieselung begann sich bemerkbar zu machen, aber bis 1958 trugen sie noch einen großen Teil des verbliebenen Dampfbetriebs. In jenem Jahr machte sie dann eine große Lieferung neuer Dieselloks überflüssig.

Die Numerierung der Challengers war extrem kompliziert, weil man sie beim Umbau von Kohle auf Ölfeuerung und zurück umnummerte. Auf diese Weise wurden die ursprüngliche 3900-3939 zu 3800-3839. Die drei Lieferungen der zweiten Serie wurden in der reihenfolge des Baus als 3950-3969, 3975-3999 und 3930-3949 bezeichnet, damit waren die Nummern 3930-3939 zweimal und 3970-3974 überhaupt nicht vergeben worden. Darüber hinaus erhielten 18 aus der zweiten Serie beim Öl-Umbau die neuen Nummern 3700-3717.

Mehrere andere Bahnen kauften Loks der Achsfolge (2'C)C2', meist den Challengers sehr ähnlich, ein Teil davon kam auch zu Personenzugeinsätzen, aber nur auf der UP geschah dies in großem Umfang; eine Challenger vor 20 oder mehr Schnellzugwagen war ein gewohnter Anblick. Glücklicherweise erhielt man Lok Nr. 3985 als Denkmal. 1981 arbeitete man sie wieder betriebsfähig auf, sie ist nun bei weitem die größte betriebsfähige Dampflokomotive der Welt.

Unten: *Die Zeichnung zeigt eine Union Pacific „Challenger" in der Farbgebung für Personenzuglokomotiven in zwei Grautönen, wie sie Ende der vierziger Jahre verwendet wurde.*

Reihe J 2'D2' USA
Norfolk & Western Railway (N&W), 1941

Zugkraft: 356,3 kN (80000 lb)
Achslast: 32,7 t (72000 lb)
Zylinder, ⌀ x Hub: (2) 686 x 813 mm (27 x 32 in)
Treibrad ⌀: 1778 mm (70 in)
Verdampfungsheizfläche: 490 m² (5271 sq ft)
Überhitzerheizfläche: 202 m² (2177 sq ft)
Kesseldruck: 21,1 kp/cm² (300 psi)
Rostfläche: 10 m² (107,5 sq ft)
Brennstoff (Kohle): 31,8 t (70000 lb)
Wasser: 75,7 m³ (16650 Imp gal)
Reibungsgewicht: 130,8 t (288000 lb)
Gesamtdienstgewicht: 396,3 t (873000 lb)
Gesamtlänge: 30759 mm (100 ft 11 in)

„Die bittersten Worte, die es gibt, sind: „Es hätte so sein können." In den USA gab es eine kleine, aber wohlhabende Bahngesellschaft, die auf lange Sicht es beinahe geschafft hätte, die Invasion der Dieselloks abzuwehren. Es war die Norfolk & Western Railway mit Sitz in Roanoke, Virginia und einer Hauptstrecke von 1033 km Länge von den Hafenkais in Norfolk, Virginia bis nach Columbus, Ohio. Viele Seitenstrecken dienten der Abfuhr der Kohle von allen wichtigen Bergwerken in einem der größten Kohlefelder der Erde. Am Ende verlor die Dampflok doch den Kampf um die N&W und die letzte Bastion des großen Dampflokbetriebs in den USA verschwand – ein schwerer Schlag für alle, die sich in anderen Teilen der Welt noch gegen die allmächtige Verdieselung wehrten. Aber die großartigen Dampfloks der Norfolk & Western kamen einem Sieg nahe, deshalb wollen wir uns diese etwas näher anschauen.

Das Prinzip, das man hier verfolgte, war alle Vorzüge des Dampfantriebs auszunutzen, und selbstverständlich, die Nachteile möglichst gut zu lindern. Man war auch davon überzeugt, daß nur der bestmögliche Unterhaltungszustand aller Betriebsmittel die Wirtschaftlichkeit garantierte. Man kann all dies sehr gut an der Geschichte der Reihe „J" sehen, einer Super-Schnellzuglokomotive, die die Norfolk & Western selbst entwarf und baute.

Um 1940 fühlten die zuständigen Fachleute der Bahn, daß es Zeit für eine bessere Schnellzuglok war, als die bisher verwendete USRA-2'D1'-Lokomotive. Vernünftigerweise war ihnen klar, daß schon Robert Stephenson die meisten wärmetechnischen und mechanischen Probleme mit seiner „Northumbrian" richtig angegangen war, aber die Kosten und Zeit verschlingenden Wartungs- und Unterhaltungsarbeiten mußten entschieden verringert werden. Dies bedeutete zum Beispiel, daß alle Achs- und Triebwerkslager mit Rollenlagern ausgestattet wurden, während eine vorher nie dagewesene Zahl von kleineren Lagern aller Art über eine mechanische Schmieranlage mit einem 110-Liter-Tank, ausreichend für eine Fahrstrecke von 2400 km, automatisch mit Öl versorgt wurde. Sogar die Lager der Glocke wurden automatisch geschmiert.

Eine andere Schmierpumpe versorgte die Dampfzylinder mit Heißdampföl; dies war üblich, aber darüber hinaus schmierte sie auch die Dampfzylinder der Speisewasser- und Luftpumpen und der Stokermaschine. Die Einfachheit der Bauweise mit zwei Antriebszylindern und Bakersteuerung trug ebenfalls ihren Teil zur Minderung der Unterhaltskosten bei.

Große Tender verminderten die Anzahl der Halte, die dem Ergänzen der Wasservorräte dienten. In Verbindung mit den USA-üblichen Konstruktionsmerkmalen wie Gußstahlrahmen, summierte sich all dies zu einer Lokomotive, die Laufleistungen um 24000 km im Monat erreichte, die Hauptwerkstätte nur alle anderthalb Jahre aufsuchen mußte und die für ihre außerordentliche Verläßlichkeit gerühmt wurde.

Zu einer Zeit, in der Dampf- und Dieselantrieb um die Vorherrschaft auf den nordamerikanischen Strecken kämpften, war es üblich, daß man die brandneuen Dieselloks in ebenso brandneuen Betriebswerken wartete, während die Dampflokomotiven mit denen man sie verglich, schon abgenutzt waren und in abbruchreifen Lokschuppen gewartet wurden. Oft fehlte hier das Dach, und die Werkzeuge waren auch veraltet und verschlissen. Der Schmutz war oft unbeschreiblich.

Unten: *Eine „J" der Norfolk & Western windet sich mit ihrem Expreßzug durch die Hügel Virginias.*

Oben: *Die prachtvolle Linienführung der in Roanoke gebauten 2'D2'-Lokomotiven der Reihe „J" der Norfolk & Western veranschaulicht diese Zeichnung.*

Auf der Norfolk & Western Railroad der 50er Jahre waren die Dampflokwerkstätten fast klinisch sauber, modern, gut ausgerüstet und optimal angelegt. Eine Northern der Reihe „J" konnte in weniger als einer Stunde nach einer Fahrt wieder betriebsfähig aufgerüstet werden; dazu gehörten die Reinigung von Verbrennungsrückständen, das Schmieren und Untersuchen auf Schäden, und vor allem das Auffüllen des Tenders mit vielen Tonnen Kohle und Wasser. Ergebnis dieser vorbildlichen Lokbehandlung war eine gute Wirtschaftlichkeit; die Aktionäre der Norfolk & Western erhielten eine Dividende von 6%, die der benachbarten und voll verdieselten Pennsylvania Railroad mußten sich damals mit 0,5% begnügen.

Am Ende merkte man aber doch die Schwierigkeiten, die es bereitete, daß man die einzige große US-Bahn mit Dampfbetrieb war. Auch ein Betrieb wie die N&W, der nach Möglichkeit alles selber machte, mußte vieles von anderen Firmen hinzukaufen, die nach und nach entweder schlossen oder zumindest die Produktion von Dampflokteilen einstellten. 1960 führten diese Probleme dann doch zum Ende des Dampfbetriebs; die Reihe „J" und alle anderen der großartigen N&W-Loks musterte man sehr schnell aus.

Viele meinen, daß die „J" die beste aller 2'C2'-Lokomotiven war, aber das ist sicherlich Geschmackssache. Tatsache ist, daß sie auf jeden Fall die höchste Zugkraft aller Northerns hatte, und daß zu dieser Reihe die letzten in den USA gebauten Schnellzugdampfloks gehörten. Gebaut wurden sie wie folgt: 1941-Nr.600-603, 1942-Nr.604, 1943-Nr.605-610, 1950-Nr.611-613.

Nr.604 hatte einen Boosterantrieb an einer Schleppachse. Nr.605-610 baute man ohne Stromlinienverkleidung, zwei Jahre liefen sie als vierschrötige, aber doch attraktive Lokomotiven in einfacher Aufmachung.

Obwohl ihr Treibraddurchmesser für Schnellzugloks recht klein war, gibt es Aufzeichnungen über im Dienst erzielte Geschwindigkeiten von 144 km/h, bei Versuchen erreichten sie sogar 177 km/h mit einem 1000-Tonnen-Zug von 15 Wagen, entsprechend der bemerkenswerten Zylinderleistung von 6000 PS.

Trotz dieser Fähigkeit zu außerordentlichen Leistungen und Geschwindigkeiten waren die Reisegeschwindigkeiten durch das hügelige Gelände mäßig. Beispielsweise benötigte der Stromlinienzug „Powhattan Arrow" für die 1082 km von Norfolk, Virginia nach Cincinatti, Ohio eine Zeit von 15 Stunden 45 Minuten, eine Reisegeschwindigkeit von 69 km/h. Dieser Zug war nicht allzu schwer, aber der Nachtexpreß „Pocahontas" mit Kurswagen von Norfolk nach Chicago über Cincinatti und die Pennsylvania Railroad hatte ein Gewicht bis 1000 t, die über die Steigungen bis 1,6% befördert werden mußten.

Die Norfolk & Western fungierte auch als Verbindungsbahn für andere Gesellschaften und ihre Northerns zogen auch Expreßzüge wie den „Tennessean" und den „Pelican" – die ursprünglichen, durch das Lied bekannten, „Chattanooga Choo-Choos" – zwischen Lynchburg und Bristol auf der berühmten Fahrt von New York nach Chattanooga und weiteren Orten.

Mitte: *Neu verkleidet ist die „J" Nr. 605 der N&W, als sie 1945 die Stromliniengarnitur des „Powhattan Arrow" zieht.*

Unten: *Eine andere in Roanoke gebaute Lok der Reihe „J", die Nr. 607. Sie gehört zu der Serie von 6 Loks, die 1943 ohne Verkleidung erschienen.*

Lok Nr. 611 erhielt das Verkehrsmuseum in Roanoke, Virginia. 1982 arbeitete man sie für Sonderfahrten wieder betriebsfähig auf.

Reihe 2900 2'D2'

USA
Atchison, Topeka & Santa Fe Railway (AT&SF), 1944

Zugkraft: 356,1 kN (79960 lb)
Achslast: 33,6 t (74000 lb)
Zylinder, Ø x Hub:
711 x 813 mm (28 x 32 in)
Treibrad Ø: 2032 mm (80 in)
Verdampfungsheizfläche:
494 m² (5313 sq ft)
Überhitzerheizfläche: 220 m² (2366 sq ft)
Kesseldruck: 21,1 kp/cm² (300 psi)
Rostfläche: 10 m² (108 sq ft)
Brennstoff (Öl): 26,5 m³ (5830 Imp gal)
Wasser: 92,7 m³ (20400 Imp gal)
Reibungsgewicht: 133,5 t (294000 lb)
Gesamtdienstgewicht: 436,3 t (961000 lb)
Gesamtlänge: 36830 mm (120 ft 10 in)

Oben: *Die 2'D2'-Lokomotive Nr. 3769 erklimmt mit dem Vorzug des „Grand Canyon Limited" im Juni 1946 den Cajon Pass in Kalifornien. Der ausfahrbare Schornsteinaufsatz befindet sich in der oberen Position.*

Grund für die Bedeutung der Atchison, Topeka & Santa Fe (kurz Santa Fe) war die Tatsache, daß sie die einzige Bahn war, die Chicago mit Kalifornien verband. Seltsam war aber, daß sie nach drei kleinen Orten im südlichen Mittelwesten der USA benannt war, während viele Bahnen, die stolz den Namen mit dem Zusatz „Pazifik" schmückten, nie bis zu ihm gelangten. Auch heute noch befindet sich die Santa Fe im gleichen guten Zustand wie in den großen Tagen der Dampflok – finanzstark, zukunftsbewußt und mit erstklassig unterhaltenen Betriebsanlagen. Bei einer Länge der Hauptstrecke von 3580 km quer durch Amerika (oder 4100 km, wenn man mit der Santa Fe bis zur Bucht von San Francisco fuhr) und damals auch mit einem der besten und angesehensten Schnellzugdienste der Welt, kann man auf den Gedanken kommen, daß auch die Schnellzuglokomotiven außerordentlich gewesen sein müssen – und man hat damit auch Recht.

Fast alle Dampflokomotiven der Santa Fe stammten von Baldwin in Philadelphia. Dazu gehörten auch einmal solche exotischen Maschinen wie (1'B)C1' – und (1'C)C1'-Schnellzug-Mallets mit 1854 bzw. 1753 mm Treibraddurchmesser. 6 Lokomotiven aus einer Reihe von 44 (1'C)C1'-Mallets hatten sogar einen *„gelenkigen Kessel"*. Die Erfahrungen, die man mit ihnen und anderen kühnen Konstruktionen sammelte, führten zu dem festen Entschluß, in Zukunft bei dem Stephensonschen Grundschema zu bleiben und man hielt sich fast ohne Ausnahme später an diesen Grundsatz, das heißt, daß fast alle weiteren Santa Fe-Dampfloks einfach (d.h. ohne Gelenkrahmen) gebaut und mit einfacher Dampfdehnung (d.h. ohne Verbundwirkung) ausgeführt wurden. Die Ergebnisse dieser Entwicklungspolitik der langsamen, aber sicheren Fortentwicklung waren schlicht großartig.

Die Santa Fe überquert den berühmten Raton Pass in New-Mexiko mit Steigungen von 3,5% und den weniger steilen, aber dennoch schwierigen Cajon Pass im östlichen Kalifornien. Östlich Kansas City reichten auf den ebenen Präriestrecken bis zur Verdieselung 2'C1'- und 2'C2'-Lokomotiven, aber für die schweren westlichen Streckenstücke beschaffte die Santa Fe 1927 ihre ersten 2'D2'-Maschinen. Die ersten „Northerns" der Northern Pacifik schlugen sie mit ihrem Erscheinen nur um kurze Zeit. Diese frühen 2'D2'-Loks waren durch ihre großen Zylinder von 762 mm Durchmesser bemerkenswert, bisher der größte Wert für Durchmesser und auch Zylindervolumen bei Schnellzuglokomotiven, abgesehen von Verbundmaschinen.

Die erste Serie feuerte man mit Kohle, alle späteren Northerns waren Ölloks. Weitere 2'D2'-Lokomotiven erschienen erst 1938 (Nr. 3765-75), eine weitere Lieferung kam 1941. Die letztere Reihe mit den Nummern 2900 bis 2929, zu der auch die angegebenen Daten gehören, wurde schon während der Kriegszeit gebaut. Dadurch wurden sie rein zufällig auch die schwersten Einrahmen-Schnellzugloks, die je gebaut wurden, denn die sonst verwendeten hochfesten Stahlsorten waren knapp und verschiedene Teile – vor allem die Treib- und Kuppelstangen – mußten wegen der nicht so widerstandsfähigen Normalstähle viel massiver gebaut werden als vor dem Krieg. Das Gewicht der Lok lag nur um einen kleinen Betrag über dem anderer Lokomotiven, aber wenn man das Gesamtgewicht mit den riesigen achtachsigen Tendern betrachtet, gibt es keinen Rivalen um diesen Titel. Die beiden letzten Serien erhielten diese Riesentender, sie waren damit nicht nur die schwersten, sondern auch die längsten Schnellzuglokomotiven.

Man muß erwähnen, daß der Santa Fe statt der letzten Reihe „2900" Dieselloks lieber gewesen wären, aber die kriegsbedingten Einschränkungen, die die Regierung verfügte, erlaubten dies nicht. Die Bahn hatte sich früh am Spiel der Diesellokindustrie beteiligt, wie der heute legendäre Leichtbau-Stromlinienluxuszug „Super Chief" und gleichermaßen berühmte Sitzwagenzug „El Capitan" bezeugen. Aber vor 30 Jahren gab es auch noch Züge wie den „California Limited", „The Scout" und den „Grand Canyon Limited" und natürlich auch den ursprünglichen „Chief", die noch mit den normalen schweren Stahlfahrzeugen ausgerüstet waren. Oft mußten zum Hauptzug auch noch Vor- und Nachzüge eingesetzt werden und sie alle benötigten starke Dampflokomotiven.

Abgesehen von den frühen Diesel-Eindringlingen beherrschten die insgesamt 65 Northerns die hauptstrecke von Chicago nach Los Angeles westlich von Kansas City. Es war üblich, sie diese ganze Strecke über vor dem Zug zu lassen, 2880 km über Amarillo oder 2830 km über den Raton Pass. Das war bei weitem die größten Langläufe, die jemals irgendwo gefahren wurden. Dabei erreichten die Loks Geschwindigkeiten im Bereich von 140-160 km/h, für die sie auch zugelassen waren.

Natürlich mußte auf diesen langen Fahrten das Personal mehrmals gewechselt werden. Die Vorschriften der Gewerkschaften, die aus den Zeiten der 2'B „Americans" 50 Jahre früher stammten, brachten dem Personal angenehm kurze Leistungen. Während der 34 Stunden

Unten: *Die 2'D2'-Reihe „2900". Beachten Sie den ausgefahrenen Schornsteinaufsatz, die sich elegant verjüngenden Kuppelstangen und den riesigen Tender auf zwei vierachsigen Drehgestellen. Acht dieser herrlichen Maschinen blieben erhalten, aber keine ist heute betriebsfähig.*

Oben: *Durch die Berge am Cajon Pass zieht die 2'D2'-Lok Nr. 3787 der Reihe „3700" die Stromlinienwagen des legendären „Chief"-Expreßzuges. Dieser lief täglich die 3580 km lange Sante Fe-Strecke zwischen Chicago und Los Angeles.*

Links: *Die beeindruckende Vorderfront einer Santa Fe „2900".*

langen Fahrt wechselte das Lokpersonal 12mal, 16mal mußten die Wasservorräte und beinahe so oft die Brennstoffbunker aufgefüllt werden, obwohl die Tender enorme Kapazitäten aufwiesen.

Diese großartigen Beispiele der Lokomotivbaukunst waren in allen wichtigen Punkten konventionell gebaut. Ungewöhnlich war der „hot-hat"-Schornstein, der in der Zeichnung gut zu erkennen ist. Lange Streckenabschnitte der Santa Fe wiesen keine die Lokomotivhöhe einschränkenden Brücken oder Tunnel auf; dort wurde die Schornsteinverlängerung ausgefahren, die die Feueranfachung verstärkte und Rauch und Dampf besser über das Führerhaus ableitete. Die Walschaertsteuerung war bei einem Teil der Northerns modifiziert, um den Ausschlag und damit der Massenkräfte der Schwinge zu verringern, erzeugte diese nur die Hälfte der Bewegung für die Schieber, Übersetzungshebel übertrugen den Schwingenausschlag auf die richtige Größe.

Die Santa Fe erteilte ausgemusterte 2'D2'-Maschinen großzügig an Ortschaften entlang ihrer Strecke zur Verwendung als Denkmäler, nicht immer waren sie dort erwünscht und verwahrlosten dementsprechend. Sie standen in Modesto und San Bernadino, California; Pueblo, Colorado; Fort Madison, Iowa; Kingsman, Arizona; Albuquerque, New Mexico und Wichita, Kansas. Nr. 2903 stellt das Chicagoer Museum für Wissenschaft und Technik aus, Nr. 2925 steht auch heute noch im Sante Fe-Betriebswerk in Belen, New Mexiko. Es gab zwar vor einigen Jahren das Gerücht, daß die Santa Fe sie wieder aufarbeiten und damit Sonderfahrten durchführen wolle, so wie ihr Nachbar Union Pacific, aber bisher wurde nichts daraus.

West Country Klasse 2'C1'

Großbritannien
Southern Railway (SR), 1946

Zugkraft: 138,3 kN (31046 lb)
Achslast: 20,2 t (44500 lb)
Zylinder, ⌀ x Hub: (3) 416 x 610 mm (16⅜ x 24 in)
Treibrad ⌀: 1879 mm (74 in)
Verdampfungsheizfläche: 197 m² (2122 sq ft)
Überhitzerheizfläche: 50,6 m² (545 sq ft)
Kesseldruck: 19,7 kp/cm² (280 psi)
Rostfläche: 3,55 m² (38,25 sq ft)
Brennstoff (Kohle): 5 t (11000 lb)
Wasser: 25 m³ (5500 Imp gal)
Reibungsgewicht: 59,5 t (131000 lb)
Gesamtdienstgewicht: 138 t (304000 lb)
Gesamtlänge: 20542 mm (67 ft 4¾ in)

Oben: *Lok Nr. 34002 „Union Castle" der „Merchant Navy" Klasse vor rot-/cremefarbenen Wagen der frühen BR-Zeit.*

Als Oliver Bullied von der London & North Eastern Railway als neuer Chefkonstrukteur 1937 zur Southern Railway wechselte, bekräftigte er seine Absicht, die Kunst des Dampflokbaus einen wichtigen Schritt voran zu bringen. Er war ein Mann mit Charme, Rechtschaffenheit, Können und guter Ausbildung, der sich auch in den vielen Jahren seiner Tätigkeit unter Sir Nigel Gresley seinen eigenen Stil bewahrt hatte. Ergebnis seiner Überlegungen, was den Schnellzugverkehr angeht, war der Bau von 140 2'C1'-Lokomotiven, die im Ganzen gesehen zum Bemerkenswertesten gehören, was man je auf britischen Schienen sah. Bullieds Lokomotiven waren in vielen Punkten erstaunlich gut, aber in Manchem auch unglaublich schlecht durchkonstruiert.

Er begann unter der Voraussetzung – von vielen oft vergessen –, daß es die Hauptaufgabe eines Chefkonstrukteurs ist, Lokomotiven zu entwerfen und bauen zu lassen, die ihre Züge pünktlich ans Ziel bringen, unabhängig von der Kohlenqualität, dem Wetter und der Erfahrenheit und dem Können des Lokpersonals. Im großen Ganzen war er damit erfolgreich, abgesehen von einem gewissen Können auf der Seite des Lokführers, andererseits war es vollkommen unwichtig, wie schlecht der Heizer war, er mußte die Kohlen nur irgendwie in die Feuerbüchse schaufeln.

Bullied strengte sich auch an, die zweite Forderung an einen Konstrukteur zu erfüllen, nämlich seine Hauptaufgabe, so kostengünstig wie nur möglich auszuführen. Dazu muß gesagt werden, daß es trotz einem gezielten und durchdachten Vorgehen von Bullied, zu Lokomotiven kam, die in Anschaffung, Unterhaltung und Verbrauch wesentlich teurer als ihre Konkurrenten waren.

An dritter Stelle kommt, daß Bullied seinen Namen (etwa Tyrann) lügen strafte und sich sehr aufmerksam um seine Untergebenen kümmerte. Er war damit ein gutes Beispiel für viele seiner Kollegen; mit geringem Aufwand verbesserte er die Arbeitsbedingungen seiner Lokpersonale durch kleine Verbesserungen. Seine Leute dankten es ihm durch ihren Einsatz im Umgang mit den neuartigen und ungewohnten Maschinen, die er schuf.

Bullieds 2'C1'-Loks besaßen alle ein Dreizylindertriebwerk mit drei unabhängigen Steuerungen neuartiger Bauweise. Diese patentierten Steuerungen hatten einen Kettenantrieb in einem ölgefüllten Getriebekasten zwischen den Rahmenwangen. Die Kolbenschieber mit außenliegender Einströmung wurden damit über querliegende Pendelwellen betrieben. Der große Kessel hatte eine breite Feuerbüchse mit geneigter Rostfläche.

Die zuerst gebauten Lokomotiven nannte man die „Merchant Navy" („Handelsflotten")-Klasse; der Prototyp der Reihe erschien 1941. Mit den Erfahrungen aus ihnen baute man kleinere Pazifiks als „West Country"-Klasse von 1945 an. In den folgenden 5 Jahren erschienen davon 109 weitere Lokomotiven, die umfassendste Reihe von Pazifiks in Großbritannien. Die Southern Railway numerierte sie ab 21C101 fortlaufend, bei der BR wurden sie zu 34001-34110. Die ersten 48 bekamen Namen mit Bezug zu den westlichen Teilen des Landes, die folgenden Namen bezogen sich auf die Schlacht um England, diese Lokomotiven bezeichnet man oft als „Battle of Britain"-Klasse, es gibt aber technisch keinen Unterschied zu den „West Country"-Loks.

Andere Besonderheiten waren das Lemaitre-Vielfachblasrohr, Scheibentreibräder mit runden Löchern statt der üblichen Speichen und die sogenannte strömungsgünstige Verkleidung. Neu für die SR waren der Schüttelrost, ein dampfbetriebener Hilfsantrieb zur Betätigung der Feuertür, Kraftumsteuerung und die elektrische Beleuchtung. Ein französisches System der Wasserbehandlung, bekannt als „Traitment Intégral Armand", hielt die Kessel sehr wirkungsvoll frei von Kesselstein, auch bei kreidehaltigem Wasser im südlichen Teil der SR. Fast alle ihre Lokomotiven bauten die Bahnwerkstätten in Brighton, wo man abgesehen von wenigen Ausnahmen während des Krieges schon lange keine neuen Lokomotiven gebaut hatte. 6 Maschinen kamen aus den Eastleigh-Werkstätten.

Das beste an den Loks war der Kessel. Sie strotzten vor Neuerungen, neu für die Southern Railway natürlich – geschweißte statt genietete Nähte, Feuerbüchsen aus Stahl anstelle von Kupfer mit bisher nicht gekannten Wasserkammern. Obwohl vieles neu und bei der SR nicht erprobt war, machten sie sehr

gut Dampf und benötigten auch nur wenig Unterhalt, eine großartige Leistung von Bullied und seinem Team.

Ein komplizierter Dampfbehälter für ein Wasser-Dampf-Gemisch mit 19,7 kp/cm² war ihnen gut gelungen, aber ein Behälter, der nur ein paar Zentimeter hoch Öl enthalten sollte, war völlig mißraten. Gemeint ist die Ölwanne zwischen den Rahmenblechen, in der die Treibstange des Innentriebwerks und die drei Kettenantriebe der Steuerungen umhertobten. Bullied hatte angenommen, daß sich die Wartung wie bei einem Auto auf die regelmäßige Kontrolle des Ölstands und gelegentliches Auffüllen beschränken würde. Der Antrieb sollte gegen Staub, Schmutz und Wasser geschützt sein, die Abnutzung gering bleiben. Leider sollte es ganz anders kommen, die Ölwannen wurden undicht und die neuartigen unerprobten Steuerungsantriebe waren immer wieder Anlaß zu Störungen. Die Antriebe korrodierten auch stark, wenn das Öl verunreinigt war. Es gab also erschreckende Unterhaltungsprobleme, die auch beharrliche Verbesserungsversuche nie ganz lösen konnten.

Oben: *Die ungepflegte „West Country"-Pazifik Nr. 34017 legt an einem kalten Schneetag bei Weald in Kent eine herrliche Dampfwolke über ihren Zug.*

Bei einer gut zu übersehenden Außensteuerung konnte der Lokführer einen Schaden oft schon frühzeitig erkennen und größeren Schaden vermeiden. Aber bei diesen Lokomotiven war das erste Zeichen für Schwierigkeiten ein meist schon sehr kostspieliges ungutes Geräusch, dem oft recht bald ein Loch in der Ölwanne folgte, wenn lose Teile sich ihren eigenen Weg suchten. Übrigens war der Preis, den man für diese komplizierte Maschine auch nach Abzug der Entwicklungskosten zahlte, noch ziemlich hoch; der Herstellungspreis einer „West Country"-Lok betrug £ 17000, zu einer Zeit als eine so komplexe Maschine wie die „Castle" der Great Western Railway weniger als £ 10000 kostete.

Beide 2'C1'-Reihen der Southern Railway waren im großen Ganzen gut, aber da die kleinere alle Aufgaben der größeren „Merchant Navy" erfüllen konnte, gebürt ihr etwas mehr Bewunderung. Bei den Lokomotivversuchen nach der Nationalisierung 1948 leisteten sie gleich viel oder sogar mehr als die größeren Rivalen von den anderen Bahnen. Den SR-Leuten war vollkommen klar, daß ihre Loks bei den Verbrauchswerten ganz unten auf der Liste rangierten, deshalb mühten sie sich, wenigstens in anderen Bereichen gut auszusehen. Abgesehen von der SR stand es damals um die Pünktlichkeit der britischen Züge sehr schlecht, bei einer der Versuchsfahrten holte Lok Nr. 34006 „Bude" auf der kurzen Strecke von 64 km zwischen Bristol und Taunton ganze 11 Minuten Verspätung auf.

Bei einer anderen Gelegenheit fuhr eine der SR-Loks im schottischen Hochland auf der berühmten Steigung von Blair Atholl nach Dalnaspidal 13 Minuten heraus, dabei leistete diese verhältnismäßig kleine Maschine mehr als 2000 PS. Im Vergleich mit den dort üblichen 2'C-Lokomotiven verbrauchte sie dabei aber 28% mehr Kohle, pro PS-Stunde waren es immer noch 22% mehr. Es wurde auch verzeichnet, daß der Verbrauch an Schmieröl nicht 7%, sondern *7mal"* so hoch war, ein untypischer Wert, üblicher war der 3fache. Dabei muß man auch bedenken, daß eine normale Lokomotive mit dem System der verlorenen Schmierung arbeitete.

In ihrer Heimat verwendete die SR die „West Country"-Loks vor fast allen Personenzügen vom „Golden Arrow"-Exreßzug vom Victoria-Bahnhof zum Kanalhafen Dover bis herab zu Vorortzügen mit zwei oder drei Wagen. Die Wartungsprobleme linderte die große Zahl der 140 Bullied-Pazifiks, die weit über dem eigentlichen Bedarf lag.

Darüber hinaus baute man zwischen 1957 und 1960 sechzig „West Country"-Loks mit gewöhnlichen Zylindern und Steuerungen um; in dieser Form waren sie in der kurzen Zeit, die der Dampflok noch verblieb eindeutig unter den besten Lokomotiven, die je in Großbritannien fuhren.

Vom 3. bis 9. Juli 1967, der letzten Woche des Dampfbetriebs auf der Southern Railway, beförderten diese Umbauloks den sonst elektrisch betriebenen Luxuszug „Bournemouth Belle" etliche Male.

Mehrere Lokomotiven der ursprünglichen und der umgebauten Versionen wurden erhalten und wieder aufgearbeitet, beispielsweise die originale Lok Nr. 21C123 „Blackmore Vale" auf der Bluebell Railway und die 21C192 „City of Wells" der Keighley & Worth Valley Railway.

Unten: *Die eindrucksvolle „Battle of Britain"-Maschine namens „Sir Winston Churchill" wird heute in Didcot ausgestellt.*

Niagara 2'D2'

USA
New York Central Railroad (NYC), 1945

Zugkraft: 274,2 kN (61570 lb)
Achslast: 31,8 t (70000 lb)
Zylinder, Ø x Hub: (2) 648 x 813 mm (25½ x 32 in)
Treibrad Ø: 2007 mm (80 in)
Verdampfungsheizfläche: 448 m² (4827 sq ft)
Überhitzerheizfläche: 191 m (2060 sq ft)
Kesseldruck: 20,4 kp/cm² (290 psi)
Rostfläche: 9,3 m² (100 sq ft)
Brennstoff (Kohle): 41,7 t (91900 lb)
Wasser: 68,1 m³ (15000 Imp gal)
Reibungsgewicht: 124,4 t (274000 lb)
Gesamtdienstgewicht: 404,5 t (891000 lb)
Gesamtlänge: 35192 mm (115 ft 5½ in)

Oben: *Es ist ein kalter Märztag des Jahres 1952, als eine New York Central „Niagara" ihren Zug schwerer Stahlwagen aus dem Bahnhof von Dunkirk im Staate New York Richtung Westen zieht.*

Die Rennstrecke der New York Central Railroad zwischen New York und Chicago wurde schon an anderer Stelle erwähnt, man kann behaupten, daß diese Bahn zu Zeiten der Dampflok die größte Personenverkehrsgesellschaft der Welt war, was die Fahrgeschwindigkeiten und die beförderte Tonnage angeht. Anfang der 40er Jahre zeichnete sich ab, daß diese Beförderungsleistungen langsam die Leistungsfähigkeit der berühmten „Hudsons" überstiegen. Paul Kiefer schlug den Bau einer 2'D2'-Lokomotive vor, die ein mehr als 30% höheres Reibungsgewicht mit entsprechender Zugkraft und eine 25% größere Rostfläche haben sollte. Sein Ziel war eine Maschine, die Stunde für Stunde eine Zylinderleistung von 6000 PS entwickelte und zuverlässig die Strecke New York–Chicago mit einer Länge von 1493 km bediente.

Die American Locomotive Company in Schenectady entwickelte eine Lokomotive, die die letzte bedeutende Neuentwicklung der USA werden sollte. In der Größe ähnelte sie der Union Pacific-Loks der Reihe „800", darüber hinaus stammt die Bauart des Tenders sicherlich von der UP. Gemeinsam mit den „800"-Loks hatten sie auch das glatte gefällige Äußere, das nicht durch Ausrüstungsteile oder eine mißlungene Lokverkleidung verunziert wurde.

Weil das kleinere Lademaß der NYC nur eine größte Höhe von 4623 mm im Gegensatz zu den 4928 mm der UP erlaubte, ist der Schlot äußerlich nur andeutungsweise vorhanden und der Dampfdom kaum mehr als eine Mannlochverkleidung. Es gab andere Unterschiede wie eine Bakersteuerung anstelle der Walschaertsteuerung.

Selbstverständlich war die Grundlage der Konstruktion ein Stahlgußrahmen mit allen wichtigen Baugruppen, nichts anderes war für die starken Beanspruchungen geeignet, denen diese Loks ausgesetzt waren. Wie nicht anders zu erwarten war, hatten alle Achsen und Treibstangen Rollenlager. Die Bakersteuerung hat den Vorteil, daß sie keine Gleitflächen besitzt, so konnte man alle beweglichen Teile mit Nadellagern ausstatten. Wenn wir schon von der Steuerung sprechen, ist zu bemerken, daß die Ventilöffnungen in Einlaßrichtung scharfkantig waren, die Auslaßseite war aber etwas abgerundet. Dadurch minderte man die Schärfe der Auspuffschläge und erhielt damit einen gleichmäßigeren Schornsteinzug.

Obwohl in den Grundzügen gleich, hatten die Tender auch interessante Unterschiede. Da die NYC eine der wenigen nordamerikanischen Bahnen war, die die Wasservorräte der Lokomotiven während der Fahrt aus Wassertrögen zwischen den Schienen ergänzten, konnte man die Wasservorräte zugunsten einer größeren Kohlekapazität verringern. Dadurch mußte während der langen Fahrt von New York nach Chicago der Kohlevorrat nur einmal ergänzt werden. Eine verbesserte kraftbetätigte Wasserschöpfvorrichtung verringerte die Verzögerungen, bisher mußten die Züge zum Wassernehmen die Geschwindigkeit herabsetzen, jetzt konnte man auch noch bei fast 130 km/h Wasser schöpfen. Spezielle Entlüftungsöffnungen vermieden das Platzen der Wassertanks (es war tatsächlich vorgekommen), wenn innerhalb von Sekunden vielleicht 45 m³ inkompressiblen Wassers in den Wasserbehälter stürzten. Der starke Überhang des hinteren Tenderteils war nötig, damit die Lokomotiven mit allen Achsen auf eine 30,5 m große Drehscheibe paßten.

Die Nummer 6000 für eine Lokomotive, die 6000 PS entwickeln sollte und ebensoviele Meilen pro Woche laufen sollte, mag manchem als Herausforderung des Schicksals erscheinen, aber alles ging gut. Der Prototyp erhielt die Reihenbezeichnung „S1a", die 25 Loks der Serie mit den Nummern 6001-6025 waren die Reihe „S1b". Außerdem gab es eine einzelne „S1c". Nr. 5500 mit Ventilsteuerung. Diese größte aller Schnellzugdampflokomotiven bezeichnete man als „Niagara"-Klasse und es dürfte keinen Lokomotivkenner geben, der bei Erwähnung dieses Worts an die Wasserfälle denkt. Diese vollendeten Maschinen erreichten beide gesetzten Ziele, bei Versuchen leisteten sie 6700 PS und sie liefen im Monat durchschnittlich fast 42000 km.

Eigentlich wollte man zuerst den Prototyp ausführlich testen und erst dann eine ganze Serie bestellen, aber bevor die Arbeit weit gediehen war, bestellte man gleich alle 27 Lokomotiven. Dies war vernünftig, denn die Loks entsprachen völlig der üblichen Bauweise, sie waren nur größer. Was wirklich wichtig war, war die Schaffung einer verbesserten Organisation der Wartung und Lokbehandlung um die angestrebte Laufleistung zu verwirklichen. Und um dies zu erproben, brauchte man schon von Anfang an alle Maschinen.

Eine Verordnung der Stadt New York untersagte den Betrieb mit Dampflokomotiven innerhalb der Stadtgrenzen. Darum verließen alle Personenzüge den Grand Central Bahnhof hinter Stromschienen-Elloks. Vor der Stadt, in Harmon spannte man dann endlich die Dampfloks vor die Züge. Hier und in Chicago war die Heimat der „Niagaras", wo man sie in ihrer großen Zeit in erstklassigen Zustand hielt, für einen der zweifellos härtesten Einsätze, den wohl jemals Dampfloks – oder auch andere Lokomotiven – erbringen mußten.

Weltrekorde erzielt man nicht ohne außergewöhnliche Anstrengungen, aber die hervorragende Organisation des Betriebsdienstes erlaubte eine rasche Lokbehandlung in den Betriebswerken. Als erstes entfernte man bei einer neu im Betriebswerk eingetroffenen Lokomotive das Feuer, dann bestieg eine Mannschaft von „hot men" in Asbestanzügen die Feuerbüchse – so groß wie ein Zimmer – und reinigten die Siede- und Rauchrohre und re-

Unten: *Von vielen wird sie als der Höhepunkt der Dampflokentwicklung angesehen, Nr. 6025 war die zuletzt gebaute Lokomotive der New York Central „Niagaras".*

parierten wenn nötig die Ausmauerung oder den Feuerrost. Eine Vorbehandlung des Speisewassers verhinderte die Bildung von Kesselstein, der den Wärmeübergang von der Feuerbüchse zum Wasser behindert hätte. Auf vielen Bahnen hatten die Lokomotiven einen Auswaschtag pro Woche, an dem diese Arbeiten ausgeführt wurden, aber bei einer täglichen Laufleistung von 1493 km von Harmon nach Chicago oder zurück mußte diese wöchentliche Arbeit innerhalb des 24-Stunden-Zyklus erledigt werden.

Damals gab es zwölf tägliche Züge allein zwischen New York und Chicago – den „Chicagoan", den „Advance Commodore Vanderbilt", den „Commodore Vanderbilt", den „Advance Empire State Express", den „Empire State Express', den „Lake Shore Limited", den „Mohawk", den „North Shore Limited", den „Pacemaker", den „Water Level", den „Wolverine" und den besten zuletzt, nämlich den berühmten „Twentieth Century Limited", den „Schnellzug des zwanzigsten Jahrhunderts", mit einer Fahrzeit von 16 Stunden.

Auch der fanatischste Dampflokfan muß zugeben, daß auch andere Faktoren dazu beitrugen, aber die Zeit der „Niagaras" war ein Höhepunkt des Eisenbahnwesens. Die Qualität des Personenverkehrs hat so stark nachgelassen, daß heute mit dieselbespannten Zügen die Fahrzeit auf dieser Strecke 19 Stunden und 50 Minuten beträgt, dabei gibt es heute nur noch einen Zug in dieser Richtung.

Die „Niagaras" zeigten auch klar, daß moderne, gut gewartete Dampflokomotiven den Dieselloks auch wirtschaftlich überlegen sein können. Leider war damals die Kohleversorgung durch häufige Streiks der Bergewerksarbeiter unter ihrem Gewerkschaftsführer John L. Lewis unzuverlässiger als die Versorgung mit Öl, darüber hinaus war der größte Teil der NYC-Lokomotiven weder modern noch gut gewartet. So mußten auch die modernsten aller New York Central-Maschinen, nachdem sie in ihrem kurzen Leben mehr Meilen gefahren und mehr Tonnen gezogen hatten als ihre älteren Kollegen, ihre letzte Fahrt antreten. Keine der „Niagaras" entging dem Schneidbrenner.

Rechts: *„Niagara" Nr. 6018 legt sich mit dem „The Missourian" von St. Louis nach New York in Peekskill, New York in die Kurve.*

Unten: *Die „S1b" „Niagara" Nr. 6001 verläßt Albany im Staat New York mit einem Zug zu südlichen Zielen; im April 1952.*

Reihe 242 A1 2'D2'

Frankreich
Französische Staatsbahn (SNCF), 1946

Achslast: 21,1 t (46256 lb)
Zylinder, ⌀ x Hub,
– **Hochdruck:** (1) 600 x 720 mm (23,6 x 28,3 in)
– **Niederdruck:** (2) 680 x 760 mm (26,8 x 29,9 in)
Treibrad ⌀: 1950 mm (76,8 in)
Verdampfungsheizfläche: 253 m² (2723 sq ft)
Überhitzerheizfläche: 120 m² (1292 sq ft)
Rostfläche: 5 m² (54 sq ft)
Brennstoff (Kohle): 11,5 t (25300 lb)
Wasser: 34 m³ (7480 Imp gal)
Reibungsgewicht: 84 t (185020 lb)
Gesamtdienstgewicht: 225 t (495600 lb)
Gesamtlänge: 17765 mm (58 ft 3½ in)

Unter Fachleuten ist es unbestritten, daß André Chapelon auf die kurze Liste der besten Lokomotivkonstrukteure der Welt gehört, er war wohl der beste von allen. Und diese großartige Lokomotive ist sein Meisterwerk.

Die frühere Etat, heute die Westregion der SNCF, hatte in der Vorkriegszeit viele, aber schlechte, Erfahrungen mit einer großen 2'D1'-Lokomotive gesammelt, die eine von der Regierung eingesetzte Entwurfskommission bauen ließ. Es war eine Dreizylindermaschine mit einfacher Dampfdehnung und einer Ventilsteuerung, mit der auch damit ein Füllungsverhältnis wie bei einer Verbundlokomotive erzielt werden sollte. Bedauerlicherweise konnte dieses Ziel nie erreicht werden, andere Mängel der Maschine führten zu schlechten Laufeigenschaften und ließen sie gern entgleisen. Nach den Versuchsfahrten stellte man dieses Ärgernis mit der Nummer 241 101 ab, besonders peinlich war, daß man vorher mit großem Trara verkündet hatte, daß diese Lokomotive eine neue Ära des Lokomotivbaus einläuten würde.

Chapelon hatte schon lange gewünscht, diese Lokomotive in seine Hände zu bekommen und sie genauso zu verbessern wie zuvor die Pazifiks der Paris-Orleans-Bahn. Es dauerte Jahre, bis er die ablehnende Haltung der Verwaltung überwunden hatte, aber 1942 stimmte man endlich seinen Plänen zu, denn man benötigte einen Prototyp für neue Schnellzuglokomotiven, die gebaut werden sollten, wenn der Krieg erst einmal vorüber war. Die Umbauarbeiten übertrug man der „Société des Forges et Aciéres de la Marine et d'Homecourt".

Der Lokrahmen mußte wesentlich verstärkt werden, das zusätzliche Gewicht, das sich dabei und bei weiteren Änderungen ergab, erforderte eine zusätzliche Achse – damit entstand Frankreichs erste 2'D2'-Lokomotive. Die de Glehn-Verbundbauart mit zwei Niederdruck-Innenzylindern hätte eine doppelt gekröpfte Treibachse mit ziemlich dünnen Kurbelschenkeln bedeutet, weil für stärkere Schenkel kein Platz blieb und zugegebenermaßen war diese Kropfachse bei anderen Maschinen eine Quelle von Störungen. Darum sah Chapelon nur einen einzigen Hochdruck-Innenzylinder vor, der die erste Treibachse antrieb, die beiden äußeren Niederdruckzylinder wirkten auf die zweite Treibachse. Die drei Zylinder lagen in einer Ebene zwischen den Vorlaufachsen.

Oben: *Eine alte Farbaufnahme zeigt Chapelons Meisterwerk, die 242.A.1 der SNCF, umgebaut aus einer älteren 2'D1'-Lokomotive.*

Unten: *Die 242.A.1war die einzige französische Lokomotive mit der Achsfolge 2'D2'.*

Oben: *Die SNCF 242.A.1 wurde 1946 fertiggestellt und übertraf in ihren Leistungen alle vorhandenen Diesel- oder Elektrolokomotiven.*

Chapelon ließ auch von der Ventilsteuerung ab und verwendete doppelte Kolbenschieber mit ausreichend bemessenen Durchlaßöffnungen wie bei seinen letzten 2'C1-Umbauten. Die Außenkurbeln waren wie bei einer Zweizylinderlok um 90° versetzt, die Innenkurbel teilte den stumpfen Winkel dazwischen in zweimal 135°. Der Antrieb für die innere Walschaertsteuerung saß links am dritten Treibrad. Die schlechten Laufeigenschaften bekämpfte man mit einer Rollen-Rückstellvorrichtung für das vordere Drehgestell und mit Franklins selbststellenden Achslagerkeilen, beides aus den USA übernommen.

Der Kessel besaß zwei Wasserkammern in der Feuerbüchse, Houlets konzentrische Überhitzerelemente und einen mechanischen Stoker. Ein dreifaches Kylchap-Blasrohr sorgte für eine gute Feueranfachung. Nach der Fertigstellung 1946, bewies die nun als 242.A.1 bezeichnete Lokomotive bei Versuchen, daß sie bei weitem die stärkste Lokomotive außerhalb Nordamerikas war – der Zusatz „Dampf" ist absichtlich fortgelassen, es gab auch keine stärkere Diesel- oder Ellok! Sie erreichte nun eine Zylinderleistung von 5500 PS im Vergleich zu 2800 PS vor dem Umbau. Dies war genausoviel wie die Leistung einer um die Hälfte schwereren US-2'D2'-Lok, wenn man diese hart heranannahm.

Diese gewaltige Leistung eröffnete bisher ungeahnte Möglichkeiten. Typisch war die Beförderung eines 15-Wagen-Zugs von 740 t Gewicht auf einer anhaltenden Steigung von 0,8% mit einer Mindestgeschwindigkeit von 114 km/h! Einen 700 t-Zug von Paris nach Lille zog sie in 140 Minuten über die 258 km lange Strecke, eine Reisegeschwindigkeit von 110,6 km/h. Die 210 km der elektrifizierten Hauptbahn von Paris nach Le Mans bewältigte sie mit einem Versuchszug von 810 t Gewicht in 109 Minuten, schneller als die Elektroloks mit einem Durchschnitt von 115,6 km/h. Bei einer anderen Gelegenheit erreichte sie 151 km/h, auch ein Versuch im Hinblick auf eine Erhöhung der allgemeinen Geschwindigkeitsgrenze von 120 km/h.

Für ihre Zukunft war all das gar nicht gut, denn die Bahnoberen waren von ihrem Erfolg noch mehr entsetzt als von den früheren Fehlschlägen. Sie waren gerade dabei, die französische Regierung in diesen schlechten Zeiten zur Zustimmung zu einem umfassenden Elektrifizierungsprogramm zu bewegen, und hier kam ein „junger" Mann (Chapelon war 58) mit einer Lokomotive, die erstens mehr leistete als jede Elektrolok, die bisher gebaut wurde und die zweitens so sparsam im Verbrauch war, daß eine Elektrifizierung nicht die versprochene Einsparung gebracht hätte. Und auf diese beiden Punkte stützte sich vor allem ihr Vorschlag für die Elektrifizierung.

Man kann also leicht verstehen, warum diese großartige Lokomotive keine Nachfolger bekam. Tatsächlich schob man sie in aller Stille zum Depot von Le Mans ab, wo sie zusammen mit unbedeutenderen Maschinen die Schnellzüge übernahm, die von Paris mit Elloks ankamen.

Die Leistung der 2'D2' war den Personalen wohlbekannt, denn sie konnten sich bei stark verspätet übernommenen Zügen hohe Prämien für wieder eingeholte Verspätungen verdienen.

Ein weiterer Punkt zuungunsten eines Nachbaus waren die robusten amerikanischen 1'D1'-Liberation-Loks, die wirtschaftlicher waren als die bisherigen Verbundloks, denn sie waren so billig im Unterhalt, daß der leichte Kohlenmehrverbrauch nicht ins Gewicht fiel. Ironie des Schicksals war, daß Chapelon selbst die Triebwerke der 141R-Loks verbessert hatte, so daß der Mehrverbrauch von 20 auf 10% gesenkt wurde.

Es überrascht daher nicht, wie Baron Gerard Vuillet in seinem umfassenden Werk „Eisenbahnerinnerungen aus drei Kontinenten" berichtet, daß es einen Entwurf für eine Zweizylinderlokomotive einfacher Dampfdehnung mit der Achsfolge 2'C2', mit Stahlgußrahmen, Rollenlagern, Stoker und einer Rostfläche von 6,2 m² gab. Vuillet bemerkt dazu, daß diese 147 t schwere Maschine nicht mehr Zugkraft besessen hätte als die besten französischen Pazifiks von 104 t Gewicht, aber sie wäre besser und vielseitiger einzusetzen gewesen.

Chapelon konterte darauf mit Entwürfen für Dreizylinder 2'C2'- und 2'D2'-Lokomotiven für den Schnellzugdienst. Er dachte auch an eine Vierzylinder-Verbund-2'D2'-Lok mit dreifacher Dampfdehnung, einem Kesseldruck von 41 kp/cm² und einer Wasserrohrfeuerbüchse. Sie sollte 8000 PS entwickeln. Er war sich sicher, daß mit der ersteren auf jeden Fall, und vielleicht auch mit der Hochdrucklok, die Unterhaltungskosten auf die Höhe der einfachen Maschinen gebracht werden könnten. All das sind aber nur noch akademische Erwägungen – die große 242.A.1 musterte man 1960 aus und verschrottete sie in aller Heimlichkeit. Es blieben nur Modelle, Erinnerungen und ein tiefes Bedauern, daß davon nichts mehr wahr wurde.

Unten: *Chapelons großartige 242.A.1 war die stärkste Dampfschnellzuglokomotive in Westeuropa.*

Reihe C62 2'C2' Japan

Japanische Staatsbahn (JNR), 1949

Zugkraft: 136,7 kN (30960 lb)
Achslast: 16,6 t (36500 lb)
Zylinder, Ø x Hub: (2)
521 x 660 mm (20½ x 26 in)
Treibrad Ø: 1750 mm (69 in)
Verdampfungsheizfläche*:
245 m² (2640 sq ft)
Überhitzerheizfläche:
* im obenstehenden Wert enthalten
Kesseldruck: 16 kp/cm² (228 psi)
Rostfläche: 3,86 m² (41,5 sq ft)
Brennstoff (Kohle): 10 t
(22000 lb)
Wasser: 22 m³ (4850 Imp gal)
Reibungsgewicht: 64,7 t
(142500 lb)
Gesamtdienstgewicht: 161,6 t
(356000 lb)
Gesamtlänge: 21475 mm
(70 ft 5½ in)

Bevor sie in vielen Zweigen der Technik Ausgezeichnetes hervorbrachten, waren die Japaner als Nachahmer berühmt und berüchtigt. In manchem – beispielsweise beim Eisenbahnsicherungswesen – hielten sie sich an britische Vorbilder, bei ihren Dampflokomotiven herrschte der amerikanische Einfluß vor. Es begann, als Baldwin 1897 einige 1'D1'-Lokomotiven lieferte, die dieser weitverbreiteten Type den Namen „Mikado" gaben.

So waren die neueren japanischen Dampflokomotiven hübsch aussehende oder gar elegante Miniaturausgaben der jeweiligen typischen US-Maschinen in etwa einem Dreiviertel ihrer Größe, um sie an die schmälere Spur von 1067 mm anzupassen. Das Modernste auf dem Gebiet der Personenzugtraktion waren diese 49 Maschinen der Achsfolge 2'C2', die der üblichen Regel folgten, aber in Details doch sehr charakteristisch waren. Sie sind das Ergebnis eines weitgehenden Umbaus von Mikados der Reihe „D52" – einer schwereren Version der Einheitsbauart

Oben: *Ein Paar „C62"-Hudsons der Japanischen Staatsbahn zieht einen Schnellzug auf der Insel Hokkaido.*

Unten: *Die Zeichnung zeigt die moderne Linienführung der JNR „C62", volkstümlich als „Schwalbe" bezeichnet.*

Reihe Pt-47 1'D1' Polen

Polnische Staatsbahn (PKP), 1947

Zugkraft: 187,6 kN (42120 lb)
Achslast: 21 t (46260 lb)
Zylinder, Ø x Hub: (2)
630 x 700 mm (24,8 x 27,6 in)
Treibrad Ø: 1850 mm (72,8 in)
Verdampfungsheizfläche:
230 m² (2476 sq ft)
Überhitzerheizfläche: 101 m²
(1087 sq ft)
Kesseldruck: 15 kp/cm² (213 psi)
Rostfläche: 4,5 m² (48,4 sq ft)
Brennstoff (Kohle): 9 t
(19825 lb)
Wasser: 32 m² (7040 Imp gal)
Reibungsgewicht: 83,5 t
(183920 lb)
Gesamtdienstgewicht: 173 t
(381060 lb)
Gesamtlänge: 24255 mm
(79 ft 7 in)

In der mit 60 Jahren verhältnismäßig kurzen Zeit ihres Bestehens haben die Polnischen Eisenbahnen schon sehr viel mitgemacht, aber ihre Lokomotiventwicklung ist erstaunlicherweise sehr kontinuierlich verlaufen. Vierfach gekuppelte Schnellzuglokomotiven erschienen recht früh in Form von drei „Pu-29" 2'D1'-Loks, die die Firma Cegielski 1929 lieferte. Die Zahl der Reihenbezeichnung gibt das erste Baujahr einer polnischen Lokomotive an, das „P" steht für „Pospieszny" (Personenzuglok) und das „u" gibt die Achsfolge 2'D1' an, „t" heißt die 1'D1'-Lok.

Eine allgemeine Einführung dieser 2'D1'-Loks hätte die Erneuerung vieler kurzer Drehscheiben bedeutet, so kam man nach reiflicher Überlegung davon ab, sie zur Norm zu erklären. Man nahm an, daß eine

„D51" –, die vor dem 2. Weltkrieg gebaut worden waren. Den Umbau führten die Firmen Hitachi, Kawasaki und Kisha Seizo Kisha durch.

Man kann nur vermuten, daß dieser sogenannte Umbau dazu diente, ein vermutlich vorhandenes Verbot des Neubaus von Personenzuglokomotiven durch die Regierung oder die Finanzverwaltung zu umgehen, denn von den Mikados ließ sich für diese Hudsons wohl kaum etwas verwenden und die Einsparung durch die Verwertung weniger Teile dürfte minimal gewesen sein. Aber solche „Umbauten" waren in der Welt des Lokomotivbaus gang und gäbe, und über das Ergebnis konnte sich hier wirklich niemand beschweren. Aus praktischer und ästhetischer Sicht war er ein voller Erfolg. Die Verehrung der Eisenbahn ist in Japan noch mehr eine eigene Religion als in Amerika oder Großbritannien und die „C62", auch als „Schwalben" bezeichnet, standen lange Zeit an der Spitze dieses Kults.

Nennenswerte Merkmale aller größeren japanischen Dampfloks sind die elektrische Beleuchtung und der Speisewasservorwärmer. Alle Achsen hatten Scheibenräder, die Treibräder mit markanten Öffnungen. Der Dampfdom saß innerhalb des Sandbehälters und hielt damit den Sand trocken und warm. Der Tender hatte keine vordere Plattform, sondern der Führerhausboden reichte bis über den ersten Tenderradsatz und der Kohlebehälter reichte ins Führerhaus.

Vor zwanzig Jahren konnte man sie vor den besten Zügen – wie dem „Hatsukari" (Wildgans-Expreß) – im Tokioter Hauptbahnhof antreffen, aber heute ist nicht nur die Dampftraktion von den 1067 mm-Strecken verschwunden, sondern auch die Tagesfernzüge. Jetzt fährt man auf Normalspur mit dem weltberühmten „Shin Kansen" mit einer Geschwindigkeit von 160 km/h und mehr und kann zwischen mehreren Zügen pro Stunde wählen.

Die 2'C2'-Loks fanden allerdings noch ein Refugium auf Japans Nordinsel Hokkaido, wo sie zu zweit, oder auch in Dreifachtraktion – die Schnellzüge im Fährhafen Hakkodate an der Südspitze der Insel übernahmen. Als auch hier ihr Dienst endete, reservierte man zwei dieser Giganten auf schmaler Spur für eine Erhaltung. Die Maschine Nr. C62-2 kann man im Umekoji Museums-Betriebwerk in Kyoto auf der Hauptinsel sehen, die C62-3 behielt man in Otaro im Norden von Hokkaido und setzt sie bei besonderen Anlässen ein.

Oben: *In Doppeltraktion befördern „C62"-„Schwalben" einen Schnellzug der Japanischen Staatsbahn.*

1'D1'-Maschine ähnliche Leistungen erbringen könnte, es resultierte die „Pt-31" mit gleichen Zylindern, Rädern und Kesseldruck. Wie die meisten polnischen Lokomotiven waren sie unkomplizierte robuste Zweizylindermaschinen, vielteilige Zusatzausrüstungen zur Verbesserung der Wirtschaftlichkeit waren in diesem Land der reichen Kohlevorkommen nicht nötig.

Der deutsche Einmarsch 1939 brachte es mit sich, daß die letzten 12 der 110 Lokomotiven als deutsche „39" geliefert wurden. 30 „Pt-31" verblieben im russisch besetzten Landesteil und nicht alle kehrten nach Kriegsende in das neue Polen zurück. Die meisten davon befanden sich im von der Sowjetunion annektierten Teil, einige dienten mehrere Jahre in Österreich.

Das Baukonzept war so erfolgreich, daß 1947 weitere 1'D1'-Maschinen gebaut wurden. Von dieser „Pt-47" lieferte die Fabrik Chrzanow in Warschau 120 und Cegielski 60 Exemplare. Unterschiede zur älteren Bauart waren hauptsächlich der Übergang von genieteten zu geschweißten Feuerbüchsen; Dampf- und Sanddom faßte man nun unter einer Verkleidung zusammen und die „Pt-47" erhielt einen Stoker. Die neuen Lokomotiven sahen genauso gut aus wie die älteren und übernahmen bald den Großteil der Schnellzüge auf den nicht elektrifizierten Hauptstrecken. Alle 1'D1'-Loks besaßen vorne ein Krauss-Helmholtz-Drehgestell. Diese seitenbewegliche Verbindung von Laufachse und erster Treibachse ergibt einen wesentlich besseren Kurvenlauf als die einzelne Laufachse, die bei höheren Geschwindigkeiten äußerst fragwürdig war – hatte es doch damit schon Entgleisungen mit schwersten Folgen gegeben.

In der Frühzeit der polnischen Eisenbahnen, unter der russischen Regierung, machte sich deren Einfluß durch die Verwendung der Breitspur und einer großzügigen Fahrzeugbegrenzung bemerkbar. Die in Westeuropa übliche Normalspur setzte sich später durch, das hohe Lichtraumprofil blieb aber; die Lokomotiven wie die „Pt-47" mit einer Höhe von 4668 mm konnten damit freizügiger gestaltet werden. Noch heute betreibt Polen mehr Dampfloks als jedes andere Land außerhalb von Afrika oder Asien. Ohne Zweifel spielt bei dem Konzept der stetig voranschreitenden Elektrifizierung unter weitgehender Beibehaltung des Dampfbetriebs auf den restlichen Strecken der Wunsch eine große Rolle, sich lieber auf die heimische Kohle zu verlassen als auf fremdes Öl. Ein anderer wichtiger Faktor ist aber sicher auch die in diesem Kohleland gegebene Wirtschaftlichkeit und die Verläßlichkeit dieser besten Helfer der Menschheit, der Dampflokomotiven in ihrer einfachsten Bauweise.

Links: *Eine 1'D1'-Lokomotive, Reihe „Pt-47" der Polnischen Staatsbahn zieht einen Nahverkehrszug. Zur Erhöhung der Transportkapazität beschafften mehrere Ostblockstaaten mehrteilige Doppelstockgarnituren; der Packwagen am Zugschluß ist normaler Bauart.*

Reihe A1 2'C1' Großbritannien
British Railways (BR), 1948

Zugkraft: 166,6 kN (37400 lb)
Achslast: 22,5 t (49500 lb)
Zylinder, ⌀ x Hub: (3)
482 x 660 mm (19 x 26 in)
Treibrad ⌀: 2032 mm (80 in)
Verdampfungsheizfläche:
228,6 m² (2461 sq ft)
Überhitzerheizfläche: 63,2 m²
(680 sq ft)
Kesseldruck: 17,6 kp/cm²
(250 psi)
Rostfläche: 4,6 m² (50 sq ft)
Brennstoff (Kohle): 9,1 t
(20,000 lb)
Wasser: 22,7 m³ (5000 Imp gal)
Reibungsgewicht: 67,2 t
(148000 lb)
Gesamtdienstgewicht: 167,5 t
(369000 lb)
Gesamtlänge: 22250 mm
(73 ft 0 in)

Als 1941 Sir Nigel Gresley plötzlich im Dienst verschied, besaß die London & North Eastern Railway 115 Pazifiks und etwa 600 andere Lokomotiven nach Gresleys Dreizylinderbauweise mit seiner Steuerung, bei der die Bewegung der inneren Steuerung von der Außensteuerung abgeleitet wurde. Schon in Friedenszeiten war diese Steuerung sehr anfällig, im Krieg verschärfte sich dieses Problem durch die mangelhafte Wartung.

Gresleys Nachfolger wurde Edward Thompson, einer seiner ältesten Mitarbeiter, der sich besonders für eine gute Wartung einsetzte. Thompson war sich bewußt, daß er nach dem Krieg ein großes Umbauprogramm einleiten mußte, um den Rückstand im Lokomotivbau aufzuholen. Vor allem wollte er den Gresley-Antrieb der Innensteuerung entfernen, bei größeren Maschinen durch eine separate Steuerung für den dritten Zylinder, bei kleineren Lokomotiven durch die völlige Entfernung des Mittelzylinders. Da er bei seiner Ernennung schon 60 Jahre alt war, hatte er es verständlicherweise eilig, seine Ideen in die Tat umzusetzen.

Die Gelegenheit zum Bau einer Pazifik nach seinen Entwürfen bot sich durch die schlechten Erfahrungen, die man mit Gresleys „P2" – 1'D1'-Lokomotiven machte, bei denen ein Mangel die starke Abnutzung der Achsbuchsen und anderer Triebwerksteile durch den langen festen Achsstand in den engen Kurven der Strecke von Edinburgh nach Aberdeen war. Durch den Umbau in Pazifiks erhoffte man eine Verbesserung und gleichzeitig wollte man dabei Erfahrungen für den Bau neuer Lokomotiven sammeln. Die Entfernung der Gresleysteuerung machte es notwendig,

Oben: *Die in Darlington gebaute „A1"-Pazifik der British Railways, Nr. 60149" „Amadis" steht abfahrbereit im Londoner Kings Cross Bahnhof.*

Unten: *Die Zeichnung zeigt die BR „A1" Nr. 60161 „North British" in einem blauen Versuchsanstrich, den die British Railways in ihrer Anfangszeit verwendeten.*

Reihe WP 2'C1' Indien
Indian Railways (IR), 1946

Zugkraft: 136,3 kN (30600 lb)
Achslast: 20,7 t (45500 lb)
Zylinder, ⌀ x Hub: (2)
514 x 711 mm (20¼ x 28 in)
Treibrad ⌀: 1705 mm (67 in)
Verdampfungsheizfläche:
209,7 m² (2257 sq ft)
Überhitzerheizfläche: 67,4 m²
(725 sq ft)
Kesseldruck: 14,8 kp/cm²
(210 psi)
Rostfläche: 4,3 m² (46 sq ft)
Brennstoff (Kohle): 15 t
(33000 lb)
Wasser: 27,3 m³ (6000 Imp gal)
Reibungsgewicht: 55,2 t
(121500 lb)
Gesamtdienstgewicht: 172,5 t
(380000 lb)

Nur von drei Schnellzuglokomotivbauarten, die in diesem Buch beschrieben werden, kann man – mit Freude – sagen, daß sie noch zum großen Teil im Betrieb sind und die Dienste verrichten, für die man sie einmal baute. Eine von ihnen ist die wuchtige Breitspur-Pazifik (Spurweite: 1676 mm) der Indian Railways. Von 1947 bis 1967 baute man insgesamt 755 Maschinen der amerikanisch beeinflußten „WP"-Pazifiks mit den Nummern 7000 bis 7754.

16 Prototypen bestellte man 1946 bei Baldwin in Philadelphia. Einige Zeit vor der Unabhängigkeit Indiens war die Abkehr von den traditionellen Lieferanten in Großbritannien nicht politisch beeinflußt, sondern Ergebnis der guten Erfahrungen mit den amerikanischen Lokomotiven, die Indien im Krieg erhielt und auch das Resultat der mißratenen Einheitslokomotiven der 20er und 30er Jahre.

Selbstverständlich baute man sie in der üblichen robusten US-Bauweise. Noch unkomplizierter machte sie die in Indien verwendete Vakuumbremse, denn ein Vakuumejektor ist wesentlich einfacher als die Luftpumpe einer Druckluftbremse. Mehr aus ästhetischen als aus aerodynamischen Gründen verkleidete man den Kessel stromlinienförmig; man sieht den Maschinen ihre Verläßlichkeit direkt an.

Die erste Serie bezeichnete man als „WP/P" (P für Prototyp), die folgende Großserie unterschied sich von ihnen nur in Kleinigkeiten. In den nächsten 10 Jahren lieferte das Ausland Lokomotiven wie folgt:

USA-Baldwin	100
Kanada-Canadian Locomotive Co	100
Kanada-Montreal Locomotive Works	100
Polen-Fabryka Locomotywim, Chrzanow	30
Österreich-Wiener Lokomotivfabrik	30

Bis 1963 trat eine Pause ein, bis dann Indiens erste eigene Lokomotivfabrik in Chitteranjan die Produktion aufnahm. Zur Erleichterung der Herstellung änderte man weitere Details ab.

Die „WP"-Lokomotiven werden in allen Teilen des Breitspurnetzes vor einer Vielzahl von Schnellzügen eingesetzt, allerdings haben Diesel – und Elektroloks, auch in Indien gebaut, sie vor den besten Zugleistungen verdrängt. Dafür bewegen sie täglich enorme Züge, zum Ber-

daß der Mittelzylinder die erste Treibachse antrieb, da aber Thompson auf der gleichen Länge aller Treibstangen bestand, ergab sich eine ungeschickte Anordnung im Vorderteil der Lokomotive; das führende Laufdrehgestell lag vor den Außenzylindern.

Ärger bereiteten Verwindungen des Rahmens und das Undichtwerden oder auch Reißen von Dampfleitungen. Trotzdem verwendete man diese Anordnung beim Umbau der „P2" und 19 weiterer Pazifiks für gemischte Dienste mit einem Treibraddurchmesser von 1880 mm. Noch bevor dieses Programm zu Ende geführt war, beschäftigte sich Thompson auch mit Gresleys erster Pazifik, der „Great Northern" und baute sie entsprechend mit Einzelsteuerungen, größeren Zylindern und einer von 3,8 auf 4,6 m² vergrößerten Rostfläche um.

Schon vor Thompsons Pensionierung nahm sein vorgesehener Nachfolger Arthur Peppercorn im Zeichnungsbüro in Doncaster sich selbst die Pazifiks vor. Sein Entwurf sah vor, die Zylinder in ihre ursprüngliche Lage zurückzuversetzen, eine kürzere Treibstange des Innenzylinders machte die Maschinen kompakter. 15 neue Pazifiks mit Treibrädern von 1880 mm baute man nach diesen Zeichnungen, als Reihe „A2" bezeichnet; 49 Lokomotiven bestellte man mit Treibrädern von 2032 mm als Reihe „A1". Die „Great Northern" ordnete man als „A1/1" ein.

Die neuen Lokomotiven wurden erst nach der Verstaatlichung geliefert. 1948-49 bauten die Werkstätten in Doncaster die 60114-27 und 60153-62, Darlington lieferte die Nrn. 60130-52. Alle besaßen Kylchap-Doppelblasrohre, 5 Loks erhielten Rollenlager. Zu Beginn hatten sie zylindrische Schlote, später ersetzte man diese durch die normale Doncaster-Type. Ihre Namen kamen von Lokomotivingenieuren, den verschiedenen Bahnen, die die LNER gebildet hatten, Vögeln, Rennpferden oder es waren traditionelle schottische Namen.

Die „A1"-Pazifiks erwiesen sich als schnelle und wirtschaftliche Maschinen, die einen nennenswerten Teil der Zugförderung der Ostküste übernahmen, allerdings ausgenommen waren die Schnellzüge, die von den „A4"-Stromlinienloks ohne Halt vom Londoner Kings Cross-Bahnhof nach Edinburgh gebracht wurden. Ihre Unterhaltungskosten lagen niedriger als die der BR-Pazifiks und sie erreichten erwähnenswerte Laufleistungen. In einem Zeitraum von 12 Jahren fuhren sie durchschnittlich 325 km pro Kalendertag, der höchste Wert der BR; die 5 Rollenlagermaschinen übertrafen dies noch mit 367 km pro Tag. Sie liefen etwas rauher als die „A4", denn sie neigten auf geraden Gleisen zum Schlingern, trotzdem erreichten sie Geschwindigkeiten von mehr als 160 km/h bei einer Reihe von Gelegenheiten.

Diese Maschinen waren ein angemessener Höhepunkt der Doncaster-Pazifiks, aber leider kamen sie zu spät, um noch ein volles Lokomotivleben zu erfahren. In den frühen 60er Jahren schritt die Verdieselung der Ostküstenstrecke schnell voran, die Lokomotiven der Reihe „A1" musterte man zwischen 1962 und 1966 aus. Keine von ihnen blieb erhalten.

Oben: *Die „A1"-Pazifik Nr. 60139 zeigt vor dem „Yorkshire Pullman" ihr Können.*

sten voll mit Menschen, durch den indischen Subkontinent. Eine Lokmannschaft besteht aus vier Mann, dem Lokführer, zwei Heizern und einem Kohlentrimmer, aber auch mit zwei weiteren Zuschauern bleibt noch genügend Bewegungsfreiheit im geräumigen Führerstand.

Links: *Eine 2'C1'-Lok, Reihe „WP" der Indischen Eisenbahnen. Die Buchstaben „CR" auf dem Tender bezeichnen die „Central Railway", bei der sie stationiert ist.*

Reihe 241 P 2'D1' Frankreich
Französische Staatsbahn (SNCF), 1948

Achslast: 20,4 t (45000 lb)
Zylinder, ⌀ x Hub,
– **Hochdruck:** (2) 446 x 650 mm (17,6 x 25,6 in)
– **Niederdruck:** (2) 674 x 700 mm (26,5 x 27,6 in)
Treibrad ⌀: 2010 mm (79,1 in)
Verdampfungsheizfläche: 244,6 m² (2633 sq ft)
Überhitzerheizfläche: 108 m² (1163 sq ft)
Kesseldruck: 20 kp/cm² (284 psi)
Rostfläche: 5,1 m² (54,9 sq ft)
Brennstoff (Kohle): 11 t (21230 lb)
Wasser: 34 m³ (7480 Imp gal)
Reibungsgewicht: 82 t (180620 lb)
Gesamtdienstgewicht: 214 t (471370 lb)
Gesamtlänge: 27418 mm (89 ft 11 in)

In der Zeit, in der André Chapelon beispiellose Erfolge mit dem Umbau der Paris-Orleans Pazifiks erzielte, wurden im Verhältnis zur Größe des Landes ziemlich wenig neue Lokomotiven gebaut. Während des Krieges entwarf man neue Schnellzuglokomotivtypen, denn man war zuversichtlich, daß man nach Kriegsende die Sünden der Vergangenheit durch den Neubau einer großen Zahl von Dampflokomotiven wettmachen mußte und wollte sich für den zu erwartenden Verkehrsaufschwung mit höheren Geschwindigkeiten wappnen. Für die schwersten Schnellzugdienste sah man eine 2'D2' vor, aber der Bau eines Prototyps aus einer alten 2'D1' kam nur langsam voran. In der Zwischenzeit nahm man eine modernisierte Version einer PLM-1'D1'-Lokomotive in Angriff und bestellte eine große Anzahl von Zweizylinder-Mikados der „Liberation"-Type in Nordamerika.

Unglücklicherweise veranlaßte ein Kohlenstreik 1946 die Regierung von der SNCF die Verminderung des Kohleverbrauchs zu verlangen, damit war der Weg für die Vertreter einer weitgehenden Elek-

Reihe L-2a 2'C2' USA
Chesapeake & Ohio Railway (C&O), 1948

Zugkraft: 232,0 kN (52100 lb)
Achslast: 33,4 t (73500 lb)
Zylinder, ⌀ x Hub: 635 x 762 mm (25 x 30 in)
Treibrad ⌀: 1981 mm (78 in)
Verdampfungsheizfläche: 393,3 m² (4233 sq ft)
Überhitzerheizfläche: 168,2 m² (1810 sq ft)
Kesseldruck: 17,9 kp/cm² (255 psi)
Rostfläche: 8,4 m² (90 sq ft)
Brennstoff (Kohle): 27,2 t (60000 lb)
Wasser: 79,5 m³ (17490 Imp gal)
Reibungsgewicht: 99,7 t (219500 lb)
Gesamtdienstgewicht: 380,9 t (839000 lb)
Gesamtlänge: 32918 mm (108 ft 0 in)

Es war Zeit für „die letzte Bestellung, bitte", als sich 1947 die Chesapeake & Ohio Railway wegen fünf 2'C2'-Lokomotiven an Baldwin in Philadelphia und wegen fünf 2'D2'-Loks an die Lima Locomotive Co in Lima, Ohio wandten. Sie sollten die letzten Schnellzugdampflokomotiven der großen US-Lokomotivbaufirmen werden, natürlich wußte dies zu diesem Zeitpunkt noch niemand.

Die C&O teilte ihre Strecken in Gebirgs- und Flachlandbezirke ein, die Northerns waren für das Gebirge bestimmt, die Hudsons für die Ebenen. Das Einsatzgebiet der 2'C2'-Loks waren die Strecken nach Louisville, Cincinatti, Chicago und Detroit im Nordwesten der Alleghenys und in deren Südwesten in Richtung Washington und Richmond, Virginia.

1947 hatte in der Verwaltung der C&O in Richmond ein Mann namens Robert R. Young das Sagen, der an die Zukunft der Personenzüge glaubte. Die Chessie durchquerte große Kohlefelder und transportierte damals mehr Kohle als jede andere Eisenbahn. Eine andere Energiequelle als Kohle war undenkbar. Zu Youngs Plänen gehörten Tagesverbindungen mit Stromlinienzügen namens „Chessie" – und drei Dampfturbinenlokomotiven mit elektrischer Kraftübertragung auf 16 Treibachsen (Reihe „M-1", Nrn. 500-502) erschienen 1947-48, um diese Züge auf der Hauptstrecke und über die Berge zu übernehmen. Normale Dampfloks sollten die Anschlußstrecken bedienen und als Reserve fungieren. Leider hatten die Konstrukteure die Trumpfkarte der Dampflokomotive, nämlich ihre Einfachheit, fallengelassen und schon nach zwei kurzen Jahren wurden die Turbo-elektrischen Maschinen als hoffnungslos unwirtschaftlich verschrottet.

Gleichzeitig hatte man das gesamte Stromlinienprojekt gestrichen, aber nicht ohne einige ältere 2'C1'-Maschinen der Reihe „F-19" in stromlinienverkleidete 2'C2'-Lokomotiven umzubauen, die die neuen Züge auf einem Teil der Strecken übernehmen sollten. In der großzügigen Art einer großen und wohlhabenden Bahn, hatte die C&O die Verwendung von Maschinen aus zweiter Hand vor den besten Zügen abgelehnt und diese „L-2a"-Hudsons beschafft, die eine Stromlinienverkleidung erhalten sollten. Ihre Bahn-Nummern waren 310 bis 314 und glücklicherweise fehlten ihnen all die Störungsquellen der Turboloks.

In verschiedenen Punkten waren diese Hudsons Weltbeste – ihr Lokgewicht von 201 t war 7½% größer als das des nächsten Verfolgers, der Santa Fe-Hudson. Ihre Zugkraft, mit und ohne Booster, war unübertroffen; der Booster erbrachte noch zusätzliche 63,2 kN; ebenso hatte keine 2'C2'-Lokomotive ein größeres Reibungsgewicht auf ihren drei Treibachsen. Möglich machte dies

trifizierung bereitet. Die weitere Entwicklung von Dampflokomotiven stellte man umgehend ein, eine begrenzte Zahl großer Schnellzuglokomotiven sollte aber trotzdem noch gebaut werden, vor allem um die gestiegenen Zuglasten auf der Hauptstrecke der ehemaligen PLM nach Marseille zu bewältigen, wo die Chapelon – 2'D-Maschinen der Reihe „240P" ungeheure Zuglasten beförderten. Um allerdings diese Leistungen mit einer Rostfläche von nur 3,7 m² zu erreichen, mußte man Kohle der besten Qualität verwenden; es war klar, daß für die Bedingungen der Nachkriegszeit eine Lokomotive mit einer wesentlich vergrößerten Rostfläche wünschenswert war. Darüber hinaus bevorzugten die Ingenieure, die von der PLM stammten und nun die Entscheidungen der SNCF beeinflußten, die einfachen Kolbenschieber gegenüber den komplizierten Steuerungsventilen der Chapelon-Loks. Man genehmigte daher den Bau von 35 2'D1'-Lokomotiven anstelle der schon bestellten 40 1'D1'-Loks.

Nur wenig Zeit stand für die Konstruktionsarbeiten zur Verfügung, Chapelons 2'D2' war noch nicht fertiggestellt, geschweige denn getestet, so blieb nur die Möglichkeit der Veränderung eines bestehenden Entwurfs. Man entschied sich für eine 2'D1' der früheren PLM, von der 1930 nur ein Exemplar gebaut worden war, Das beabsichtigte Konzept war aber vorhanden und erleichterte die Arbeit. Diese Lokomotive hatte innenliegende Hochdruckzylinder zwischen der ersten und der zweiten Kuppelachse, die auf die dritte Achse wirkten. Die äußeren Niederdruckzylinder befanden sich an der gewohnten Stelle über dem Laufdrehgestell und trieben die zweite Treibachse an. Hoch – und Niederdrucksteuerungen einer Seite besaßen einen gemeinsamen Steuerungsantrieb nach der Bauart „von Borries". Die Ideen Chapelons wendete man so weit wie möglich an, vor allem bei der großzügigen Bemessung des Überhitzers und der Dampfwege, bekannte Schwachstellen des PLM-Rahmens wurden verstärkt. Mechanische Rostbeschickung, Speisewasservorwärmer und das französische TIA-Wasserbehandlungssystem gehörten zur Ausrüstung. Das TIA-System verringerte die Notwendigkeit des Kesselwaschens erheblich.

Trotzdem war die Konstruktion nur ein Kompromiß, eine Anzahl von Teilen, die man von der alten Maschine übernahm, waren bei der nun möglichen Kraftentfaltung überfordert und die Lokomotiven ließen darum einiges zu wünschen übrig. Obwohl man Maßnahmen zur Beschleunigung ihres Baus vornahm, wurde es doch 1948-49 bis sie geliefert wurden. Zu dieser Zeit war die Elektrifizierung der alten PLM-Hauptstrecke schon im Gange. Man setzte sie anfänglich hier und auf der Strecke von Paris nach Lille und nach Belgien auf der früheren Nordbahn ein. Mit Fortschreiten des elektrischen Betriebs wanderten einige zur Westregion ab und übernahmen dort die schwersten Züge zu den Kanalhäfen der Bretagne ab Le Mans. Der von ihnen begeisterte Betriebsdienst belastete sie bis an ihre Grenzen; ihre Schnellzüge wogen bis zu 950 Tonnen. Vor einem Zug von 650 t fuhren sie Reisegeschwindigkeiten von 96 km/h und erreichten die Höchstgeschwindigkeit von 120 km/h schon 6 Minuten nach Abfahrt. Ihr anderes Spezialgebiet war die Bourbonnais-Strecke der früheren PLM, auf der sie Personenzüge bis zu 800 t Last zogen, bis sie Dieselloks im Jahre 1968 ablösten.

Zwar glich ihre Leistung im Verhältnis zu ihrer Größe nie der der Chapelon-2'D-Loks, aber sie waren dennoch großartig. Man setzte sie intensiver als jede andere französische Personenzuglokomotive ein; zwei Loks erzielten Monatslaufleistungen von 32000 km und 29874 km vor Zügen von durchschnittlich 585 t Gewicht, als sie beim Depot Lyons Mouche stationiert waren.

Die „241P" erreichten eine Dienstzeit von fast 20 Jahren, bevor sie endgültig von den Dieselloks verdrängt wurden. 4 Maschinen hat man erhalten, Lok 241P16 ist eine der Hauptattraktionen des französischen Eisenbahnmuseums in Mulhouse.

Links: *Die Reihe „241P" der französischen Staatsbahn ging aus älteren PLM-2'D1'-Lokomotiven hervor.*

Unten: *Die Vielgestaltigkeit der SNCF-Reihe „241P2" illustriert die Zeichnung sehr gut.*

Links: *Sie sah zwar kompliziert aus, aber im Grunde war die 2'C2'-Lokomotive der C&O-Reihe „L-2a" sehr einfach gebaut.*

der schwere Oberbau der C&O für die riesigen Kohlezüge.

Technisch repräsentierten die Maschinen die höchste Stufe des amerikanischen Dampflokomotivbaus nach einer 120jährigen stetigen Weiterentwicklung der ursprünglichen Prinzipien. Die „L-2a"-Reihe war eine Weiterentwicklung der acht „L-2"-Hudsons von 1941 (Nr. 300-307), der hauptsächliche Unterschied war eine Franklin-Ventilsteuerung mit rotierendem Antrieb anstelle der Bakersteuerung mit Kolbenschiebern. Für amerikanische Verhältnisse hatten sie eine ungewöhnlich gefällige einfache Linienführung. Die C&O hatte in der Vergangenheit sogar die Luftpumpen am auffälligsten Ort, vor der Rauchkammer angebracht, jetzt schmückte die Rauchkammertür nur noch ein Nummernschild, sogar der Scheinwerfer war tiefer gesetzt.

Die Vorteile der Ventilsteuerung wurden schon an anderer Stelle erwähnt, genauso wie die Unterhaltungsprobleme, die sich ergaben. Es scheint, als ob nun die Hersteller beiderseits des Altantiks endlich in der Lage waren, ein brauchbares Produkt anzubieten – jetzt, wo es keinen Einfluß mehr auf den Überlebenskampf der Dampflokomotive haben konnte.

Im Jahre 1953 wurde die volle Verdieselung des Personenverkehrs der Chessie erreicht. Entsprechend gab es kaum noch Arbeit für die neuen Hudsons und alle ereilte der Schneidbrenner noch vor ihrem siebten Geburtstag.

Reihen 01^{10}/01 Umbau

Deutschland
Deutsche Bundesbahn (DB)/Deutsche Reichsbahn (DR)

Zugkraft: 165,7 kN (37200 lb)
Achslast: 20,2 t (44500 lb)
Zylinder, ∅ x Hub: (3)
500 x 660 mm (19,7 x 26 in)
Treibrad ∅: 2000 mm (78,7 in)
Verdampfungsheizfläche:
206,5 m² (2222,7 sq ft)
Überhitzerheizfläche: 96,15 m² (1035 sq ft)
Kesseldruck: 16 kp/cm² (227,6 psi)
Rostfläche: 3,96 m² (42,6 sq ft)
Brennstoff (Kohle): 10 t (22026 lb)
Wasser: 38 m³ (8360 Imp gal)
Reibungsgewicht: 60,4 t (133040 lb)
Gesamtdienstgewicht: 192 t (422900 lb)
Gesamtlänge: 24130 mm (79 ft 2 in)
Die Daten gelten für die 01^{10}-Umbauloks mit Kohlefeuerung

Oben: *Der große Kohlehaufen auf dem Tender sagt uns, daß diese DB „01" mit einem alten Kessel ihre Fahrt erst begonnen hat.*

Links: *Die ölgefeuerte „Reko-01" der DR steht abfahrbereit im Hamburger Hauptbahnhof. Gleich fährt sie mit dem Interzonenzug nach Dresden los.*

Als der 2. Weltkrieg endlich zu Ende ging, lagen die deutschen Eisenbahnen in Trümmern und ein großer Teil der Schnellzuglokomotiven stand betriebsunfähig abgestellt. Bis zum Ende des Jahrzehnts hatte man einen Großteil der Strecken wieder in Betrieb genommen, aber die politische Entwicklung führte zur Teilung des Schienennetzes. Im Westen nannte sich die Eisenbahn nun „Deutsche Bundesbahn", im Osten blieb es bei „Deutsche Reichsbahn". Die Verteilung der Lokomotiven auf die verschiedenen Gesellschaften richtete sich nach ihrem Aufenthaltsort bei Beendigung der Kriegshandlungen.

1950 war klar, daß beide Bahnen ihre Strecken im Rahmen der Möglichkeiten elektrifizieren und auf den verbleibenden Strecken die Dieseltraktion einführen würden. Aber eine begrenzte Anzahl neuer Dampflokomotiven wollten beide noch bauen, um die Zwischenzeit zu überbrücken. Tatsächlich beschränkte sich der Neubau dann auf Personenzug- und Güterzuglokomotiven, nur zwei Schnellzuglokomotiven erschienen neu nach dem Krieg. Diese beiden Dreizylinder-Pazifiks der DB-Baureihe „10" erschienen 1957, als die Elektrifizierung hier so weit fortgeschritten war, daß es keine Zukunft für diese Type gab.

Dampfgeförderte Schnellzüge blieben also weiterhin in der Hand der Vorkriegs-Pazifiks. Um ihre Lebensdauer zu verlängern, baute man sie bei DB und DR in verschiedenem Umfang um. Obwohl jede Bahn Umbauten nach ihrer eigenen Art vornahm, hatten die Loks vieles gemeinsam, auch achtete man bei Umnumerierungen meist darauf, daß es zu keinen Doppelbelegungen im gemeinsamen Nummerplan kam.

Als erste baute die DB die 55 Dreizylinder-Pazifiks der Reihe 01^{10} um, die vollständig bei dieser Verwaltung geblieben waren. 1939-40 hatten sie bei der Lieferung eine volle Stromschale besessen, aber im Laufe des Krieges entfernte man die meisten Teile der Verkleidung, um die Wartung zu erleichtern; viele standen lange Zeit auf dem Abstellgleis. Manche warteten 5 Jahre auf die Aufarbeitung, die zwischen 1949 und 1951 erfolgte. Dabei entfernte man auch die Reste der Stromlinienverkleidung und paßte sie äußerlich an das Bild der anderen Nachkriegslokomotiven an. Im Vergleich zu den älteren Zweizylinder-Pazifiks fehlten ihnen die schrägen Umlaufbleche unterhalb der Rauchkammer und anstelle der großen Wagner-Windleitbleche besaßen sie die kleineren Witte-Bleche, die man bei den Kriegsgüterzuglokomotiven eingeführt hatte. Die Entkleidung enthüllte auch den Vorwärmerkessel vor dem Schlot, der noch mehr ins Auge fiel als bei anderen Maschinen, weil er nicht so tief in die Rauchkammer versenkt war. Das nordamerikanische Aussehen der 01^{10} verstärkte sich damit noch. Viele Teile, die im Krieg aus „Heimstoffen" gefertigt worden waren, rüstete man auf bessere Friedensmaterialien um.

Als nächstes erhielten 5 der „01" Pazifiks neue geschweißte Feuerbüchsen mit Verbrennungskammern in die alten Kessel. Die ursprünglichen Kessel ohne Verbrennungskammer waren störanfällig gewesen, trotz der guten Absichten von Dr. Wagner. Die neuen Feuerbüchsen erkannte man an der längeren Reihe von Auswaschluken, aber noch auffälliger waren die erhöhten Verkleidungen der Heinl-Speisewasservorwärmer auf der Rauchkammer.

Die schnelle Alterung des nicht schweißbeständigen Kesselstahls der 01^{10} und 03^{10}-Dreizylindermaschinen machte den Bau von Ersatzkesseln notwendig. Man konstruierte einen Kessel nach neuen Bauprinzipien, der sich für alle schweren Pazifiks eignete, die 03^{10} erhielt eine leichtere Ausführung. Zwischen 1954 und 1956 rüstete man zuerst alle 01^{10}-Loks, sowie von 1956 bis 1958 die 26 03^{10}-Loks, die die DB besaß, damit aus.

Unten: *Man sieht der neubekesselten und mit Öl gefeuerten 012 077-4 der DB nicht mehr ihre Vergangenheit als Stromlinienlok 01 1077 an.*

Die Vorderfronten erhielten das Nachkriegsgesicht der DB-Loks, der Wärmetauscher des Heinl-Vorwärmers verschwand innerhalb der Rauchkammer. Die äußeren Linien wurden glatter; gegenüber der Vorkriegsausführung besaßen sie nur noch einen Dampfdom, die Sandbehälter befanden sich auf dem Umlauf. Die oben angegebenen Daten gehören zu den auf diese Weise umgebauten 01^{10}-Maschinen.

Diese Lokomotiven bildeten die Hauptstütze des DB-Fernverkehrs. Mit Fortschreiten der Elektrifizierung nach Norden bewegten sich auch ihre Einsatzgebiete in Richtung Norden, die meisten beendeten ihre Tage in Rheine im Münsterland, als eine der letzten Dampflokomotivreihen der DB im Jahre 1975. Um ihre Einsatzmöglichkeiten zu erweitern baute man 34 von ihnen in den Jahren 1957-58 auf

Ölhauptfeuerung um. Bei der Umnummerung auf Computerziffern 1968 bezeichnete man sie als „012" im Gegensatz zur kohlegefeuerten „011". In ihrer Einsatzzeit auf der Strecke Hamburg-Bremen beförderten sie 600 t-Züge mit 130 bis 140 km/h und erreichten Monatsleistungen von 27000 km.

Man beabsichtigte den Umbau von 80 Maschinen der Baureihe „01" mit diesem Neubaukessel, die rasch voranschreitende Elektrifizierung reduzierte diese Zahl auf 50. Auffällig war der große Durchmesser des Schornsteins, das kleinere Lichtraumprofil auf einigen ihrer Einsatzstrecken erlaubte nur eine geringe Schlothöhe im Gegensatz zu den „Ölfässern" der 01^{10}.

Auch in Ostdeutschland mußte die DR wegen der langsamen Umstellung auf elektrischen Zugbetrieb einige Maschinen modernisieren. 35 der „01"-Pazifiks rekonstruierte sie zwischen 1961 und 1965 mit völlig geschweißten Kesseln. Während die DB-Umbauten eine etwas kleinere Rostfläche erhielten, vergrößerte die DR die Feuerroste, um die schlechtere Kohle besser nutzen zu können. Äußerlich veränderten sie sich sehr stark, nach Art der SP „Daylight"-Lokomotiven verhüllte man alle Kesselaufbauten mit einer gemeinsamen Verkleidung. Eine weitere Schürze unter den seitlichen Umlaufblechen verschwand bald wieder. Acht Maschinen rollten zeitweise auf Boypok-Scheibenrädern und im Laufe der Zeit änderte man 28 Loks auf Ölfeuerung um. Als neue Nummern bekamen sie die Reihe von 01 501 bis 01 535. Bei den Computerziffern bezeichnete eine zusätzliche „0" zwischen Reihe und Ordnungsnummer die Ölfeuerung, eine „1" eine kohlegefeuerte Maschine. Bei diesem Umbau blieb nicht viel von den ursprünglichen Lokomotiven übrig. Sie übernahmen die schwersten Zugleistungen der DR, vor allem auch die Interzonenzüge in den Westen. In Hamburg und Bebra konnte man direkte Vergleiche zwischen ihnen und ihren anders aussehenden westdeutschen Schwestern anstellen.

232.U.1 2'C2'

Frankreich
Französische Staatsbahnen (SNCF), 1949

Achslast: 23 t (50660 lb)
Zylinder, ⌀ x Hub
– **Hochdruck:** (2) 450 x 700 mm (17,7 x 27,6 in)
– **Niederdruck:** (2) 680 x 700 mm (26,8 x 27,6 in)
Treibrad ⌀: 2000 mm (78,7 in)
Verdampfungsheizfläche: 195 m² (2099 sq ft)
Überhitzerheizfläche: 64 m² (689 sq ft)
Kesseldruck: 20 kp/cm² (285 psi)
Rostfläche: 5,17 m² (55,6 sq ft)
Brennstoff (Kohle): 9 t (20000 lb)
Wasser: 38 m³ (8360 Imp gal)
Reibungsgewicht: 69 t (152000 lb)
Gesamtdienstgewicht: 212 t (467000 lb)
Gesamtlänge: 26634 mm (87 ft 4½ in)

Diese große Maschine ist Ergebnis des Wunsches der französischen Nordbahn, die Chapelon-Pazifiks zu verbessern. Die Schwächen des bisherigen Plattenrahmens führten zur Verwendung eines Barrenrahmens aus Gußstahl. Für die angestrebte höhere Leistung wählte man eine breite Feuerbüchse anstelle der trapezförmigen und einen mechanischen Stoker. Geplant waren 8 Stromlinienlokomotiven der Achsfolge 2'C2' in verschiedenen Versuchsversionen; 4 als Verbundloks (Reihe 232S), 3 mit einfacher Dampfdehnung (Reihe 232R) und eine Turbinenlokomotive. Mit ihnen wollte man 200 t-Züge mit Geschwindigkeiten bis 160 km/h fahren. Noch vor der Fertigstellung wurden die französischen Bahnen 1940 verstaatlicht und der verheerende Krieg mit Deutschland hatte begonnen, so daß anstelle der leichten schnellen Züge nun schwere, aber langsame befördert werden mußten. Die Turbinenlokomotive stellte man daraufhin nicht mehr fertig.

Nach dem Krieg konnte man sich wieder mit den Schnellfahr-Hudsons beschäftigen. Beim Bau der Verbundmaschinen hatte man sich aber so angestrengt, als ob man das Rad noch einmal erfinden wolle und wurde dafür mit der Unzuverlässigkeit der Lokomotiven gestraft. Anstelle des schwingenden Antriebs nach Chapelon für die Ventilsteuerung benutzte man einen rotierenden Antrieb, der störanfällig war und die erwartete größere Wirtschaftlichkeit der Maschinen nicht erzielen konnte. Frankreich wollte trotzdem nicht vom Verbundprinzip ablassen und so beschloß die SNCF die angefangene Turbinenlok als Verbundmaschine zu vollenden. Ergebnis war die 1949 von Corpet-Louvet abgelieferte „232.U.1".

Das zweckmäßige Durcheinander der Kesselausrüstung der Chapelon-Maschinen verdeckte man unter einer Stromlinienverkleidung. Herkömmliche Kolbenschieber, getrieben von zwei Walschaertsteuerungen, ersetzten die unbefriedigende Ventilsteuerung. Um den Wartungsaufwand zu vermindern, erhielten alle Achsen Rollenlager, Fettschmierung ersetzte großteils die Ölschmierung und auch ein gegossener Barrenrahmen wurde wieder verwendet. Diese Maschine war endlich so erfolgreich, wie es ihre mißratenen Vorgänger sein sollten. Ihre Zylinderleistung von 4500 PS lag etwa in der Mitte zwischen der Leistung der Chapelon-Pazifiks und der „242.A.1", der stärksten französischen Lokomotive. Ein Nachteil war ihre große Achslast von 23 t, die ihren Einsatz (und den der anderen Stromlinienloks „232R" und „232S") auf die Hauptstrecke von Paris nach Lille begrenzten. Obwohl für große Schnelligkeit gedacht, mußten auch diese Renner sich auf die gesetzliche Höchstgeschwindigkeit von 120 km/h beschränken.

Man mühte sich auch, die Bedienung der Maschine zu vereinfachen – über die Kompliziertheit der Bedienung des deGlehn-Antriebs wurde ja schon geschrieben. Bei den „232S" und „232U"-Lokomotiven erfolgte der Übergang von einfacher Dampfdehnung (beim Anfahren verwendet) zur Verbundwirkung automatisch und hing davon ab, ob eine Zylinderfüllung über oder unter 55% eingestellt war. Es scheint, als ob der Vorrat an Führerstandsartisten, die die komplizierten französischen Dampfmaschinen in Vollendung beherrschten, doch geringer war, als die Bewunderer in anderen Ländern annahmen.

Bis man alle Vorzüge dieser Konstruktion ausreichend untersucht hatte und sich die Frage einer Serienbestellung stellte, war die Elektrifizierung in Frankreich so weit vorangekommen, daß die „232.U.1" ein Einzelstück blieb. Heute steht dieser Markstein der französischen Lokomotivgeschichte vorbildlich aufgearbeitet im Verkehrsmuseum von Mulhouse.

Unten: *Die 2'C2'-Lokomotive „232.U.1" der SNCF im Pariser Nordbahnhof im Oktober 1959.*

Unten: *Die französische „232.U.1" nach ihrer Aufarbeitung für das Verkehrsmuseum in Mulhouse.*

Reihe P36 2'D2'

UdSSR
Sowjetische Staatsbahn (SZD), 1953

Zugkraft: 176,8 kN (39686 lb)
Achslast: 18,5 t (40750 lb)
Zylinder, ⌀ x Hub: (2)
575 x 800 mm (22,6 x 31,5 in)
Treibrad ⌀: 1850 mm (72,8 in)
Verdampfungsheizfläche:
243 m² (2613 sq ft)
Überhitzerheizfläche: 142 m² (1528 sq ft)
Kesseldruck: 15 kp/cm² (213 psi)
Rostfläche: 6,75 m² (72,7 sq ft)
Brennstoff (Kohle): 23 t (50660 lb)
Wasser: 46 m³ (10120 Imp gal)
Reibungsgewicht: 74 t (163000 lb)
Gesamtdienstgewicht: 264 t (581500 lb)
Gesamtlänge: 29809 mm (97 ft 10 in)

Nachdem sie bis 1930 eine ausgezeichnete Personenzuglokomotive – die Reihe „S" – in einer Zahl von etwa 3000 Exemplaren gebaut hatten, konnten sich die Verantwortlichen der Sowjetischen Staatsbahnen in Ruhe zurücklehnen und zuversichtlich in die Zukunft blicken, denn damit hatten sie alle Bedürfnisse des Fernpersonenverkehrs erfüllt. Der Personenverkehr hatte schon immer den zweiten Platz hinter dem Güterverkehr eingenommen, aber es dauerte nicht lange, bis man auch hier zur Auffassung kam, daß diejenigen, denen die sowjetische Regierung das Reisen erlaubte, etwas schneller an ihr Ziel kommen sollten.

Der erste Prototyp einer neuen Schnellzuglokomotive erschien 1932; er war eine logische Vergrößerung der weitverbreiteten 1'C1'-Lok zu einer 1'D2'. Die zusätzliche Treibachse erhöhte die Zugkraft und die zusätzliche Laufachse ermöglichte die Verwendung einer größeren Rostfläche. Die Lokomotive erhielt die Reihenbezeichnung „JS" (Josef Stalin); zwischen 1934 und 1940 baute man 640 Stück. Heute ist davon keine mehr in Dienst, aber eine Güterzugvariante die „FD" (Felix Dscherschinskij) mit der Achsfolge 1'E1' mit gleichem Kessel, Führerhaus, Zylindern und Tender ist auch heute noch in Südchina im Einsatz, allerdings von Breitspur (1524 mm) auf Normalspur umgebaut.

Diese Entwicklung ist charakteristisch für die vernünftige Vorgehensweise der Bahnverwaltung. Hier unterschied sich die neue sozialistische Regierung kaum vom zaristischen System. Eine kleine Extravaganz leistete man sich aber doch. 1937-38 erschienen die ersten drei von insgesamt zehn 2'C2'-Lokomotiven für hohe Geschwindigkeiten für den „Roten Pfeil" von Moskau nach Leningrad. Man wollte mit ihnen die Reisegeschwindigkeit dieses Expreßzuges von 64 auf 80 km/h auf der 646 km langen Strecke verbessern. Die ersten beiden Maschinen erhielten Treibräder von 2000 mm Durchmesser, die dritte sogar mit 2197 mm. Bei der dritten Lok glichen wieder Kessel, Zylinder und vieles andere der „FD"-Reihe. Der Krieg beendete das Projekt, aber nicht bevor der erste Prototyp eine Geschwindigkeit von 170 km/h erreicht hatte, immer noch ein Rekord russischer Dampflokomotiven.

Der 2. Weltkrieg mag für die meisten Russen kürzer gewesen sein, er war aber sicher noch verheerender als im restlichen Europa. So dauerte es noch fünf Jahre nach Kriegsende, bis die erste neue Schnellzugdampflok von der Kolomnaer Lokomotivfabrik abgeliefert wurde. Dieser Prototyp erschien in Form einer hochgebauten ansehnlichen 2'D2' mit der Reihenbezeichnung „P36". In Größe und Leistung war die neue Lokomotive der „JS"-Reihe ähnlich, die zusätzliche Laufachse reduzierte aber den Achsdruck von 20 auf 18 Tonnen und erlaubte einen vielseitigeren Einsatz der Maschi-

Oben: *Eine sowjetische 2'D2-Lokomotive der Reihe „P36" in einem Betriebswerk irgendwo in Rußland.*

Rechts: *Zwei „P36"-Maschinen dampfen in einem Lokdepot im eisigen Sibirien leise vor sich hin.*

Links: *Die mit Fahne und Spruchtafel verzierte P36-0148 der SZD läuft in Leningrad ein.*

nen, der aber nie nötig wurde, wie wir sehen werden.

Die Lokomotiven entsprachen im großen Ganzen der überall in der Welt gleichen, letzten ausgereiften Bauform der Dampflokomotive; außergewöhnlich war die große verkleidete Dampfleitung vom Dampfdom zur Rauchkammer auf dem Kesselscheitel. Diese Anordnung ermöglichte die sehr große Fahrzeugbegrenzung der russischen Bahnen mit einer zulässigen Höhe von 5280 mm über der Schienenoberkante. Zum ersten Mal stattete man eine russische Lokomotive mit Rollenlagern an allen Achsen aus; eine allseits geschlossene Führerkabine schützte im harten Winter das Personal, dem auf den kohlegefeuerten „P36" eine mechanische Stokeranlage die Arbeit erleichterte. Viele der nun abgelieferten Maschinen hatten auch eine Ölfeuerung erhalten, vor allem die für den Westen des Landes bestimmten.

Nach einer Periode der ausführlichen Versuche begann in Kolomna die Serienfertigung. Von 1954 bis 1956 baute man dort mindestens 249 weitere Lokomotiven; damit wurden sie zur zahlenmäßig stärksten Baureihe der Welt mit der Achsfolge 2'D2'. Im Vergleich mit anderen Reihen der SZD, die bis zu mehr als 10000 Loks zählten, ist dies noch recht gering.

In keinem Verhältnis dazu stand der Eindruck, den sie auf westliche Besucher machten, denn man konnte sie auf den Ausländern zugänglichen Strecken Moskau-Leningrad und von Moskau zur polnischen Grenze häufig erleben. Einige lackierte man sogar in dem hübschen blauen Anstrich der 2'C2'-Stromlinienloks, aber auch in ihrer normalen grünen Farbgebung mit cremefarbenen Zierstreifen und roten Radsternen konnten sie gefallen.

Mehr als 15 Jahre lang führten sie den berühmten „Transsibirischen Expreß" auf dem Abschnitt vom Ende der elektrifizierten Strecken bis zur Pazifikküste. In der Zeit von 70 Stunden wechselte man die Lokomotiven 19mal, aber dadurch war Sibirien wenigstens für eine bestimmte Art der Gattung Mensch ein Paradies. Dampflokbegeisterte mußten sich aber gut beherrschen können, wenn es darum ging, das Objekt ihrer Verehrung auf Film zu bannen, die Benutzung kleiner und kleinster Kameras konnte sehr gefährlich sein. Mehr Erfolg hatte, wer eine riesige Plattenkamera aufbaute und vom nächsten Polizisten verlangte, daß der Bahnsteig freigemacht werde.

Auch für heimische Anhänger der Dampflok gab es Gefahren. Der Sowjetkommisar für Verkehr und Schwerindustrie Lazar Kaganowitsch, der sich immer für die Dampftraktion mit den Worten einsetzte: „Ich bin für die Dampflokomotive und gegen diejenigen, die meinen, sie hätte keine Zukunft – diese Maschine ist robust, unbeugsam und gibt nie auf", bekam das zu spüren. 1956 verlor er sein Amt und verschwand spurlos. Der Dampflokbau kam damit in der Sowjetunion zu einem abrupten Ende. Etwa 20 Jahre später beendete die SZD die Dampftraktion im Personenverkehr und damit auch das Leben dieser großartigen Lokomotiven.

Oben: *Ihre eindrucksvolle Vorderfront zeigt uns hier eine „P36", die Krönung des sowjetischen Dampflokomotivbaus.*

Unten: *Die SZD P36-0223 steht bereit, um einen Personenzug von Blagowetschensk nach Wladiwostok auf der Trans-Sib-Strecke zu bringen.*

Gelsa Klasse 2'D2' Brasilien Staatsbahn, 1951

Zugkraft: 133,0 kN (29857 lb)
Achslast: 13 t (28635 lb)
Zylinder, ∅ x Hub: (2)
434 x 640 mm (17,1 x 25,2 in)
Treibrad ∅: 1500 mm (59 in)
Verdampfungsheizfläche:
169,5 m² (1824 sq ft)
Überhitzerheizfläche: 67 m²
(721 sq ft)
Kesseldruck: 20 kp/cm² (284 psi)
Rostfläche: 5,4 m² (58 sq ft)
Brennstoff (Kohle): 18 t
(39650 lb)
Wasser: 22 m³ (4840 Imp gal)
Reibungsgewicht: 52 t
(114540 lb)
Gesamtgewicht*:
93 t (205000 lb)
Gesamtlänge: 24870 mm
(81 ft 7⅛ in)

* *ohne Tender*

1948 wurde die Brasilianische Staatsbahn aus einer Anzahl bisher selbständiger Bahngesellschaften geformt. Von der Gesamtstreckenlänge von 38500 km des Jahres 1950 hatten 93% die Schmalspur von 1 m-Spurweite. Zwei Weltkriege und dazwischen noch eine schwere Wirtschaftskrise hatten eine starke Vernachlässigung des gesamten Rollmaterials mit sich gebracht.

1949 bildete sich in Frankreich eine Vereinigung von Lokomotivherstellern namens GELSA (Groupment d'Exportation des Locomotives en Sud-Amerique, etwa: Vereinigung für den Lokomotivexport nach Südamerika). Sie machte Brasilien ein Angebot und erhielt auch einen Auftrag für den Neubau von 90 großen Meterspurlokomotiven. Die Leitung der Konstruktion übernahm André Chapelon.

Als klar wurde, daß 24 dieser Lokomotiven als Zweizylindermaschinen der Achsfolge 2'D2' gebaut würden, war man natürlich in zwei Punkten sehr gespannt. Zuerst, natürlich, wollte man sehen, was der meisterliche Umbaukünstler der Verbundtypen bei dem Neubau einer Zweizylindermaschine leisten würde. Zweitens sah man interessiert der ersten Meterspur-Northern entgegen.

Große Sorgfalt verwendete man nicht nur für die theoretische Berechnung aller Teile, sondern auch auf praktische Gesichtspunkte der Bahnverwaltung. So benutzte man möglichst viele Teile von anderen brasilianischen Lokomotiven, um die Ersatzteilhaltung zu erleichtern.

Der Belpaire-Stehkessel sollte genug Dampf für eine Leistung von etwa 2000 PS liefern, auch wenn brasilianische Kohle mit niedrigem Heizwert verbrannt wurde – ihr Heizwert beträgt nur etwa die Hälfte dessen der besten walisischen Kohle, aber der Aschegehalt ist erheblich höher. Der Aschkastenboden war sehr steil ausgeführt, neben der üblichen Entleerungsöffnung in der Mitte gab es noch weitere vier an den Außenseiten, um die großen Mengen der anfallenden Verbrennungsrückstände entfernen zu können. Ein mechanischer Stoker sorgte für die gleichbleibende Verfeuerung der großen Kohlemengen.

Andere Ausrüstungsteile waren eine Kraftumsteuerung, ein Worthington-Speisewasservorwärmer und Kylchap-Doppelblasrohr und -schlot. Je nachdem, für welche Strecke sie vorgesehen waren, erhielten die Lokomotiven entweder eine Vakuum- oder eine Druckluftbremse; eine einheitliche Brems-

Reihe YP 2'C1' Indien Indian Railways (IR), 1949

Zugkraft: 82,2 kN (18450 lb)
Achslast: 10,7 t (23500 lb)
Zylinder, ∅ x Hub: (2)
387 x 610 mm (15¼ x 24 in)
Treibrad ∅: 1372 mm (54 in)
Verdampfungsheizfläche:
103 m² (1112 sq ft)
Überhitzerheizfläche: 30,75 m²
(331 sq ft)
Kesseldruck: 14,8 kp/cm²
(210 psi)
Rostfläche: 2,6 m² (28 sq ft)
Brennstoff (Kohle): 9,8 t
(21500 lb)
Wasser: 13,6 m² (3000 Imp gal)
Reibungsgewicht: 31,3 t
(69000 lb)
Gesamtdienstgewicht: 99,2 t
(218500 lb)
Gesamtlänge: 19088 mm
(62 ft 7½ in)

Insgesamt 871 dieser wohlproportionierten und tüchtigen Lokomotiven wurden zwischen 1949 und 1970 für das Meterspurnetz der Indian Railways gebaut. Die jüngsten Mitglieder dieser Reihe sind damit die letzten, neu gebauten Schnellzugdampflokomotiven der Welt!

Man kann sagen, daß zwar der Bau des indischen Eisenbahnsystems eine große Tat der britischen Verwaltung war, daß aber ihr größter Fehler die Teilung der Eisenbahn in zwei etwa gleich große Teile mit Breitspur und Meterspur war. Das 25500 km lange Meterspurnetz umfaßte auch viele Langstreckenverbindungen, die entsprechende Maschinen für die Schnellzüge verlangten.

Die scharfe Kritik der Breitspur-Pazifiks „XA", „XB" und „XC" aus den 20er und 30er Jahren betraf ihre schmalspurigen Gegenstücke überhaupt nicht. Die schönen „YB"-Pazifiks baute man daher auch von 1928 bis 1950. Dessenungeachtet beschlossen die Indian Railways dasselbe Vorgehen wie bei der Breitspur, nämlich den Wechsel von britischen zu amerikanischen Lokomotivtypen. Jodhpur, eines der Fürstentümer und damals

Oben: *Die „YP"-Pazifik Nr. 2630 der Indischen Staatsbahn; aus dem Führerhaus schauen alle vier Mann des Lokpersonals.*

Links: *Die brasilianische 2'D2'-Lokomotive Nr. 242N4 bei einer Versuchsfahrt auf den bretonischen Schmalspurbahnen. Die Bremslokomotive folgt gleich hinter dem Tender.*

bauart gab es durch die vielen Vorgängergesellschaften der Staatsbahn nicht. In engen Kurven schaltete sich selbsttätig eine Schienenschmieranlage ein, um den Reibungswiderstand in Kurven bis herab zu 80 m Radius zu verkleinern.

Der Prototyp der Serie wurde auf schwierigen Streckenabschnitten der bretonischen Schmalspurbahnen eingehend erprobt. Bremslokomotiven simulierten die verlangten Zuglasten und zur Leistungsmessung verbrannte man gleichermaßen französische und brasilianische Kohlen. Die Ergebnisse waren hervorragend und bis Ende 1952 hatte man alle Maschinen abgeliefert. Chapelon selbst besuchte Brasilien zur Inbetriebnahme der Lokomotiven – und wurde dort als Hohepriester der Dampfloks gefeiert.

---

noch mit eigener Bahngesellschaft, erhielt 1948 von Baldwin in Philadelphia 10 gefällige 2'C1'-Lokomotiven. Bei Baldwin bestellte man dann auch 20 Prototypen der neuen Meterspurreihe „YP", ähnlich den Jodhpur-Maschinen, aber etwas größer. Die neuen Loks vereinfachte man durch die Verwendung einfacher Gleitlager anstelle der Rollenlager und durch kleinere vierachsige Tender statt der großvolumigen sechsachsigen Tender.

Die Serienlokomotiven der „YP"-Reihe bestellte man in Übersee. Krauss-Maffei in München lieferte 200, North British Locomotive Co. in Glasgow baute 100 Maschinen innerhalb der nächsten fünf Jahre. Alle restlichen Loks baute die Tata Engineering & Locomotive Co in Jamshedpur in Indien. Sie erhielten die Nummern von 2000 bis 2870, aber nicht in der Reihenfolge des Baus. Man konnte die Lokomotiven als verkleinerte Ausgaben, in etwa ⅔-Größe, der normalen US-Pazifik betrachten. Wenn man die Längen mit 1,5, die Flächen mit $1{,}5^2$ (= 2,25) und die Volumina mit $1{,}5^3$ (= 3,375) multipliziert, sieht man die Ähnlichkeit sehr gut. Unamerikanisch waren die Vakuumbremse, die „Chopper"-Mittelpufferkupplung, die Jalousien in den Führerstandsfenstern und die fehlende Glocke.

Bei dieser großen Zahl an Lokomotiven ist klar, daß man sie auf allen Teilen des Meterspurnetzes finden kann, von Trivandrum, fast am Südende der Indian Railways bis zu einem Punkt im Norden von Delhi, auch die östlichsten und westlichsten Punkte der Bahn bedienen sie auf schmaler Spur. In jüngerer Zeit waren sie auf die einzelnen Regionen wie folgt verteilt: Central Railway – 9; Northern Railway – 101; North-Eastern Railway – 235; Northern Frontier Railway – 98; Southern Railway – 199; South Central Railway – 72; Western Railway – 155. Die zwei fehlenden Lokomotiven musterte man nach Unfällen aus.

Inzwischen erscheinen auch Diesellokomotiven auf den Meterspurstrecken Indiens, aber noch kann man die „YP"-Loks auch vor wichtigen Zügen erleben.

Oben: *Eine „YP" der „Southern Railway"-Region produziert vor ihrem Meterspur-Schnellzug eine ansehnliche Rauchwolke.*

Unten: *Unten sehen wir die Serienausführung der indischen „YP" in der Beschriftung der „Southern Railway". Zu diesem Typ gehören auch die letztgebauten Dampfschnellzuglokomotiven der Welt.*

Reihe 11 2'D1' Angola
Benguela Bahn (FCB), 1951

Zugkraft: 160,8 kN (36100 lb)
Achslast: 13,2 t (29000 lb)
Zylinder, ⌀ x Hub: (2)
533 x 660 mm (621 x 26 in)
Treibrad ⌀: 1372 mm (54 in)
Verdampfungsheizfläche:
165 m² (1,777 sq ft)
Überhitzerheizfläche: 39 m²
(420 sq ft)
Kesseldruck: 14,1 kp/cm²
(200 psi)
Rostfläche: 3,7 m² (40 sq ft)
Brennstoff (Holz): 18,4 m³
(650 sq ft)
Wasser: 22,7 m³ (5000 Imp gal)
Reibungsgewicht: 52,7 t
(116000 lb)
Gesamtdienstgewicht: 133,9 t
(295000 lb)
Gesamtlänge: 21107 mm
(69 ft 3 in)

Die Benguela Bahn in Angola ist eine der bemerkenswertesten (wenn auch nicht der schnellsten) Leistungen des Eisenbahnbaus der Welt. Initiator war der Engländer Robert Williams, der überzeugt war, daß es besser war, das in Katanga (heute Zaïre) geförderte Kupfer zu einem Atlantikhafen in Lobito Bay zur Verladung zu bringen, als es ostwärts über den afrikanischen Kontinent nach Beira am Indischen Ozean zu transportieren.

Die Bauarbeiten in Lobito Bay begannen 1904, aber es dauerte bis zum Jahre 1929, bis die 1347 km lange Bahn bis zur Grenzstation Dilolo vollendet war. Eine durchgehende Verbindung mit südafrikanischen Kapspurnetz (1067 mm Spur) kam 1931 zustande; von Lobito bis Kapstadt waren es nun 3965 km durchgehendes Gleis.

Zur Anwendung kam (auch heute noch vorwiegend) die Dampftraktion. Um für Heizmaterial zu sorgen, pflanzte die Benguela Bahn schnellwachsende Eukalyptuswälder an geeigneten Stellen. Man importierte die Bäume aus ihrem Heimatland Australien und legte genügend Wald an, um die Holzversorgung auf Dauer sicherzustellen. Wie bei den meisten anderen südafrikanischen Strecken sind die ersten Kilometer nach dem Hafen die schwierigsten, denn es muß der Anstieg von Meereshöhe auf das afrikanische Plateau mit einer Höhe von 1500-1800 m bewältigt werden. Für die hier verwendeten starken Steigungen beschaffte man Beyer-Garratts, aber man benötigte für die leichteren Abschnitte auch kleinere Maschinen, vor allem für den Personenverkehr. Anfänglich benutzte man dafür 2'D-Lokomotiven aber im Jahre 1951 bestellte die Bahn sechs 2'D1'-Personenzuglokomotiven der Reihe „11" bei der North British Locomotive Co. in Glasgow.

Das Leistungsprogramm sah die Beförderung von Zuggewichten von 500 t auf einer Steigung von 1,25% mit Kurven bis herab zu 90 m Radius vor. Die Achslast durfte 13 t nicht überschreiten. Für die verlangte Leistung übernahm man die normale „19C/19D 2'D1'-Lokomotive der South African Railways mit einigen Änderungen, hauptsächlich durch die Holzfeuerung bedingt. Einen wirkungsvollen Funkenfänger brachte man in der Rauchkammer unter – einmal ohne die Silhouette der Lok kopflastig zu machen. Für die Blasrohranordnung wählte man die Bauart Kylchap. Das größere Lademaß erlaubte, die Kesselmitte um 178 mm anzuheben. Damit hatte man auch mehr Raum für einen vergrößerten Aschkasten mit einer Näßvorrichtung. Für den voluminösen Holzvorrat trug der Tender einen hohen Gitteraufbau.

Die hier für Afrika verwendeten komplizierten Ausrüstungen mögen manchem übertrieben vorkommen, denn zur gleichen Zeit mußten europäische Personale, vor allem in Großbritannien mit viel weniger auskommen. Ein Pyrometer überwachte die Dampftemperatur, die Steuerung betätigte eine dampfbetriebene Kraftumsteuerung, System Hadfield. Auch die Feuertür bewegte ein Dampfzylinder, elektrische Beleuchtung und ein schrei-

Selkirk Klasse 1'E2' Kanada
Canadian Pacific Railway (CPR), 1949

Zugkraft: 342,5 kN (76905 lb)
Achslast: 28,3 t (62240 lb)
Zylinder, ⌀ x Hub: (2)
635 x 813 mm (25 x 32 in)
Treibrad ⌀: 1600 mm (63 in)
Verdampfungsheizfläche:
426 m² (4590 sq ft)
Überhitzerheizfläche: 191 m²
(2055 sq ft)
Kesseldruck: 20 kp/cm² (284 psi)
Rostfläche: 8,7 m² (93,5 sq ft)
Brennstoff (Öl): 18,6 m³
(4100 Imp gal)
Wasser: 54,6 m³ (12000 Imp gal)
Reibungsgewicht: 141,3 t
(311200 lb)
Gesamtdienstgewicht: 332,6 t
(732500 lb)
Gesamtlänge: 29835 mm
(97 ft 10⅝ in)

Fünffach gekuppelte Lokomotiven verwendete man in fast allen Teilen der Welt für die Güterbeförderung. Tatsächlich ist die einzige Dampflokomotivtype, die heute noch in nennenswerter Zahl produziert wird, eine 1'E1' der Chinesischen Staatsbahn. Die Länge des festen Achsstands ist beschränkt, dies bedeutete normalerweise kleine Treibräder an den fünf Treibachsen und damit auch relativ niedrige Geschwindigkeiten. Zwar verwendeten beispielsweise die British Railways ihre vorzüglichen 1'E-Maschinen gelegentlich auch vor Personenzügen und erreichten mit ihnen, trotz der kleinen Treibräder von 1575 mm, Geschwindigkeiten bis zu 145 km/h, aber dies war die große Ausnahme. Vielleicht der Fünfkuppler, der das größte Recht hat, als Schnellzuglokomotive bezeichnet zu werden, ist die „Selkirk"-Klasse der Canadian Pacific Railway mit der Achsfolge 1'E2'. Sie waren nicht nur stromlinienförmig

Oben und unten: *Zwei Abbildungen der 2'D1'-Lokomotiven der Reihe „11" der Benguela Bahn in Angola. Das obere Foto zeigt, daß ihr Aussehen auch im Alltag dem Idealbild der Zeichnung nahekommt.*

bender Geschwindigkeitsmesser komplettierten die Ausrüstung. Die Federn der Nachlaufachse verbanden Ausgleichhebel mit den Treibachsen, damit Gleisunebenheiten keine Auswirkung auf das Reibungsgewicht hatten, denn sonst hätten die Lokomotiven genauso zum Schleudern geneigt, wie ihre britischen Artgenossen, bei denen das ein chronisches Leiden war.

Die Benguela Bahn war in der glücklichen Lage, lange Zeit (vorwiegend) ein Transportgut zu befördern, nämlich Kupfer, und das von einem bestimmten Ausgangspunkt zu einem festen Ziel. Bahnen, die derartige Transportaufgaben haben, bringen es oft zu ansehnlichem Wohlstand. Auch hier war das der Fall; man konnte es leicht an dem ausgezeichneten optischen und technischen Zustand der Lokomotiven sehen. Durch die gute Pflege liefen die Maschinen auch recht wirtschaftlich und trugen so ihren Teil zu weiterem Reichtum der Gesellschaft bei – eine gute Rückwirkung anstelle eines Teufelskreises, der bei mangelhafter Wartung leicht auftrat.

Der Loslösung von Portugal folgte ein Bürgerkrieg, der auch 1981 noch fortdauerte und der schon seit Jahren den Kupferverkehr unterbindet. Der Holzeinschlag wird dadurch auch verhindert; die Züge, die fahren, ziehen meist ölgefeuerte Loks, betrieben mit Öl aus landeseigener Produktion.

verkleidet (oder was die CPR darunter verstand), sie trugen auch den Farbanstrich der Personenzugloks und vor allem beförderten sie planmäßig den besten Zug der CPR, den „Dominion" über die Rocky Mountains und die anschließenden Selkirks.

Von Anfang an erzählt, ähnelt ihre Geschichte der der CPR-Hudsons. Zuerst kamen die etwas kantigeren „T-1a"-Loks im Jahr 1929 mit den Nummern 5900-5919. Zehn weitere („T-1b") mit etwas weicheren Linien erschienen 1938 und schließlich kamen 1949 die letzten sechs („T-1c"). Die Nr. 5935 war nicht nur die letzte ihrer Klasse, sondern auch die letzte für die CPR gebaute Dampflokomotive, ja sogar die letzte überhaupt für eine kanadische Bahn erbaute Maschine. Grundlage war der vergrößerte Kessel der „Royal Hudson", allerdings ölgefeuert, denn alle Lokomotiven des Bergbezirks wurden seit 1916 mit Öl geheizt.

Wenn man Kanada mit der CPR durchquert, ist der größte Teil der 4637 km langen Strecke relativ leicht zu bewältigen, nur ein Abschnitt nördlich des Oberen Sees und noch mehr die 422 km lange Bergstrecke zwischen Calgary und Revelstoke bereiten der Zugförderung Schwierigkeiten. Bis in die 50er Jahre bestand der beste Zug der CPR, der „Dominion", aus bis zu 18 schweren Stahlwagen mit einem Zuggewicht bis 1300 t und um ihn über die Steigungen von 2,2% zu bringen, mußte man außergewöhnliche Maßnahmen ergreifen. Bei den Fahrzeiten der einzelnen Züge gab es kaum Unterschiede, auch der schwere „Dominion" hielt in diesem Bezirk 23mal.

Eine einzelne 1'E2'-„Selkirk" konnte über die steilsten Abschnitte etwa 1000 t ziehen. Bei einer derartigen Last betrug auf einer 32 km langen Steigungsstrecke von 2,2% die Durchschnittsgeschwindigkeit nur 16 km/h. Fiel die Geschwindigkeit unter Schrittgeschwindigkeit, schaltete der Lokführer den Booster zu, bis der Zug schneller fuhr, als ein Mann rennen konnte. Dabei verbrauchten die Maschinen etwa 105 Liter Öl pro Km.

Talwärts beschränkte man wegen der engen Kurven die Geschwindigkeit auf 40-50 km/h, der Mindestradius war nur 140 m klein, aber den Fahrgästen wurde (und wird) es auch dabei nicht langweilig, die Natur sorgt immer wieder für Abwechslung für den Betrachter. Auf den wenigen geraden Abschnitten konnten die „Selkirks" bis auf 105 km/h kommen.

Damit diese langen Maschinen um die engen Kurven kamen, erweiterte man dort die Spurweite von 1435 auf 1469 mm, das ist außergewöhnlich viel, und man gab der führenden Achse ein Seitenspiel von 2mal 25 mm. Spurkranzöler verminderten den Verschleiß. Ansonsten folgten die Loks der üblichen nordamerikanischen Bauweise, einschließlich einer recht frühen Anwendung des einteiligen Gußstahlrahmens. Damit bewährten sich diese 1'E2'-Lokomotiven in ihrem rauhen Dienst.

1952 übernahmen Dieselloks die Zugförderung über die Berge. Nach einem kurzen Einsatz vor Güterzügen durch die Prärie wurden alle „Selkirks" abgestellt. Bis auf zwei verschrottete man sie alle. Ausgenommen waren die Nr. 5931 (als 5934 beschriftet) im Heritage Park in Calgary und die Nr. 5935 im Eisenbahnmuseum in Delson, Quebec.

Links: *Eine „Selkirk"-Lokomotive der Canadian Pacific Railway fährt entlang eines ungestümen Flusses auf der berühmten „Kicking Horse Paß"-Strecke.*

Reihe 8 2'C1'
Großbritannien
British Railways (BR), 1953

Zugkraft: 174,1 kN (39080 lb)
Achslast: 22,5 t (49500 lb)
Zylinder, ⌀ x Hub: (3) 457 x 711 mm (18 x 28 in)
Treibrad ⌀: 1880 mm (74 in)
Verdampfungsheizfläche: 231 m² (2490 sq ft)
Überhitzerheizfläche: 64 m² (691 sq ft)
Kesseldruck: 17,6 kp/cm² (250 psi)
Rostfläche: 4,5 m² (48,5 sq ft)
Brennstoff (Kohle): 10 t (22000 lb)
Wasser: 19,7 m³ (4325 Imp gal)
Reibungsgewicht: 67,2 t (148000 lb)
Gesamtdienstgewicht: 157,5 t (347000 lb)
Gesamtlänge: 21336 mm (70 ft in)

Oben: *Die Lok Nr. 70039 der „Britannia"-Klasse erklimmt im September 1965 die Steigung von Shap mit einem Schnellzug von Liverpool nach Glasgow.*

Unten: *Die „Britannia"-Pazifik Nr. 70020 „Mercury" (= Quecksilber) befördert im Mai 1959 den „Capitals United Express".*

Am 1. Januar 1948 wurde aus den verschiedenen britischen Bahngesellschaften die „British Railways" und natürlich gab es viele Spekulationen über die Frage, wie die Nachfolger der „Duchess", „King", „Merchant Navy" und „A4"-Maschinen wohl aussehen würden. Anfang 1951 gab man bekannt, daß für sie kein direkter Nachfolger geplant wurde, statt dessen lüftete man das Geheimnis, daß man die erste britische Zweizylinder-Pazifik als Ersatz für die nicht so hochkarätigen „Royal Scot", „Castle" und „West Country"-Reihen vorgesehen hatte und nicht für die größten vorhandenen Maschinen.

Die „Britannia" war eine einfache, robuste 2'C1'-Lokomotive mit einer Belpaire-Feuerbüchse und Rollenlagern an allen Achsen sowie anderen Neuerungen, die die Unterhaltung erleichtern und verbilligen sollten. Man bezeichnete sie als Reihe „7". Sie hatte die Fähigkeit, eine Zylinderleistung von 2200 PS zu entwickeln, bei einem Kohlenverbrauch von etwa 2300 kg/h, zwar ein akzeptabler Verbrauch, der aber doch mehr war als ein einzelner Mann in dieser Zeit schaufeln konnte. Die Größe der Feuerbüchse erlaubte es allerdings, schon vor einer starken Anstrengung ausreichend Kohle auf den Rost zu häufen.

Insgesamt 55 „Britannias" baute man von 1951 bis 1953. Sie erfüllten die Erwartungen ihrer Konstrukteure bezüglich der Wartung und sie zeigten auch, daß sie imstande waren, alle Schnellzugleistungen der damaligen Zeit zu bewältigen. Alle BR-Regionen erhielten Lokomotiven dieser Bauart, am besten nutzte sie die Ostregion. Man setzte sie hier in einem neuen Schnellverkehr ein, der speziell auf ihre Möglichkeiten eingestellt war. In den 50er Jahren konnte man in fast allen Teilen Großbritanniens sagen, daß die letzten 20 Jahre Fortschritt die Fahrzeiten um 20% *verlängert* hatten. Die neuen Pazifiks *verkürzten* dagegen die Fahrtdauer gegenüber der Vorkriegszeit um 20% zwischen London und Norwich.

Obwohl sie in jeder Hinsicht „einfache" Lokomotiven waren, zeigten sie doch eine wirtschaftliche Ausnutzung des erzeugten Dampfs. Genaugenommen standen sie ganz vorne, aber es wurmte manchen Fachmann, daß auf der anderen Kanalseite die Chapelon-

Pazifiks noch 16% besser lagen. Im Dienst verringerte sich wohl der Abstand durch die verschiedensten Faktoren, aber trotzdem konnte die französische Pazifik bei annähernd gleichem Gewicht 1500 PS mehr leisten. Man wollte aber in Großbritannien nicht mehr zur Verbundanordnung zurückkehren, vor allem weil es kein Gegenstück zu den hervorragend geschulten „mechanicien"-Lokführern gab, die solch komplizierte Gebilde auch richtig bedient hätten. Die bisherigen Erfahrungen wiesen auch darauf hin, daß die zusätzlichen Unterhaltungskosten unter Umständen noch die Einsparungen durch den Minderverbrauch aufzehrten.

Ein Punkt, den man vielleicht übersah, war, daß die Leistung durch die Kohlenmenge, die der Heizer schaufelte begrenzt war, und daß damit eine wirtschaftlichere Maschine auch leistungsfähiger sein konnte. Eine größere Leistung bedeutete kürzere Fahrzeiten, und kürzere Fahrzeiten bedeuteten höhere Einnahmen. Damit konnte eine wirtschaftlichere Lokomotive gleichzeitig Geld sparen und mehr einbringen. Aber die Verbundbauweise ist nicht der einzige Weg dahin, man muß nur eine Möglichkeit finden, das Expansionsvermögen des Dampfes besser zu nutzen. Das heißt, daß man bei jedem Zylinderhub die Einströmung des Dampfes sehr früh beenden muß. Dieser „Füllungsgrad" (gemessen in Prozent) hängt von der Steuerungsbauart ab, normale Bauarten (beispielsweise Walschaert/Heusinger) erlauben keine Füllungsgrade unter 15-20%. Der Zeitraum für die Einströmung ist etwa gleich der Zeit für die Dampfausströmung; ist diese zu kurz, bleibt Dampf im Zylinder und verringert die Leistung. Eine Lösung für dieses Problem ist die Verwendung voneinander unabhängiger Ventile für Einströmung und Ausströmung. Die einfachste Möglichkeit dafür sind durch eine Steuerwelle angetriebene Einzelventile. Zu einfach ist aber auch dies nicht, denn man muß ja den Füllungsgrad variieren können und die Lokomotive muß auch die Fahrrichtung wechseln können. Dazu verschiebt man die Steuerwelle, damit verschieden geformte Nocken die Ventile entsprechend betätigen.

1953 genehmigte die BR den Bau einer Prototyplokomotive für eine künftige Serie von schweren Schnellzugmaschinen. Bei einer Zweizylinderlokomotive wären die Zylinder so groß geworden, daß sie nicht mehr in der Fahrzeugumgrenzung unterzubringen gewesen wären, so mußte man den Wunsch nach großer Einfachheit zurückstellen und ein Dreizylindertriebwerk vorsehen. Wenigstens ist der Antrieb einer Ventilsteuerung unabhängig von der Zahl der Zylinder. Man wählte die „British-Caprotti"-Bauart für die einzige Lokomotive der neuen Reihe „8". Bei Versuchsfahrten ergab sich eine Einsparung von 9% gegenüber der „Britannia"-Klasse für gleiche Leistung. Für Lokomotiven einfacher Dampfdehnung waren die Verbrauchswerte Weltrekord.

Zwar war der Kessel im großen Ganzen ohne Tadel, er basierte auf der hervorragenden Bauart der „Duchess"-Klasse, aber einige Details der Bemessung behinderten die wirtschaftliche Dampferzeugung bei hoher Leistung. Es wäre ein leichtes gewesen dies zu korrigieren, aber wie E. S. Cox, damals Chefkonstrukteur der BR, es sagte: „gab es Verantwortliche in der Hauptverwaltung, aber nicht im Maschinendienst, die entschlossen waren, eine weitere Entwicklung der Dampftraktion nicht zuzulassen." So wurde nichts mehr getan, auch der Bau weiterer Lokomotiven der Reihe „8" unterblieb.

Nr. 71000 verbrachte ihr kurzes Leben als ungeliebter Einzelgänger. Nach der Ausmusterung baute man die komplette Steuerungsanlage aus, um sie aufzubewahren. Das konnte eine sehr entschlossene Vereinigung zur Dampflokerhaltung nicht davon abhalten, die Überreste der „Duke of Gloucester" aufzukaufen.

Oben: *Die Lokomotive Nr. 71000 „Duke of Gloucester" der Reihe „8" der British Railways. Die Antriebswelle der Ventilsteuerung ist sehr gut zu erkennen.*

Unten: *Die unselige Pazifik Nr. 71000 „Duke of Gloucester", einziges Mitglied der BR-Reihe „8".*

Reihe 25 2'D2' Südafrika
South African Railways (SAR), 1953

Zugkraft: 202,0 kN (45360 lb)
Achslast: 20 t (44000 lb)
Zylinder, ∅ x Hub: 610 x 711 mm (24 x 28 in)
Treibrad ∅: 1524 mm (60 in)
Verdampfungsheizfläche: 315 m² (3390 sq ft)
Überhitzerheizfläche: 58,5 m² (630 sq ft)
Kesseldruck: 15,8 kp/cm² (225 psi)
Rostfläche: 6,5 m² (70 sq ft)
Brennstoff (Kohle): 19 t (42000 lb)
Wasser: 20 m³ (4400 Imp gal)
Reibungsgewicht: 78 t (172000 lb)
Gesamtdienstgewicht: 238,4 t (525000 lb)
Gesamtlänge: 32772 mm (107 ft 6¼ in)

Hier haben wir ein sehr schönes Beispiel dafür, daß es durchaus möglich ist, von Stephensons Bauprinzipien abzuweichen, und daß gleich in zwei Punkten. Die South African Railways hatten Schwierigkeiten mit ihrer Strecke von Kapstadt nach Johannesburg, die durch die Karoo-Wüste führt. Viele Jahre mußten sie damit leben, das Lokomotivwasser in der trockenen Zeit mit Kesselwagen heranzuschaffen und dafür Tiefbrunnen, Pumpen und Wasserbehälter zu unterhalten.

Schon lange Zeit hatten Lokomotivingenieure mit dem Gedanken gespielt, die Wärmemenge des Abdampfes zu nutzen. In Kraftwerken und Schiffsantrieben kondensierte man den Abdampf und verwendete das Wasser wieder zur Kesselspeisung. Dadurch sparte man Heizenergie und Wasser. Problematisch war die Größe und Schwere der Kondenseinrichtungen, man hatte zwar zahlreiche Kondenslokomotiven erprobt, aber jegliche Einsparung beim Verbrauch verzehrten die hohen Unterhaltskosten.

Im Fall der SAR war der Beweggrund vor allem die mögliche Einsparung des wertvollen Wassers, so daß man sich 1948 an Henschel in Kassel wegen des Umbaus einer 1'E1'-Lokomotive der Reihe „20" in eine Kondenslokomotive wandte. Henschel hatte ja im 2. Weltkrieg eine Anzahl von Kondens-Güterzugloks für die Deutsche Reichsbahn gebaut. Die Kondenseinrichtung fand in einem langen Tender Platz, eine Dampfturbine erzeugte den nötigen Zug für den Kessel, für den sonst das jetzt fehlende Blasrohr sorgte.

Versuche zeigten, daß die Einrichtung 90% Wasser und 10% Kohle einsparte. Diese Resultate waren so vielversprechend, daß die SAR ein beispielloses Programm zur Einführung von Kondenslokomotiven begann. Endergebnis war die hier beschriebene Reihe „25".

Diese 2'D2'-Maschinen waren in allem auf dem neuesten Stand der Technik. Nicht nur die Achslager, sondern auch alle Treib- und Kuppelstangen erhielten Rollenlager. Wie man sehen kann, besitzen die Stangen keine Gelenke, sondern reichen jeweils von einem zum anderen Treibzapfen. Lokomotivrahmen und Zylinder bildeten ein einziges Formgußstück, auch der Tender besaß einen Stahlgußrahmen. Den Kessel baute Henschels Konstrukteur Roosen so groß, wie es das südafrikanische Lademaß nur erlaubte, für Dom und Schlot blieb nicht viel Raum.

Insgesamt 90 Kondenslokomotiven mit den Nr. 3451-3540 wurden gebaut, bis auf die Prototyplokomotive von Henschel kamen alle von der North British Locomotive Co. in Glasgow. Weitere 50 Lokomotiven erschienen ohne Kondensvorrichtung als „25NC" mit den Nr. 3401-3450. Davon waren 10 von der NBL und 40 von Henschel. Ihre Tender faßten 18 t Kohle und 54,5 m² Wasser und waren etwas kürzer als die Kondenstender.

Einmal im Dienst stellten die Lokomotiven in fast allen Aspekten zufrieden, nur die meist verhängnisvolle Abweichung vom Stephensonschen Prinzip des feueranfachenden Abdampfstrahls – die Achillesferse der meisten Kondensloks – wirkte sich beinahe katastro-

Oben: *Eine „25NC" nimmt Wasser vor einem Zug von De Aar nach Kimberley auf der Hauptstrecke Johannesburg-Kapstadt. Diese Maschine wurde ohne Kondenseinrichtung geliefert.*

Unten: *Diese Zeichnung illustriert eindrucksvoll die außerordentliche Länge der Kondensmaschinen der Reihe „25" der SAR.*

phal aus. Die Asche und der Kohlengrus in den Abgasen nützten die Schaufeln des Saugzuggebläses sehr schnell ab. Mit Hilfe der Henschel-Werke konnte man aber dann doch noch dieses Problem bewältigen. Wie beabsichtigt, konnte man nun auf dem „trockenen" Abschnitt der Strecke von Kapstadt nach Johannesburg zwischen Beaufort West und De Aar viele teure Wasserstellen schließen und auch bei den übrigbleibenden die Menge des nötigen Wassers verringern. In diesem Bereich übernahmen sie alles vom berühmten „Blue Train" bis zum Kohlenzug. Es ist ein eigenartiges Erlebnis, eine „25" zu erleben, die einen schweren Zug anfährt; einziges Geräusch ist das gleichmäßige Singen der Gebläseturbine, das Auspuffgeräusch, das Eisenbahnliebhaber so begeistert, verschwindet völlig in der Kondensapparatur.

In den 70er Jahren hatte man dann eine bessere Lösung für die wasserlose Karoo zur Hand – die Diesellokomotiven. So verloren diese Maschinen ohne Auspuffgeräusch ihre Existenzberechtigung. Man beschloß, sie als normale Lokomotiven weiterzuverwenden und entsprechend umzubauen. Der Umbau bestand hauptsächlich in der Umgestaltung der Tender zu seltsam aussehenden Gefährten, umgestülpten Badewannen ähnlich, und im Umbau der Saugzugeinrichtung. Zur Zeit ist nur noch eine einzige Kondensmaschine vorhanden, als funktionsfähiges Museumsstück gedacht. Es erinnert an eine der wenigen unkonventionellen Dampflokbaureihen, die erfolgreiche Dienste leistete und eine bemerkenswerte „tour de force" des Lokomotivbaus darstellt.

Als „25NC" (non-condensing) sind alle noch vorhanden, zusammen mit den Originalloks der Reihe sind dies jetzt 139 Exemplare. In den letzten Jahren stationierte die SAR sie vorwiegend im Betriebswerk von Beaconsfield, Kimberley. Sie bedienen von dort die Hauptstrecken in Richtung Süden nach De Aar, östlich nach Bloemfontein und nordwestlich nach Warrenton. Viele haben feste Personale, die offiziell dazu ermuntert werden ihre Maschinen besonders zu schmücken und einige erhielten sogar Namen.

Erstaunlicher, als man es sich eigentlich beim derzeitigen Stand der Dampftraktion vorstellen kann, ist die Tatsache, daß eine der südafrikanischen Baureihen zur Zeit Gegenstand einer grundlegenden Verbesserung der Feuerungstechnik ist. Der hochgeschätzte Name André Chapelons steht im Zusammenhang mit einer neuen Art der Verbrennung der Lokomotivkohle. Grundlage der Neuerung ist die Rückführung eines Teils des Abdampfs in das Feuerbett. Gleichzeitig führt man einen großen Teil der notwendigen Verbrennungsluft durch kurze Rohre großen Querschnitts über das Feuer. Dadurch verbrennt die Kohle nicht wie üblich, sondern man erzeugt im Feuerbett Generatorgas, das mit der Luft vermischt, sauber verbrennt. Damit entfällt die Erzeugung von schwarzem Rauch und Schlacke in Verbindung mit einer wesentlichen Verringerung des Kohleverbrauchs. Und all das bei geringstem Aufwand.

Dieses von Chapelon vorgeschlagene System benutzte ein südamerikanischer Ingenieur namens Da Porta bei Lokomotiven einer Kohlenbahn in der Nähe von Kap Hoorn. Nach Jahren erfolgreichen Einsatzes in diesem abgelegenen Gebiet probierte man es an einer kleinen „9D" der SAR ab 1979. 1981 baute man die „25NC" Nr. 3450 auf gleiche Weise um und bezeichnet sie jetzt als Reihe „26". Der Erfolg ist so groß, daß es sogar Hoffnung gibt, daß diese gasgeheizten Maschinen das Ende der Dampftraktion wenigstens in dieser Hochburg, einer der letzten, aufhalten könnten.

Links oben: *Die SAR-Reihe „25" mit dem langen Kondenstender.*

Unten: *Die „25NC2 Nr. 3530 produziert eine schöne Qualmwolke vor ihrem Güterzug bei Modder River. Dieses Foto aus dem April 1979 zeigt die ungewöhnliche Tenderform der umgebauten ehemaligen Kondensloks.*

Reihe 59 (2'D1')(1'D2')

Kenia
East African Railways (EAR), 1955

Zugkraft: 371,2 kN (83350 lb)
Achslast: 21,3 t (47000 lb)
Zylinder, Ø x Hub:
521 x 711 mm (20½ x 28 in)
Treibrad Ø: 1372 mm (54 in)
Verdampfungsheizfläche:
331 m² (3560 sq ft)
Überhitzerheizfläche: 69,4 m² (747 sq ft)
Rostfläche: 6,7 m² (72 sq ft)
Kesseldruck: 15,8 kp/cm² (225 psi)
Brennstoff (Öl): 12,3 m³ (2700 Imp gal)
Wasser: 39,1 m³ (8600 Imp gal)
Reibungsgewicht: 162,1 t (357000 lb)
Gesamtdienstgewicht: 256 t (564000 lb)
Gesamtlänge: 31737 mm (104 ft 1½ in)

In den Beschreibungen dieses Buches ist oft voller Ehrfurcht von Steigungsstrecken wie Shap und Beattock geschrieben worden. Die Steigung bei Shap von 1,3% ist 32 km lang, aber was soll man dann erst zu einer 563 km langen Strecke mit einer maßgebenden Steigung von 1,5% sagen. Denn so lang ist der Anstieg von Mombasa nach Nairobi, auf dem jeden Abend der legendäre „Uganda Mail"-Expreß verkehrt.

Der Bau der meterspurigen Uganda-Bahn begann 1892 und war ein seltsames Beispiel für die widersprüchliche Politik der Kolonialverwaltung. Einerseits sollte das Land erschlossen werden, andererseits versuchte man im Heimatland den Bau zu verhindern. Schließlich konnte die Bahn doch eröffnet werden und erfüllte auch die Erwartungen der Erbauer. Die angestrebte Unterdrückung des Sklavenhandels fand recht bald statt, auch die Erleichterung des Handels zeitigte bald so große Erfolge, daß die Bahn kaum noch den Verkehr bewältigen konnte. 1926 sah man ein, daß die vorhandenen 2'D-Lokomotiven nicht mehr ausreichten und so bestellte die Kenya & Uganda Railway (der damalige Name) einige (2'D1')(1'D2') Beyer-Garratts bei Beyer, Peacock in Manchester, die möglichst viele Bauelemente der 2'D-Maschinen enthalten sollten. Diese großen Lokomotiven waren die Lösung für den Massenverkehr auf den leichten Schienen von 24 kg-Metergewicht.

Mit den Jahren beschaffte man weitere Garratts verschiedener Größe und aus der K &U R wurden die East African Railways. 1954 stand man dem größten Warenrückstau der Geschichte gegenüber, so daß die Verwaltung 34 Exemplare der größten Garratts, die je gebaut wurden, bestellen mußte. Ihre Hauptaufgabe lag zwar in der Güterbeförderung, aber man sah diese gigantischen „59"er auch als für den Personenverkehr geeignet an und gab ihnen Namen ostafrikanischer Berge. Dazu trugen sie die attraktive braunrote Farbgebung der Bahn.

Oben: *Die Garratt Nr. 5904 „Mount Elgon" der East African Railways.*

Nach britischen Maßstäben waren ihre Kenndaten schon sehr eindrucksvoll – ihre Zugkraft war mehr als doppelt so hoch wie bei den

Reihe 15A (2'C2')(2'C2')

Rhodesien
Rhodesia Railways (RR), 1952

Zugkraft: 211,6 kN (47500 lb)
Achslast: 15,4 t (34000 lb)
Zylinder, Ø x Hub: (4)
445 x 660 mm (17½ x 26 in)
Treibrad Ø: 1448 mm (57 in)
Verdampfungsheizfläche:
216 m² (2322 sq ft)
Überhitzerheizfläche: 46 m² (494 sq ft)
Kesseldruck: 14,1 kp/cm² (200 psi)
Rostfläche: 4,6 m² (49,6 sq ft)
Brennstoff (Kohle): 12,3 t (27000 lb)
Wasser: 31,8 m³ (7000 Imp gal)
Reibungsgewicht: 80,8 t (178000 lb)
Gesamtdienstgewicht: 189,8 t (418000 lb)
Gesamtlänge: 28143 mm (92 ft 4 in)

stärksten britischen Personenzuglokomotiven, in Verbindung mit einer fast 50% größeren Rostfläche. Die Lokomotiven feuerte man mit Öl, aber der Einbau eines Stokers war möglich, falls sich mit der Zeit ergeben sollte, daß eine Kohlefeuerung günstiger werden sollte. Die Laufwerke konnte man leicht von Meterspur auf die afrikanische Normalspur von 1067 mm umspuren; darüber hinaus konnte man auch leicht eine Vakuumbremsvorrichtung montieren, sollte einmal ein Einsatz außerhalb des mit Luftbremse ausgerüsteten Gebietes in Tansania erfolgen.

Die Maschinen entsprachen dem neuesten Stand der Technik, die Hauptdrehzapfen stellten sich bei Verschleiß selbsttätig nach, die Enden der Vorratsbehälter rundete man „stromlinienförmig" ab und lange Treibstangen wirkten auf die jeweilige dritte Kuppelachse. Die vier Walschaertsteuerungen betätigte eine Hadfield-Kraftumsteuerung mit hydraulischer Arretierung, ein Beyer-Patent. Die Vorzüge des kurzen und dicken Garratt-Kessels, zusammen mit dem großen Freiraum für die Feuerbüchse, erlaubten eine gleichbleibende starke Dampferzeugung über einen Zeitraum von 14 oder 15 Stunden.

Später erhielt die Reihe „59" Giesl-Ejektoren, der Erfolg für den Betrieb war umstritten; ästhetisch war diese Änderung unbestreitbar katastrophal.

Eine Eigenheit, die sich nicht bewährte, war die gestaffelte Gewichtsverteilung; in der Reihenfolge betrugen die Achslasten bei Vorwärtsfahrt: 15,4; 15,4; 19,0; 20,9; 20,8; 18,8; 15,3/15,5; 19,0; 21,0; 21,0; 19,0; 15,3; 15,3. Damit beabsichtigte man den Betrieb auf den leichteren Schienen von 38,6 kg Metergewicht nördlich und westlich Nairobis, zusätzlich zum Einsatz auf den 45,7 kg/m schweren Gleisen zwischen Nairobi und der Küste zu ermöglichen.

Oben: *Eine eindrucksvolle Ansicht der mächtigen (2'D1')(1'D2')-Lokomotive Nr. 5916 „Mount Rungwe".*

Unten: *Die Zeichnung zeigt uns die EAR-Beyer-Garratt Nr. 5928 „Mount Kilimanjaro" in der herrlichen ursprünglichen Karminroten Farbgebung.*

Der Nutzen der neuen Maschinen für die Bahn war eindrucksvoll festzustellen, als sich der Rückstau der Ladungen schnell auflöste. Diese Beyer-Garratts fanden sich bald in der Position der größten und stärksten Lokomotiven der Welt, als der US-Dampfbetrieb endete. 25 Jahre lang konnten sie diese Stellung durch den wirtschaftlichen Einsatz gut gewarteter Lokomotiven auf den East African Railways bewahren, der es den Vertretern der Dieselindustrie nicht ermöglichte Fuß zu fassen.

Aber wie fast überall siegte die Diesellok am Ende doch und ersetzte recht bald die „59"er vor den Expreßzügen. Auch vor Güterzügen verschwanden sie langsam zwischen 1973 und 1980. Die geplante Reihe „61" der Achsfolge (2'D2')(2'D2') mit 27 t Achslast, 512 kN Zugkraft und einem Rost von 9,8 m² Fläche bleibt wohl für immer nur ein Plan.

Eine Eisenbahn durch ganz Afrika hindurch, die Kapstadt mit Kairo verbindet, das war der unmögliche Traum eines Pfarrersohns namens Cecil Rhodes, der Rhodesien (heute Zimbabwe) seinen Namen gab. „Die Eisenbahn ist meine rechte Hand, der Telegraf meine Stimme", das sagte Rhodes am Höhepunkt seiner Macht. Als er 1902 starb, hatte seine Kap-Kairo-Bahn den Sambesi-Fluß, 450 km nördlich Bulawayo erreicht, der Bahnbau besaß aber genug Schwung, um bis 1914 Bukama zu erreichen, 4344 km von Kapstadt entfernt und heute in Zaïre.

Oben links: *Die „15A" Beyer-Garratt Nr. 400 der Rhodesia Railways (heute National Railways of Zimbabwe) wird nach einer Untersuchung in der Werkstatt von Bulawayo auf ihre Funktionstüchtigkeit überprüft.*

Links: *Die Beyer-Garratt Nr. 358 der Reihe „15" läuft mit dem Kohlenbunker voraus vor dem Personenzug von Victoria Falls nach Bulawayo.*

1930 bestellte die nunmehrige Rhodesia Railways in England vier Beyer-Garratts der Achsfolge (2'C2')(2'C2') für die 779 km lange Strecke von Mafeking nach Bulawayo. Es waren typische, solide Exemplare der Ingenieurskunst Beyer, Peacocks, die klar zeigten, wozu die Garratt-Type vor allem gedacht war. Bei gleicher Rostfläche und einer um 30% kleineren Achslast hatten sie eine größere Zugkraft als jede „normale" Lokomotive, die je in Großbritannien lief. Verzögerungen bei der Verstärkung der Brücken auf der Kap-Kairo-Strecke zwischen Mafeking und Bulawayo verboten dort vorläufig ihren Einsatz, so ging die „15te" Reihe, wie sie genannt wurde, erst einmal auf der Hauptstrecke von Bulawayo nach Salisbury in Dienst. Auch den berühmten „Rhodesia Express" vertraute man ihnen an. Sie bewiesen vorzügliche Laufeigenschaften und erforderten nur wenig Unterhaltungskosten. Sie spielten eine große Rolle bei der Umstimmung der RR-Oberen in Garratt-Anhänger, gleich nach Kriegsende bestellte die Bahn 30 Stück als Allzwecklokomotiven. Mit kleinen Änderungen kamen von 1949 bis 1952 weitere 40 Loks als Reihe „15A", auf die sich auch die angegebenen Daten beziehen. Eine letzte Serie von 10 Maschinen baute die Firma Franco-Belge in Frankreich, weil Beyer, Peacock mit der Herstellung anderer Garratts ausgelastet war.

Diese 74 Lokomotiven bildeten die umfangreichste Reihe der Rhodesian Railways. Sie waren auch die zweitstärkste Baureihe von Beyer-Garratts, die es je gab, und sie waren auch die ersten mit „stromlinienförmigen" Behältern. Bei einer Höchstgeschwindigkeit von 80 km/h konnte dies nur kosmetisch sein, aber es linderte tatsächlich das etwas brutale Aussehen der Garratts.

Ihren bemerkenswertesten Einsatz erlebten sie 1947 beim Besuch der königlichen Familie, zwei Loks der Reihe „15" übernahmen den 730 t schweren „Weißen Zug". Erst 1963 wurde es möglich, sie auf der ursprünglich vorgesehenen Strecke einzusetzen, die nächsten zehn Jahre bewältigten sie allein den Verkehr zwischen Bulawayo und Mafeking, durch das Gebiet des heutigen Botswana. Zu ihren Pflichten gehörten auch die Schnellzüge Bulawayo-Kapstadt und Bulawayo-Johannesburg. Bei diesen Langstreckenfahrten teilten sich zwei Lokpersonale die Arbeit, eine Mannschaft arbeitete, die andere ruhte sich in einem mitgeführten, komfortabel eingerichteten, Begleitwagen (caboose) aus. Für die 1556 km lange Fahrt Bulawayo nach Mafeking und zurück brauchten sie drei Tage und zwei Nächte.

Als nach politischen Veränderungen der nördliche Teil der RR zur Zambian Railway wurde, erhielt auch das Gebiet am Nordufer des Sambesi eine Anzahl von Loks der Reihe „15". Einige wurden schon ausgemustert, aber etwa 50 Stück blieben übrig. Es ist ein Vergnügen, zu schreiben, daß sie nicht nur noch in Dienst sind, sondern daß das an Öl arme, aber an Kohle reiche Zimbabwe beschlossen hat, seine Flotte von Garratts wieder voll zu unterhalten. Damit dürften diese herrlichen Lokomotiven noch viele Jahre erfolgreicher Arbeit vor sich haben.

Reihe 498.1 2'D1'

Tschechoslowakei
Tschechoslowakische Staatsbahn (ČSD), 1954

Zugkraft: 186,7 kN (41920 lb)
Achslast: Siehe Text
Zylinder, ⌀ x Hub: (3)
500 x 680 mm (19,7 x 26,8 in)
Treibrad ⌀: 1830 mm (72 in)
Verdampfungsheizfläche:
228 m² (2454 sq ft)
Überhitzerheizfläche: 74 m² (796,5 sq ft)
Kesseldruck: 16 kp/cm² (228 psi)
Rostfläche: 4,9 m² (52,7 sq ft)
Brennstoff (Kohle): 15 t (33040 lb)
Wasser: 35 m³ (7700 Imp gal)
Reibungsgewicht: Siehe Text
Gesamtdienstgewicht: 194 t (427300 lb)
Gesamtlänge: 25594 mm (83 ft 11 ½ in)

Diese bemerkenswerten Lokomotiven mit ihrem herrlichen blauen Anstrich gehören zum Besten, das je auf Schienen fuhr. Jedermann mit etwas Geschick für Zahlenspielereien kann schon aus der Nummer viel über sie entnehmen, denn die CSD benutzt für die Reihenbezeichnung einen festen Schlüssel. Die erste Ziffer gibt die Zahl der Treibachsen an; zur zweiten Ziffer addiert man 3 und multipliziert sie mit 10, um die Höchstgeschwindigkeit zu erhalten; zur letzten Ziffer addiert man 10 und weiß auch die ungefähre Achslast der Maschine. Die Reihe 498.1 besitzt also 4 Treibachsen, hat eine zulässige Höchstgeschwindigkeit von 120 km/h und eine maximale Achslast zwischen 18 und 19 t. In den Jahren 1954/55 baute die Lokomotivfabrik Skoda fünfzehn Exemplare dieser Lokomotiven.

Unter den Dingen, die man auf den ersten Blick nicht sieht, ist auch der Innenzylinder mit einer Neigung von 1 zu 10 der genauso wie die Außenzylinder die zweite Kuppelachse antreibt. Alle wichtigen Lager der Achsen und des Triebwerks besaßen Rollenlager. Interessanterweise erhielt auch die Treibstange ein Rollenlager. Die Konstrukteure vertrauten der Technik so sehr, daß sie es ohne Bedenken an diesem schwer zugänglichen Ort anwendeten.

Zur modernen Ausrüstung der Maschinen gehörten eine druckluftbetriebene Kraftumsteuerung, mechanische Rostbeschickung, eine Verbrennungskammer, Wasserröhren und -kammern in der Feuerbüchse genauso, wie verstellbare Tragzapfen der Laufachslagerung, die eine Einstellung der maximalen Treibachslast auf 18,5 t oder 16,8 t ermöglichte, und damit natürlich verbunden, Reibungsgewicht von 74 t oder 67,5 t. Die jeweilige Gewichtsdifferenz übernahmen durch Veränderungen des Hebelverhältnisses der Ausgleichshebel die Laufachsen. Mit der verringerten Achslast konnte man diese Lokomotiven nach Elektrifizierung der Hauptstrecken auch auf den leichteren Gleisen der Nebenstrecken verwenden. Übrigens hatten auch die deutschen Reihen 23 41 und 45 derartige Achslastverstellungen. Die Kesselaufbauten der 498.1 sind von vorne gesehen der Speise-, der Sand- und der Dampfdom. Ungewöhnlich mutet auch das Tenderlaufwerk mit seinem zweiachsigen Drehgestell und drei festen Achsen an. Die drei Walschaertsteuerungen folgen der üblichen Bauweise. Der Antrieb für die Innensteuerung befindet sich auf der linken Lokomotivseite an der dritten Kuppelachse, genau wie bei der Chapelon „242.A.1". Die CSD hatten damals eine gute Verbindung zu Chapelon, bis politische Gründe

Rechts: *Ein auffälliger roter Stern ziert die Rauchkammertür des CSD-„Albatros" 498106.*

Reihe 242 2'D2'

Spanien
Spanische Staatsbahn Gesellschaft (RENFE), 1956

Zugkraft: 206,1 kN (46283 lb)
Achslast: 19 t (41850 lb)
Zylinder, ⌀ x Hub: (2)
640 x 710 mm (25,2 x 28 in)
Treibrad ⌀: 1900 mm (74,8 in)
Verdampfungsheizfläche:
293 m² (3154 sq ft)
Überhitzerheizfläche: 104,5 m² (1125 sq ft)
Kesseldruck: 16 kp/cm² (228 psi)
Rostfläche: 5,3 m² (57 sq ft)
Brennstoff (Öl): 13,5 m³ (2970 Imp gal)
Wasser: 28 m³ (6160 Imp gal)
Reibungsgewicht: 76 t (167400 lb)
Gesamtdienstgewicht: 213 t (469160 lb)
Gesamtlänge: 26840 mm (88 ft 0¾ in)

Diese prächtigen Lokomotiven auf der Spur von zwei spanischen Ellen (1674 mm) kann man als die letzten großen Schnellzuglokomotiven Europas ansehen, als einzige *„Reihe"* westeuropäischer 2'D2'-Lokomotiven und als Höhepunkt des spanischen Lokomotivbaus. Sie stammen von einer langen Ahnenreihe von 2'D1'-Maschinen aus dem Jahre 1925 ab; vor 1914 hatte man diese als Verbundlokomotiven ausgeführt, nach dem Krieg herrschte die einfache Zweizylinderlokomotive vor. Im Falle dieser 2'D2'-Lokomotiven ist die einzige Abweichung von diesen Vorbildern die Verwendung der Lentz-Ventilsteuerung mit schwingendem Antrieb durch Walschaertsteurungskulissen.

Die zehn Northerns baute im Jahre 1956 die Firma Maquinista Terrestre y Maritima in Barcelona mit den Loknummern 242.2001-10. Zur Ausrüstung gehörten ein Speisewasservorwärmer, die französische TIA-Wasserbehandlung, ein abgefederter Führerhausboden und ein Turbogenerator für die Elektrische Beleuchtung von Lok und Zug. Direkt vor dem Kylchap-

dies unterbanden. Unter den Vorgängern unserer 498.1 findet sich eine Reihe von Dreizylinder-Verbundlokomotiven der Achsfolge 2'D1', die sehr an die französische Bauweise erinnern; gebaut wurden diese im Jahre 1949.

Man fand aber, daß eine Maschine mit einfacher Dampfdehnung im großen Ganzen besser wäre als die Verbundbauart, so folgte man beim Bau der 498.1 mehr den neun Loks der Reihe 486.0 von 1933/38 und den vierzig 498.0 von 1946/49. Die Lokmannschaften bezeichneten ihre neuesten Maschinen als „Albatros"-Reihe, die sich gleichermaßen vor den schweren internationalen Schnellzügen und vor leichteren Garnituren bewährte. Bei Versuchsfahrten erzielte man im August 1964 eine Höchstgeschwindigkeit von 162 km/h, im Normalbetrieb fuhr man die zulässige Geschwindigkeit von 120 km/h oft aus.

Vor kurzem endete der Dampfbetrieb auch in der Tschechoslowakei. Die 498.106 wird aber von der CSD erhalten, über ihr endgültiges Schicksal als betriebsfähige oder als „ausgestopfte" Lokomotive ist noch nichts entschieden.

Unten: *Eine schöne Aufnahme einer „Albatros"-498.1 in ihrem blauen Anstrich. Man sieht gut die ungewöhnliche Tenderbauart mit einem zweiachsigen Drehgestell und drei festen Achsen.*

Doppelschlot saß eine kleine Lampe, damit das Lokpersonal auch bei Nacht leicht an der Farbe der Auspuffgase die richtige Einstellung der Ölfeuerung erkennen konnte. Alle Achsen besaßen Rollenlager. Den großartigen Eindruck dieser Lokomotiven verstärkte ihre grüne Farbgebung – nicht so hochwertige Loks lackierte man in Spanien einfach schwarz.

Bestimmt waren sie für den Einsatz vor den wichtigen Schnellzügen auf dem nicht elektrifizierten Teil der Hauptstrecke von Madrid nach Irun an der französischen Grenze, das heißt von Avila nach Miranda del Ebro. Das Einhalten der Fahrzeiten vor Zügen bis 750 t Gewicht, wie dem „Süd-Expreß", bereitete ihnen keinerlei Schwierigkeiten, obwohl die allgemeine Geschwindigkeitsgrenze von 110 km/h richtige Schnellfahrten verhinderte. Bei Testfahrten erzielte man mit ihnen in der Ebene immerhin 134 km/h mit einem 480 t-Zug, dabei leisteten sie in den Zylindern 4000 PS. Im Dienst konnten sie mit 600 t Zuggewicht auf einer Steigung von 1% eine Beharrungsgeschwindigkeit von 55 km/h einhalten. Im Gegensatz zur Größe der Lokomotiven stand die Winzigkeit der Tender. Ohne Zweifel erlaubten zu kleine Drehscheiben nichts Größeres. Da man aber nicht über Wasserströge zur Ergänzung der Vorräte während der Fahrt verfügte, war es bei einem Wasserverbrauch von etwa 0,2 m³/km mit dem Vorrat von 28 m³ Wasser nicht möglich, längere Strecken ohne Halt zurückzulegen.

Im normalen Zugbetrieb ist auch in Spanien die Dampflok verschwunden. Bei verschiedenen Gelegenheiten sind auch kürzlich noch Dampfloks zu sehen gewesen, aber eine „242" war bisher nicht dabei, obwohl eine, die 2424.2009, im Depot von Miranda del Ebro aufbewahrt wird.

Links: *Hinter der großen spanischen „242"-Northern mutet der winzige Tender seltsam an.*

Rechts: *Die erste der spanischen 2'D2'-Lokomotiven, die 242.2001.*

Reihe RM 2'C1' China

Eisenbahnen der Volksrepublik, 1958

Zugkraft: 154,1 kN (34597 lb)
Achslast: 21 t (46256 l)
Zylinder, Ø x Hub: 570 x 660 mm (22,4 x 26 in)
Treibrad Ø: 1750 mm (69 in)
Verdampfungsheizfläche: 210 m² (2260 sq ft)
Überhitzerheizfläche: 65 m² (700 sq ft)
Kesseldruck: 15 kp/cm² (213 psi)
Rostfläche: 5,75 m² (62 sq ft)
Brennstoff (Kohle): 14,5 t (31940 lb)
Wasser: 30,5 m³ (6700 Imp gal)
Reibungsgewicht: 62,5 t (137670 lb)
Gesamtdienstgewicht: 174 t (383260 lb)
Gesamtlänge: 22390 mm (73 ft 5½ in)

Diese ungewöhnlich aber doch hübsch aussehende Pazifik dürfte die letzte neukonstruierte Schnellzugdampflok der Welt sein. Es gibt aber noch einen weiteren Grund dafür, daß sie als letzte Erwähnung findet. Ihr Ursprungsland ist nämlich das letzte Land der Welt, das noch heute neue Dampflokomotiven in Betrieb nimmt. Die heute noch gebauten Maschinen sind zwar im Prinzip Güterzuglokomotiven, aber in verschiedenen Gebirgsregionen der Volksrepublik China befördern sie auch die Schnellzüge. Da auch noch neue Strecken gebaut werden, ist es in China möglich mit einer 1980 gebauten Lokomotive auf einer Neubaustrecke von 1980 zu fahren.

Die Reihe „RM" – „Ren Ming" oder „Volk" – mit der Achsfolge 2'C1' geht auf einige Schnellzugmaschinen zurück, die die Japaner an ihren Marionettenstaat Manchukuo (Mandschurei) lieferten. Die älteren Maschinen aus der Zeit vor der Befreiung hießen ursprünglich „PF-1" (PF gleich Pazifik), später nannte man die Reihe dann „SL" für „Sheng-Li" (Sieg). Der Lokomotivbau nach eigenen chinesischen Entwürfen lief erst einige Jahre nach Gründung der Volksrepublik an, 1958 erschien dann die erste „RM" aus der Fabrik von Szufang (Tsingtao) als vergrößerte Version der „SL"-Reihe mit einer um 12,5% gesteigerten Leistung.

Der Hauptunterschied zwischen den Reihen „RM" und „SL" – und auch zwischen der „RM" und praktisch jeder anderen Lokomotive der Welt, abgesehen von der UdSSR – ist die Anordnung des Hauptdampfrohrs. Üblicherweise verlief es innerhalb des Kesselscheitels vom Dampfdom in Richtung Rauchkammer, aber die große zulässige Höhe des Bahnprofils erlaubte hier eine leichter zugängliche Montage oberhalb des Kessels, natürlich gut isoliert. Eine ungewöhnliche Einrichtung vieler chinesischer Lokomotiven ist ein Drucklufthorn zusätzlich zur Mehrklangsirene, die mit ihrem tiefen Klang sogar die sagenhaften chinesischen Drachen erschrecken könnte. Abgesehen davon folgten diese ausgezeichneten Maschinen der üblichen Bauweise, die sich nach langen Jahren des Lokomotivbaus in aller Welt herausgebildet hat. Dazu gehören zwei Außenzylinder, Walschaertsteuerung in Verbindung mit Kolbenschiebern mit äußerer Einströmung und eine breite Feuerbüchse. Abgesehen von wichtigen Vorrich-

Oben: *Eine brandneue Dampflokomotive der „Vorwärts"-Reihe Nr. QJ 3404 bei der ersten Erprobung in der „Lokomotivfabrik des Volkes" in Datong, Oktober 1980*

Unten: *Die letzte neueentwickelte Dampfschnellzugloktype der Welt ist die chinesische Pazifik der „Volk"-Reihe, hier die Nr. RM 1201 bei Jinan im Dezember 1980.*

tungen wie einem großen Überhitzer und einem mechanischen Stoker hatten die Lokomotiven keine komplizierenden Zutaten.

Besucher in China haben berichtet, daß sie häufig derartige Maschinen bei Geschwindigkeiten um 105 km/h vor Zügen von 600 t Gewicht erleben konnten. Genaue Zahlen liegen nicht vor, aber man nimmt an, daß zwischen 1958 und 1964 etwa 250 Loks mit den Nummern RM 1001 bis RM 1250 gebaut wurden. Eine große Vielfalt bei den Dekorationen und Schrifttafeln auf den heutigen chinesischen Dampflokomotiven bringt etwas Abwechslung in das allgemeine, gepflegte Schwarz der Loks. Eine „RM" in einem besonderen grünen Anstrich zog den Eröffnungszug über die neue große Brücke über den Yangtse-Fluß bei Nanking.

Die heute noch produzierte Lokomotivtype ist die 1'E1'-Einheitslokomotive der Reihe „QJ" – „Qian Jing" (Vorwärts marschieren). Auch über 1982 hinaus erbaut eine Fabrik in Datong in Nordchina etwa 300 dieser Maschinen pro Jahr. Viele Gründe werden für diese letzte Dampflokproduktion der Welt genannt, die auch noch kein absehbares Ende erwartet. Der aber vorwiegende Beweggrund dürfte das Vorkommen billiger Kohle in Kombination mit einem jährlichen Verkehrsanstieg von etwa 10% sein. Der Bau von Diesellokomotiven bindet in China für die gleiche Beförderungskapazität die fünffache Zahl von Mann-Stunden; man kann also leicht verstehen, warum man von dieser einfachen und zuverlässigen Lösungsmöglichkeit für die Transportprobleme der Zukunft nicht lassen will.

Es ist sehr angenehm, dieses Buch damit beschließen zu können, daß es doch noch einen Funken Hoffnung für unsere geliebte Dampflokomotive gibt und sie vielleicht doch noch vor dem völligen Verschwinden bewahrt werden kann. Südafrika, Indien, Polen, Zimbabwe sind, wie wir gesehen haben, andere Orte an denen die Kräfte, die der Dampftraktion den Untergang bereiten wollen, noch in Schach gehalten werden. Aber gibt es auch eine Chance, scheinbar für immer verlorene Gebiete zurückzugewinnen?

In Großbritannien, dem Mutterland der Dampflokomotive, sieht es sehr schlecht aus; neue große Ölfelder und schmale Kohleflöze in veralteten Kohlegruben mit hohen Förderkosten lassen keinen anderen Schluß zu. Jegliche Rückkehr zum Dampfantrieb (abgesehen von Unterhaltungszwecken) anstelle des vorherrschenden Dieselbetriebs, dürfte hier in Form von stationären Dampfturbinen stattfinden, die Strom für elektrische Züge liefern. Einziger Trost für die Briten ist die Tatsache, daß sie im Vergleich mit anderen Ländern eine überdurchschnittliche Zahl von Museumslokomotiven „unter Dampf" haben. In den USA sieht das Ganze schon anders aus – die eigenen Ölvorräte reichen nicht mehr aus. Umfangreiche billige Kohlevorkommen in Verbindung mit typisch amerikanischem Wagemut könnten hier viel eher zum Erfolg führen. In der jüngeren Vergangenheit konnte man hier erleben, daß in Leistung und Zuverlässigkeit („Niagaras" der New York Central) sowie leichter Wartung (Reihe „J" der Norfolk & Western) die Dampflok der Diesellok ebenbürtig sein kann. Heute ist man auch so weit, daß man den Dampfbetrieb auch für die Umwelt verträglich gestalten kann – und auch wirtschaftlicher. Das sehen wir bei der südafrikanischen Reihe „26" mit ihrer neuartigen Verbrennungstechnik und es verwundert darum auch nicht, daß ein amerikanisches Firmenkonsortium an der Entwicklung einer Dampflokomotive des 21. Jahrhunderts arbeitet.

So wollen wir der „American Coal Enterprises, Inc" Erfolg für ihre „ACE 2000" wünschen und hoffen, daß vielleicht eines Tages eine dampfgetriebene Lokomotive an der Spitze eines luxuriösen „Twenty-First Century Limited" zwischen New York und Chicago zu finden ist.

Oben: *Unter einer herrlichen Dampfwolke verläßt im Oktober 1980 die „Volk"-Pazifik Nr. RM 1019 den mandschurischen Bahnhof Harbin, während der nahende Winter erste Schneeschauer vorausschickt.*

Unten: *Ein Bild einer hübsch aufgeputzten „Volk"-Pazifik, der Nr. RM 1049 in Changchun im Nordosten Chinas, im Jahr 1980.*

Index

N

O

P

R

S

T

U

V

W

Y

Z

Vom gleichen Autor:

Band 2 der illustrierten Enzyklopädie

Brian Hollingsworth · Arthur Cook

Moderne Lokomotiven

Ein technisches Handbuch der bedeutendsten internationalen Diesel-, Elektrischen und Gasturbinenlokomotiven.
Aus dem Englischen übersetzt von Manfred Sandtner.
208 Seiten, zwei achtseitige Panoramafaltblätter in Farbe, über 260, meist vierfarbige Fotos, 90 detaillierte Profilzeichnungen in Farbe, technische Beschreibungen, Erläuterungen und Daten einschließlich Glossar der wichtigsten technischen Begriffe
Gebunden, Format 30×21,5 cm, ISBN 3-7643-1531-8

Fotonachweis

Der Herausgeber möchte allen Vereinigungen und Privatpersonen recht herzlich danken, die Fotos für dieses Buch zur Verfügung gestellt haben. Sie werden hier, mit den Seitennummern genannt:
AAR = Association American Railroads
CV = Colorviews
GFA = Geoffrey Freeman-Allen
MARS = Mechanical Archive & Research Services
PNWA = Peter Newark's Western Americana
VR = Vie du Rail

Seite 6: B. Stephenson; BBC Hulton Picture Library. **7**: CV; R Bastin. **8**: B. Stephenson. **10**: C Gammell; N Trotter. **11**: B. Stephenson; B. Hollingsworth; CV. **12**: GFA; D Cross; Robert Barton. **13**: Robert Barton; Union Pacific RR; B. Stephenson. **17**: CV. **18**: CV. **19**: Science Museum/CV. **20**: Science Museum; AAR. **21**: PNWA; PNWA. **22**: Science Museum/CV. **24**: R Bastin; PNWA. **25**: AAR. **27**: J Adams. **29**: Science Museum/CV. **30**: CV. **31**: CV. **32**: Schweizerische Bundesbahnen; CV. **33**: CV; O Bamer. **34**: CV; VR/Henry; Science Museum. **35**: CV. **36**: AAR. **37**: J Winkley. **38**: CV. **39**: CV. **40**: VR. **41**: J Dunn. **42**: CV. **43**: GFA. **45**: M Whitehouse. **46**: CV. **47**: CV. **48**: CV. **49**: CV. **50**: Verkehrsmuseum Nürnberg. **51**:Verkehrsmuseum Nürnberg. **53**: CV; AAR. **54**: AAR; Strasburg RR. **55**: Strasburg RR. **56-57**: GFA. **57**: CV. **58**: Italienische Staatsbahn; GFA. **60**: VR. **62**: VR. **63**: CV. **64**: D Cross; GFA. **65**: D Cross. **66**: CV. **66-67**: J Winkley. **67**: CV. **68**: Colour-rail. **69**: CV. **70-71**: CV. **71**: CV; JM Jarvis. **72-73**: Colour-rail/RM Quinn. **74**: CV. **75**: CV. **76**: CV. **77**: CV. **78**: CV; **79**:CV; VR.**80**: Staatsbibliothek Berlin; MARS. **80-81**: GFA. **81**: CV. **90**: Schweizerische Bundesbahnen. **90-91**: K Mills. **91**: M Whitehouse. **92**: CV. **94**: CV. **95**: Presseagentur Nowosti; Italienische Staatsbahn. **96**: Colour-rail/RM Quinn; CV. **97**: Archiv Triebl; CV. **98**: CV; Schwedische Staatsbahn. **99**: Schwedische Staatsbahn/MARS. **100**: JM Jarvis; GFA **101–103**: CV. **103**: LG Marshall. **104**: CV. **105**: CV. **106**: CV. **106-107**: GFA. **107**: D Cross. **108**: CV. **109**: CV. **110**: VR. **110-111**: C Gammell; CV. **111**: GFA. **112**: J Winkley; R Bastin. **113**: R Bastin. **114**: D Cross. **115**: R Bastin. **116**: Victorian Government Railways. **116-117**: Colour-rail/RM Quinn. **117**: CV; GFA; Finnische Staatsbahn. **118**: J Winkley. **119**: CV. **120**: Burlington Northern. **121**: CV. **122**: Southern Railway System/MARS. **123**: CV. **124**: JM Jarvis. **125**: GFA; AAR. **126**: South Australian Railways. **127**: D Cross; South Australian Railways. **128**: K Cantlie. **129**: C Gammell; D Cross. **130**: CV. **131**: CV. **132**: CV. **133**: CV. **134**: JM Jarvis. **134-135**: GFA. **135**: GFA; Canadian Pacific. **136**: CV; Colour-rail/HN James. **137**: CV. **146**:Bundesarchiv, Koblenz; Norwegische Staatsbahn. **147**: Norwegische Staatsbahn. **148**: C. Gammell. **148-149**: AAR. **149**: AAR; CV. **150**: GFA. **151**: CV. **152**: D Cross. **153**: CV. **154**: CV. **155**: GFA; CV. **156**: British Columbia Railway/MARS. **157**:British Columbia Railway/MARS. **158**: Canadian National Railways/MARS. **159**: CV. **160-161**:Chicago & North Western/MARS. **161**: Colour-rail. **163**: CV. **164**: C Gammell. **165**: JM Jarvis. **166**: CV; J Dunn. **167**: CV; SAR. **168**: CV; GFA. **169**: D Cross; GFA. **170**: CV. **171**: Union Pacific RR. **172**: JM Jarvis. **173**: JM Jarvis; GFA. **174**: GFA. **175**: Santa Fe RR; GFA. **176**: CV. **177**: D Cross. **178**: JM Jarvis. **179**: GFA; JM Jarvis. **180**: VR/Fenino. **181**: VR. **182**: K Yoshitani; C Gammell. **183**: K Yoshitani. **184**: Colour-rail/R Hill. **185**: CV; C Gammell. **186**: B Stephenson. **187**: C&O RR/MARS. **188**: R Bastin; CV; M Whitehouse. **189**: CV; VR. **190**: CV; R Ziel; J Westwood. **191**: J Westwood; R Ziel. **192**: Colour-rail/RM Quinn. **193**: CV; Colour-rail/RM Quinn. **194**: Canadian Pacific. **195**: CV **196**: D Cross; CV. **197**: Colour-rail/J Dewing. **198**: South African Railways/MARS; CV. **199**: C Gammell. **200**: CV. **201**: CV. **202**: CV; Colour-rail/JG Dewing. **203**: CV; RENFE/MARS. **204**: Y Hollingsworth; C Gammell. **205**: R Gillard; CV.

PRINTED IN BELGIUM BY
proost
INTERNATIONAL BOOK PRODUCTION

NORD
2. 643